U0352601

“十二五”国家重点出版规划项目
雷达与探测前沿技术丛书

认知雷达导论

Introduction to Cognitive Radar

左群声　王彤　等编著

国防工业出版社
·北京·

内容简介

认知雷达是基于目标和环境信息，通过在线设计与运用发射能量、合理分配系统资源和优化滤波处理等来提高雷达的目标探测性能，可以实现从接收信号到发射端的闭环处理，从而提高雷达对复杂地理和电磁环境的适应能力。认知雷达充分利用先验及实测的环境和目标信息，具有基于知识的辅助决策能力，可以突破传统自适应处理面临的性能瓶颈，是雷达技术发展的重要方向。本书介绍了认知雷达概论，认知雷达波形优化设计，认知雷达杂波抑制，认知雷达目标检测，认知雷达系统架构设计及应用等内容。

本书适合于从事机载雷达系统研究和制造、信号与数据处理研究和算法设计的工程技术人员，以及从事机载雷达理论和技术科研的高等学校教师阅读和参考。

图书在版编目(CIP)数据

认知雷达导论／左群声等编著．—北京：国防工业出版社，2017.12

（雷达与探测前沿技术丛书）

ISBN 978－7－118－11534－5

Ⅰ．①认… Ⅱ．①左… Ⅲ．①雷达－研究 Ⅳ．①TN95

中国版本图书馆 CIP 数据核字(2018)第 008396 号

※

国防工业出版社出版发行

（北京市海淀区紫竹院南路 23 号　邮政编码 100048）

天津嘉恒印务有限公司印刷

新华书店经售

*

开本 710×1000　1/16　**印张** 17¼　**字数** 292 千字

2017 年 12 月第 1 版第 1 次印刷　**印数** 1—3000 册　**定价** 82.00 元

国防书店：(010)88540777　发行邮购：(010)88540776

发行传真：(010)88540755　发行业务：(010)88540717

“雷达与探测前沿技术丛书”
编审委员会

编辑委员会

总　序

雷达在第二次世界大战中初露头角。战后，美国麻省理工学院辐射实验室集合各方面的专家，总结战争期间的经验，于1950年前后出版了一套雷达丛书，共28个分册，对雷达技术做了全面总结，几乎成为当时雷达设计者的必备读物。我国的雷达研制也从那时开始，经过几十年的发展，到21世纪初，我国雷达技术在很多方面已进入国际先进行列。为总结这一时期的经验，中国电子科技集团公司曾经组织老一代专家撰著了"雷达技术丛书"，全面总结他们的工作经验，给雷达领域的工程技术人员留下了宝贵的知识财富。

电子技术的迅猛发展，促使雷达在内涵、技术和形态上快速更新，应用不断扩展。为了探索雷达领域前沿技术，我们又组织编写了本套"雷达与探测前沿技术丛书"。与以往雷达相关丛书显著不同的是，本套丛书并不完全是作者成熟的经验总结，大部分是专家根据国内外技术发展，对雷达前沿技术的探索性研究。内容主要依托雷达与探测一线专业技术人员的最新研究成果、发明专利、学术论文等，对现代雷达与探测技术的国内外进展、相关理论、工程应用等进行了广泛深入研究和总结，展示近十年来我国在雷达前沿技术方面的研制成果。本套丛书的出版力求能促进从事雷达与探测相关领域研究的科研人员及相关产品的使用人员更好地进行学术探索和创新实践。

本套丛书保持了每一个分册的相对独立性和完整性，重点是对前沿技术的介绍，读者可选择感兴趣的分册阅读。丛书共41个分册，内容包括频率扩展、协同探测、新技术体制、合成孔径雷达、新雷达应用、目标与环境、数字技术、微电子技术八个方面。

（一） 雷达频率迅速扩展是近年来表现出的明显趋势，新频段的开发、带宽的剧增使雷达的应用更加广泛。本套丛书遴选的频率扩展内容的著作共4个分册：

（1）《毫米波辐射无源探测技术》分册中没有讨论传统的毫米波雷达技术，而是着重介绍毫米波热辐射效应的无源成像技术。该书特别采用了平方千米阵的技术概念，这一概念在用干涉式阵列基线的测量结果来获得等效大口径阵列效果的孔径综合技术方面具有重要的意义。

(2)《太赫兹雷达》分册是一本较全面介绍太赫兹雷达的著作,主要包括太赫兹雷达系统的基本组成和技术特点、太赫兹雷达目标检测以及微动目标检测技术,同时也讨论了太赫兹雷达成像处理。

(3)《机载远程红外预警雷达系统》分册考虑到红外成像和告警是红外探测的传统应用,但是能否作为全空域远距离的搜索监视雷达,尚有诸多争议。该书主要讨论用监视雷达的概念如何解决红外极窄波束、全空域、远距离和数据率的矛盾,并介绍组成红外监视雷达的工程问题。

(4)《多脉冲激光雷达》分册从实际工程应用角度出发,较详细地阐述了多脉冲激光测距及单光子测距两种体制下的系统组成、工作原理、测距方程、激光目标信号模型、回波信号处理技术及目标探测算法等关键技术,通过对两种远程激光目标探测体制的探讨,力争让读者对基于脉冲测距的激光雷达探测有直观的认识和理解。

(二) 传输带宽的急剧提高,赋予雷达协同探测新的使命。协同探测会导致雷达形态和应用发生巨大的变化,是当前雷达研究的热点。本套丛书遴选出协同探测内容的著作共10个分册:

(1)《雷达组网技术》分册从雷达组网使用的效能出发,重点讨论点迹融合、资源管控、预案设计、闭环控制、参数调整、建模仿真、试验评估等雷达组网新技术的工程化,是把多传感器统一为系统的开始。

(2)《多传感器分布式信号检测理论与方法》分册主要介绍检测级、位置级(点迹和航迹)、属性级、态势评估与威胁估计五个层次中的检测级融合技术,是雷达组网的基础。该书主要给出各类分布式信号检测的最优化理论和算法,介绍考虑到网络和通信质量时的联合分布式信号检测准则和方法,并研究多输入多输出雷达目标检测的若干优化问题。

(3)《分布孔径雷达》分册所描述的雷达实现了多个单元孔径的射频相参合成,获得等效于大孔径天线雷达的探测性能。该书在概述分布孔径雷达基本原理的基础上,分别从系统设计、波形设计与处理、合成参数估计与控制、稀疏孔径布阵与测角、时频相同步等方面做了较为系统和全面的论述。

(4)《MIMO 雷达》分册所介绍的雷达相对于相控阵雷达,可以同时获得波形分集和空域分集,有更加灵活的信号形式,单元间距不受 $\lambda/2$ 的限制,间距拉开后,可组成各类分布式雷达。该书比较系统地描述多输入多输出(MIMO)雷达。详细分析了波形设计、积累补偿、目标检测、参数估计等关键技术。

(5)《MIMO 雷达参数估计技术》分册更加侧重讨论各类 MIMO 雷达的算法。从 MIMO 雷达的基本知识出发,介绍均匀线阵,非圆信号,快速估计,相干目标,分布式目标,基于高阶累计量的、基于张量的、基于阵列误差的、特殊阵列结构的 MIMO 雷达目标参数估计的算法。

(6)《机载分布式相参射频探测系统》分册介绍的是 MIMO 技术的一种工程应用。该书针对分布式孔径采用正交信号接收相参的体制,分析和描述系统处理架构及性能、运动目标回波信号建模技术,并更加深入地分析和描述实现分布式相参雷达杂波抑制、能量积累、布阵等关键技术的解决方法。

(7)《机会阵雷达》分册介绍的是分布式雷达体制在移动平台上的典型应用。机会阵雷达强调根据平台的外形,天线单元共形随遇而布。该书详尽地描述系统设计、天线波束形成方法和算法、传输同步与单元定位等关键技术,分析了美国海军提出的用于弹道导弹防御和反隐身的机会阵雷达的工程应用问题。

(8)《无源探测定位技术》分册探讨的技术是基于现代雷达对抗的需求应运而生,并在实战应用需求越来越大的背景下快速拓展。随着知识层面上认知能力的提升以及技术层面上带宽和传输能力的增加,无源侦察已从单一的测向技术逐步转向多维定位。该书通过充分利用时间、空间、频移、相移等多维度信息,寻求无源定位的解,对雷达向无源发展有着重要的参考价值。

(9)《多波束凝视雷达》分册介绍的是通过多波束技术提高雷达发射信号能量利用效率以及在空、时、频域中减小处理损失,提高雷达探测性能;同时,运用相位中心凝视方法改进杂波中目标检测概率。分册还涉及短基线雷达如何利用多阵面提高发射信号能量利用效率的方法;针对长基线,阐述了多站雷达发射信号可形成凝视探测网格,提高雷达发射信号能量的使用效率;而合成孔径雷达(SAR)系统应用多波束凝视可降低发射功率,缓解宽幅成像与高分辨之间的矛盾。

(10)《外辐射源雷达》分册重点讨论以电视和广播信号为辐射源的无源雷达。详细描述调频广播模拟电视和各种数字电视的信号,减弱直达波的对消和滤波的技术;同时介绍了利用 GPS(全球定位系统)卫星信号和 GSM/CDMA(两种手机制式)移动电话作为辐射源的探测方法。各种外辐射源雷达,要得到定位参数和形成所需的空域,必须多站协同。

（三） 以新技术为牵引，产生出新的雷达系统概念，这对雷达的发展具有里程碑的意义。本套丛书遴选了涉及新技术体制雷达内容的6个分册：

（1）《宽带雷达》分册介绍的雷达打破了经典雷达5MHz带宽的极限，同时雷达分辨力的提高带来了高识别率和低杂波的优点。该书详尽地讨论宽带信号的设计、产生和检测方法。特别是对极窄脉冲检测进行有益的探索，为雷达的进一步发展提供了良好的开端。

（2）《数字阵列雷达》分册介绍的雷达是用数字处理的方法来控制空间波束，并能形成同时多波束，比用移相器灵活多变，已得到了广泛应用。该书全面系统地描述数字阵列雷达的系统和各分系统的组成。对总体设计、波束校准和补偿、收/发模块、信号处理等关键技术都进行了详细描述，是一本工程性较强的著作。

（3）《雷达数字波束形成技术》分册更加深入地描述数字阵列雷达中的波束形成技术，给出数字波束形成的理论基础、方法和实现技术。对灵巧干扰抑制、非均匀杂波抑制、波束保形等进行了深入的讨论，是一本理论性较强的专著。

（4）《电磁矢量传感器阵列信号处理》分册讨论在同一空间位置具有三个磁场和三个电场分量的电磁矢量传感器，比传统只用一个分量的标量阵列处理能获得更多的信息，六分量可完备地表征电磁波的极化特性。该书从几何代数、张量等数学基础到阵列分析、综合、参数估计、波束形成、布阵和校正等问题进行详细讨论，为进一步应用奠定了基础。

（5）《认知雷达导论》分册介绍的雷达可根据环境、目标和任务的感知，选择最优化的参数和处理方法。它使得雷达数据处理及反馈从粗犷到精细，彰显了新体制雷达的智能化。

（6）《量子雷达》分册的作者团队搜集了大量的国外资料，经探索和研究，介绍从基本理论到传输、散射、检测、发射、接收的完整内容。量子雷达探测具有极高的灵敏度，更高的信息维度，在反隐身和抗干扰方面优势明显。经典和非经典的量子雷达，很可能走在各种量子技术应用的前列。

（四） 合成孔径雷达（SAR）技术发展较快，已有大量的著作。本套丛书遴选了有一定特点和前景的5个分册：

（1）《数字阵列合成孔径雷达》分册系统阐述数字阵列技术在SAR中的应用，由于数字阵列天线具有灵活性并能在空间产生同时多波束，雷达采集的同一组回波数据，可处理出不同模式的成像结果，比常规SAR具备更多的新能力。该书着重研究基于数字阵列SAR的高分辨力宽测绘带SAR成像、极化层析SAR三维成像和前视SAR成像技术三种新能力。

(2)《双基合成孔径雷达》分册介绍的雷达配置灵活,具有隐蔽性好、抗干扰能力强、能够实现前视成像等优点,是SAR技术的热点之一。该书较为系统地描述了双基SAR理论方法、回波模型、成像算法、运动补偿、同步技术、试验验证等诸多方面,形成了实现技术和试验验证的研究成果。

(3)《三维合成孔径雷达》分册描述曲线合成孔径雷达、层析合成孔径雷达和线阵合成孔径雷达等三维成像技术。重点讨论各种三维成像处理算法,包括距离多普勒、变尺度、后向投影成像、线阵成像、自聚焦成像等算法。最后介绍三维MIMO-SAR系统。

(4)《雷达图像解译技术》分册介绍的技术是指从大量的SAR图像中提取与挖掘有用的目标信息,实现图像的自动解译。该书描述高分辨SAR和极化SAR的成像机理及相应的相干斑抑制、噪声抑制、地物分割与分类等技术,并介绍舰船、飞机等目标的SAR图像检测方法。

(5)《极化合成孔径雷达图像解译技术》分册对极化合成孔径雷达图像统计建模和参数估计方法及其在目标检测中的应用进行了深入研究。该书研究内容为统计建模和参数估计及其国防科技应用三大部分。

(五) 雷达的应用也在扩展和变化,不同的领域对雷达有不同的要求,本套丛书在雷达前沿应用方面遴选了6个分册:

(1)《天基预警雷达》分册介绍的雷达不同于星载SAR,它主要观测陆海空天中的各种运动目标,获取这些目标的位置信息和运动趋势,是难度更大、更为复杂的天基雷达。该书介绍天基预警雷达的星星、星空、MIMO、卫星编队等双/多基地体制。重点描述了轨道覆盖、杂波与目标特性、系统设计、天线设计、接收处理、信号处理技术。

(2)《战略预警雷达信号处理新技术》分册系统地阐述相关信号处理技术的理论和算法,并有仿真和试验数据验证。主要包括反导和飞机目标的分类识别、低截获波形、高速高机动和低速慢机动小目标检测、检测识别一体化、机动目标成像、反投影成像、分布式和多波段雷达的联合检测等新技术。

(3)《空间目标监视和测量雷达技术》分册论述雷达探测空间轨道目标的特色技术。首先涉及空间编目批量目标监视探测技术,包括空间目标监视相控阵雷达技术及空间目标监视伪码连续波雷达信号处理技术。其次涉及空间目标精密测量、增程信号处理和成像技术,包括空间目标雷达精密测量技术、中高轨目标雷达探测技术、空间目标雷达成像技术等。

(4)《平流层预警探测飞艇》分册讲述在海拔约20km的平流层，由于相对风速低、风向稳定，从而适合大型飞艇的长期驻空，定点飞行，并进行空中预警探测，可对半径500km区域内的地面目标进行长时间凝视观察。该书主要介绍预警飞艇的空间环境、总体设计、空气动力、飞行载荷、载荷强度、动力推进、能源与配电以及飞艇雷达等技术，特别介绍了几种飞艇结构载荷一体化的形式。

(5)《现代气象雷达》分册分析了非均匀大气对电磁波的折射、散射、吸收和衰减等气象雷达的基础，重点介绍了常规天气雷达、多普勒天气雷达、双偏振全相参多普勒天气雷达、高空气象探测雷达、风廓线雷达等现代气象雷达，同时还介绍了气象雷达新技术、相控阵天气雷达、双/多基地天气雷达、声波雷达、中频探测雷达、毫米波测云雷达、激光测风雷达。

(6)《空管监视技术》分册阐述了一次雷达、二次雷达、应答机编码分配、S模式、多雷达监视的原理。重点讨论广播式自动相关监视（ADS-B）数据链技术、飞机通信寻址报告系统（ACARS）、多点定位技术（MLAT）、先进场面监视设备（A-SMGCS）、空管多源协同监视技术、低空空域监视技术、空管技术。介绍空管监视技术的发展趋势和民航大国的前瞻性规划。

（六）目标和环境特性，是雷达设计的基础。该方向的研究对雷达匹配目标和环境的智能设计有重要的参考价值。本套丛书对此专题遴选了4个分册：

(1)《雷达目标散射特性测量与处理新技术》分册全面介绍有关雷达散射截面积（RCS）测量的各个方面，包括RCS的基本概念、测试场地与雷达、低散射目标支架、目标RCS定标、背景提取与抵消、高分辨力RCS诊断成像与图像理解、极化测量与校准、RCS数据的处理等技术，对其他微波测量也具有参考价值。

(2)《雷达地海杂波测量与建模》分册首先介绍国内外地海面环境的分类和特征，给出地海杂波的基本理论，然后介绍测量、定标和建库的方法。该书用较大的篇幅，重点阐述地海杂波特性与建模。杂波是雷达的重要环境，随着地形、地貌、海况、风力等条件而不同。雷达的杂波抑制，正根据实时的变化，从粗犷走向精细的匹配，该书是现代雷达设计师的重要参考文献。

(3)《雷达目标识别理论》分册是一本理论性较强的专著。以特征、规律及知识的识别认知为指引，奠定该书的知识体系。首先介绍雷达目标识别的物理与数学基础，较为详细地阐述雷达目标特征提取与分类识别、知识辅助的雷达目标识别、基于压缩感知的目标识别等技术。

(4)《雷达目标识别原理与实验技术》分册是一本工程性较强的专著。该书主要针对目标特征提取与分类识别的模式,从工程上阐述了目标识别的方法。重点讨论特征提取技术、空中目标识别技术、地面目标识别技术、舰船目标识别及弹道导弹识别技术。

(七) 数字技术的发展,使雷达的设计和评估更加方便,该技术涉及雷达系统设计和使用等。本套丛书遴选了3个分册:

(1)《雷达系统建模与仿真》分册所介绍的是现代雷达设计不可缺少的工具和方法。随着雷达的复杂度增加,用数字仿真的方法来检验设计的效果,可收到事半功倍的效果。该书首先介绍最基本的随机数的产生、统计实验、抽样技术等与雷达仿真有关的基本概念和方法,然后给出雷达目标与杂波模型、雷达系统仿真模型和仿真对系统的性能评价。

(2)《雷达标校技术》分册所介绍的内容是实现雷达精度指标的基础。该书重点介绍常规标校、微光电视角度标校、球载BD/GPS(BD为北斗导航简称)标校、射电星角度标校、基于民航机的雷达精度标校、卫星标校、三角交会标校、雷达自动化标校等技术。

(3)《雷达电子战系统建模与仿真》分册以工程实践为取材背景,介绍雷达电子战系统建模的主要方法、仿真模型设计、仿真系统设计和典型仿真应用实例。该书从雷达电子战系统数学建模和仿真系统设计的实用性出发,着重论述雷达电子战系统基于信号/数据流处理的细粒度建模仿真的核心思想和技术实现途径。

(八) 微电子的发展使得现代雷达的接收、发射和处理都发生了巨大的变化。本套丛书遴选出涉及微电子技术与雷达关联最紧密的3个分册:

(1)《雷达信号处理芯片技术》分册主要讲述一款自主架构的数字信号处理(DSP)器件,详细介绍该款雷达信号处理器的架构、存储器、寄存器、指令系统、I/O资源以及相应的开发工具、硬件设计,给雷达设计师使用该处理器提供有益的参考。

(2)《雷达收发组件芯片技术》分册以雷达收发组件用芯片套片的形式,系统介绍发射芯片、接收芯片、幅相控制芯片、波速控制驱动器芯片、电源管理芯片的设计和测试技术及与之相关的平台技术、实验技术和应用技术。

(3)《宽禁带半导体高频及微波功率器件与电路》分册的背景是,宽禁带材料可使微波毫米波功率器件的功率密度比Si和GaAs等同类产品高10倍,可产生开关频率更高、关断电压更高的新一代电力电子器件,将对雷达产生更新换代的影响。分册首先介绍第三代半导体的应用和基本知识,然后详细介绍两大类各种器件的原理、类别特征、进展和应用:SiC 器件有功率二极管、MOSFET、JFET、BJT、IBJT、GTO 等;GaN 器件有 HEMT、MMIC、E 模 HEMT、N 极化 HEMT、功率开关器件与微功率变换等。最后展望固态太赫兹、金刚石等新兴材料器件。

本套丛书是国内众多相关研究领域的大专院校、科研院所专家集体智慧的结晶。具体参与单位包括中国电子科技集团公司、中国航天科工集团公司、中国电子科学研究院、南京电子技术研究所、华东电子工程研究所、北京无线电测量研究所、电子科技大学、西安电子科技大学、国防科技大学、北京理工大学、北京航空航天大学、哈尔滨工业大学、西北工业大学等近 30 家。在此对参与编写及审校工作的各单位专家和领导的大力支持表示衷心感谢。

王小谟

2017 年 9 月

前 言

传统的雷达以相对固定的模式、采用相对固定的波束和波形发射电磁波，实现对目标的照射，在接收端通过固定或自适应的时域、空域、频域处理将目标回波信号增强、与干扰和杂波信号进行分离，并实现对目标的检测、参数估计、跟踪等功能。随着技术的发展，战场环境日益复杂。空中和地面的各种目标越来越多，密度越来越大，飞行速度范围越来越大，造成目标环境日趋复杂；为了检测微弱的远距离目标，雷达的发射功率越来越大，回波中杂波功率也越来越大，往往对目标探测造成困扰，尤其是强度和非平稳性都特别强的山区和城市杂波，以及具有多普勒调制的风力发电厂的杂波；各种新型的干扰类型、干扰机和干扰搭载平台的出现，也使雷达面临更加复杂的干扰环境。在这种日益复杂的背景下，相对固定的工作模式、发射波束和发射波形，以及比较简单的回波处理越来越难以取得满意的探测性能，这是传统雷达的不足，也是雷达进一步发展所必须解决的问题。

如何根据目标、环境变化合理分配和有效利用雷达有限的功率、孔径、通道、时间资源，如何在接收到信号之后利用环境的知识提高目标的探测性能，如何自主地感知周围的环境为信号处理提供依据，是下一代雷达发展必须面对的挑战。本书针对这些要求，结合国内外认知雷达的概念和理论的发展，探索新一代雷达的认知探测体制和理论体系，研究认知雷达的发射波形优化的作用和方法，研究认知雷达的信号处理理论和方法，以及系统评估的准则和方法，希望采用新构架体系和处理方法的雷达在未来复杂战场环境的探测性能获得明显提升。

本书共分6章。第1章为概论，概述雷达发展的瓶颈和趋势，以及认知雷达的基本概念，介绍从自适应处理以及仿生探测角度引出的认知雷达基本概念、认知雷达的主要特点及性能潜力。第2章为认知雷达波形优化设计，主要介绍面向目标检测的雷达波形设计，面向目标识别的雷达波形设计，以及面向目标跟踪的雷达波形设计。其中，面向目标检测的雷达波形设计，讨论了在具有目标和环境信息的条件下，如何通过发射波形优化来提高回波信噪比和信杂比；面向目标识别的雷达波形设计介绍了通过发射波形优化设计来提高宽带雷达目标识别性能的理论和方法；面向目标跟踪的雷达波形设计归纳了跟踪状态下基于目标估计参数，以提高跟踪性能为目标的发射波形优化设计方法。第3章为认知雷达杂波抑制，主要介绍知识辅助空时自适应处理（KA-STAP）杂波抑制的基本原理和方法。第4章为认知雷达目标检测,主要介绍标量检测的知识辅助目标检测方法和矢量检测的知识辅助目标检测方法。第5章为认知雷达系统架构设计及应用,主要介绍认知雷达系统架构和认知雷达典型应用,并给出系统设计整体框架和以机载雷达为例的认知雷达典型应用方案。第6章为结束语,总结全书并提出展望。

需要指出的是,目前认知雷达尚处于概念、理论和技术的初步研究阶段,其理论和方法体系尚不完善,需要在系统设计和信号处理理论方面开展开拓性的研究,建立系统理论框架,突破信号处理方面的关键技术,为未来雷达的革命性发展指引方向、奠定理论基础。本书的目的也正是希望能够对研究认知雷达的科研人员和学者提供借鉴和参考,起到抛砖引玉的作用。同时由于认知处理在雷达信号处理中处于较高级的层次,需要读者对雷达系统理论和雷达信号处理理论方法有较为全面和深入的学习和体会,所以,本书的读者对象为雷达系统和信号处理领域的研究工作者,或者雷达系统和雷达信号处理领域的教师和博士生。

本书的编写过程中,刘宏伟、纠博、吴建新、张良、叶杰、朱张勤、刘宝泉、代泽洋、张昭、胡瑞贤等国防"973"项目团队做了大量深入的工作,得到了中国电子科技集团电子科学研究院、中国电子科技集团第十四研究所、中国电子科技集团第三十八研究所、西安电子科技大学的很多高水平研究者和学者协助,更得到了中国电子科技集团公司王小谟院士的宝贵建议。他们的帮助对本书的顺利完成具有重要的意义,在此表示真诚的感谢。

由于编者水平有限,特别是由于认知雷达的概念、理论和技术还处于发展的初步阶段,书中难免存在缺点和不当之处,殷切希望广大读者批评指正。

目　录

第1章 概论

1.1 雷达技术的发展历史

回顾技术发展的历史,往往能够为新技术发展趋势的研究提供线索。

在20世纪30年代初,为了更好地应对轴心国迅速发展的空中力量所带来的威胁,英国及美国率先投入力量发展有效的空袭预警及防卫设施。1935年,英国人 Waston Watt 发明了第一台真正具有实用意义的雷达,由此各种各样的雷达逐步走上了历史的舞台。在第二次世界大战及冷战军备竞赛等一系列重大事件的影响和促进下,雷达的相关技术及应用获得了巨大的发展。在经过了早期的非相参、低分辨及探测目标以飞机为主的时期后,雷达技术的发展主要有以下几方面。

1）射频系统的发展

在20世纪50年代,为了在复杂战场环境上获得更好的精确引导能力和更加优异的检测性能,美国军方开始研制全相参微波雷达。自此高稳定性和可靠性的半导体全相参微波雷达逐渐替代了非相参体制的微波雷达。相参指发射信号与相参检波的基准信号保持严格的相位关系。为了保证信号的相参处理,可采用半相参和全相参两种方式。半相参方式中发射脉冲的相位迫使本振相位改变以记录发射相位,而全相参雷达(也称主振放大式的雷达)的发射信号、本振信号及全机的各种时基信号均由同一基准信号源提供。雷达收发系统的相参化使雷达具备了相位控制和相位信息利用的能力,其直接导致了相控阵、合成孔径雷达及脉冲多普勒技术的诞生,可以说相参技术的出现使雷达技术产生了变革式的发展。

相参技术现在已经普遍应用到大部分雷达中,从最早的 AN/SPS-48 相控阵雷达、CV-990 合成孔径雷达、AN/APG-59 脉冲多普勒雷达到现在的 AN/APY-9 有源相控阵雷达和 ADS-18 数字阵列雷达都是基于相参技术发展而来。相参雷达经过多年的发展,理论基础和硬件实现已趋于完善,相参技术可以视作雷达发展史上里程碑式的技术,对后面动目标检测(MTD)和脉冲多普勒(PD)的工作方式具有重要意义。

PD 是机载雷达的一种重要工作方式。PD 工作方式是在每个距离门设置一组滤波器,对接收的回波信号进行多普勒滤波,从而有效地进行杂波抑制,并提高目标检测能力。但是,PD 技术只能在距离 - 多普勒的清晰区和副瓣杂波较弱的区域进行有效检测,而且在距离模糊的情况下由于目标和近距杂波重叠,其目标检测性能会有所下降,所以在实际应用中 PD 技术具有一定局限性。

为了进一步提升雷达性能,在 20 世纪 60 年代出现了发射机固态化技术,该技术引领了当时雷达发展的研究方向。发射机是雷达的重要组成部件,其作用是对信号产生的发射波形进行预调制后再进行功率放大,而发射机的各项指标直接影响着雷达的性能。早期雷达采用电真空器件作为发射机的功率放大器,包括磁控管、行波管和速调管,其特点是固态发射机利用模块化的思想,将多个半导体微波功率器件、低噪声接收器等相应组件组合成固态收发模块,再由大量固态收发模块组成固态发射机。固态发射机由多模块组成,故其具备传统微波电子管发射机所不具备的一些优点,诸如:整机可靠性高、体积小、易维护、系统设计方式灵活、工作寿命长、效率高等。

如今,固态发射机已经在众多雷达系统中实际应用。固态发射机可应用于 C 到 HF 波段,发射脉冲为大时宽信号即高工作比的雷达系统或连续波雷达系统。美国的 AN/TPS-59 型雷达的固态发射机技术被誉为雷达技术发展的里程碑式技术。较为典型的固态雷达有美国的 AN/FPS-115“铺路爪”全固态大型相控阵雷达及俄罗斯的 DON-2N“顿河”固态相控阵雷达。近年来由于微波单片集成和收发模块的快速发展,固态发射模块可以做到 X 波段(8 ~ 12GHz)甚至更高的频率。由于低价格、高性能等优点,固态发射机可以更好地应用到绝大部分雷达系统中。

由于大规模集成电路的快速发展和相关数字信号处理技术的进步,自 20 世纪 80 年代以来,数字化雷达接收机得以迅速发展。传统的模拟雷达接收机通常只能处理单一信号,且设备较大、性能较差,而数字接收机可以利用直接数字频率合成技术、直接中频采样和数字下变频技术生成和处理各种复杂的信号,并且其硬件设备的稳定性及可靠性大幅提升,对现代战场面临的复杂电磁环境和多干扰情况拥有很强的适应性,故数字接收机是当前雷达发展的主流趋势。数字化接收的方法有很多,通常采用特定用途集成电路(ASIC)、现场可编程门阵列(FPGA)及数字信号处理器(DSP)来实现。

国外在 20 世纪 80 年代开始出现研制数字接收机的报道,而国内是从 20 世纪 90 年代后开始数字接收机的研究与应用。如今的数字接收机研究与应用主要集中在中频(300 ~ 3000kHz)部分,随着高速模拟数字转换器(ADC)和数字信号处理器件的快速发展，数字接收机的采样频率向着高射频（300kHz～300GHz）靠近，而且高灵敏度、大带宽、广动态范围、强稳定性是当前数字接收机发展的主要趋势。

2）自适应技术的应用

动目标显示（MTI）技术是利用动目标回波与杂波在频域上的不同特性来进行杂波抑制，并保留动目标信号，由 Harry Urkowitz 等人于1958年提出。经过数十年的发展，MTI 滤波器的应用已十分广泛。

由于气象杂波、陆海杂波的内部运动，载机平台运动及其他影响，杂波频谱中心往往会产生偏移，而这种偏移会导致 MTI 性能的急剧下降，为了解决这类问题，一些学者相继提出了各种自适应 MTI 技术。自适应 MTI 技术的主旨是将对消滤波器的凹口自适应地匹配到杂波谱中心，从而可以在复杂环境中有效地抑制不同种类的杂波，达到目标检测性能提升的目的。自适应 MTI 技术有不同的实现机理，可以分为滤波器凹口自适应匹配杂波谱中心和杂波谱频率估计及补偿的固定凹口自适应 MTI 技术。

在20世纪50年代，为了补偿由雷达平台运动引起的杂波多普勒频谱展宽，一些学者提出了偏置相位中心天线（DPCA）方法。DPCA 采用物理或电偏移天线中心技术即机械方式和电子方式，在每两个脉冲间通过天线孔径相对于飞行方向的偏移来补偿雷达平台速度的垂直分量。虽然该方法可以有效地对消主杂波，但是其对于副瓣杂波无法进行有效抑制，而且由于该方法使用传统的三脉冲相消等方法，受误差影响较大的同时会使滤波凹口难以调整，从而降低对慢速目标的检测性能。

MTD 技术是继 MTI 后的一项新技术。MTD 与 MTI 同样是对数据进行频域处理，但 MTD 可以更加有效地进行频域处理。相对 MTI，MTD 不仅可以有效改善滤波器的频率特性，使之更加接近匹配滤波从而提高改善因子，还可以在强杂波环境下检测慢速目标，而且 MTD 增加了恒虚警率（CFAR）检测器，可以更好地检测目标。

20世纪70年代初期，林肯实验室成功研制了首个动目标检测器，由一个三脉冲对消器级联8点 FFT 滤波器组和零速目标检测支路组成。几年后，第二代动目标检测器研制成功，相对于首代动目标检测器，做了以下几方面完善：通过分频道恒虚警处理对同一距离门不同滤波器频道输出分别进行 CFAR 处理；增加"饱和"检测电路，抑制强干扰信号；增加气象评估能力，对气象杂波进行一定抑制。为补偿机载雷达平台运动引起的主杂波漂移和获得较好的杂波抑制和目标检测性能，PD 雷达相继投入应用。PD 是机载雷达的一种重要工作方式，PD 工作方式是在每个距离门设置一组滤波器，对接收的回波信号进行多普勒滤波，从而有效地进行杂波抑制，并提高目标检测能力。但是，PD 技术只能在距离－

多普勒的清晰区和副瓣杂波较弱的区域进行有效检测，而且在距离模糊的情况下，由于目标和近距杂波重叠其目标检测性能会有所下降，所以在实际应用中PD技术具有一定局限性。

近些年，自适应动目标检测技术得到了快速发展，可以根据杂波响应特性自适应产生或选择滤波器权系数，从而有效地降低信干噪比损失并改善主杂波宽度。

随着战场环境的日益复杂，提高雷达的抗干扰能力成为一个亟待解决的问题。抗干扰是一个大的题目，需要综合运用各种手段，在接收处理中，自适应波束形成技术的出现在一定程度上缓解了这个问题。它在干扰波达方向形成自适应凹陷，从而有效地抑制干扰。在各种自适应波束形成方法中，自适应副瓣相消（ASLC）技术是一种经济、高效的方法，该技术于1979年由C. A. Chuang提出，能根据期望信号与干扰波达方向的不同，自适应调整辅助天线的最优权矢量，从而使阵列方向图在干扰方向上出现零陷，并使期望信号尽可能地保留。

自适应副瓣相消算法按照结构可划分为两种类型：快速收敛的无反馈开环算法和拥有误差校正能力的有反馈闭环算法。这两种方法各有利弊，有反馈闭环算法可以逐渐收敛到最优性能，但需要大量时间，无反馈开环算法可以快速收敛。所以在当前要求高速处理的雷达系统中，无反馈开环算法更加适用，也更加普遍。在美国国防部的支持下，美国相继研制出了各式数字开环副瓣相消器，其技术已相对完善。

3）多通道体制的发展

较早的多通道技术是相控阵技术，最早源于20世纪30年代。1937年美国率先进行了将相控阵技术应用到雷达系统的研究。20世纪50年代，随着微波电子器件的快速发展，美国研制出了具有实用价值的相控阵雷达。之后的几十年里，各种类型的相控阵雷达日渐增多，功能也逐渐强大。与传统雷达不同，相控阵雷达是由馈电相位可以进行编程控制的天线单元排列组合而成。相控阵雷达通过相位扫描来改变波束指向，克服了传统机械扫描的缺点，同时具有多功能、多波束和自适应抗干扰等诸多优点。

相控阵雷达主要分为无源相控阵（PESA）雷达和有源相控阵（AESA）雷达，其中无源相控阵指信号收发共用一个或几个发射机和接收机，而有源阵列指每个阵元都配备可提供辐射功率的T/R组件。有源相控阵相对于无源相控阵的好处主要在于发射效率更高，在相同电源功率条件下，有源相控阵的发射功率可以提高2~3dB，同时分布式的大量T/R组件替换了集中式的大功率发射机，有效地提升了系统的稳定性。随着固态器件和数字技术及阵列天线技术的相互结合，有源相控阵的天线性能有了很大改善。

从2006年起，美国开始资助“多功能相控阵雷达（MPAR）”研究计划，该计划主要任务是服务于国家安全、天气监测、空中交通管制等。近年来，在该计划的支持下，美国对宙斯盾（SPY-1A）相控阵雷达和 EQ-36 火控雷达进行了有效的改造。

多通道技术的进一步发展是数字化多通道技术，数字阵列（DA）雷达是将数字技术与天线技术相结合，用数字 T/R 组件代替传统模拟组件，使接收波束和发射波束都可以通过数字技术形成的新式雷达。数字阵列雷达是对有源相控阵雷达的改进，使用数字波束形成技术实现波束的空间扫描，在具备有源相控阵雷达优点的同时，还拥有以下优点：波束扫描速度快，幅相控制精度高，易于实现超低收发副瓣；较高的空时自由度有利于实现自适应零点抗干扰技术和 STAP 处理；数字化器件的应用降低了雷达重量和整机功耗，也使系统整体的稳定性增加、性能提升。所以，数字阵列雷达可以满足多种先进信号处理方法的使用条件，并且在复杂战场环境下可以有效地进行探测、跟踪、识别、抗干扰等，实现多种功能应用。

为了应对沿海和远洋的复杂杂波及多干扰情况下的小目标检测任务，美国海军研究局（ONR）于 2000 年开展了全数字波束形成的数字阵列雷达研究。该项目通过开发一种具有全数字波束形成结构的有源阵列雷达系统，来提高信杂比、系统可靠性及减少寿命周期成本。

多通道天线技术和自适应处理技术相结合，诞生了比副瓣相消能力更强的空域滤波技术，为雷达更方便地抑制干扰提供了有效途径。其和机载雷达的应用结合，产生了空时自适应处理（STAP）技术。STAP 是一种用于强杂波环境中机载雷达地面慢速目标和弱小目标检测的技术，其基本原理是通过设计一种空时二维最优滤波器来消除杂波、人为干扰以及其他形式的干扰，从而提升目标检测性能。在 1973 年被提出后，STAP 经历了 40 多年的发展已经开始在实际装备上应用。

多通道天线技术和数字波形产生技术的结合，诞生了多输入多输出（MIMO）雷达技术。MIMO 技术最早由 Marconi 于 1908 年提出，而 MIMO 雷达的概念则由 E. Fishler 于 2004 年提出。MIMO 雷达技术是指在发射端使用多个天线发射不同波形，并且在接收端使用多个天线接收反射信号。相对于传统雷达，MIMO 雷达具备更高的空间分辨力、对弱小及慢速运动目标的敏感性、更好的目标参数估计能力及更强的干扰抑制能力。目前，MIMO 雷达技术仍未广泛应用，但其本身的优越性使其成为雷达技术研究的一个重要方向。

4）雷达成像及目标分类的发展

雷达成像技术起源于 20 世纪 50 年代，自此雷达不仅仅是将所观测到的对象当作目标点来检测和进行参数估计，而且还可以获得飞机、车辆、导弹目标或地面场景的图像。由于雷达具有全天候、全天时、远距离等特性，故雷达成像技术可以很好地应用于实时目标获取及地形测绘中。雷达成像技术主要是通过发射宽带信号并对接收信号进行匹配滤波从而获得距离维的高分辨力,利用雷达和目标间的相对运动形成大的虚拟天线孔径,实现方位向(多普勒维)的高分辨力从而获得二维高分辨图像。根据该原理进行地面成像的机载或星载雷达,即雷达运动、目标固定的雷达通常称为合成孔径雷达(SAR)。对于地基雷达,即雷达固定、目标运动的雷达通常称为逆合成孔径雷达(ISAR)。SAR 还可以通过双天线接收干涉测量技术获得地面数字高程模型(DEM),这样的 SAR 称为干涉合成孔径雷达(InSAR),而 ISAR 可以结合干涉技术形成干涉逆合成孔径雷达(InISAR),生成三维图像从而提高目标识别能力。

自 1957 年 Cutrona 等人研制的机载 SAR 进行首次试验飞行后,各种实用 SAR 相继而出,1978 年星载 SAR Seasat-A 的顺利发射,代表着 SAR 技术向空间应用迈进了一大步。当前,美国、俄罗斯、日本及欧盟的一些国家已拥有相对完善的 SAR 和 ISAR 系统,并形成装备体系,而中国自 20 世纪 70 年代开始研发,经过 40 余年的发展,也在雷达成像领域获得了一系列重要成果。

随着雷达检测技术及相关信号处理技术的快速发展,雷达系统不再满足于只对目标进行坐标及运动参数检测这一单一功能。人们迫切希望,新一代的雷达系统中包含目标识别及分类这一重要的新式功能。雷达目标识别和分类技术的原理是基于目标后向散射回波中包含着目标的电磁谐振和频谱特性、光学区散射特性及极化特性,通过数学上的多维空间变换对这些特性的区分、描述及特征提取来估算目标的物理特性参数,然后利用训练样本所构造的识别函数可以实现一系列的识别和分类功能,诸如飞机、舰船及地面载具类型的判别,在众多假目标中对真目标的提取,以及结合 SAR 对一些重要民用或军用设施的目标认知和分类。

自 20 世纪 50 年代开始研究以来,雷达目标识别和分类技术经过多年的发展已开始应用于防空雷达、火控雷达、空间探测及地球遥感等诸多领域。雷达目标识别和分类技术具备诸多功能,对国民经济发展和国防领域的发展都具有重大的促进作用。

从以上发展可以看出,雷达技术的发展是一个漫长的、渐进的过程。工程技术人员总是从实际需求出发,结合当时电子和信息技术的发展,创造性地对雷达的功能、性能进行改进。面对越来越复杂的目标环境、地理环境和电磁环境,雷达的功能和性能仍将不断改进,以适应未来的战场需求。

1.2 机载雷达的发展瓶颈

雷达作为一种全天候、全天时的目标探测手段,在现代信息化战争中的作用越来越重要。随着军事技术发展,机载雷达(机载预警雷达、机载火控雷达等)面临的战场环境越发复杂、目标探测难度逐渐增加,对探测性能提升的需求越发迫切。

机载预警雷达是现代战场信息获取的重要装备。地面雷达和舰载雷达受架设高度和地球曲率的限制,无法以直视方式探测远距离低空目标,对利用起伏地形遮蔽进行低空突袭的巡航导弹和战机更是无能为力。预警机弥补了这种不足,可以对半径数百千米内的高空至超低空目标进行搜索、检测和跟踪,对己方战机进行引导,可以与地面防空系统联合作战,具有较高的机动性和较长时间的续航能力,是现代战争争夺制空权必不可少的武器装备,已经成为现代战争情报预警、战场监视和作战指挥控制系统的重要组成部分,在 20 世纪末和 21 世纪的历次局部战争中发挥了巨大的作用。

机载火控雷达是攻防作战的重要装备。复杂气象条件对光学设备的探测性能造成了明显的限制。现代空军超视距空战、超视距地面攻击作战对探测距离的要求不断提高,使火控雷达、制导雷达成为战机和导弹上的必要装备,其探测威力、对复杂环境的适应能力以及对微弱目标的探测性能都成为关系攻防作战成败的重要因素。

高速巡航和无人化是未来军用飞行器的重要发展方向,给机载雷达带来了新的挑战。四代机已经获得了马赫数 1 以上的高速巡航能力,五代机正向着无人化和更高的马赫数发展。巡航速度超过马赫数 3 的高速飞行器,能在半小时内从北纬 19°的海南岛飞到北纬 4°的曾母暗沙附近。巡航速度超过马赫数 5 的高超声速飞行器,能在 2h 内到达全球任意角落。它们可以作为武器投放平台,为未来战场中的威慑和打击提供更加快捷的手段,对空中、海面和地面重要的军事目标进行远程突袭。而雷达无疑是这些作战平台上最重要的传感器,必须能够在平台高速运动的状态下对目标进行有效的监测、跟踪和定位,能够与武器系统交联,承担火控、制导的任务。

日益复杂的战场环境给机载雷达带来了严峻的挑战。复杂的地理环境产生了复杂的地形杂波,数量越来越多的干扰机和更加复杂的干扰样式使雷达工作的电磁环境越发复杂,对雷达的常规 PD 处理、自适应干扰抑制和空时自适应杂波抑制处理造成了严重的影响。数量更多、雷达散射截面积(RCS)更小、巡航速度范围更大的各种隐身飞机和无人飞行器给雷达的目标探测能力带来了严峻的挑战。

在当前战场环境下,影响机载雷达探测性能的因素包括:

(1)严重非平稳、非均匀的复杂杂波环境成为制约机载雷达性能提升的瓶颈。高超声速巡航导弹、高速战机和预警机必将在未来的战争中发挥不可替代的重要作用。机载/弹载雷达是这类装备上最重要的探测设备,其性能至关重要。但是,战争环境日益复杂、平台速度越来越快和目标种类日趋多样,对雷达系统和信号处理提出了更高的要求。依托复杂地形进行突防的低空目标对机载雷达提出的严峻挑战,使复杂背景下的杂波抑制成为更加关键的问题。对于高速运动平台搭载的雷达而言,杂波区的目标监测是决定其整体探测性能的关键因素。当前抑制杂波最有效的方法是采用超低副瓣天线技术和自适应处理技术。受各种非理想因素和技术工艺水平的制约,天线的副瓣不可能无限降低,在达到 -45dB 的峰值副瓣水平后,每 1dB 的降低都是极其困难的。美国军方、军工企业和高校的雷达专家已经认识到,以传统自适应处理为主要信号处理手段,以增大功率孔径积、压低天线副瓣电平为主要技术发展途径的传统机载雷达发展道路在提高杂波区目标探测性能方面已经遭遇了瓶颈,即将走到尽头。要使机载雷达仍能在未来复杂战场环境下发挥重要作用,迫切需要新的概念、理论和技术来引领雷达系统的发展。

(2) 传统自适应处理技术在复杂杂波背景下面临不可逾越的困难,需要新的理论和方法支撑雷达向前发展。自适应信号处理技术从 20 世纪 70 年代诞生以来,经过 40 余年的发展,在雷达技术中得到广泛应用,例如自适应动目标显示、自适应动目标检测、自适应副瓣相消(SLC)、自适应数字波束形成(DBF)等,这些自适应信号处理技术对雷达性能的不断提升起到了重要的推动作用,也是当前支撑雷达系统发展的核心技术之一。自适应处理的前提是能够对杂波或干扰背景的统计特性进行准确估计,这一点是通过对接收的回波数据进行相关性估计来实现的,本质上属于最大似然估计。因此,要获得理想的性能,需要满足两个必要条件:一是要求被处理的信号在时间和空间上是均匀的、平稳的;二是要有足够多的满足独立同分布(IID)条件的样本。对机载雷达而言,杂波背景的非均匀、非平稳问题非常突出。不仅满足独立同分布条件的可用于杂波统计特性估计的样本数非常有限,而且这些样本还常常和奇异样本混在一起难以区分,从而使自适应处理的性能大大下降甚至完全失效。因此,研究发展新的信号处理理论和方法显得十分迫切。

(3) 按预设工作模式工作的传统雷达体制越来越难以满足复杂多变战场环境下探测目标的需要。经过多年发展,现代雷达具备了波形捷变、频率捷变等一些可以在复杂环境下提高目标探测性能的自适应能力,但整体来看,当前雷达体制对目标和环境的适应能力是非常有限的,有待进一步提高。例如,机载环境下,可以通过控制发射方向图来降低杂波回波强度;在跟踪模式下,可以根据目标回波特性及位置参数来优化设计发射波形和工作模式;在干扰环境下,可以根据干扰样式和特性,有针对性地优化发射波形。因此,研究新的、对目标和环境适应能力更强的雷达体制既是复杂环境下提升雷达探测性能的迫切需求,也是雷达技术发展的必然趋势。

1.3 认知雷达基本概念和技术特点

1.3.1 认知雷达的基本概念

总体来讲,现代雷达体制主要是利用接收数据来进行处理,对外部目标和环境的信息利用较少,对目标和环境的适应能力不足,在复杂地理和电磁环境下探测性能提升面临重大瓶颈。针对这一问题,美军在21世纪初提出了知识辅助(KA)雷达探测的概念,近年又进一步提出了认知雷达(CR)的系统概念。认知的生物学定义是:人和外部环境相互作用的精神意识活动,包括感知、记忆、推理、决策、行动等环节,其核心是从信息获取到利用的智能化闭环过程。认知雷达的基本结构框图如图1.1所示,其主要特点是:利用目标和环境的先验信息,针对性地优化设计雷达工作模式、认知发射波形和波束,突破传统雷达按预设工作模式工作的框架,实现从接收到发射的闭环自适应处理,提高对目标和环境的适应能力;在对接收信号进行处理时,充分利用目标及环境先验信息和知识来提高目标检测和跟踪性能以及杂波抑制性能等,弥补传统雷达对先验信息和知识没有有效利用的缺陷。根据以上特点,我们给出认知雷达的定义为:认知雷达具备对环境和目标信息在线感知和记忆能力,结合先验知识,可以实时优化雷达发射和接收处理模式,达到和目标及环境的最优匹配,提高目标探测性能。

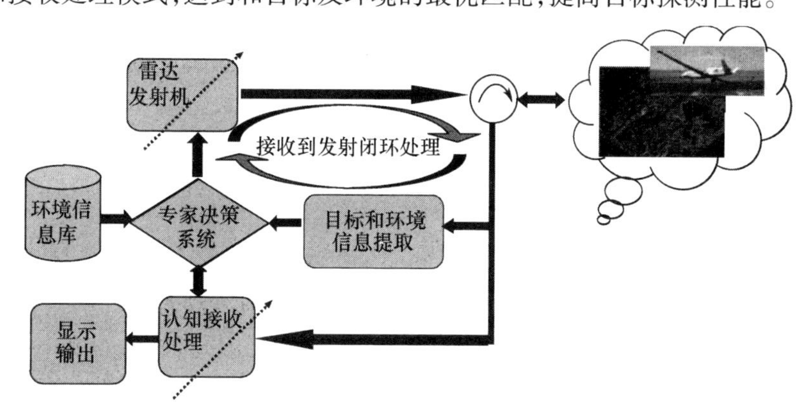

图1.1 认知雷达结构框图

美军认为,把认知探测概念引入实际应用将对机载雷达理论、系统和体系产生革命性的影响,在很多方面颠覆原有雷达的基本原理、技术路线、工作方式,可使雷达的探测性能大幅提高。

目前认知雷达尚处于概念研究阶段,其理论和方法体系尚不完善,需要在系统设计和信号处理理论方面开展开拓性的研究,建立系统理论框架,突破信号处理方面的关键技术,为未来雷达的革命性发展指引方向、奠定理论基础。

本书的编写正是为应对现代战争对机载雷达的实际需求,突破传统机载雷达构架和发展路线的瓶颈问题,探索新一代雷达的认知探测体制和理论体系,研究认知探测雷达的体系架构、认知探测系统理论和信号处理框架,使采用新构架体系的雷达的探测性能获得明显提升。其涉及以下主要问题。

(1) 如何建立复杂环境的参数化模型以满足认知雷达系统设计的要求?

传统雷达在处理环境因素影响时采取的是相对"被动"的方式。例如对有源干扰,通常是根据接收到的回波数据采用自适应干扰抑制方法;对于杂波,也是根据接收到的回波数据采用固定参数滤波或自适应滤波处理的方法。总而言之,传统雷达对外部环境影响采取的是"兵来将挡、水来土掩"的方式,主要对接收到的回波进行处理,几乎没有利用环境先验信息。

认知雷达与传统雷达本质上的不同之处在于利用环境先验信息来提升系统性能。包括利用环境信息实现认知发射和认知接收处理以提高杂波抑制能力及目标检测性能等。这就衍生出一个新的理论问题,即如何面向认知探测来建立复杂环境参数化表示模型。涉及的主要问题包括:面向认知探测所需的环境信息要素分析、精度分析;面向认知探测的环境信息参数化描述;二维或三维数字地形信息和雷达回波之间的映射关系;源信息(SAR 数据、InSAR 数据、红外或光学数据等)和雷达回波之间的映射关系等。其中有些问题虽然已有一些研究成果,例如在基于地形的杂波建模方面已获得一些方法,但针对认知探测的环境特性研究还未得到足够重视,涉及的理论模型尚属空白,需要在以后进行深入分析和探索。

(2) 如何实现基于目标和环境信息的雷达认知发射?

传统雷达是按照预先设定的工作模式来进行工作,不同的工作模式对应不同的发射信号参数,包括发射波形、重复频率、驻留时间等。其工作模式的选择通常由操作员根据不同场景来确定,灵活性较差。认知雷达的特点之一是可以根据目标和环境信息实现认知发射。例如可以根据杂波环境先验信息优化设计发射信号波形使杂波白化或弱化;可以根据干扰样式信息通过发射波形优化设计来减小被敌方侦收的概率以达到抑制干扰的目的;可以在跟踪状态下根据目标运动参数和回波数据来优化发射波形实现能量合理分配。这些功能的实现可以归结为一个问题:如何面向不同应用结合先验信息建立波形优化设计的理论框架和实现方法。传统雷达的波形设计已有较为完善的方法,例如速度和距离解模糊方法、清晰区最大化设计方法、基于模糊函数的方法等。对认知探测系统设计而言,这些理论和方法还远不能满足要求,需要建立新的理论,发展新的方法,包括不同应用背景(杂波抑制、干扰对抗、认知跟踪)波形优化设计代价函数定义;波形优化理论模型建立;不同约束条件(能量、时间、恒模等)下快速优化算法;不同平台(单、多发射通道)条件下的优化方法等。

(3) 如何实现基于目标和环境信息的雷达认知接收处理?

传统雷达主要基于接收数据来进行信号处理,没有利用目标和环境的先验信息。目前最有效的信号处理技术是自适应处理技术。自适应处理要求信号背景是平稳的,且可以获得足够多的训练样本,这一条件在复杂环境下不能满足,严重时甚至会导致自适应处理完全失效。此外,在密集目标环境下,例如,城市和公路区域,对期望目标的检测性能也会严重下降。认知探测的另外一个特点是可以利用目标和环境信息提高接收处理的性能,包括知识辅助杂波抑制、知识辅助目标检测等。其核心问题是利用什么知识,如何利用知识,认知处理的性能如何分析,对误差容错能力如何。对这些问题的研究目前还远不成熟,缺乏完善的理论模型和分析方法,是需要解决的关键问题之一。

本书将围绕以上主要问题进行讨论,为开展新型雷达系统技术研究和信号处理方法研究奠定了一定的基础。当然,很多问题还需进一步深入研究,还需理论和工程上的进一步验证。

1.3.2 认知雷达的技术特点

作为一种传感器,雷达是通过与环境、目标相互作用来获取信息的。在复杂背景下,固定的工作模式和不变的发射波形很难取得令人满意的性能,这是传统雷达的不足,也是雷达进一步发展所必须解决的问题。在整体能量、时间、频谱等资源有限的情况下,如何根据目标、环境变化合理分配和有效利用这些资源是下一代雷达发展必须面对的挑战。认知雷达可以根据目标和外部环境特性智能地选择发射信号和工作方式以及进行资源最优分配,被认为是未来雷达发展的重要方向之一。

认知的定义有很多种(如 1.3.1 节给出的认知生物学定义),对于认知系统的概念也没有一个明确统一的定义。由美国国立卫生研究院(NIH)和国立精神卫生研究所(NIMH)给出的定义也是简洁而全面并且比较有代表性的,定义如下:

认知是人们认识其所处环境的有意识的心理活动。认知行为包括感觉、思考、推理、判断、问题解答和记忆。然而生物学家、心理学家和计算机学家及工程人员的理解各有不同。在工程上,认知系统的一个合理定义应该是具有“感知、学习、自适应”(SLA)能力,能在复杂的环境中逼近最佳性能,并能实现实时运算的系统。

S. Haykin 受蝙蝠回声定位系统的启发,于 2006 年提出了认知雷达概念,指出了认知雷达工作的三个基本特征:

(1) 接收机的贝叶斯推理,用于保存信息;

(2) 从接收机到发射机的反馈,用于智能控制;

(3) 发射机的自适应处理。

其理论经过不断的改进和发展,形成图 1.2 所示的认知雷达基本架构。

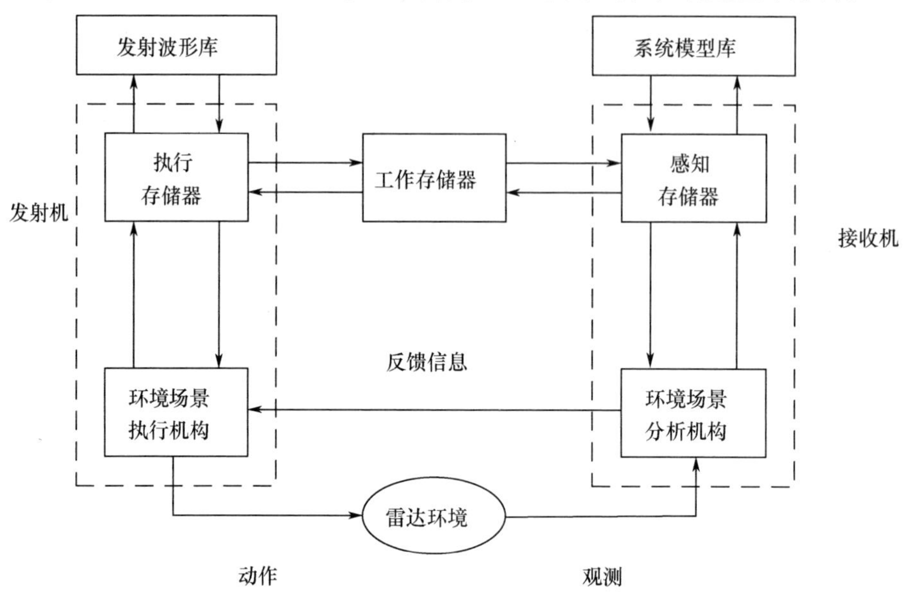

图 1.2 S. Haykin 的认知雷达闭环架构流程图

基于发射的自适应和环境的感知,J. R. Guerci 也提出了一种认知雷达的架构,如图 1.3 所示。

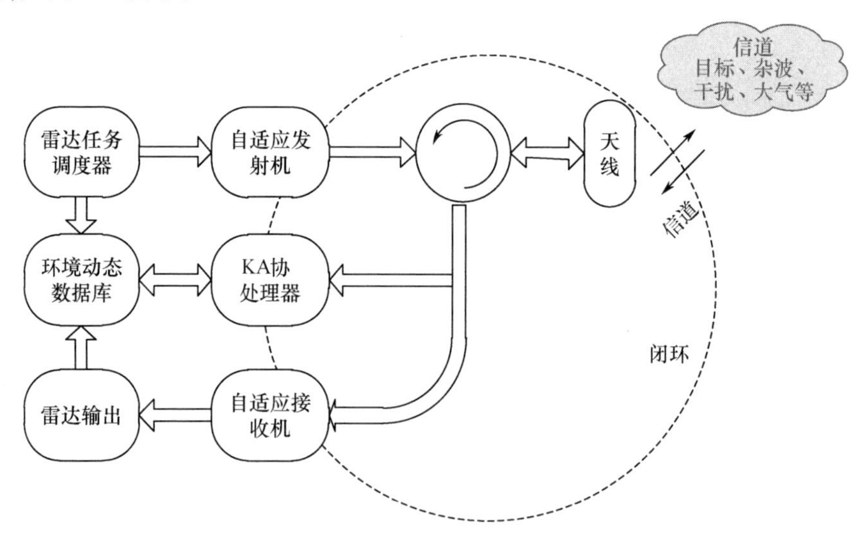

图 1.3 含有环境动态数据库并具备自适应发射特性的认知雷达框图(见彩图)

图 1.1、图 1.2 和图 1.3 的框图虽然有所区别，但也反映了一些共同特征。与传统现代雷达相比，认知雷达所具有的显著特征主要包括：

1）自适应发射机

传统现代雷达只有接收自适应，或简单的发射自适应，例如“模式”选择：搜索/跟踪，低分辨/高分辨。而认知雷达具备自适应发射机，实现了“发射机—天线发射—空间（信道）—天线接收—接收机—KA 协处理—发射机”的自适应闭环。除了接收自适应以外，还可以使用发射自由度，而发射的自由度除波形调制外，还有更多的自由度：空间（方位/俯仰）、极化、慢时间调制等。

2）环境动态数据库

认知雷达的另一个显著特征是包含了环境和感兴趣目标信息的环境动态数据库（EDDB）。这些信息有来自机内的信息源 - 传感器的观测记录，也有来自机外的信息源，包括 SAR、地理信息、编队信息等。EDDB 中的信息是不断动态更新的。

3）智能和知识辅助处理

认知雷达区别于传统现代雷达的第三个特征是具有智能化和知识辅助处理能力。智能是认知雷达通过一个自适应过程不断地调整自己的能力，使其感知并不断应对环境的新变化，从而创造执行器中新形式的动作和行为。知识辅助就是从工程的角度，在合适的、系统化的工程系统/算法中得到人类专家所具有的经验和判断能力，使得在一个外部观察者看来，系统对于外部激励的反应与一个人类专家类似。例如：

（1）知识辅助 CFAR 目标检测；

（2）知识辅助目标识别；

（3）知识辅助空时自适应处理（KA-STAP）；

（4）知识辅助目标跟踪。

4）灵活智能的雷达任务调度

传统雷达的任务调度是按照预先制订的雷达工作程序控制雷达各分机协调工作，认知雷达的任务调度是对传统任务调度的增强：

（1）在原有工作程序的基础上增加了根据接收机感知的环境信息动态地调整发射机和发射天线的功能，实现智能信息处理，实现收/发联合自适应；

（2）通过与动态环境数据库和知识辅助协处理间的通信提供先行处理所需的数据库存取延时补偿；

（3）雷达任务调度器在 t 时刻提前从 EDDB 提取未来时刻（$t+\Delta t$）的目标、环境和任务的信息，这是实现实时 KA 处理的关键步骤。

第2章 认知雷达波形优化设计

相比于传统雷达主要通过接收端的自适应处理应对各种环境下的目标探测问题,认知雷达改变了传统自适应雷达单向的信息处理方式,实现了从接收到发射的闭环处理,具有更强的适应能力、更大的自由度和更加灵活的工作方式。其中,认知发射是认知雷达区别于传统雷达的本质特征。在不同的环境下,针对不同的探测任务,采用认知发射技术有望显著提升回波信号的质量,达到大幅提升系统探测性能的目的。

针对目标检测问题,基于目标和环境先验信息优化发射波形可以提高回波信号的信噪比,提高检测概率;在目标识别方面,目标识别概率与异类目标之间的可分性关系密切,可通过优化发射波形增加异类目标回波之间的差异来改善目标识别概率;在面向目标跟踪的情况中,目标跟踪误差与雷达发射信号的测距、测速精度联系密切,通过波形优化或波形选择有望显著改善目标跟踪精度,提升系统性能。

本章将分别从检测、识别和跟踪三个方面入手,对影响检测、识别和跟踪性能的因素进行分析,并给出了相应的发射波形优化和选择方法。

2.1 针对目标检测的发射波形优化方法

2.1.1 影响目标检测性能的因素分析

信号检测是对接收机接收到的目标信号、噪声和干扰组成的混合信号进行信号处理判断期望信号是否存在,希望检测概率尽可能高,噪声和干扰产生的虚警概率尽可能低。信号处理后的检测器输入信号与门限电平进行比较,超过门限电平即认为有目标。因此雷达检测问题属于二元检测问题。当接收机输入不包含目标信号时,为 H_0假设。当输入信号有目标信号和噪声时,为 H_1假设。

$$\begin{cases} H_0: x(t) = n(t) \\ H_1: x(t) = s(t) + n(t) \end{cases} \tag{2.1}$$

因此，存在两种正确判决和两种错误判决，用条件概率的方式表达这些判决如下：

$$\begin{cases} P_{\mathrm{d}} = P(H_1 \mid H_1) \\ P_{\mathrm{n}} = P(H_0 \mid H_0) \\ P_{\mathrm{fa}} = P(H_1 \mid H_0) \\ P_{\mathrm{m}} = P(H_0 \mid H_1) \end{cases} \tag{2.2}$$

上述四种判决式的意义如表 2.1 所列。

表 2.1　四种判决式及其意义

判决式	判决命名	判决意义	判决属性
$P_{\mathrm{d}} = P(H_1 \mid H_1)$	检测概率	存在目标的条件下，判决有目标	正确判决
$P_{\mathrm{n}} = P(H_0 \mid H_0)$	正确不发现概率	不存在目标的条件下，判决无目标	
$P_{\mathrm{fa}} = P(H_1 \mid H_0)$	虚警概率	不存在目标的条件下，判决有目标	错误判决
$P_{\mathrm{m}} = P(H_0 \mid H_1)$	漏警概率	存在目标的条件下，判决无目标	

由于 $s(t)$ 是确知信号，$n(t)$ 是均值为零、方差为 σ_{n}^2 的高斯分布，则观测信号在 H_0 假设和 H_1 假设下的概率密度函数为

$$p(x \mid H_0) = \frac{1}{\sqrt{2\pi}\sigma_{\mathrm{n}}} \mathrm{e}^{-\frac{x^2}{2\sigma_{\mathrm{n}}^2}}$$

$$p(x \mid H_1) = \frac{1}{\sqrt{2\pi}\sigma_{\mathrm{n}}} \mathrm{e}^{-\frac{(x-s)^2}{2\sigma_{\mathrm{n}}^2}} \tag{2.3}$$

假设门限电压为 V，检测概率和虚警概率为

$$P_{\mathrm{d}} = \int_V^{+\infty} p(x \mid H_1)\mathrm{d}x$$

$$P_{\mathrm{fa}} = \int_V^{+\infty} p(x \mid H_0)\mathrm{d}x \tag{2.4}$$

门限电压由信号检测中选择的最佳检测准则确定。常用的检测准则有贝叶斯准则、最小错误概率准则、最大后验概率准则、极小极大化准则和奈曼－皮尔逊（NP）准则。

实际情况中，通常不能预先知道目标出现的概率，因此在一定的虚警概率下，最大化检测概率或最小化漏警概率，这就是 NP 准则。数学上，可用如下表

达式来描述 NP 准则：

$$P=P_{\mathrm{m}}+\lambda_0 P_{\mathrm{fa}}=P(H_0\mid H_1)+\lambda_0 P(H_1\mid H_0) \tag{2.5}$$

式中：λ_0为拉格朗日乘子；P 为总错误概率，由于 $P_{\mathrm{m}}=1-P_{\mathrm{d}}$，$P=1-P_{\mathrm{d}}+\lambda_0 P_{\mathrm{fa}}$。

对 $x(t)$进行采样得到 N 个样本，接收样本矢量为

$$\boldsymbol{x}=[x_1,\cdots,x_N]^{\mathrm{T}} \tag{2.6}$$

接收样本的联合检测概率和联合虚警概率为

$$\begin{aligned}P_{\mathrm{fa}}&=\int\cdots\int p(x_1,\cdots,x_N\mid H_0)\mathrm{d}x_1\cdots\mathrm{d}x_N\\ P_{\mathrm{d}}&=\int\cdots\int p(x_1,\cdots,x_N\mid H_1)\mathrm{d}x_1\cdots\mathrm{d}x_N\end{aligned} \tag{2.7}$$

总错误概率与联合检测概率、联合虚警概率的关系为

$$P=1-\int\cdots\int[p(x_1,\cdots,x_N\mid H_1)-\lambda_0 p(x_1,\cdots,x_N\mid H_0)]\mathrm{d}x_1\cdots\mathrm{d}x_N \tag{2.8}$$

当 P 最小时，式(2.8)的积分值最大。若满足

$$p(x_1,\cdots,x_N\mid H_1)-\lambda_0 p(x_1,\cdots,x_N\mid H_0)\geqslant 0 \tag{2.9}$$

则判为有目标。若满足

$$p(x_1,\cdots,x_N\mid H_1)-\lambda_0 p(x_1,\cdots,x_N\mid H_0)<0 \tag{2.10}$$

则判为无目标。概括式(2.9)和式(2.10)可得

$$\frac{p(x_1,\cdots,x_N\mid H_1)}{p(x_1,\cdots,x_N\mid H_0)}\begin{cases}\geqslant\lambda_0,\text{判为有目标}\\<\lambda_0,\text{判为无目标}\end{cases} \tag{2.11}$$

定义有信号时的概率密度函数和只有噪声时的概率密度函数之比为似然比 $\lambda(x)$，即

$$\lambda(x)=\frac{p(x\mid H_1)}{p(x\mid H_0)} \tag{2.12}$$

虚警概率 P_{fa}定义为当雷达接收信号中只有噪声时，信号包络 r 超过门限电压 V 的概率。虚警概率计算式为

$$\begin{aligned}P_{\mathrm{fa}}&=\int_V^{\infty}\frac{r}{\sigma_{\mathrm{n}}^2}\mathrm{e}^{-\frac{-r^2}{2\sigma_{\mathrm{n}}^2}}\mathrm{d}r=\mathrm{e}^{-\frac{V^2}{2\sigma_{\mathrm{n}}^2}}=\mathrm{e}^{-V'^2}\\ V^2&=2\sigma_{\mathrm{n}}^2\ln(1/P_{\mathrm{fa}})\\ V'^2&=\ln(1/P_{\mathrm{fa}})\end{aligned} \tag{2.13}$$

式中：V'定义为标准电压，即噪声功率归一化门限电压。

检测概率 P_{d} 是指在噪声加信号的情况下的包络 r 超过门限电压 V 的概率，

即目标被检测到的概率,检测概率表达式为

$$P_{\mathrm{d}} = \int_{V}^{\infty} \frac{r}{\sigma_{\mathrm{n}}^{2}} \mathrm{I}_0\left(\frac{rA}{\sigma_{\mathrm{n}}^{2}}\right) \mathrm{e}^{-\frac{r^2+A^2}{2\sigma_{\mathrm{n}}^2}} \mathrm{d}r \tag{2.14}$$

式中:σ_{n}^{2} 是噪声功率;A 假设是雷达信号 $A\cos(2\pi f_0 t)$ 的幅度,它的功率为 $A^2/2$;$\mathrm{I}_0(\beta)$ 为修正的第一类零阶贝塞尔函数,有

$$\mathrm{I}_0(\beta) = \frac{1}{2\pi}\int_0^{2\pi} \mathrm{e}^{\beta\cos\phi}\mathrm{d}\phi \tag{2.15}$$

式中:$\beta = \dfrac{rA}{\sigma_{\mathrm{n}}^{2}}$。

将单个脉冲的信噪比 $\mathrm{SNR} = A/2\sigma_{\mathrm{n}}^{2}$ 和 $V^2 = 2\sigma_{\mathrm{n}}^{2}\ln(1/P_{\mathrm{fa}})$ 代入式(2.15)得

$$P_{\mathrm{d}} = \int_{\sqrt{2\sigma_{\mathrm{n}}^2\ln(1/P_{\mathrm{fa}})}}^{\infty} \frac{r}{\sigma_{\mathrm{n}}^{2}} \mathrm{I}_0(2r\mathrm{SNR}) \mathrm{e}^{-\frac{r^2}{2\sigma_{\mathrm{n}}^2}-\mathrm{SNR}} \mathrm{d}r = Q\left[\sqrt{2\mathrm{SNR}}, \sqrt{-2\ln(P_{\mathrm{fa}})}\right] \tag{2.16}$$

式中:$Q[\alpha,\beta] = \int_{\beta}^{\infty} \varepsilon \mathrm{I}_0(\alpha\varepsilon)\mathrm{e}^{-(\varepsilon^2+\alpha^2)/2}\mathrm{d}\varepsilon$,称为 Marcum Q 函数,这里引用 Parl 的算法求解该积分,有

$$Q[\alpha,\beta] = \begin{cases} \dfrac{\alpha_n}{2\beta_n}\mathrm{e}^{(a-b)^2/2} & a < b \\ 1 - \dfrac{\alpha_n}{2\beta_n}\mathrm{e}^{(a-b)^2/2} & a \geqslant b \end{cases} \tag{2.17}$$

$$\alpha_n = d_n + \frac{2n}{ab}\alpha_{n-1} + \alpha_{n-2}, \beta_n = 1 + \frac{2n}{ab}\beta_{n-1} + \beta_{n-2}, d_{n+1} = d_n d_1 \tag{2.18}$$

$$\alpha_0 = \begin{cases} 1, a < b \\ 0, a \geqslant b \end{cases}, \alpha_{-1} = 0.0, \beta_0 = 0.5, \beta_{-1} = 0.0, d_1 = \begin{cases} \dfrac{a}{b} & a < b \\ \dfrac{b}{a} & a \geqslant b \end{cases} \tag{2.19}$$

图 2.1 给出了不同虚警概率 P_{fa} 情况下,检测概率 P_{d} 与 SNR 的关系曲线。图 2.1 表明,当给定虚警概率 P_{fa} 时,检测概率 P_{d} 随信噪比 SNR 单调递增。因此,在噪声背景下,针对目标检测的发射波形优化可以通过最大化回波的信噪比实现。在服从高斯分布的杂波、干扰和噪声背景下,发射波形优化可以通过最大化回波信杂噪比(SCNR)实现。

2.1.2　面向目标检测的发射波形设计

宽带条件下,待检测目标为分布式目标,其回波信号分布于多个距离单元。

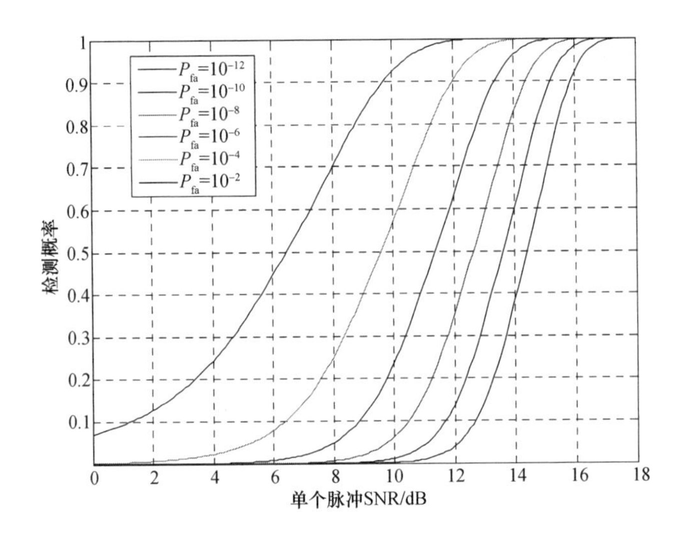

图 2.1　检测概率与单个脉冲 SNR 的关系曲线(见彩图)

此时,宽带雷达信号照射到目标上,目标回波可看作是发射信号经过滤波器后的输出。复杂环境下,空间可能存在干扰(杂波)等因素影响目标检测性能,此时,优化设计发射波形能够有效地降低干扰(杂波)对目标检测的影响。本节从连续信号处理和离散信号处理两个角度介绍针对目标检测的宽带雷达发射波形设计方法。

1) 杂波和噪声背景下基于连续信号模型的最优波形设计

假设有限时宽、有限带宽的信号 $f(t)$ 照射在一个冲击响应为 $w(t)$ 的静止目标及冲击响应为 $w_c(t)$ 的杂波背景上,信号模型如图 2.2 所示,其中目标冲击响应 $w(t)$ 是因果的、确知的、可积且平方可积的。杂波冲击响应 $w_c(t)$ 是随机的,其功率谱密度为 $G_c(w)$,信道噪声 $n(t)$ 为广义平稳噪声,功率谱密度为 $G_n(w)$。雷达接收到的信号 $r(t)$ 可以表示为目标回波信号 $s(t)$ 叠加噪声和杂波,即

$$\begin{cases} r(t)=s(t)+n(t)+f(t)*w_c(t) \\ s(t)=f(t)*w(t) \end{cases} \tag{2.20}$$

式中:* 表示卷积运算。

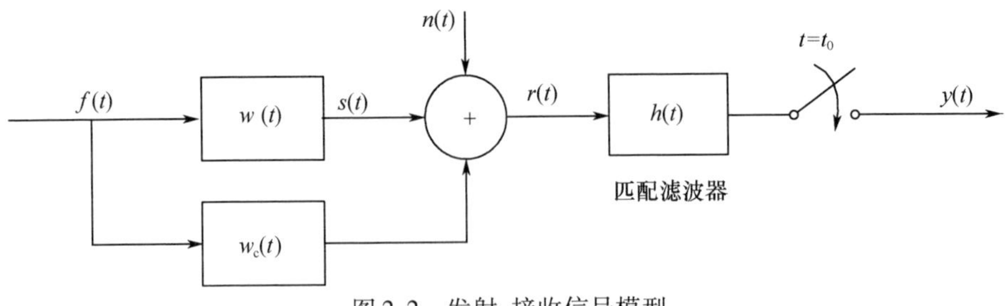

图 2.2　发射、接收信号模型

接收信号 $r(t)$ 经过一个因果的冲击响应为 $h(t)$ 的匹配滤波器后，系统输出记为 $y(t)$。令 $F(\omega)$、$S(\omega)$ 和 $H(\omega)$ 分别为 $f(t)$、$s(t)$ 和 $h(t)$ 的频域表达式，$y_s(t)$ 和 $y_0(t)$ 分别表示系统输出的信号部分和包含杂波和噪声的部分，$y_s(t)$ 和 $y_0(t)$ 分别表示为

$$
\begin{aligned}
y_s(t) &= \int_0^t h(\tau)s(t-\tau)\mathrm{d}\tau \\
&= \frac{1}{2\pi}\int_{-\infty}^{\infty} H(\omega)S(\omega)\mathrm{e}^{\mathrm{j}\omega t}\mathrm{d}\omega
\end{aligned}
\tag{2.21}
$$

$$
\langle y_0^2(t)\rangle = \frac{1}{2\pi}\int_{-\infty}^{\infty} |H(\omega)|^2 G_0(\omega)\mathrm{d}\omega \tag{2.22}
$$

式中

$$
G_0(\omega) = G_n(\omega) + G_c(\omega)|F(\omega)|^2 \tag{2.23}
$$

t_0时刻系统输出的信干噪比（SINR）为

$$
\gamma = \rho(t_0) = \frac{y_s^2(t)}{\langle y_0^2(t)\rangle} \tag{2.24}
$$

我们希望找到一对可以在 t_0时刻最大化系统的输出 SINR 的发射信号和匹配滤波器，即找到 $f(t)$ 和 $h(t)$ 来最大化输出 SINR，为

$$
\gamma_0 = \max_f \max_h \rho(t_0) \tag{2.25}
$$

首先固定 $f(t)$ 求解 $h(t)$，这可以直接在频域进行求解，有

$$
\rho(t_0) = \frac{\left|\dfrac{1}{2\pi}\displaystyle\int_{-\infty}^{\infty} H(\omega)S(\omega)\mathrm{e}^{\mathrm{j}\omega t_0}\mathrm{d}\omega\right|^2}{\dfrac{1}{2\pi}\displaystyle\int_{-\infty}^{\infty} |H(\omega)|^2 G_0(\omega)\mathrm{d}\omega} \tag{2.26}
$$

考虑到 $n(t)$ 的频谱较宽且相对比较平坦的特性，可以假设 $G_0(\omega)$ 和 $G_0^{-1}(\omega)$ 在 $0\leqslant\omega^2\leqslant\infty$ 情况下都是正的，且满足佩利－维纳（Paley-Wiener）约束

$$
\int_{-\infty}^{\infty} \frac{|\ln G_0(\omega)|}{1+\omega^2}\mathrm{d}\omega < \infty \tag{2.27}
$$

于是存在一个最小相位函数 $L(s)$，满足

$$
G_0(\omega) = |L(\mathrm{j}\omega)|^2 \tag{2.28}
$$

式（2.26）可以改写为

$$
\rho(t_0) = \frac{\left|\dfrac{1}{2\pi}\displaystyle\int_{-\infty}^{\infty} H(\omega)L(\mathrm{j}\omega)L^{-1}(\mathrm{j}\omega)S(\omega)\mathrm{e}^{\mathrm{j}\omega t_0}\mathrm{d}\omega\right|^2}{\dfrac{1}{2\pi}\displaystyle\int_{-\infty}^{\infty} |H(\omega)L(\mathrm{j}\omega)|^2\mathrm{d}\omega} \tag{2.29}
$$

令 $v(t)$ 和 $g(t)$ 分别是 $H(\omega)L(\mathrm{j}\omega)$ 和 $L^{-1}(\mathrm{j}\omega)S(\omega)$ 的时域表达式，由于 $L(s)$ 是最小相位信号，所以 $v(t)$ 和 $g(t)$ 是因果的，它们之间的卷积可表示为

$$\begin{aligned}&\int_0^{t_0} v(t)g(t_0-t)\mathrm{d}t\\&=\frac{1}{2\pi}\int_{-\infty}^{\infty}H(\omega)L(\mathrm{j}\omega)L^{-1}(\mathrm{j}\omega)S(\omega)\mathrm{e}^{\mathrm{j}\omega t_0}\mathrm{d}\omega\end{aligned}\tag{2.30}$$

或者

$$\int_0^{t_0} v(t)g(t_0-t)\mathrm{d}\tau=\int_{-\infty}^{t_0} v(t)u(t)g(t_0-t)\mathrm{d}t\tag{2.31}$$

式中：$u(t)$ 为阶跃函数。如果 $K(\omega)$ 是 $u(t)g(t_0-t)$ 的频域表达式，由 Parseval 准则可知

$$\Delta=\frac{1}{2\pi}\int_{-\infty}^{\infty}H(\omega)L(\mathrm{j}\omega)K^*(\mathrm{j}\omega)\mathrm{d}\omega\tag{2.32}$$

根据 Schwarz 不等式定理可得

$$\begin{aligned}\rho(t_0)&=\frac{\left|\frac{1}{2\pi}\int_{-\infty}^{\infty}H(\omega)L(\mathrm{j}\omega)K^*(\mathrm{j}\omega)\mathrm{d}\omega\right|^2}{\frac{1}{2\pi}\int_{-\infty}^{\infty}|H(\omega)L(\mathrm{j}\omega)|^2\mathrm{d}\omega}\\&\leqslant\frac{1}{2\pi}\int_{-\infty}^{\infty}|K^*(\mathrm{j}\omega)|^2\mathrm{d}\omega\end{aligned}\tag{2.33}$$

当且仅当 $H(\omega)=\mu L^{-1}(\mathrm{j}\omega)K(\mathrm{j}\omega)$ 时取等号，其中 μ 是任意非零常数。即

$$\begin{aligned}\max_h\rho(t_0)&=\frac{1}{2\pi}\int_{-\infty}^{\infty}|K^*(\mathrm{j}\omega)|^2\mathrm{d}\omega\\&=\int_0^{t_0}g^2(t)\mathrm{d}t\end{aligned}\tag{2.34}$$

下面可以通过下式求解最优的发射信号，有

$$\max_f\max_h\rho(t_0)=\max_f\int_0^{t_0}g^2(t)\mathrm{d}t\tag{2.35}$$

令 $W(\omega)$ 表示 $w(t)$ 的频域表达式，可得

$$S(\omega)=W(\omega)F(\omega)\tag{2.36}$$

由于 $g(t)$ 的频域表达式是 $L^{-1}(\mathrm{j}\omega)W(\omega)F(\omega)$，所以 $f(t)$ 的解可以通过求解 $F(\omega)$ 得到。当杂波比较明显的时候，有

$$G_{\mathrm{n}}(\omega)+G_{\mathrm{c}}(\omega)|F(\omega)|^2=|L(\mathrm{j}\omega)|^2\tag{2.37}$$

$g(t)$ 是 $f(t)$ 的非线性函数，这明显给式(2.35)的求解增大了难度。

假设最优解 $F(\omega)$ 是最小相位信号(这并不会给优化造成什么损失),下面分三种情况对优化信号 $f(t)$ 进行求解。

(1) 假设目标环境中不存在杂波,即 $G_c(\omega)\equiv 0$,此时

$$L(j\omega)=L_n(j\omega) \tag{2.38}$$

由于 $G_n(\omega)=|L_n(j\omega)|^2$,可得 $g(t)$ 的频域表达式是 $L_n^{-1}(j\omega)W(\omega)F(\omega)$。令 $\phi(t)$ 是 $L_n^{-1}(j\omega)W(\omega)$ 的时域表达式,$g(t)$ 可写为

$$g(t)=\int_0^t \phi(t-\tau)f(\tau)\mathrm{d}\tau \tag{2.39}$$

令核函数

$$\Omega(\tau_1,\tau_2)=\int_0^{t_0}\phi^*(t-\tau_1)\phi(t-\tau_2)\mathrm{d}t \qquad 0\leqslant \tau_1,\tau_2\leqslant t_0 \tag{2.40}$$

定义线性映射 T:

$$Tf=\int_0^{t_0}\Omega(\tau_1,\tau_2)f(\tau_2)\mathrm{d}\tau_2=(f,Tf) \qquad 0\leqslant \tau_1\leqslant t_0 \tag{2.41}$$

可得

$$\max_h \rho(t_0)=\int_0^{t_0} g^2(t)\mathrm{d}t=(f,Tf) \tag{2.42}$$

由于

$$\Omega(\tau_1,\tau_2)=\Omega(\tau_2,\tau_1) \tag{2.43}$$

所以 T 是对称的、完全连续的和半正定的,且存在一组有限的特征函数 $\psi_r(\tau_1)$ 满足

$$\int_0^{t_0}\Omega(\tau_1,\tau_2)\psi_r(\tau_2)\mathrm{d}\tau_2=\lambda_r\psi_r(\tau_1) \qquad 0\leqslant \tau_1\leqslant t_0 \tag{2.44}$$

式中:特征值 λ_r 是正的,且可以按照单调不减的顺序排列为

$$\lambda_1\geqslant\lambda_2\geqslant,\cdots, \tag{2.45}$$

根据式(2.42)可得

$$\max_f \max_h \rho(t_0)=\max_f(f,Tf) \tag{2.46}$$

对于指定的能量 $\|f\|^2=E>0$,可知

$$\max_f \max_h \rho(t_0)=\lambda_1 E \tag{2.47}$$

的最优解是

$$f=\sqrt{E}\psi_1(t) \tag{2.48}$$

此时接收机匹配滤波器函数为

$$H(\omega) = \mu L^{-1}(\mathrm{j}\omega)K(\mathrm{j}\omega)$$
$$= \frac{\mu \mathrm{e}^{-\mathrm{j}\omega t_0}\left(\int_0^{t_0} g(t)\mathrm{e}^{-\mathrm{j}\omega t}\mathrm{d}t\right)}{L_{\mathrm{n}}(\mathrm{j}\omega)} \tag{2.49}$$

式中:$g(t)$为$\sqrt{E}L_{\mathrm{n}}^{-1}(\mathrm{j}\omega)W(\omega)\Gamma_1(\omega)$的时域表达式,$\Gamma_1(\omega)$为$\psi_1(t)$的频域表达式。

(2) 相对于杂波功率谱$G_{\mathrm{c}}(\omega)$来说,$G_{\mathrm{n}}(\omega)$可以忽略。式(2.37)可简化为

$$|L(\mathrm{j}\omega)|^2 = G_{\mathrm{c}}(\omega)|F(\omega)|^2 \tag{2.50}$$

由$G_{\mathrm{c}}(\omega) = |L_{\mathrm{c}}(\mathrm{j}\omega)|^2$可得

$$L(\mathrm{j}\omega) \approx L_{\mathrm{c}}(\mathrm{j}\omega)F(\omega) \tag{2.51}$$

$g(t)$的频域表达式为

$$\frac{W(\omega)F(\omega)}{L_{\mathrm{c}}(\mathrm{j}\omega)F(\omega)} = \frac{W(\omega)}{L_{\mathrm{c}}(\mathrm{j}\omega)} \tag{2.52}$$

从式(2.52)中可以看出,式(2.35)中的优化与$F(\omega)$无关,匹配滤波器响应也不随$F(\omega)$的变化而变化,且可以写为

$$H(\omega) \approx \frac{\mu \mathrm{e}^{-\mathrm{j}\omega t_0}\left(\int_0^{t_0} g(t)\mathrm{e}^{-\mathrm{j}\omega t}\mathrm{d}t\right)}{L_{\mathrm{c}}(\mathrm{j}\omega)F(\omega)} \tag{2.53}$$

虽然上面的结论是在忽略信道噪声的情况下得到的,但考虑到杂波的强大,式(2.53)的结论是基本准确的。

(3) 在大多数情况下,杂波和噪声都是不能忽略的,即

$$|L(\mathrm{j}\omega)|^2 = G_{\mathrm{n}}(\omega) + G_{\mathrm{c}}(\omega)|F(\omega)|^2 \tag{2.54}$$

此时可以将(1)部分的求解方法扩展为一个循环程序,如下。

给定目标冲击响应$w(t)$及它的频域表达式$W(\omega)$,功率谱密度函数$G_{\mathrm{n}}(\omega)$和$G_{\mathrm{c}}(\omega)$,选择t_0和发射信号$f(t)$的发射能量,进入第一步。

第一步:$k=0$,任取一个时宽为t_0、发射能量为E的因果的发射信号$f_0(t)$。

第二步:令$F_k(\omega)$是$f_k(t)$的频域表达式,则

$$|L_k(\mathrm{j}\omega)|^2 = G_{\mathrm{n}}(\omega) + G_{\mathrm{c}}(\omega)|F_k(\omega)|^2 \tag{2.55}$$

第三步:令$\phi_k(t)$为$L_k^{-1}(\mathrm{j}\omega)W(\omega)$的时域表达式,计算

$$\Omega_k(\tau_1,\tau_2) = \int_0^{t_0} \phi_k^*(t_1 - \tau_1)\phi_k(t_2 - \tau_2)\mathrm{d}t \quad 0 \leqslant \tau_1,\tau_2 \leqslant t_0 \tag{2.56}$$

第四步:求出式

$$\int_0^{t_0} \Omega_k(\tau_1,\tau_2)\psi_1^{(k)}(\tau_2)\mathrm{d}\tau_2 = \lambda_1^{(k)}\psi_1^{(k)}(\tau_1) \quad 0 \leqslant \tau_1 \leqslant t_0 \tag{2.57}$$

的最大特征矢量及其对应的归一化的特征矢量，计算系数

$$c_1^{(k)} = \int_0^{t_0} f_k(\tau_1)\psi_1^{(k)}(\tau_2)\mathrm{d}\tau_1 = (f_k, \psi_1^{(k)}) \tag{2.58}$$

第五步：根据

$$\varepsilon_k = \sqrt{2\sqrt{E}(\sqrt{E} - c_1^{(k)})} \tag{2.59}$$

求解误差系数，然后更新发射信号

$$f_{k+1}(t) = \frac{f_k(t) + \varepsilon_k \psi_1^{(k)}(\tau_1)}{\sqrt{\left(1 + \frac{\varepsilon_k}{\sqrt{E}}\right)^2 - \left(\frac{\varepsilon_k}{\sqrt{E}}\right)^3}} \tag{2.60}$$

第六步：令 $F_{k+1}(\omega)$ 为 $f_{k+1}(t)$ 的频域表达式，用 $k+1$ 代替 k 返回第二步，重复循环直至误差系数 ε_k 降在允许范围之内。然后根据发射信号求解匹配滤波器。

2）基于离散信号模型的发射波形设计方法

假设一个有限时宽、有限带宽的信号 $\boldsymbol{f}$ 照射到一个冲击响应为 $\boldsymbol{w}(t)$ 的静止目标及杂波背景上。杂波信号记为 $\boldsymbol{c}$，其冲击响应功率谱密度记为 $G_\mathrm{c}(\omega)$；信道噪声 $\boldsymbol{n}$ 为广义平稳噪声，其功率谱密度记为 $G_\mathrm{n}(\omega)$。由于目标回波信号存在多重反射现象，所以目标冲击响应 $\boldsymbol{w}(t)$ 是一个长度无限的时间矢量，目标回波 $\boldsymbol{s}$ 也是一个长度无限的矢量。考虑到多重反射后信号能量会逐渐减弱，优化计算中截取有限长度已经足够，而这一长度取决于信号带宽、目标尺寸等因素。令矢量 $\boldsymbol{f} = [f_0, f_1, \cdots, f_{N-1}]^\mathrm{T}$ 表示发射信号的时域离散采样，矢量 $\boldsymbol{s} = [s_0, s_1, \cdots, s_{M-1}]^\mathrm{T}$ 表示目标回波的时域离散采样，其中 T 表示转置变换。$M \times N$ 的目标响应卷积矩阵 $\boldsymbol{q}$ 可表示为

$$\boldsymbol{q} = \begin{pmatrix} w_0 & 0 & \cdots & 0 \\ w_1 & w_0 & \cdots & \vdots \\ \vdots & \vdots & \ddots & 0 \\ w_{N-1} & w_{N-2} & \cdots & w_0 \\ w_N & w_{N-1} & \cdots & w_1 \\ \vdots & \vdots & \ddots & \vdots \\ w_{M-1} & w_{M-2} & \cdots & w_{N-1} \end{pmatrix} \tag{2.61}$$

所以，接收到的长度为 M 的目标回波信号矢量 $\boldsymbol{s}$ 可以表示为 $M \times N$ 的目标响应卷积矩阵 $\boldsymbol{q}$ 和长度为 N 的目标发射信号矢量 $\boldsymbol{f}$ 的乘积，即

$$\boldsymbol{s} = \boldsymbol{q}\boldsymbol{f} \tag{2.62}$$

长度为 M 的离散回波信号矢量 $\boldsymbol{r}$ 不仅有目标回波信号矢量 $\boldsymbol{s}$，也包含了杂波矢量 $\boldsymbol{c}$ 和噪声矢量 $\boldsymbol{n}$，记为

$$\boldsymbol{r}=\boldsymbol{s}+\boldsymbol{r}_x \tag{2.63}$$

式中

$$\boldsymbol{r}_x=\boldsymbol{c}+\boldsymbol{n} \tag{2.64}$$

经过匹配滤波器 $\boldsymbol{h}$ 后，系统输出为

$$\boldsymbol{y}=\boldsymbol{h}^{\mathrm{H}}\boldsymbol{r}=\boldsymbol{h}^{\mathrm{H}}\boldsymbol{s}+\boldsymbol{h}^{\mathrm{H}}\boldsymbol{r}_x=\boldsymbol{y}_s+\boldsymbol{y}_x \tag{2.65}$$

式中：H 为共轭转置。

根据目标、杂波和噪声相互独立的假设，可知回波的协方差矩阵可表示为

$$\boldsymbol{R}_{\mathrm{r}}=E(\boldsymbol{r}\boldsymbol{r}^{\mathrm{H}})=\boldsymbol{R}_{\mathrm{s}}+\boldsymbol{R}_x \tag{2.66}$$

式中：$E(\cdot)$为数学期望；$\boldsymbol{R}_{\mathrm{s}}$ 和 $\boldsymbol{R}_x$ 分别为目标信号 $\boldsymbol{s}$ 的自相关矩阵及杂波和噪声的时域自相关矩阵，且

$$\boldsymbol{R}_{\mathrm{s}}=E(\boldsymbol{s}\boldsymbol{s}^{\mathrm{H}})=\boldsymbol{s}\boldsymbol{s}^{\mathrm{H}} \tag{2.67}$$

$$\boldsymbol{R}_x=E(\boldsymbol{r}_x\boldsymbol{r}_x^{\mathrm{H}}) \tag{2.68}$$

式中：$\boldsymbol{R}_x$是噪声和杂波的时域自相关矩阵，它是一个 $M\times M$ 的 Hermitian – Toeplitz 矩阵，可表示为

$$\boldsymbol{R}_x=\begin{pmatrix} r_0 & r_1 & \cdots & r_{M-1} \\ r_1^* & r_0 & \cdots & r_{M-2} \\ \vdots & \vdots & \ddots & \vdots \\ r_{M-1}^* & r_{M-2}^* & \cdots & r_0 \end{pmatrix} \tag{2.69}$$

式中

$$r_l=\frac{1}{2\pi}\int\{G_{\mathrm{n}}(\omega)+G_{\mathrm{c}}(\omega)|F(\omega)|^2\}\mathrm{e}^{\mathrm{j}l\omega}\mathrm{d}w \tag{2.70}$$

式中：$l=0,1,\cdots,M-1$；$G_{\mathrm{n}}(\omega)$，$G_{\mathrm{c}}(\omega)$和$|F(\omega)|^2$分别为噪声、杂波冲击响应和发射信号的功率谱密度函数。

系统输出的信干噪比（SINR）γ 可表示为

$$\gamma=\frac{E[|\boldsymbol{y}_{\mathrm{s}}|^2]}{E[|\boldsymbol{y}_x|^2]}=\frac{\boldsymbol{h}^{\mathrm{H}}\boldsymbol{R}_{\mathrm{s}}\boldsymbol{h}}{\boldsymbol{h}^{\mathrm{H}}\boldsymbol{R}_x\boldsymbol{h}} \tag{2.71}$$

根据最大化回波信号输出的 SINR 准则，利用偏微分或者正交准则可求得最优匹配滤波器为[7]

$$\boldsymbol{h}_{\mathrm{match}}=\alpha\boldsymbol{R}_x^{-1}\boldsymbol{s}=\alpha\boldsymbol{R}_x^{-1}\boldsymbol{q}\boldsymbol{f} \tag{2.72}$$

$$\gamma_{\mathrm{match}}=\max_{h}\gamma=\boldsymbol{s}^{\mathrm{H}}\boldsymbol{R}_x^{-1}\boldsymbol{s} \tag{2.73}$$

最优的匹配滤波器输出为

$$\gamma_{\text{opt}} = \max_f \gamma_{\text{match}} = \max_f \boldsymbol{f}^{\text{H}} \boldsymbol{\Omega} \boldsymbol{f} \tag{2.74}$$

式中

$$\boldsymbol{\Omega} = \boldsymbol{q}^{\text{H}} \boldsymbol{R}_x^{-1} \boldsymbol{q} \tag{2.75}$$

此时优化信号的求解可表示为

$$\boldsymbol{f} = \arg\max_f \boldsymbol{f}^{\text{H}} \boldsymbol{\Omega} \boldsymbol{f} \qquad \boldsymbol{f}^{\text{H}} \boldsymbol{f} = E_0 \tag{2.76}$$

在没有杂波的情况下，$G_c(\omega)=0$，$\boldsymbol{\Omega}$ 与发射信号 $\boldsymbol{f}$ 独立，最优发射信号为

$$f = \sqrt{E_0}\boldsymbol{\psi}_1 \tag{2.77}$$

式中：$\boldsymbol{\psi}_1$是矩阵 $\boldsymbol{\Omega}$ 的最大特征值所对应的特征矢量。

当杂波不为零时，即 $G_c(\omega)\neq 0$，杂波和噪声的时域自相关矩阵 $\boldsymbol{R}_x$ 与发射信号的功率谱$|F(\omega)|^2$有关，此时可以通过循环程序进行求解。循环算法的具体步骤介绍如下：

(1) 初始状态 $k=0$，令 f_0为任意实因果的时域发射信号矢量，其持续时间为 t_0，能量为 E_0。

(2) 令 $f_k \leftrightarrow F_k(\omega)$，利用式(2.69)和式(2.70)计算时域自相关矩阵 $\boldsymbol{R}_x$。

(3) 基于自相关矩阵 $\boldsymbol{R}_x$和目标冲击响应矩阵 $\boldsymbol{q}$，利用式(2.75)计算 $\boldsymbol{\Omega}_k$。

(4) 找到矩阵 $\boldsymbol{\Omega}_k$的最大特征值 $\lambda_1^{(k)}$ 和对应的归一化特征矢量 $\boldsymbol{v}_1^{(k)}$。

(5) 第 k 时刻的均方根误差的表达式为

$$\varepsilon_k = \sqrt{2\sqrt{E_0}(\sqrt{E_0} - f_k^{\text{H}} v_1^{(k)})} \tag{2.78}$$

前一步发射信号矢量 $\boldsymbol{f}_k$ 和特征矢量 $\boldsymbol{v}_1^{(k)}$ 的归一化线性组合用于更新第 $k+1$ 时刻的发射矢量 $\boldsymbol{f}_{k+1}$，有

$$\boldsymbol{f}_{k+1} = \frac{\boldsymbol{f}_k + \varepsilon_k \boldsymbol{v}_1^{(k)}}{\sqrt{\left(1+\frac{\varepsilon_k}{\sqrt{E_0}}\right)^2 - \left(\frac{\varepsilon_k}{\sqrt{E_0}}\right)^3}} \tag{2.79}$$

(6) 令 $\boldsymbol{f}_{k+1} \leftrightarrow \boldsymbol{F}_{k+1}(w)$，迭代步骤(2)~(5)直至 ε_k充分小，最优发射信号矢量为

$$\boldsymbol{f} = \lim_{k\to\infty} \boldsymbol{f}_k \tag{2.80}$$

2.2 针对目标识别的发射波形优化方法

基于目标回波的雷达自动目标识别技术是利用异类目标之间的回波差异实

现目标识别的。然而,当目标回波不能充分体现各类目标特性的差异时,寻找可充分体现异类目标之间差异的特征非常困难,这不仅会增加分类器设计的难度和复杂度,同时也很难得到理想的识别率。此时,如果能设计一组可以充分体现异类目标之间差异的发射波形,不仅可以提高系统的识别性能,还能降低识别算法的复杂度,对于目标识别来说具有非常重要的意义。

目标识别的发射波形优化对识别性能的贡献要以提高正确识别分类概率来衡量,因此,针对目标识别的发射波形优化需要紧密结合分类器的特点。下面以贝叶斯分类器为例,对影响分类器性能的因素进行分析。

2.2.1 影响目标识别性能的因素分析

对于 M 类目标识别来说,假设 $\boldsymbol{w}_i$ 表示第 i 类目标回波的冲击响应,那么对应目标回波可表示为

$$s_i = \boldsymbol{w}_i * f = \boldsymbol{q}_i f \tag{2.81}$$

式中:$\boldsymbol{q}_i$ 为第 i 类目标回波的冲击响应 $\boldsymbol{w}_i$ 所对应的卷积矩阵。

此时,当目标为第 i 类目标时,在高斯噪声背景下,雷达接收信号可表示为

$$\boldsymbol{x}_i = \boldsymbol{s}_i + \boldsymbol{n} \tag{2.82}$$

其概率密度函数可表示为

$$p(\boldsymbol{x}_i) = \frac{1}{(2\pi)^{d/2}|\boldsymbol{\Sigma}|^{1/2}}\exp\left[-\frac{1}{2}(\boldsymbol{x}_i - \mu_i)^{\mathrm{H}}\boldsymbol{\Sigma}^{-1}(\boldsymbol{x}_i - \mu_i)\right] \tag{2.83}$$

式中:μ 为回波信号 $\boldsymbol{x}_i$ 的均值,即

$$\mu_i = E(x_i) = s_i \tag{2.84}$$

参数 $\boldsymbol{\Sigma}$ 为回波信号 $\boldsymbol{x}_i$ 的方差,即

$$\boldsymbol{\Sigma} = E[(x - \mu_i)^{\mathrm{H}}(x_i - \mu_i)] = R_n \tag{2.85}$$

式中:d 为回波变量的维数;$|\boldsymbol{\Sigma}|$ 为 $\boldsymbol{\Sigma}$ 的行列式。有时,我们用符号 $\boldsymbol{N}(\mu,\boldsymbol{\Sigma})$ 表示均值为 μ,协方差矩阵为 $\boldsymbol{\Sigma}$ 的高斯概率密度函数。

对于贝叶斯分类器来说,在给定的背景噪声下,每一类目标回波的概率密度函数 $p(\boldsymbol{x}|\omega_i), i=1,\cdots,M$(在参量 ω_i 的情况下对于 $\boldsymbol{x}$ 的似然函数)描述该类目标的数据分布,都是多元正态分布 $\boldsymbol{N}(\mu_i,\boldsymbol{\Sigma}_i), i=1,\cdots,M$。因为所讨论的概率密度函数为指数形式,所以如下的判别函数很容易计算,其对数函数($\ln(\bullet)$)表示为

$$g_i(\boldsymbol{x}) = \ln(p(\boldsymbol{x}|\omega_i)P(\omega_i)) = \ln(p(\boldsymbol{x}|\omega_i)) + \ln(P(\omega_i)) \tag{2.86}$$

或

$$g_i(\boldsymbol{x}) = -\frac{1}{2}(\boldsymbol{x}-\mu_i)^{\mathrm{H}}\Sigma_i^{-1}(x-\mu_i)+\ln(P(\omega_i))+c_i \tag{2.87}$$

式中：c_i为一个常量，等于$-(L/2)\ln 2\pi-(1/2)\ln|\Sigma_i|$。一般情况下，上式是一个非线性的二次函数形式。

假设等概率类有相同的协方差矩阵，上式可以简化为

$$g_i(x) = -\frac{1}{2}(x-\mu_i)^{\mathrm{H}}\Sigma^{-1}(x-\mu_i)$$

其中的常量忽略不计。

（1）当背景噪声为高斯白噪声时，即$\Sigma=\sigma^2\boldsymbol{I}$。

这种情况下，$g_i(\boldsymbol{x}) = -\frac{1}{2\sigma^2}(\boldsymbol{x}-\mu_i)^{\mathrm{H}}(\boldsymbol{x}-\mu_i)$，此时最大化$g_i(\boldsymbol{x})$就等价于最小化如下的欧式距离

$$d_\varepsilon = \|\boldsymbol{x}-\mu_i\| \tag{2.88}$$

（2）当背景噪声为高斯色噪声时，Σ不是对角矩阵。

最大化$g_i(\boldsymbol{x}) = -\frac{1}{2}(\boldsymbol{x}-\mu_i)^{\mathrm{H}}\Sigma^{-1}(\boldsymbol{x}-\mu_i)$就等价于最小化如下的马氏距离

$$d_{\mathrm{m}} = ((\boldsymbol{x}-\mu_i)^{\mathrm{H}}\Sigma^{-1}(\boldsymbol{x}-\mu_i))^{1/2} \tag{2.89}$$

马氏距离有很多优点：它不受量纲的影响，两点之间的马氏距离与原始数据的测量单位无关；马氏距离可以考虑到各种特性之间的联系；马氏距离可以排除变量之间的相关性的干扰，等等。因此，通过最大化不同类目标回波之间的马氏距离是针对目标识别进行波形优化的一种重要方法。

2.2.2　最大化异类目标回波之间马氏距离的波形优化设计方法

2.2.2.1　目标冲击响应信息准确已知的情况

以两类目标为例，在噪声和杂波背景下，两类目标回波之间的马氏距离可表示为

$$\eta^2 = (\boldsymbol{s}_1-\boldsymbol{s}_2)^{\mathrm{H}}\boldsymbol{R}_x^{-1}(\boldsymbol{s}_1-\boldsymbol{s}_2) \tag{2.90}$$

式中：$\boldsymbol{R}_x$为噪声和杂波的时域自相关矩阵；$\boldsymbol{s}_1$和$\boldsymbol{s}_2$分别为目标 1 和目标 2 的回波，有

$$\begin{cases}\boldsymbol{s}_1 = \boldsymbol{q}_1 f\\ \boldsymbol{s}_2 = \boldsymbol{q}_2 f\end{cases} \tag{2.91}$$

式中：$\boldsymbol{q}_1$和$\boldsymbol{q}_2$分别表示第 1 个目标和第 2 个目标冲击响应所对应的卷积矩阵。此时，式(2.90)可以写成

$$\eta^2 = f^{\mathrm{H}}\Omega f \tag{2.92}$$

式中

$$\Omega = (\boldsymbol{q}_1 - \boldsymbol{q}_2)^{\mathrm{H}} \boldsymbol{R}_x^{-1} (\boldsymbol{q}_1 - \boldsymbol{q}_2) \tag{2.93}$$

对于无杂波情况,优化波形就等于矩阵 $\boldsymbol{\Omega}$ 的最大特征值所对应的特征矢量。当杂波不可忽略的时候,自相关矩阵 $\boldsymbol{R}_x$ 与发射波形有关。目标识别的波形优化设计的问题就可以用下述模型来描述,即

$$\max_f \eta^2 = \max_f f^{\mathrm{H}}\Omega f \tag{2.94}$$

此时可以采用循环算法对上式进行求解,步骤如下:

(1) 初始化迭代次数 $k=0$,以及当前波形 f_k。

(2) 计算 f_k 的功率谱密度函数 $F_k(\omega)$,利用下面的公式计算自相关矩阵 $\boldsymbol{R}_k$。

$$\boldsymbol{R}_k = \begin{bmatrix} r_0 & r_1 & \cdots & r_{M-1} \\ r_1^* & r_0 & \cdots & r_{M-2} \\ \vdots & \vdots & \ddots & \vdots \\ r_{M-1}^* & r_{M-2}^* & \cdots & r_0 \end{bmatrix} \tag{2.95}$$

$\boldsymbol{R}_k$ 中的每个元素为

$$r_l = \frac{1}{2\pi}\int_{-\pi}^{\pi} \{ G_{\mathrm{n}}(\omega) + G_{\mathrm{c}}(\omega) \, |F(\omega)|^2 \} \mathrm{e}^{\mathrm{j}l\omega} \mathrm{d}\omega \tag{2.96}$$

式中:$G_{\mathrm{n}}(\omega)$,$G_{\mathrm{c}}(\omega)$ 和 $F(\omega)$ 分别为噪声、杂波和信号的功率谱密度函数。

(3) 利用 $\boldsymbol{R}_k$ 和目标冲击响应 q 计算 Ω_k,有

$$\Omega_k = q^{\mathrm{H}} \boldsymbol{R}_k^{-1} q \tag{2.97}$$

(4) 求出 Ω_k 最大的特征值 $\boldsymbol{\lambda}_1^k$ 和特征矢量 $\boldsymbol{v}_1^k$。

(5) 此时的误差为

$$\varepsilon_k = \sqrt{2E_0(\sqrt{E_0} - \boldsymbol{f}_k^{\mathrm{H}} \boldsymbol{v}_1^k)} \tag{2.98}$$

式中

$$E_0 = \boldsymbol{f}_0^{\mathrm{H}} \boldsymbol{f}_0 \tag{2.99}$$

计算 $\boldsymbol{f}_{k+1}$,有

$$\boldsymbol{f}_{k+1} = \frac{\boldsymbol{f}_k + \varepsilon_k v_1^k}{\sqrt{\left(1 + \frac{\varepsilon_k}{\sqrt{E_0}}\right)^2 - \left(\frac{\varepsilon_k}{\sqrt{E_0}}\right)^3}} \tag{2.100}$$

（6）计算$\boldsymbol{f}_{k+1}$的功率谱密度函数$F_{k+1}(\omega)$，回到步骤（2），$k=k+1$。

由于最优的发射波形矢量为

$$\boldsymbol{f}=\lim_{k\to\infty}\boldsymbol{f}_k \tag{2.101}$$

所以上述步骤重复至误差ε_k达到跳出误差（充分小的正值）即可。

2.2.2.2 目标姿态角不确定的情况

目标冲击响应具有较强的姿态敏感性。实际中，目标姿态信息的不准确往往会带来目标冲击响应先验信息的不确定性，这给基于目标冲击响应信息的发射波形优化带来了困难。针对这个问题，可以通过最大化目标姿态角域内不同目标回波之间差异的期望值进行发射波形优化。

首先需要计算目标回波之间的马氏距离的平方期望值，即

$$\bar{\eta}^2=\int(\xi(\theta)f^{\mathrm{H}}\Omega(\theta)f)\,\mathrm{d}\theta \tag{2.102}$$

式中：$\Omega(\theta)$取决于目标姿态角的大小，而且有

$$\Omega(\theta)=(q_1(\theta)-q_2(\theta))^{\mathrm{H}}\boldsymbol{R}_x^{-1}(q_1(\theta)-q_2(\theta)) \tag{2.103}$$

将式（2.103）代入式（2.102）中，得

$$\bar{\eta}^2=f^{\mathrm{H}}\bar{\Omega}f \tag{2.104}$$

其中，

$$\bar{\Omega}=\int(\xi(\theta)\Omega(\theta))\,\mathrm{d}\theta \tag{2.105}$$

上式可以参照式（2.92）的求解方法进行求解，唯一不同的就是将$\boldsymbol{\Omega}$替换为$\bar{\Omega}$。

2.2.3 基于信息论的发射波形优化设计

除了使不同类别之间马氏距离最大的方法之外，采用信息论技术是目标识别波形优化设计的另外一种重要途径。Woodward 和 Davies 首先说明了信息论技术对于雷达接收机研究的重要性，随后 Bell 利用雷达回波与随机扩展目标之间的互信息（Mutual Information）开展波形优化设计研究。针对估计问题，Bell 研究得到了注水法（Water - Filling Method）。它通过最大化回波与目标特性之间的互信息，有效地降低了目标响应的不确定性。

2.2.3.1 熵和互信息

1）熵、联合熵和条件熵

假设X是一个随机变量，它的值取自集合$\chi=\{x_1,x_2,x_3,\cdots\}$。概率密度函

数 $p(x)=P_r\{X=x\}$，为了方便起见，这里采用 $p(x)$ 代替 $p_X(x)$ 表示概率密度函数，但对于两种不同的概率密度函数，将采用 $p_X(x)$ 和 $p_Y(y)$ 来表示概率密度函数。

定义 2.1：离散随机变量集合 X 的熵 $H(X)$ 可表示为

$$H(X)=-\sum_{x\in\chi}p(x)\log(p(x)) \tag{2.106}$$

熵是关于随机变量不确定性的一个测度，它是集合 X 分布的一个函数，与 X 集合中元素的值的大小无关，只与它们的概率有关。当式(2.106)中选择以 2 为底时，熵的单位为比特(bit)，当选择以自然对数 e 为底时，熵的单位为奈特(nat)。

对于一对离散的随机变量 X 和 Y，它的值取自集合 $\chi=\{x_1,x_2,x_3,\cdots\}$ 和 $\boldsymbol{\eta}=\{y_1,y_2,y_3,\cdots\}$，$p(x,y)=P_r\{X=x,Y=y\}$ 表示它们的联合概率分布，我们可以采用联合熵(Joint Entropy)来表达它们的不确定性。

定义 2.2：对于一对离散的随机变量 X 和 Y，它们的联合概率密度函数为 $p(x,y)$，则它们的联合熵 $H(X,Y)$ 可表示为

$$H(X,Y)=-\sum_{x\in\chi}\sum_{y\in\eta}p(x,y)\log(p(x,y)) \tag{2.107}$$

熵有如下性质：

(1) 假设 $\boldsymbol{P}=(p(x_1),p(x_2),p(x_3),\cdots)$ 表示变量 X 的概率分布，则熵 $H(X)$ 关于概率矢量 $\boldsymbol{P}$ 是连续的。

(2) $H(X)\geqslant 0$，当且仅当概率矢量 $\boldsymbol{P}$ 中只有一个元素非零时取等号。

(3) 如果变量 X 的集合 $\chi=\{x_1,x_2,x_3,\cdots\}$，则 $H(X)\leqslant \log r$(当且仅当概率矢量中所有元素的概率密度 $p(x_j)=\dfrac{1}{r}$)。

(4) 如果 X 和 Y 是一对联合分布的随机变量，则

$$H(X,Y)\leqslant H(X)+H(Y) \tag{2.108}$$

当且仅当 X 和 Y 独立时取等号。

(5) 熵函数 $H(X)$ 是概率矢量 $\boldsymbol{P}$ 的凸函数。

当两个随机变量集中有一个已经确定已知，可以采用条件熵(Conditional Entropy)来表达另一个变量集的不确定性。

定义 2.3：离散随机变量 X 和 Y 的联合概率密度函数为 $p(x,y)$，当变量 $X=x$ 时，变量 Y 相对于集合 X 的条件熵为

$$\begin{aligned}H(Y|X)&=-\sum_{x\in\chi}p(x)H(Y|X=x)\\&=-\sum_{x\in\chi}p(x)\sum_{y\in\eta}H(Y|X=x)\end{aligned}$$

$$= -\sum_{x\in\chi}\sum_{y\in\eta}p(x,y)H(y\mid x) \tag{2.109}$$

当集合 X 和集合 Y 统计独立时,有

$$H(Y\mid X)=H(X) \tag{2.110}$$

推论 2.1:

$$H(X,Y)=H(X)+H(Y\mid X) \tag{2.111}$$

证明:

$$\begin{aligned}
H(X,Y) &= -\sum_{x\in\chi}\sum_{y\in\eta}p(x,y)\log p(x,y)\\
&= -\sum_{x\in\chi}\sum_{y\in\eta}p(x,y)\log(p(x)p(y\mid x))\\
&= -\sum_{x\in\chi}\sum_{y\in\eta}p(x,y)\log p(x) - \sum_{x\in\chi}\sum_{y\in\eta}p(x,y)\log p(y\mid x)\\
&= -\sum_{x\in\chi}\sum_{y\in\eta}p(x)\log p(x) - \sum_{x\in\chi}\sum_{y\in\eta}p(x,y)\log p(y\mid x)\\
&= H(X)+H(Y\mid X)
\end{aligned} \tag{2.112}$$

同样,推论 2.1 也可以写为

$$\log p(X,Y)=\log p(X)+\log p(Y\mid X) \tag{2.113}$$

2) 相对熵和互信息

随机变量的熵是它的不确定性的一个测度,也代表了描述这个随机变量所需要的平均信息量。相对熵是两个分布之间“距离”的一个测度,它反映了假设分布特性与实际分布特性之间的差异。

定义 2.4:两个概率密度函数分别为 $p(x)$ 和 $q(x)$,它们之间的相对熵可表示为

$$D(p\parallel q) = \sum_{x\in\chi}p(x)\log\frac{p(x)}{q(x)} \tag{2.114}$$

在上面的定义中,通常约定 $0\log\frac{0}{q}=0$,$p\log\frac{p}{0}=\infty$。从定义可知,相对熵是非负的,当且仅当 $p=q$ 时为零。相对熵并不是真实的距离,这是因为它不满足对称性和三角不等式定理,但是通常可以认为相对熵就是两者之间的“距离”。

定义 2.5:$p(x,y)$ 表示两个随机变量 X 和 Y 的联合概率密度函数,$p(x)$ 和 $p(y)$ 分别表示边缘概率密度函数,那么随机变量 X 和 Y 之间的互信息就是两个变量联合分布和各自分布乘积之间的相对熵,即

$$
\begin{aligned}
I(X;Y) &= \sum_{x\in\chi}\sum_{y\in\eta} p(x,y)\log\frac{p(x,y)}{p(x)p(y)} \\
&= D(p(x,y)\,\|\,p(x)p(y))
\end{aligned}
\tag{2.115}
$$

互信息$I(X;Y)$的定义还可以为

$$
\begin{aligned}
I(X;Y) &= \sum_{x\in\chi}\sum_{y\in\eta} p(x,y)\log\frac{p(x,y)}{p(x)p(y)} \\
&= \sum_{x\in\chi}\sum_{y\in\eta} p(x,y)\log\frac{p(x\mid y)}{p(x)} \\
&= -\sum_{x\in\chi}\sum_{y\in\eta} p(x,y)\log p(y) + \sum_{x\in\chi}\sum_{y\in\eta} p(x,y)\log p(y\mid x) \\
&= H(Y) - H(Y\mid X)
\end{aligned}
\tag{2.116}
$$

$I(X;Y)$就表示由Y恢复X的不确定性,应用于实际系统中可表示由系统输出Y恢复系统输入X的不确定性。

互信息的性质:

(1) 非负性,即

$$
I(X;Y) \geqslant 0 \tag{2.117}
$$

当且仅当X和Y统计独立时取等号。

(2) 对称性,即

$$
\begin{aligned}
I(X;Y) &= I(Y;X) \\
I(X;Y\mid Z) &= I(Y;X\mid Z)
\end{aligned}
\tag{2.118}
$$

(3) $I(X;Y)$是$p(x)$的凸函数。

(4) $I(X;Y)$是$p(y\mid x)p(x)$的凹函数。

(5) 熵与互信息之间的关系如图2.3所示。

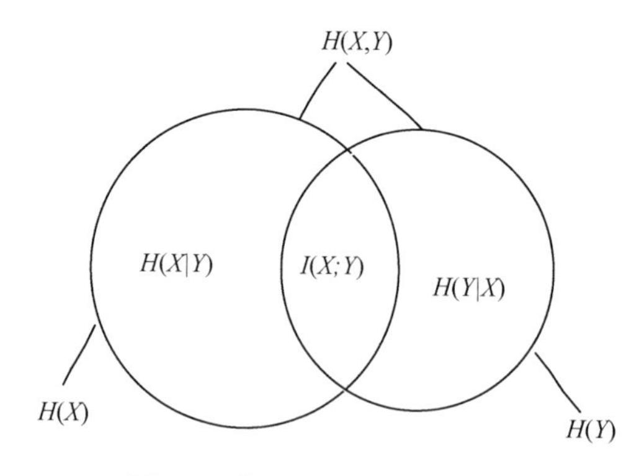

图2.3　熵与互信息之间的关系

$$
\begin{aligned}
&I(X;Y)=H(Y)-H(Y\mid X)\\
&I(X;Y)=H(X)-H(X\mid Y)\\
&I(X;Y)=H(X)+H(Y)-H(X,Y)\\
&I(X;X)=H(X)
\end{aligned}
\tag{2.119}
$$

2.2.3.2　注水法

假设各类目标频域响应是随机的、线性的、时不变的，且在一个给定的功率谱密度下服从高斯分布，令 $\boldsymbol{w}(f)=[w(f_1),\ \cdots,\ w(f_K)]^{\mathrm{T}}$ 表示目标的离散频域响应，K 为频域采样点数，$\sigma_h^2(f_k)$ 表示目标在频率点 f_k 上的谱方差（Spectral Variance），$\boldsymbol{v}(f)=[v(f_1),\ \cdots,\ v(f_K)]^{\mathrm{T}}$ 表示噪声的离散频域特性，$\sigma_v^2(f_k)$ 表示噪声在频率点 f_k 上的谱方差，Δf 表示有效带宽。回波信号可表示为

$$
x(f_k)=w(f_k)s(f_k)+v(f_k) \tag{2.120}
$$

式中：$s(f_k)$ 和 $v(f_k)$ 分别表示信号和噪声在频率点 f_k 上的频率特性。此时，目标回波信号在频率点 f_k 上的谱方差为

$$
\sigma_x^2(f_k)=\sigma_w^2(f_k)\,|s(f_k)|^2 \tag{2.121}
$$

由于目标特性与噪声统计独立，可知回波信号在频率点 f_k 上的谱方差为

$$
\sigma_x^2(f_k)=\sigma_h^2(f_k)\,|s(f_k)|^2+\sigma_v^2(f_k) \tag{2.122}
$$

那么在频率点 f_k 上回波 $x(f_k)$ 与目标特性 $h(f_k)$ 之间的互信息可写为[1]

$$
I_k(h(f_k),x(f_k)\mid s(f_k))=\Delta f\log\left(1+\frac{|s(f_k)|^2\sigma_w^2(f_k)}{\sigma_v^2(f_k)}\right) \tag{2.123}
$$

回波 $\boldsymbol{x}$ 与目标特性 $\boldsymbol{w}$ 之间的总的互信息可表示为

$$
I(\boldsymbol{w},\boldsymbol{x}\mid s)=\Delta f\sum_{k=1}^{K}\log\left(1+\frac{|s(f_k)|^2\sigma_w^2(f_k)}{\sigma_v^2(f_k)}\right) \tag{2.124}
$$

通过最大化回波 $\boldsymbol{x}$ 与目标特性 $\boldsymbol{w}$ 之间的互信息，得到的优化信号的功率谱密度（PSD）可表示为[1]

$$
|s(f)|^2=\max\left[0,A-\frac{\sigma_v^2(f)}{\sigma_w^2(f)}\right] \tag{2.125}
$$

式中：A 是一个常数，调节它可以使发射信号满足发射信号的能量约束。从式（2.125）可以看出，优化信号倾向于将较多的能量放在 $\dfrac{\sigma_w^2(f)}{\sigma_v^2(f)}$ 较大的频段上。

2.3　针对目标跟踪的发射波形优化设计方法

在目标跟踪阶段，衡量系统性能的关键是目标位置估计误差，发射端的发射

波形和接收端的数据处理算法是影响跟踪精度的两个主要因素。通常,雷达系统获得的量测值是受到噪声污染的,噪声有可能是来自目标的真实量测,也有可能是来自于杂波、虚假目标或者干扰的错误量测,而且还有可能存在漏检的情况。接收端目标跟踪处理方法的任务就是对来自目标的量测值进行关联、滤波和预测等处理,以保持对目标运动状态的精确实时估计。目标跟踪算法在很大程度上影响着最终的目标跟踪精度。另一方面,跟踪算法输入值的好坏,即量测值的质量对最终的目标跟踪精度也起着关键性的作用。由于发射波形对于量测值质量有决定性的影响,因此,研究发射端的发射波形优化方法对于改善系统跟踪性能有着重要的意义。

2.3.1 影响目标跟踪性能的因素分析

跟踪雷达系统用来测量目标相对于雷达的距离和速度等描述目标运动状态的参数,并通过利用这些量测值来预测未来时刻目标的参数值。目标跟踪对于军用雷达和大多数的民用雷达都是很重要的。在军用雷达中,目标跟踪决定了武器火力控制及导弹的制导,对目标跟踪的精度决定了制导武器对敌方目标的打击能力。在民用雷达系统中,如民用航空管制雷达,可以利用跟踪作为控制航班起飞和降落的一种手段。

目标跟踪技术可以分为距离、速度和角度跟踪,也有学者习惯将其按照连续单目标跟踪雷达和多目标边跟踪边扫描(TWS)雷达来区分。

在介绍针对目标跟踪的发射波形选择之前,首先简要介绍目标跟踪的系统模型,主要包括目标的运动状态模型(动态模型)和雷达系统的观测模型;然后分析描述目标跟踪性能的因素,主要包括距离估计性能、多普勒估计性能及其克拉美-罗界的分析和推导;最后简单介绍最常用最基本的目标跟踪算法——卡尔曼滤波算法。

2.3.1.1 目标运动状态模型与雷达系统的观测模型

1) 目标运动状态模型

为了后面方便讨论发射波形选择的问题,考虑一个简单的一维运动场景。假设目标沿雷达视线做匀速直线运动,那么可以直接套用常速(CV)模型。设雷达的扫描周期为 Δt,目标在 $t_k = k \cdot \Delta t$ 时刻(以下简称 k 时刻)的运动状态为

$$\boldsymbol{x}_k^{\mathrm{CV}} = [\, r_k \quad \dot{r}_k \,]^{\mathrm{T}} \tag{2.126}$$

式中:r_k 和 $\dot{r}_k$ 分别为目标的径向距离和径向速度。则目标在 $t_{k+1} = (k+1) \cdot \Delta t$ 时刻的运动状态可由方程

$$\boldsymbol{x}_{k+1} = \boldsymbol{F}_{k+1|k}\boldsymbol{x}_k + \boldsymbol{w}_k \tag{2.127}$$

外推得到。式中:$\boldsymbol{F}_{k+1|k}$为目标的状态转移矩阵,在 CV 模型中

$$\boldsymbol{F}_{k+1|k}^{\mathrm{CV}}=\begin{bmatrix}1 & \Delta t\\ 0 & 1\end{bmatrix} \tag{2.128}$$

$\boldsymbol{w}_k$为状态噪声,一般假设 $\boldsymbol{w}_k$是一个白的高斯随机过程,即 $\boldsymbol{w}_k\sim N(0,\boldsymbol{Q}_k)$,其中 $\boldsymbol{Q}_k$表示状态噪声协方差矩阵,在 CV 模型中,有

$$\begin{aligned}\boldsymbol{Q}_k^{\mathrm{CV}} &= E[\boldsymbol{w}_k^{\mathrm{CV}}(\boldsymbol{w}_k^{\mathrm{CV}})^{\mathrm{T}}]\\ &=\int_0^{\Delta t} q_v\begin{bmatrix}\Delta t-\tau\\ 1\end{bmatrix}[\Delta t-\tau \quad 1]\mathrm{d}\tau\\ &= q_v\begin{bmatrix}\Delta t^3/3 & \Delta t^2/2\\ \Delta t^2/2 & \Delta t\end{bmatrix}\end{aligned} \tag{2.129}$$

式中:q_v为状态噪声强度,用来控制目标速度的波动大小。

2) 雷达系统的观测模型

在一维情况下,雷达系统对目标的观测方程可表示为

$$\boldsymbol{z}_k=\boldsymbol{H}\boldsymbol{x}_k+\boldsymbol{v}_k \tag{2.130}$$

式中:观测状态 $\boldsymbol{z}_k=[r_k \quad \dot{r}_k]^{\mathrm{T}}$,包括目标的径向距离和径向速度。则观测矩阵为

$$\boldsymbol{H}=\begin{bmatrix}1 & 0\\ 0 & 1\end{bmatrix} \tag{2.131}$$

观测噪声 $\boldsymbol{v}_k=[\tilde{r}_k \quad \tilde{\dot{r}}_k]^{\mathrm{T}}$,其中 $\tilde{r}_k$和 $\tilde{\dot{r}}_k$分别为目标径向距离和径向速度的观测误差。同样,$\boldsymbol{v}_k$也是一个白的高斯随机过程,与状态噪声 $\boldsymbol{w}_k$相互独立,$\boldsymbol{v}_k\sim N(0,\boldsymbol{R}_k)$,其中 $\boldsymbol{R}_k$为观测噪声的协方差矩阵。假设雷达对目标的距离和速度进行测量,且测距和测速相对独立,那么 $\boldsymbol{R}_k$将是一个对角矩阵。对角线元素分别为测距和测速的精度。下面将对雷达测距和测速的精度进行分析。

2.3.1.2 测量精度

1) 测距精度

脉冲雷达测量距离是通过测量目标反射回波相对于发射信号的时延来实现的。按最大似然估值方法,测距时应首先计算相关积分,然后求其最大值出现的时间即为时延估值。雷达常用信号是相位随机信号,测距利用其包络而不是高频相位,故其最佳处理系统为输入 $x(t)$经匹配滤波器后再经包络检波器输出。

信号用复包络 $u(t)$表示后,经匹配滤波器的输出如下式所示:

$$y(t)=\int_{-\infty}^{\infty}x(t-\tau)h(\tau)\mathrm{d}\tau=C_0\int_{-\infty}^{\infty}x(t-\tau)u^*(t_0-\tau)\mathrm{d}\tau \tag{2.132}$$

式中:t_0为匹配滤波器的固定延迟时间。将该式中的变量做以下变化:$t-\tau=\tau'$,$t-t_0=t'$,则有

$$y(t')=C_0\int_0^{\infty}x(\tau')u^*(\tau'-t')\mathrm{d}\tau' \tag{2.133}$$

接收机输入信号 $x(t)$ 为

$$x(t)=au(t-t_\varepsilon)+n(t) \tag{2.134}$$

式中:t_ε为回波延迟时间,是待估计的参量;a 为信号振幅;$n(t)$为噪声信号复包络。

处理器的输出 $y(\tau)$ 为

$$y(\tau)=\left|C_0\int_{-\infty}^{\infty}x(t)u^*(t-\tau)\mathrm{d}t\right| \tag{2.135}$$

取绝对值表示线性检波器的输出。将式(2.134)代入式(2.135)可得

$$\begin{aligned}y(\tau)&=\left|C_0a\int_{-\infty}^{\infty}u(t-t_\varepsilon)u^*(t-\tau)\mathrm{d}t+C_0\int_{-\infty}^{\infty}n(t)u^*(t-\tau)\mathrm{d}t\right|\\&=C_0\left|ay_{\mathrm{s}}(\tau)+y_{\mathrm{n}}(\tau)\right|\end{aligned} \tag{2.136}$$

式中:比例常数 C_0常可略去。输出的前一部分由信号决定,以 $ay_{\mathrm{s}}(\tau)$表示,$y_{\mathrm{s}}(\tau)$通常称为信号函数;输出后一部分与噪声有关,以 $y_{\mathrm{n}}(\tau)$表示,称为噪声函数,总输出为两部分加权和的绝对值。

当混杂噪声为限带高斯白噪声时,输入信号的复调制函数为 $u(t)$,输出 $y(\tau)$为

$$y(\tau)=\left|ay_{\mathrm{s}}(\tau)+y_{\mathrm{n}}(\tau)\right| \tag{2.137}$$

这时输出 $y(\tau)$的最大值与 $y_{\mathrm{s}}(\tau)$的最大值不再吻合。由于噪声干扰的影响,$y(\tau)$中有噪声函数 $y_{\mathrm{n}}(\tau)$,因而估值 $\bar{t}_\varepsilon$将偏离真实 t_ε的位置。噪声干扰是一种随机的影响,因此估值偏离真值的方向和大小也具有随机性质,即估值有一个随机误差。下面要找出随机误差的大小和哪些因素有关。

将式(2.137)两端取平方得

$$y^2(\tau)=|a|^2y_{\mathrm{s}}^2(\tau)+2\mathrm{Re}[ay_{\mathrm{s}}(\tau)y_{\mathrm{n}}^*(\tau)]+y_{\mathrm{n}}^2(\tau) \tag{2.138}$$

进行参量估值,特别是在精确估值时,信噪比都是比较大的,因此可忽略上式中第三项的影响,得

$$y^2(\tau)\approx|a|^2y_{\mathrm{s}}^2(\tau)+2\mathrm{Re}[ay_{\mathrm{s}}(\tau)y_{\mathrm{n}}^*(\tau)] \tag{2.139}$$

由最大似然估值可得

$$|a|^2\frac{\partial}{\partial\tau}y_{\mathrm{s}}^2(\tau)\Big|_{\tau=\hat{t}_\varepsilon}+2\mathrm{Re}\left[a\frac{\partial}{\partial\tau}\{y_{\mathrm{s}}(\tau)y_{\mathrm{n}}^*(\tau)\}\right]\Big|_{\tau=\hat{t}_\varepsilon}=0 \tag{2.140}$$

由于在大信噪比情况下,估值 $\widehat{t}_\varepsilon$ 偏离 t_ε 不远,因此可将上式左端的两个偏导数在 $\tau=t_\varepsilon$ 点按泰勒级数展开,并分别取前两项或者一项做近似,则有

$$\frac{\partial}{\partial\tau}y_s^2(\tau)=\left[\frac{\partial}{\partial\tau}y_s^2(\tau)\right]_{\tau=t_\varepsilon}+\left[\frac{\partial^2}{\partial\tau^2}y_s^2(\tau)\right]_{\tau=t_\varepsilon}g(\tau-t_\varepsilon) \tag{2.141}$$

$$\frac{\partial}{\partial\tau}\{y_s(\tau)y_n^*(\tau)\}=\left[\frac{\partial}{\partial\tau}\{y_s(\tau)y_n^*(\tau)\}\right]_{\tau=t_\varepsilon} \tag{2.142}$$

其中,式(2.141)的第一项为

$$\left[\frac{\partial}{\partial\tau}y_s^2(\tau)\right]_{\tau=t_\varepsilon}=\left[\frac{\partial}{\partial\tau}\left|\int_{-\infty}^{\infty}u(t-t_\varepsilon)u^*(t-\tau)\mathrm{d}t\right|^2\right]_{\tau=t_\varepsilon}=0 \tag{2.143}$$

因为 $\tau=t_\varepsilon$ 时正好是 $y_s^2(\tau)$ 的最大值,其一阶导数为零。

将式(2.141)和式(2.142)的最后结果代入式(2.140)后得

$$\widehat{t}_\varepsilon-t_\varepsilon=-\frac{2\mathrm{Re}\left[a\dfrac{\partial}{\partial\tau}\{y_s(\tau)y_n^*(\tau)\}\right]_{\tau=t_\varepsilon}}{|a|^2\left[\dfrac{\partial^2}{\partial^2\tau}y_s^2(\tau)\right]_{\tau=\widehat{t}_\varepsilon}} \tag{2.144}$$

式(2.144)左端代表估值 $\widehat{t}_\varepsilon$ 对真值 t_ε 的误差,右端是一些与信号函数 $y_s(\tau)$ 和噪声函数 $y_n(\tau)$ 在 $\tau=t_\varepsilon$ 点的性质有关的量。由于噪声函数是随机的,因而误差 $\widehat{t}_\varepsilon-t_\varepsilon$ 也是随机量。可以用两个指标来考察估值误差。首先看其是否有偏,即误差的统计平均值是否为零。由于相加型噪声是零均值的,故可以证明 $E[\widehat{t}_\varepsilon-t_\varepsilon]=0$,即大信噪比时最大似然估值是无偏的。第二个指标是考察误差的均方值的大小,即求误差平方的统计平均值 $\sigma_{t_\varepsilon}^2=E[(\widehat{t}_\varepsilon-t_\varepsilon)^2]$,则由式(2.144)得

$$\sigma_{t_\varepsilon}^2=E[(\widehat{t}_\varepsilon-t_\varepsilon)^2]=-\frac{E\left[2\mathrm{Re}\left(a\dfrac{\partial}{\partial\tau}(y_s(\tau)y_n^*(\tau))\right)_{\tau=t_\varepsilon}\right]^2}{\left[|a|^2\left(\dfrac{\partial^2}{\partial^2\tau}|y_s(\tau)|^2\right)_{\tau=\widehat{t}_\varepsilon}\right]^2} \tag{2.145}$$

将式(2.145)简化为

$$\sigma_{t_\varepsilon}^2=\frac{-1}{\dfrac{E}{N_0}\left[\dfrac{\partial^2}{\partial^2\tau}|y_s(\tau)|^2\right]_{\tau=\widehat{t}_\varepsilon}} \tag{2.146}$$

式中:$E=\dfrac{1}{2}\int_{-\infty}^{\infty}|au(t-t_\varepsilon)|^2\mathrm{d}t=\dfrac{|a|^2}{2}\int_{-\infty}^{\infty}|u(t)|^2\mathrm{d}t=\dfrac{|a|^2}{2}$,为(信号)能量;$N_0$ 为单边噪声功率谱密度。$\dfrac{2E}{N_0}$ 为匹配滤波器输出端瞬时峰值最大信噪比。

由式(2.146)可以看出,时延的估值误差反比于信噪比,同时还反比于信号

函数 $y_s(\tau)$ 的模平方在 $\tau=t_\varepsilon$ 点的二阶导数。进一步将式(2.146)化为以下形式

$$\sigma_{t_\varepsilon}^2=\frac{1}{8\pi^3\frac{E}{N_0}B_e^2} \tag{2.147}$$

式中:B_e 为信号 $u(t)$ 的均方根带宽,有

$$B_e^2=\int_{-\infty}^{\infty}(f-\bar{f})^2|U(f)|^2\mathrm{d}f \tag{2.148}$$

B_e^2 为频谱 $|U(f)|^2$ 的二阶中心矩,而 $\bar{f}$ 为频谱 $|U(f)|^2$ 的一阶原点矩,有

$$\bar{f}=\int_{-\infty}^{\infty}|U(f)|^2\mathrm{d}f \tag{2.149}$$

通常满足 $\bar{f}=0$,故得

$$B_e^2=\int_{-\infty}^{\infty}f^2|U(f)|^2\mathrm{d}f \tag{2.150}$$

令 $\beta=2\pi B_e$,则将式(2.147)化为以下形式

$$\sigma_{t_\varepsilon}^2=\frac{1}{\frac{2E}{N_0}\beta^2} \tag{2.151}$$

式(2.151)表明,时延估值的均方根误差反比于信号的均方根带宽和信号信噪比。

通过时延估值的误差就可以直接得到距离测量的误差为

$$\sigma_R=\frac{c}{2}\frac{1}{\sqrt{2E/N_0}\beta} \tag{2.152}$$

式中:c 为光速。

2) 测速精度

雷达探测运动目标时,其回波信号频率要发生多普勒偏移。偏移量的大小随目标相对于雷达站的径向速度而不同,测量多普勒频移就是相应地测出目标的径向速度。设目标的多普勒频移值为 f_{d0}(这是待估计的参量),则接收机输入波形为

$$x(t)=au(t)\mathrm{e}^{\mathrm{j}2\pi f_d t}+n(t) \tag{2.153}$$

最大似然法估值时要求信号先通过匹配滤波器匹配滤波,然后进行包络检波,再取出包络检波输出的最大值。此处匹配滤波器应能够匹配不同的多普勒频移信号。由于目标的多普勒频移 f_{d0} 值事先未知,而通常的匹配滤波器对频移信号又没有自适应性,因此为了适应一定范围内不同速度目标的测量,需要一组匹配滤波器,以形成对各个多普勒频移信号的匹配滤波。匹配滤波器组相应的等效复脉冲响应为

$$k(t)=k[u(t_0-t)\mathrm{e}^{\mathrm{j}2\pi f_d(t_0-t)}]^*=ku^*(t_0-t)\mathrm{e}^{\mathrm{j}2\pi f_d(t_0-t)} \tag{2.154}$$

不同的 f_d 对应不同的匹配滤波器。假定时延已知，只对频移进行估值，则相关积分输出为

$$\begin{aligned} y(f_d) &= \left| \int_{-\infty}^{\infty} x(t) u^*(t) e^{-j2\pi f_d t} dt \right| \\ &= \left| a \int_{-\infty}^{\infty} u(t) u^*(t) e^{-j2\pi (f_d - f_{d0}) t} dt + \int_{-\infty}^{\infty} n(t) u^*(t) e^{-j2\pi f_d t} dt \right| \\ &= \left| a y_s(f_d - f_{d0}) + y_n(f_d) \right| \end{aligned} \tag{2.155}$$

式(2.155)中取绝对值表示进行包络检波的输出。

最大似然估值满足

$$\left[\frac{\partial y(f_d)}{\partial f_d} \right]_{f_d = \hat{f}_d} = 0 \tag{2.156}$$

或

$$\left[\frac{\partial y^2(f_d)}{\partial f_d} \right]_{f_d = \hat{f}_d} = 0 \tag{2.157}$$

当没有噪声干扰时，$y_n(f_d) = 0$，则

$$y(f_d) = \left| a y_s(f_d - f_{d0}) \right| = \left| a \int_{-\infty}^{\infty} |u(t)|^2 e^{-j2\pi (f_d - f_{d0}) t} dt \right| \tag{2.158}$$

$y(f_d) \leqslant |a|^2$，取等式的条件为 $f_d = f_{d0}$，$y_s(f_d)$ 取最大值。这说明估值 $\hat{f}_{d0}$ 在没有噪声干扰时和真值 f_{d0} 相等，没有估值误差。当有噪声但属于大信噪比情况下时，噪声将使估值 $\hat{f}_{d0}$ 随机地偏离真值 f_{d0}，但偏离的误差不会太大。按照上节中同样的处理方法，可以得到以下关系式

$$\hat{f}_{d0} - f_{d0} = -\frac{2\mathrm{Re}\left[a \frac{\partial}{\partial f_d} \{ y_s(f_d) y_n^*(f_d) \} \right]_{f_d = f_{d0}}}{|a|^2 \left[\frac{\partial^2}{\partial f_d^2} |y_s(f_d)|^2 \right]_{f_d = f_{d0}}} \tag{2.159}$$

同样可以证明，估值误差 $\hat{f}_{d0} - f_{d0}$ 的统计平均值为零，估计是无偏的。而估值的均方误差为

$$\sigma_{t_\varepsilon}^2 = E[(\hat{f}_{d0} - f_{d0})^2] = -\frac{1}{\frac{E}{N_0} \left[\frac{\partial^2}{\partial f_d^2} |y_s(f_d)|^2 \right]_{\tau = \hat{t}_\varepsilon}} \tag{2.160}$$

可见频移估计值的均方误差反比于信噪比，同时又反比于信号函数 $y_s(f_d)$ 模平方的二阶导数在 f_{d0} 处的取值。$y_s(f_d)$ 是不同匹配滤波器的输出响应。

估值的均方误差还可以改写为以下形式：

$$\sigma_{f_{d0}}^2 = \frac{1}{8\pi^3 \frac{E}{N_0} T_e^2} = \frac{1}{2 \frac{E}{N_0} a^2} \tag{2.161}$$

式中：$a=2\pi T_e$，T_e 称为均方根时宽。

$$a^2=\frac{(2\pi)^2\int_{-\infty}^{\infty}t^2|u(t)|^2\mathrm{d}t}{\int_{-\infty}^{\infty}|u(t)|^2\mathrm{d}t} \tag{2.162}$$

式(2.162)的条件是假定 $\bar{t}=\int_{-\infty}^{\infty}t|u(t)|^2\mathrm{d}t=0$，这在一般情况下均成立。可见测速的理论精度除了取决于信噪比外，还和均方根时宽 T_e 有关，而 T_e 主要取决于信号在时域上的延伸程度。

2.3.1.3 克拉美-罗(Cramer-Rao)界

前面分析了最大似然法估值，并且推导了测距、测速的理论误差公式。根据经验估值理论可知，不同的估值方法即不同的准则，会产生不同的结果。而克拉美-罗界可以说明参数估计的最小误差界限，而与估值方法无关。

对于参数 θ_0 的无偏估值 $\hat{\theta}_0$，即 $E[\hat{\theta}_0]=\theta_0$，其均方误差 $\sigma_{\theta_0}^2=E[(\hat{\theta}_0-\theta_0)^2]$ 满足以下不等式，即著名的克拉美-罗不等式：

$$\sigma_{\theta_0}^2\geqslant\frac{1}{E\left[\frac{\partial}{\partial\theta_0}\ln p(\boldsymbol{x}/\theta_0)\right]^2}=\frac{-1}{E\left[\frac{\partial^2}{\partial\theta_0^2}\ln p(\boldsymbol{x}/\theta_0)\right]} \tag{2.163}$$

式中：$E[g]$ 为求数学期望或统计平均值；$\boldsymbol{x}=(x_1,x_2,\cdots,x_N)$ 为观测矢量。

在雷达测量中，总是用最大似然估值法，正如前面分析雷达对目标距离和速度估计时的方法。下面我们来证明，在大信噪比条件下的最大似然估值是无偏的，且其均方误差达到克拉美-罗不等式的下界，即均方误差最小。

最大似然估值法满足似然方程

$$\left[\frac{\partial}{\partial\theta}\ln p(\boldsymbol{x}/\theta)\right]_{\theta=\hat{\theta}_0}=0 \tag{2.164}$$

将似然函数的对数 $\ln p(x/\theta)$ 在 $\theta=\theta_0$ 附近展开成泰勒级数，由于考虑大信噪比情况，只取前三项近似的结果，即

$$\ln p(\boldsymbol{x}/\theta)=\ln p(\boldsymbol{x}/\theta_0)+\left[\frac{\partial}{\partial\theta}\ln p(\boldsymbol{x}/\theta)\right]_{\theta=\theta_0}(\theta-\theta_0)+\frac{1}{2}\left[\frac{\partial^2}{\partial\theta^2}\ln p(\boldsymbol{x}/\theta)\right]_{\theta=\theta_0}(\theta-\theta_0)^2 \tag{2.165}$$

将式(2.165)两端对 θ 求导后在 $\hat{\theta}_0$ 处取值，则得

$$\left[\frac{\partial}{\partial\theta}\ln p(\boldsymbol{x}/\theta)\right]_{\theta=\theta_0}+\left[\frac{\partial^2}{\partial\theta^2}\ln p(\boldsymbol{x}/\theta)\right]_{\theta=\theta_0}(\hat{\theta}_0-\theta_0)=0 \tag{2.166}$$

即为

$$\hat{\theta}_0-\theta_0=\frac{-\left[\frac{\partial}{\partial\theta}\ln p(\boldsymbol{x}/\theta)\right]_{\theta=\theta_0}}{\left[\frac{\partial^2}{\partial\theta^2}\ln p(\boldsymbol{x}/\theta)\right]_{\theta=\theta_0}} \tag{2.167}$$

对数函数 $\ln p(\boldsymbol{x}/\theta)$ 在参数 $\theta=\hat{\theta}_0$ 处的一、二阶导数值均为观测矢量 $\boldsymbol{x}$ 的函数，由于噪声的干扰，观测矢量 $\boldsymbol{x}$ 为随机矢量，故其导数也是随机的，得出的误差值 $\hat{\theta}_0-\theta_0$ 为随机误差。可取 $\ln p(\boldsymbol{x}/\theta)$ 在 θ_0 处的二阶导数均值来代表该二阶导数，因为该量在 θ_0 附近随 $\boldsymbol{x}$ 的变化一般较小，而二阶导数的值为参量鉴别器的斜率。这样就可以得到以下近似：

$$\left[\frac{\partial^2}{\partial\theta^2}\ln p(\boldsymbol{x}/\theta)\right]_{\theta=\theta_0}\approx E\left[\frac{\partial^2}{\partial\theta^2}\ln p(\boldsymbol{x}/\theta)\right]_{\theta=\theta_0} \tag{2.168}$$

然后对式(2.167)两端取统计平均后得

$$E[\hat{\theta}_0-\theta_0]=\frac{-E\left[\frac{\partial}{\partial\theta}\ln p(\boldsymbol{x}/\theta)\right]_{\theta=\theta_0}}{E\left[\frac{\partial^2}{\partial\theta^2}\ln p(\boldsymbol{x}/\theta)\right]_{\theta=\theta_0}} \tag{2.169}$$

按统计平均值的含义，式(2.169)的分子项为

$$\begin{aligned}E\left[\frac{\partial}{\partial\theta}\ln p(\boldsymbol{x}/\theta)\right]_{\theta=\theta_0}&=\int_{-\infty}^{\infty}\left[\frac{\partial}{\partial\theta}\ln p(\boldsymbol{x}/\theta)\right]_{\theta=\theta_0}p(\boldsymbol{x}/\theta_0)\,\mathrm{d}\boldsymbol{x}\\&=\int_{-\infty}^{\infty}\frac{1}{p(\boldsymbol{x}/\theta_0)}\left[\frac{\partial}{\partial\theta}p(\boldsymbol{x}/\theta)\right]_{\theta=\theta_0}p(\boldsymbol{x}/\theta_0)\,\mathrm{d}\boldsymbol{x}\\&=\left[\frac{\partial}{\partial\theta}\int_{-\infty}^{\infty}p(\boldsymbol{x}/\theta)\,\mathrm{d}x\right]_{\theta=\theta_0}\\&=0\end{aligned} \tag{2.170}$$

即

$$E[\hat{\theta}_0-\theta_0]=0 \tag{2.171}$$

在大信噪比的条件下，对参量 θ_0 的最大似然估值 $\hat{\theta}_0$ 具有无偏性，信噪比越大其无偏性越真实，即具有渐进无偏性。

下面讨论估值方差的大小，将式(2.167)两端平方后再取平均值，注意此时将分母上的二阶导数用式(2.168)中的统计平均值近似表示。则有

$$\sigma_\theta^2=E[(\hat{\theta}_0-\theta_0)^2]=\frac{-E\left[\left\{\frac{\partial}{\partial\theta}\ln p(\boldsymbol{x}/\theta)\right\}_{\theta=\theta_0}^2\right]}{\left\{E\left[\left(\frac{\partial^2}{\partial\theta^2}\ln p(\boldsymbol{x}/\theta)\right)_{\theta=\theta_0}\right]\right\}^2} \tag{2.172}$$

由于

$$E\left[\left(\frac{\partial}{\partial\theta_0}\ln p(\boldsymbol{x}/\theta_0)\right)^2\right] = -E\left[\left(\frac{\partial^2}{\partial\theta_0^2}\ln p(\boldsymbol{x}/\theta_0)\right)\right] \tag{2.173}$$

将式(2.173)代入式(2.172)中,可以得到均方误差表达式为

$$\begin{aligned}\sigma_\theta^2 &= \frac{-1}{E\left[\left(\frac{\partial^2}{\partial\theta^2}\ln p(\boldsymbol{x}/\theta)\right)\right]} \\ &= \frac{-1}{E\left[\left(\frac{\partial}{\partial\theta}\ln p(\boldsymbol{x}/\theta)\right)^2\right]}\end{aligned} \tag{2.174}$$

式(2.174)就是克拉美-罗不等式取等号的情况。表明在大信噪比条件下,对参量 θ_0 的最大似然估值具有最小的均方误差。因此利用最大似然法测距、测速所得到的理论精度公式都具有最小的均方误差,即克拉美-罗下界,分别为式(2.151)、式(2.161)、式(2.176)、式(2.177)。即分别测速或者测距时,有

$$\begin{cases}\sigma_{t_\varepsilon} = \dfrac{1}{\sqrt{\dfrac{2E}{N_0}}\beta} \\ \sigma_{f_{d0}} = \dfrac{1}{\sqrt{2\dfrac{E}{N_0}}a}\end{cases} \tag{2.175}$$

联合测量时,其估计均方误差为

$$\sigma_{t_\varepsilon} = \frac{1}{\beta\sqrt{\dfrac{2E}{N_0}}}\frac{1}{\sqrt{1-\dfrac{\varepsilon_0^2}{\beta^2\alpha^2}}} \tag{2.176}$$

$$\sigma_{f_{d0}} = \frac{1}{\alpha\sqrt{\dfrac{2E}{N_0}}}\frac{1}{\sqrt{1-\dfrac{f_{d0}}{\beta^2\alpha^2}}} \tag{2.177}$$

2.3.1.4 卡尔曼滤波算法

卡尔曼滤波算法是最基本的目标跟踪算法。作为贝叶斯类滤波器的典型代表,卡尔曼滤波器提供了线性高斯背景下的最优状态估计,而且它的解是递归计算的,可以应用于平稳和非平稳环境。

根据前面给出的跟踪场景,目标的状态模型和观测模型都是线性的,而且状态噪声和观测噪声均服从高斯分布,因此卡尔曼滤波是该情形下的最佳选择,可

以实时地提供目标运动状态的最小均方误差估计。卡尔曼滤波算法的具体流程如图 2.4 所示。

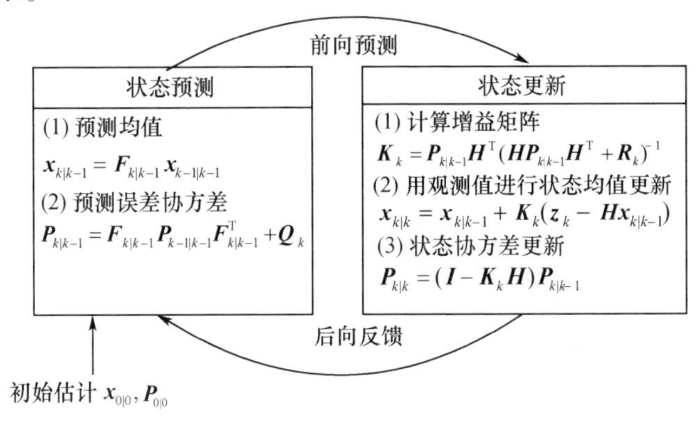

图 2.4 卡尔曼滤波流程图

根据前面的介绍，预测信息与发射波形无关，只有观测误差协方差矩阵 $\boldsymbol{R}_k$ 与发射波形 ψ_k 有关，因此可以将 $\boldsymbol{R}_k$ 表示为 ψ_k 的函数。于是，可以将卡尔曼滤波算法的计算流程重写如表 2.2 所列。

表 2.2 考虑发射波形影响的卡尔曼滤波算法

Step 0 滤波器初始化

初始状态估计 $\boldsymbol{x}_{0|0}=[z_0 \quad (z_0-z_{-1})/\Delta t]^{\mathrm{T}}$，其中 $z_i(i=-1,0)$ 为滤波器起始之前各个时刻的目标位置观测量；

初始状态协方差 $\boldsymbol{P}_{0|0}=\begin{bmatrix} R & R/\Delta t \\ R/\Delta t & 2R/\Delta t^2 \end{bmatrix}$，其中 R 为目标位置的观测误差方差；

令 $k=1,2,\cdots$

Step 1 状态预测

预测均值：$\boldsymbol{x}_{k|k-1}=\boldsymbol{F}_{k|k-1}\boldsymbol{x}_{k-1|k-1}$；

预测误差协方差：$\boldsymbol{P}_{k|k-1}=\boldsymbol{F}_{k|k-1}\boldsymbol{P}_{k-1|k-1}\boldsymbol{F}^{\mathrm{T}}_{k|k-1}+\boldsymbol{Q}_k$；

Step 2 状态更新

信息的协方差：$\boldsymbol{S}_k(\psi_k)=\boldsymbol{H}\boldsymbol{P}_{k|k-1}\boldsymbol{H}^{\mathrm{T}}+\boldsymbol{R}_k(\psi_k)$；

增益矩阵：$\boldsymbol{K}_k(\psi_k)=\boldsymbol{P}_{k|k-1}\boldsymbol{H}^{\mathrm{T}}\boldsymbol{S}_k^{-1}(\psi_k)$；

后验估计均值：$\boldsymbol{x}_{k|k}(\psi_k)=\boldsymbol{x}_{k|k-1}+\boldsymbol{K}_k(\psi_k)[z_k(\psi_k)-\boldsymbol{H}\boldsymbol{x}_{k|k-1}]$；

后验估计误差协方差：$\boldsymbol{P}_{k|k}(\psi_k)=[\boldsymbol{I}-\boldsymbol{K}_k(\psi_k)\boldsymbol{H}]\boldsymbol{P}_{k|k-1}$；

Step 3 令 $k=k+1$，返回 Step 1。

2.3.2 面向目标跟踪的雷达波形设计方法

从跟踪角度来讲，发射端的发射波形和接收端的数据处理算法是影响跟踪精度的两个主要因素。

雷达信号处理模块通过脉冲压缩、动目标检测(MTD)等技术可以得到目标的径向距离、径向速度等信息。这些运动状态信息在数据处理模块称为量测值或者观测值。通常,量测值是受到噪声污染的,噪声有可能是来自目标的真实量测,也有可能是来自于杂波、虚假目标或者干扰的错误量测,而且还有可能存在漏检的情况。目标跟踪的任务就是对来自目标的量测值进行关联、滤波和预测等处理,以保持对目标运动状态的精确实时估计。目标跟踪算法在很大程度上影响着最终的目标跟踪精度,而跟踪算法的输入值的好坏,即量测值的质量对最终的目标跟踪精度也起着关键性的作用。发射波形就是影响量测值质量的一个重要因素。如何根据环境和目标的先验信息进行发射端的自适应调整成为波形优化领域研究的一个热点。

2.3.2.1 问题描述

假设一窄带发射信号为

$$s_{\mathrm{T}}(t)=\sqrt{2}\mathrm{Re}\{\sqrt{E_{\mathrm{T}}}\tilde{s}(t)\mathrm{e}^{\mathrm{j}\omega_{\mathrm{c}}t}\} \tag{2.178}$$

式中:$\tilde{s}(t)$表示复包络信号;ω_{c}为载波频率;E_{T}为发射信号能量。设复包络信号满足

$$\int_{-\infty}^{\infty}|\tilde{s}(t)|^2\mathrm{d}t=1 \tag{2.179}$$

则目标回波信号可以表示为

$$s_{\mathrm{R}}(t)=\sqrt{2}\mathrm{Re}\{[\sqrt{E_{\mathrm{R}}}\mathrm{e}^{\mathrm{j}\varphi}\tilde{s}(t-\tau_0)\mathrm{e}^{\mathrm{j}f_{\mathrm{d}0}t}+\tilde{n}(t)]\mathrm{e}^{\mathrm{j}\omega_{\mathrm{c}}t}\} \tag{2.180}$$

式中:φ为随机相位偏移;E_{R}为接收信号能量;$\tilde{n}(t)$为零均值复高斯白噪声;τ_0,$f_{\mathrm{d}0}$分别为目标时延与多普勒偏移。如果目标运动状态一维方程表示为$r(t)=r_0+\dot{r}_0t$,则τ_0,$f_{\mathrm{d}0}$可以表示为

$$\begin{cases}\tau_0=2r_0/c\\ f_{\mathrm{d}0}=(2\dot{r}_0/c)\omega_{\mathrm{c}}\end{cases} \tag{2.181}$$

式中:c表示光速。上述窄带假设条件是适用于大多数雷达系统的。

脉间目标运动模型可以表示为如下形式:

$$\boldsymbol{x}_{k+1}=\boldsymbol{F}\boldsymbol{x}_k+\boldsymbol{G}\boldsymbol{w}_k \tag{2.182}$$

式中:$\boldsymbol{x}_k$为目标在k时刻的状态矢量。目标在k时刻的观测矢量$\boldsymbol{y}_k$可以表示为

$$\boldsymbol{y}_k=\boldsymbol{H}\boldsymbol{x}_k+\boldsymbol{n}_k \tag{2.183}$$

式中:矩阵$\boldsymbol{F}$,$\boldsymbol{G}$,$\boldsymbol{H}$的具体表示及含义将在随后进行详细说明,噪声矢量$\boldsymbol{w}_k$和$\boldsymbol{n}_k$独立同分布,均值为零,协方差矩阵分别为$\boldsymbol{Q}_k$和$\boldsymbol{N}(\boldsymbol{\theta}_k)$高斯白噪声。矢量$\boldsymbol{\theta}_k$表

示在时刻 k 接收到的信号的波形参数,被包含在协方差矩阵 $\boldsymbol{N}(\boldsymbol{\theta}_k)$ 中,这说明发射波形参数的选取是依赖于协方差矩阵 $\boldsymbol{N}(\boldsymbol{\theta}_k)$ 的。

根据上述模型,传统的跟踪滤波器结构设计和波形参数选取问题可以通过最小化目标状态估计均方误差来表示:

$$\min_{\Gamma,\{\boldsymbol{\theta}_1,\cdots,\boldsymbol{\theta}_k\}\in\Theta} E\{\|\boldsymbol{x}_k-\hat{\boldsymbol{x}}_k\|^2\boldsymbol{Z}^m\} \tag{2.184}$$

式中:Γ 表示滤波器的结构信息;Θ 表示参数 θ 的取值集合;$\boldsymbol{Z}^m$ 为测量矢量集合 $\{\boldsymbol{y}_1,\cdots,\boldsymbol{y}_m\}$,且有 $m\leqslant k$。

2.3.2.2 传感器(观测系统)特性

上一节中,发射信号复包络表示为 $\sqrt{E_{\mathrm{T}}}\tilde{s}(t)$,则接收信号的复包络可以由下式表示为

$$\tilde{r}(t)=\sqrt{E_{\mathrm{R}}}\mathrm{e}^{\mathrm{j}\varphi}\tilde{s}(t-\tau_0)\mathrm{e}^{\mathrm{j}f_{\mathrm{d0}}t}+\tilde{n}(t) \tag{2.185}$$

假设 E_{R} 为非随机变量。平均时间 $\bar{t}$ 以及平均频率 $\bar{w}$ 分别表示为

$$\begin{cases}\bar{t}\overset{\mathrm{def}}{=}\int_{-\infty}^{\infty}t|\tilde{s}(t)|^2\mathrm{d}t\\ \bar{\omega}\overset{\mathrm{def}}{=}\int_{-\infty}^{\infty}\omega|\tilde{S}(\omega)|^2\mathrm{d}\omega/2\pi\end{cases} \tag{2.186}$$

式中:$\tilde{S}(\omega)$ 为 $\tilde{s}(t)$ 的双边傅里叶变换。在没有噪声的情况下,有 $\bar{t}=\tau_0$ 和 $\bar{\omega}=f_{\mathrm{d0}}$,其中 τ_0 和 f_{d0} 分别表示目标真实的时延和多普勒偏移。则接收波形的模糊函数 $A(\tau-\tau_0,f_{\mathrm{d}}-f_{\mathrm{d0}})$ 可以定义为[2]

$$A(\tau-\tau_0,f_{\mathrm{d}}-f_{\mathrm{d0}})\overset{\mathrm{def}}{=}\int_{-\infty}^{\infty}\tilde{s}(t-(\tau-\tau_0)/2)\cdot\tilde{s}^*(t+(\tau-\tau_0)/2)\mathrm{e}^{-\mathrm{j}(f_{\mathrm{d}}-f_{\mathrm{d0}})t}\mathrm{d}t \tag{2.187}$$

其在目标真实位置(τ_0,f_{d0})处有最大值。为了方便计算,通常我们选取时间和频率原点为参考点,则有 $\bar{t}=\bar{\omega}=0$。设 $\tau'=\tau-\tau_0$ 和 $f_{\mathrm{d}}'=f_{\mathrm{d}}-f_{\mathrm{d0}}$,则上述模糊函数可以重新表示为

$$A(\tau-\tau_0,f_{\mathrm{d}}-f_{\mathrm{d0}})=\int_{-\infty}^{\infty}\tilde{s}(t-\tau'/2)\ \tilde{s}^*(t+\tau'/2)\mathrm{e}^{-\mathrm{j}f_{\mathrm{d}}'t}\mathrm{d}t \tag{2.188}$$

其等价的频域表达式为

$$A(\tau',f'_{\mathrm{d}})=\int_{-\infty}^{\infty}S(\omega-f'_{\mathrm{d}}/2)\ S^*(\omega+f'_{\mathrm{d}}/2)\mathrm{e}^{-\mathrm{j}\omega\tau'}\mathrm{d}\omega/2\pi \tag{2.189}$$

下面来推导无偏估计器估计误差的克拉美-罗界,首先需要确定费舍信息矩阵(Fisher Information Matrix)。如果我们通过观测矢量 $\boldsymbol{y}=[r\ \dot{r}]^{\mathrm{T}}$ 限定跟

踪场景,那么需要估计的参数为时延 τ 和频移 f_{d}。此时费舍信息矩阵可以表示为

$$J = \frac{2E_{\mathrm{R}}}{N_0}\begin{bmatrix} \overline{\omega^2} - (\bar{\omega})^2 & \overline{\omega t} - \bar{\omega}\bar{t} \\ \overline{\omega t} - \bar{\omega}\bar{t} & \overline{t^2} - (\bar{t})^2 \end{bmatrix} \tag{2.190}$$

信息矩阵中的元素为模糊函数在目标真实位置处的二阶导数[3],其表达式如下:

$$\begin{cases} \overline{\omega^2} - (\bar{\omega})^2 = -\left.\dfrac{\partial^2 A(\tau, f_{\mathrm{d}})}{\partial \tau^2}\right|_{\substack{\tau=\tau_0,\\ f_{\mathrm{d}}=f_{\mathrm{d}0}}} \\ \overline{\omega t} - \bar{\omega}\bar{t} = -\left.\dfrac{\partial^2 A(\tau, f_{\mathrm{d}})}{\partial \tau \partial f_{\mathrm{d}}}\right|_{\substack{\tau=\tau_0,\\ f_{\mathrm{d}}=f_{\mathrm{d}0}}} \\ \overline{t^2} - (\bar{t})^2 = -\left.\dfrac{\partial^2 A(\tau, f_{\mathrm{d}})}{\partial f_{\mathrm{d}}^2}\right|_{\substack{\tau=\tau_0,\\ f_{\mathrm{d}}=f_{\mathrm{d}0}}} \end{cases} \tag{2.191}$$

对上述信息矩阵求逆,便可以得到无偏估计器估计误差的克拉美－罗下界[3],这里我们假设信噪比足够高,可以忽略模糊函数副瓣,则 J^{-1} 可以较好地描述最优接收器的特性,它可以用于最优波形的选择。现在我们只需要给出接收器估计参数矢量与跟踪系统的量测矢量 y 之间的关系式,从而完成对观测噪声协方差矩阵 $N(\theta)$ 的说明。

引理 2.1:量测噪声协方差矩阵可以表示为 $E[(y-\bar{y})(y-\bar{y})^{\mathrm{T}}] = N(\theta) = TJ^{-1}T^{\mathrm{T}}$,式中:$J$ 为费舍信息矩阵($E[(\alpha-\bar{\alpha})(\alpha-\bar{\alpha})^{\mathrm{T}}] = J^{-1}$);$T$ 表示接收估计矢量 α 与跟踪系统测量矢量之间的转换矩阵;$y = T\alpha$。

将费舍信息矩阵表示为 $J = \eta U(\theta)$,其中 $\eta = 2E_{\mathrm{R}}/N_0$ 为信噪比,则对称矩阵 $U(\theta)$ 中的元素可以表示为

$$\begin{cases} u_{11} = \overline{\omega^2} - (\bar{\omega})^2 = \displaystyle\int_{-\infty}^{\infty} \omega^2 \,|\, \tilde{S}(\omega) \,|^2 \mathrm{d}\omega / 2\pi \\ u_{12} = u_{21} = \overline{\omega t} - \bar{\omega}\bar{t} = \displaystyle\int_{-\infty}^{\infty} t\varphi'(t) \,|\, \tilde{s}(t) \,|^2 \mathrm{d}t \\ u_{22} = \overline{t^2} - (\bar{t})^2 = \displaystyle\int_{-\infty}^{\infty} t^2 \,|\, \tilde{s}(t) \,|^2 \mathrm{d}t \end{cases} \tag{2.192}$$

对于任何给定的波形而言,矩阵 $U(\theta)$ 中的所有元素均是实常数。由引理 2.1 可得,在跟踪系统中量测矢量为 $y = [r \ \dot{r}]^{\mathrm{T}}$,接收参数矢量为 $\alpha = [\tau \ f_{\mathrm{d}}]^{\mathrm{T}}$ 的情况下,量测噪声协方差矩阵可以表示为

$$N(\theta) = \frac{1}{\eta} TU^{-1}T^{\mathrm{T}} \tag{2.193}$$

式中：$\boldsymbol{T}=\mathrm{diag}(c/2, c/2\omega_c)$。

引理 2.2：观测噪声协方差矩阵有如下的上界[4]：

$$\det\boldsymbol{N}(\boldsymbol{\theta})\leqslant\frac{c^4}{4\omega_c^2\eta^2} \tag{2.194}$$

假设 $\bar{t}=\bar{\omega}=0$，则有

$$\det\boldsymbol{U}=\overline{\omega^2 t^2}-(\overline{\omega t})^2\geqslant 1/4 \tag{2.195}$$

将量测噪声矩阵表示为如下形式：

$$\begin{aligned}\det\boldsymbol{N}(\boldsymbol{\theta})&=\eta^{-2}(\det\boldsymbol{T})^2(\det\boldsymbol{U}^{-1})\\&=\eta^{-2}(\det\boldsymbol{T})^2(\det\boldsymbol{U})^{-1}\end{aligned} \tag{2.196}$$

将式(2.195)代入式(2.196)可得到最终的结果。由引理 2.2 我们可以得到两个结论。第一，若定义均方带宽与均方时宽如下式所示：

$$\begin{cases}(\Delta\omega)^2\overset{\text{def}}{=}\overline{\omega^2}-(\bar{\omega})^2\\(\Delta t)^2\overset{\text{def}}{=}\overline{t^2}-(\bar{t})^2\end{cases} \tag{2.197}$$

由式(2.195)可以看出 $\Delta\omega\cdot\Delta t\geqslant 1/2$，即众所周知的“测不准关系”[4]，这表明了我们不能产生一个既具有窄带宽 $\Delta\omega$ 又具有窄时宽 Δt 的脉冲。第二，$\det\boldsymbol{N}(\boldsymbol{\theta})$ 与波形矢量 $\boldsymbol{\theta}$ 是相互独立的。

定义 2.6：如某一波形满足下面两个条件，则此波形是属于波形集 C 的：

(1) $\boldsymbol{\theta}\in\Theta_c$；

(2) $\det\boldsymbol{N}(\boldsymbol{\theta})=\gamma_c/\eta^2$。

式中：Θ_c 为所有允许的波形参数矢量集合；γ_c 为一常数；$\boldsymbol{N}(\boldsymbol{\theta})$ 为波形集合的量测噪声协方差矩阵。

2.3.2.3 跟踪系统特性

跟踪滤波器一般都以最小化均方误差为准则，从被噪声污染的观测信号中获得目标状态 $\boldsymbol{x}_k$ 的估计。通常情况下，最优的滤波器设计方法是寻求一种滤波器结构来满足上节中提出的优化问题，因此，需要对所有可能的滤波器结构和波形参数空间 Θ 进行搜索。但是由于量测噪声协方差矩阵是一个关于波形参数矢量 Θ 的非线性函数，故通常情况下该搜索问题是很难实现的。因此，大多数的改进设计方法均要求其为线性滤波器系统。

考虑“问题描述”中提到的线性目标和观测模型，由于量测噪声协方差矩阵与 $\boldsymbol{\theta}_k$ 有关，故卡尔曼滤波器方程同样也依赖于 $\boldsymbol{\theta}_k$。特别地有下式：

$$
\begin{cases}
\boldsymbol{S}_k(\boldsymbol{\theta}_k) = \boldsymbol{H}\boldsymbol{P}_{k/k-1}\boldsymbol{H}^{\mathrm{T}} + \boldsymbol{N}(\boldsymbol{\theta}_k) \\
\boldsymbol{K}_k(\boldsymbol{\theta}_k) = \boldsymbol{P}_{k/k-1}\boldsymbol{H}^{\mathrm{T}}\boldsymbol{S}_k^{-1}(\boldsymbol{\theta}_k) \\
\hat{\boldsymbol{x}}_{k/k}(\boldsymbol{\theta}_k) = \hat{\boldsymbol{x}}_{k/k-1} + \boldsymbol{K}_k(\boldsymbol{\theta}_k)(\boldsymbol{y}_k - \boldsymbol{H}\hat{\boldsymbol{x}}_{k/k-1}) \\
\boldsymbol{P}_{k/k}(\boldsymbol{\theta}_k) = \boldsymbol{P}_{k/k-1} - K_k(\boldsymbol{\theta}_k)\boldsymbol{S}_k(\boldsymbol{\theta}_k)\boldsymbol{K}_k^{\mathrm{T}}(\boldsymbol{\theta}_k) \\
\hat{\boldsymbol{x}}_{k+1/k}(\boldsymbol{\theta}_k) = \boldsymbol{F}\hat{\boldsymbol{x}}_{k/k}(\boldsymbol{\theta}_k) \\
\boldsymbol{P}_{k+1/k}(\boldsymbol{\theta}_k) = \boldsymbol{F}\boldsymbol{P}_{k/k}(\boldsymbol{\theta}_k)\boldsymbol{F}^{\mathrm{T}} + \boldsymbol{G}\boldsymbol{Q}_k\boldsymbol{G}^{\mathrm{T}}
\end{cases}
\tag{2.198}
$$

除非进行特殊说明，否则上述依赖于 $\boldsymbol{\theta}_k$ 的关系适用于下面的所有情况。

卡尔曼滤波器中协方差更新方程与 $\boldsymbol{Q}_k$（假设对于所有的 k 均已知）和 $\boldsymbol{N}(\boldsymbol{\theta}_k)$ 均有关。在“传感器特性”一节中我们推导了量测噪声协方差矩阵误差估计下界仅与背景噪声及发射波形参数矢量有关。因此，如果下一时刻波形参数矢量一旦被选取，则量测噪声协方差矩阵在第 $k+1$ 时刻便可已知，即可对第 $k+1$ 时刻的平滑跟踪误差协方差矩阵进行预测。此矩阵可以由下式表示：

$$
\begin{aligned}
\boldsymbol{P}_{k+1/k+1}(\boldsymbol{\theta}_k) = & \boldsymbol{P}_{k+1/k} - \boldsymbol{P}_{k+1/k}\boldsymbol{H}^{\mathrm{T}} \\
& \times (\boldsymbol{H}\boldsymbol{P}_{k+1/k}\boldsymbol{H}^{\mathrm{T}} + \boldsymbol{N}(\boldsymbol{\theta}_{k+1}))^{-1}\boldsymbol{H}\boldsymbol{P}_{k+1/k}
\end{aligned}
\tag{2.199}
$$

式(2.199)中唯一未知的参数是波形参数矢量 $\boldsymbol{\theta}_{k+1}$，如此便为我们提供了一种选择下一次发射波形的方法。

由上面的分析可知，在给出平滑跟踪误差协方差矩阵的表达式后，下一步将需要选取合适的优化准则来实现波形参数矢量的选择。由于跟踪误差可以由协方差矩阵来表示，故我们期望最小化“整个”协方差矩阵[5]。这里，如果 $\boldsymbol{P}(\boldsymbol{\theta}_2) - \boldsymbol{P}(\boldsymbol{\theta}_1)$ 为一正定矩阵（假设 $\boldsymbol{\theta}_1, \boldsymbol{\theta}_2 \in \Theta_c$），则我们认为协方差矩阵 $\boldsymbol{P}(\boldsymbol{\theta}_1)$ 是优于协方差矩阵 $\boldsymbol{P}(\boldsymbol{\theta}_2)$，其中，$\boldsymbol{P}(\boldsymbol{\theta}_1)$ 和 $\boldsymbol{P}(\boldsymbol{\theta}_2)$ 分别从由参数矢量 $\boldsymbol{\theta}_1$、$\boldsymbol{\theta}_2$ 决定的波形中得到。

对于跟踪误差协方差矩阵中的标量函数，我们无法确定一个最佳的优化准则[5][6]，文献[7]中给出了两种优化方法，第一种方法是通过选择下一时刻的发射波形来使得跟踪均方误差最小化。对于一步预测问题，一般通过卡尔曼滤波器实现，可以通过下式描述[8]：

$$
\boldsymbol{\theta}_{k+1}^{*} = \arg\min_{\boldsymbol{\theta}_{k+1} \in \Theta} \operatorname{tr}\{\boldsymbol{P}_{k+1/k+1}(\boldsymbol{\theta}_{k+1})\}
\tag{2.200}
$$

第二种跟踪测量方法是选取下一时刻的发射波形，使得跟踪系统门限量级最小。第一种方法是基于由状态矢量 $\boldsymbol{x}_k$ 构成的空间，而第二种方法则是基于由量测矢量 $\boldsymbol{y}_k$ 构成的空间。最小化门限量级可以降低目标跟踪系统在密集杂波区域或低信噪比区域的虚警概率。一般情况下，门限量级正比于量测空间协方差矩阵 $\boldsymbol{S}_{k+1}(\boldsymbol{\theta}_{k+1})$ 的均方根[9]。通过这种量测方法来实现最优波形选取问题可以通过下式表示：

$$\boldsymbol{\theta}_{k+1}^{*}=\arg\min_{\boldsymbol{\theta}_{k+1}\in\Theta}\det\{\boldsymbol{S}_{k+1}(\boldsymbol{\theta}_{k+1})\} \tag{2.201}$$

在上述的推导过程中，我们没有对误差矢量$(\boldsymbol{x}_{k+1}-\hat{\boldsymbol{x}}_{k+1})$中的元素进行缩放或者加权。文献[6]中，通过引入代价函数 $J=\mathrm{tr}\{\boldsymbol{M}_{k+1}\boldsymbol{P}_{k+1/k+1}(\boldsymbol{\theta}_{k+1})\}$ 来增加对误差矢量中元素的惩罚。

考虑一维跟踪场景，其通过线性目标量测模型进行描述，目标状态矢量和观测矢量分别为 $\boldsymbol{x}=[r\ \dot{r}\ \ddot{r}]^{\mathrm{T}}$ 和 $\boldsymbol{y}=[r\ \dot{r}]^{\mathrm{T}}$。量测噪声协方差矩阵通过经典的时频模糊函数得到，即

$$\boldsymbol{H}=\begin{bmatrix}1&0&0\\0&1&0\end{bmatrix} \tag{2.202}$$

1）最小化门限量级

这样的优化问题在之前已经给出，即

$$\boldsymbol{S}_{k+1}(\boldsymbol{\theta}_{k+1})=\boldsymbol{H}\boldsymbol{P}_{k+1/k}\boldsymbol{H}^{\mathrm{T}}+\boldsymbol{N}(\boldsymbol{\theta}_{k+1}) \tag{2.203}$$

令 p_{ij} 与 n_{ij} 分别表示 $\boldsymbol{P}_{k+1/k}$ 与 $\boldsymbol{N}(\boldsymbol{\theta}_{k+1})$ 中的元素，则式(2.203)可以重新表示为

$$\det(\boldsymbol{S}_{k+1}(\boldsymbol{\theta}_{k+1}))=(p_{11}+n_{11})(p_{22}+n_{22})-(p_{12}+n_{12})^2 \tag{2.204}$$

或

$$\begin{aligned}\det(\boldsymbol{S}_{k+1}(\boldsymbol{\theta}_{k+1}))=&\det(\boldsymbol{H}\boldsymbol{P}_{k+1/k}\boldsymbol{H}^{\mathrm{T}})+\det(\boldsymbol{N}(\boldsymbol{\theta}_{k+1}))\\&+p_{11}n_{22}+p_{22}n_{11}-2p_{12}n_{12}\end{aligned} \tag{2.205}$$

设 θ_i 表示 $\boldsymbol{\theta}_{k+1}$ 中的元素，并对 $\det(\boldsymbol{S}_{k+1}(\boldsymbol{\theta}_{k+1}))$ 关于 θ_i 求导，令导数为零，可得

$$\frac{\partial\det(S_{k+1}(\theta_{k+1}))}{\partial\theta_i}=\frac{\partial\det(N(\theta_{k+1}))}{\partial\theta_i}+p_{11}\frac{\partial n_{22}}{\partial\theta_i}+p_{22}\frac{\partial n_{11}}{\partial\theta_i}-2p_{12}\frac{\partial n_{12}}{\partial\theta_i}=0 \tag{2.206}$$

在一般情况下，$\det(\boldsymbol{N}(\boldsymbol{\theta}_{k+1}))$ 与 θ_i 是相互独立的。通过求取 $\det(\boldsymbol{S}_{k+1}(\boldsymbol{\theta}_{k+1}))$ 关于 θ_i 的二阶导数，可得到所有可能的解集合，其中使得代价函数值最小的解便为式(2.206)的最优解。对于存在多解的情况，可以通过式(2.204)来选择最优解。

(1) 仅有幅度调制：对于仅有幅度调制的波形集而言，其任何子集合(例如，三角的、高斯的)的波形均可以通过脉宽参数 λ 进行单独描述。而对于仅有幅度调制的波形而言，噪声协方差矩阵的确定是与脉宽 λ 无关的，并且有 $n_{12}=0$。由此，式(2.206)可以简化为

$$\frac{\partial\det(S_{k+1}(\lambda_{k+1}))}{\partial\lambda_{k+1}}=p_{11}\frac{\partial n_{22}}{\partial\lambda_{k+1}}+p_{22}\frac{\partial n_{11}}{\partial\lambda_{k+1}}=0 \tag{2.207}$$

可以看出，波形参数矢量 $\boldsymbol{\theta}_{k+1}$ 已经被 λ_{k+1} 所替代。

对于对称、三角形的脉冲而言，其量测噪声协方差矩阵元素可以表示为

$$\left.\begin{aligned} n_{11}(\lambda_{k+1}) &= c^2\lambda_{k+1}^2/(12\eta) \\ n_{22}(\lambda_{k+1}) &= 5c^2/(2\omega_c^2\lambda_{k+1}^2\eta) \end{aligned}\right\} \tag{2.208}$$

将式(2.208)代入式(2.204)中可得

$$\det(\boldsymbol{S}_{k+1}(\boldsymbol{\theta}_{k+1})) = p_{11}p_{22} - p_{12}^2 + \frac{5c^4}{24\omega_c^2\eta^2} + \frac{p_{22}c^2}{12\eta}\lambda_{k+1}^2 + \frac{5p_{11}c^2}{2\omega_c^2\eta}\lambda_{k+1}^{-2} \tag{2.209}$$

式(2.209)是一关于 λ_{k+1}^2 的二次方程。因此，对于所有的 λ_{k+1} 而言，式(2.209)对 λ_{k+1} 的二阶导数均为正数，故式(2.206)有唯一的最优解。将 n_{11}，n_{22} 的表达式代入式(2.206)，可得三角脉冲的最优脉宽为

$$\lambda_{k+1}^*(\text{Triangular}) = \left(\frac{30p_{11}}{\omega_c^2 p_{22}}\right)^{1/4} \tag{2.210}$$

类似地，可以得到高斯幅度调制脉冲的最优脉宽为

$$\lambda_{k+1}^*(\text{Gaussian}) = \left(\frac{p_{11}}{\omega_c^2 p_{22}}\right)^{1/4} \tag{2.211}$$

值得注意的是，上述最优解与信噪比以及波形传输速度均无关。

(2) 幅度及线性频率调制：这类波形集可以通过脉宽参数 λ 以及线性频率扫描率 b 来描述，其中 b 的单位为 $\mathrm{rad/s^2}$。那么对于 k 时刻($k+1$ 时刻接收)的波形，其波形参数为 $\boldsymbol{\theta}_{k+1} = [\lambda_{k+1}\ b_k]^{\mathrm{T}}$。

考虑一线性频率调制(LFM)信号，其幅度为高斯调制，量测噪声协方差矩阵中的元素可以表示为

$$\left.\begin{aligned} n_{11}(\lambda_{k+1}) &= c^2\lambda_{k+1}^2/(2\eta) \\ n_{12}(\lambda_{k+1}, b_{k+1}) &= -c^2 b_{k+1}\lambda_{k+1}^2/(\omega_c\eta) \\ n_{22}(\lambda_{k+1}, b_{k+1}) &= \frac{c^2}{\omega_c^2\eta}\left(\frac{1}{2\lambda_{k+1}^2} + 2b_{k+1}^2\lambda_{k+1}^2\right) \end{aligned}\right\} \tag{2.212}$$

对于仅存在幅度调制波形的情况，确定量测噪声协方差矩阵是与波形参数无关的。式(2.204)是关于 λ_{k+1}^2 和 b_{k+1} 的二次方程，故对于 LFM 信号而言，存在最优解，因为 b_{k+1}^2 项的系数是正数，所以该解对于 b_{k+1} 是最优的。将式(2.209)与式(2.212)代入式(2.206)中可得

$$\left.\begin{aligned} b_{k+1}^* &= \frac{-\omega_c p_{12}}{2p_{11}} \\ \lambda_{k+1}^* &= \left(\frac{p_{11}^2}{\omega_c^2(p_{11}p_{22} - p_{12}^2)}\right)^{1/4} \end{aligned}\right\} \tag{2.213}$$

由于 b_{k+1} 决定了下一次发射脉冲的频率扫描率，且 b_{k+1} 即可为正又可为负，故最优解 b_{k+1}^* 是可以接受的，可表示为

$$\det(\boldsymbol{S}_{k+1}(\boldsymbol{\theta}_{k+1})) = s_{11}s_{22} - s_{12}^2 \tag{2.214}$$

由式(2.214)可以看出，门限量级正比于 $\det(\boldsymbol{S}_{k+1}(\boldsymbol{\theta}_{k+1}))$ 的均方根，可以通过最小化 s_{12}^2 使得门限量级最小（s_{11}，s_{22} 均为正数）。由式(2.204)、式(2.212)及式(2.214)可得 $s_{12} = p_{12} - b_{k+1}c^2\boldsymbol{\lambda}_{k+1}^2/(\omega_c\boldsymbol{\eta})$，因此，当 b_{k+1}^* 与 p_{12} 的符号相反时，$|s_{12}|$ 具有最大值。

2）最小化均方跟踪误差

以最小化均方跟踪误差为准则的代价函数是在给定到 $k+1$ 时刻（包含 $k+1$ 时刻）的量测序列时，$k+1$ 时刻跟踪误差协方差矩阵的迹，式(2.200)给出了该优化问题的表达式。跟踪误差协方差矩阵表达式已由式(2.199)给出，然而另一种更为简便的表达式为

$$\boldsymbol{P}_{k+1/k+1}(\boldsymbol{\theta}_{k+1}) = \boldsymbol{P}_{k+1/k} - \boldsymbol{P}_{k+1/k}\boldsymbol{H}^{\mathrm{T}}\boldsymbol{S}_{k+1}^{-1}(\boldsymbol{\theta}_{k+1}) \cdot \boldsymbol{H}\boldsymbol{P}_{k+1/k} \tag{2.215}$$

式中：$\boldsymbol{P}_{h/1}$ 是 3×3 的矩阵；$\boldsymbol{S}_{k+1}(\boldsymbol{\theta}_{k+1})$ 是 2×2 的矩阵。将式(2.215)进一步改写为

$$\mathrm{tr}(\boldsymbol{P}_{k+1/k+1}(\boldsymbol{\theta}_{k+1})) = \mathrm{tr}(\boldsymbol{P}_{k+1/k}) - \frac{s_{11}(\boldsymbol{\theta}_{k+1})g_{22} + s_{22}(\boldsymbol{\theta}_{k+1})g_{11} - 2s_{12}(\boldsymbol{\theta}_{k+1})g_{12}}{\det(\boldsymbol{S}_{k+1}(\boldsymbol{\theta}_{k+1}))} \tag{2.216}$$

其中，

$$\left.\begin{aligned} g_{11} &= p_{11}^2 + p_{12}^2 + p_{13}^2 \\ g_{12} &= p_{11}p_{12} + p_{12}p_{22} + p_{13}p_{23} \\ g_{22} &= p_{12}^2 + p_{22}^2 + p_{23}^2 \end{aligned}\right\} \tag{2.217}$$

令

$$f(\boldsymbol{\theta}_{k+1}) = s_{11}(\boldsymbol{\theta}_{k+1})g_{22} + s_{22}(\boldsymbol{\theta}_{k+1})g_{11} - 2s_{12}(\boldsymbol{\theta}_{k+1})g_{12} \tag{2.218}$$

令式(2.216)关于 θ_i 求导可得

$$\frac{\partial\mathrm{tr}(\boldsymbol{P}_{k+1/k+1}(\boldsymbol{\theta}_{k+1}))}{\partial\theta_i} = \frac{f(\boldsymbol{\theta}_{k+1})\dfrac{\partial\det(S_{k+1}(\boldsymbol{\theta}_{k+1}))}{\partial\theta_i} - \det(S_{k+1}(\boldsymbol{\theta}_{k+1}))\dfrac{\partial f(\boldsymbol{\theta}_{k+1})}{\partial\theta_i}}{(\det(\boldsymbol{S}_{k+1}(\boldsymbol{\theta}_{k+1})))^2} \tag{2.219}$$

令式(2.219)中所有关于 θ_i 的导数均为零，可以得到关于代价函数的极值点集合。将这些极值点代入式(2.216)中，通过选取使代价函数最小所对应的解，便可以得到下一步的发射波形参数矢量 $\boldsymbol{\theta}_{k+1}$。

至此,得到对于仅有幅度调制脉冲的闭式解形式。这些波形可由脉宽参数λ_{k+1}来唯一确定,因此$\boldsymbol{\theta}_{k+1}=\boldsymbol{\lambda}_{k+1}$,量测噪声协方差矩阵有如下形式:

$$\boldsymbol{N}(\boldsymbol{\lambda}_{k+1})=\mathrm{diag}(\alpha\lambda_{k+1}^2,\beta/\lambda_{k+1}^2) \tag{2.220}$$

式中:α,β均为正的实变量,且反比于接收信号的信噪比。对于一步预测优化问题,在第$k+1$时刻,α,β可以认为是不变的常量。对于给定信噪比情况下,不同的幅度调制脉冲子集合(如三角调制,高斯调制)的参数α,β是不相同的。

将式(2.220)代入式(2.216)中可得

$$\mathrm{tr}(\boldsymbol{P}_{k+1/k+1}(\boldsymbol{\lambda}_{k+1}))=\mathrm{tr}(\boldsymbol{P}_{k+1/k})-\frac{\alpha g_{22}\lambda_{k+1}^4+(p_{11}g_{22}+p_{22}g_{11}-2p_{12}g_{12})\lambda_{k+1}^2+\beta g_{11}}{\alpha p_{22}\lambda_{k+1}^4+(p_{11}p_{22}-p_{12}^2+\alpha\beta)\lambda_{k+1}^2+\beta p_{11}} \tag{2.221}$$

由于$\boldsymbol{P}_{k+1/k}$是正定矩阵,故式(2.221)中分母对于所有的λ_{k+1}均是正数。将式(2.218)和式(2.220)代入式(2.219)中,有

$$\frac{\partial\mathrm{tr}(\boldsymbol{P}_{k+1/k+1}(\boldsymbol{\lambda}_{k+1}))}{\partial\lambda_{k+1}}=\frac{2\lambda_{k+1}(a\lambda_{k+1}^4+b\lambda_{k+1}^2+c)}{(\alpha p_{22}\lambda_{k+1}^4+(p_{11}p_{22}-p_{12}^2+\alpha\beta)\lambda_{k+1}^2+\beta p_{11})^2} \tag{2.222}$$

其中,

$$\left.\begin{aligned}a&=\alpha(g_{11}p_{22}^2-2g_{12}p_{12}p_{22}+g_{22}(p_{12}^2-\alpha\beta))\\b&=2\alpha\beta(g_{11}p_{22}-g_{22}p_{11})\\c&=-\beta(g_{11}(p_{12}^2-\alpha\beta)-2g_{12}p_{11}p_{12}+g_{22}p_{11}^2)\end{aligned}\right\} \tag{2.223}$$

令式(2.222)为零,便可得到式(2.221)的极值点。若限定λ_{k+1}为正实数,则$\lambda_{k+1}=0$与$\lambda_{k+1}\to\infty$即为满足条件的两个极值点。其余极值点可以通过下式得到

$$\alpha\lambda_{k+1}^4+b\lambda_{k+1}^2+c=0 \tag{2.224}$$

在实际情况中,根据具体的跟踪系统,λ_{k+1}是具有最大和最小值的,分别记为$\lambda_{\max}$和$\lambda_{\min}$,设式(2.222)的解为λ_{calc},则在每个时刻,可先通过式(2.222)得到解λ_{calc}(假设只有唯一解),然后再由下式来得到最优发射脉冲脉宽λ_{k+1}^*为

$$\lambda_{k+1}^*=\underset{\lambda_{k+1}\in\{\lambda_{\min},\lambda_{\mathrm{calc}},\lambda_{\max}\}}{\arg\min}\ \mathrm{tr}(\boldsymbol{P}_{k+1/k+1}(\boldsymbol{\lambda}_{k+1})) \tag{2.225}$$

参考文献

[1] BELL M R. Information Theory and Radar Waveform Design[J]. IEEE Transactions on Infor-

mation Theory, 1993, 39(5): 1578 - 1597.

[2] WILCOX CH. The synthesis problem for radar ambiguity function[J]. Journal of Organic Chemistry, 1991, 69(26):9109 - 22.

[3] VAN TREES H L. Detection Estimation and Modulation Theory, part3[M]. New York: wiley, 1971.

[4] HELSTROM C W. Statistical Theory of Signal Detection, 2nd ed[M]. New York: Pergamon, 1966.

[5] SCHWEPPE F C, GRAY D L. Radar signal design subject to simultaneous peak and average power constraints[J]. IEEE Trans. Inform. Theory, 1966, IT - 12:13 - 26.

[6] ATHANS M, SCHWEPPE F C. Optimal waveform design via control theoretic principles[J]. Inform. Control, 1967, 10: 335 - 377.

[7] KERSHAW D J, EVANS R J. Optimal waveform selection for tracking systems [J]. IEEE Transactions on Information Theory, 1994, 40 (5): 1536 - 1550.

[8] ATHANS M, TSE E. A direct derivation of the optimal liner filter using the maximum principle. [J] IEEE Trans. Automat. Contr, 1967, AC - 12: 690 - 698.

[9] BAR-SHALOM Y, FORTMANN T E. Tracking and Data Association[J]. Journal of the Acoustical Society of America, 1990, 87(2):918 - 919.

第3章

认知雷达杂波抑制

杂波抑制是几乎所有雷达必须解决的重要课题。对于地面雷达，由于地面与雷达无相对运动，故地杂波呈现零多普勒或较小的多普勒带宽（由杂波内部运动引起），利用该特性或利用目标和杂波的俯角差异抑制杂波相对容易。但是对于机载雷达，高速的平台运动使杂波与雷达相对运动，且不同方向呈现不同的多普勒频率，杂波抑制难度显著增大。杂波问题一直是困扰机载雷达研制的重要问题，超低副瓣天线可以有效缓解杂波问题，但在相控阵天线上实现超低副瓣非常困难，这也是美国空军一直不愿放弃 E-3 的机械扫描天线的原因。虽然随着技术的进步，相控阵天线的副瓣越来越低，但是随着各种小 RCS 目标的出现，新型雷达采用更大的发射功率才能得到需要的威力，也使得杂波更强，对目标检测的影响更大。也就是说，天线副瓣降低带来的好处正被功率加大带来的缺点抵消。我们预计，机载雷达的杂波问题将长期存在，而这一问题的解决，需要天线专业、雷达系统、信号处理专业的研究人员共同努力。在信号处理领域，已经产生了时间平均杂波相参机载雷达（TACCAR）、自适应 MTI、偏置相位中心天线、空时自适应处理等多种方法。特别是空时处理类方法，自 20 世纪 90 年代就被作为机载雷达的关键技术广泛深入研究。但时至今日，仍存在很多问题，特别是在非均匀环境中，表现不能令人满意。

本章研究空时自适应处理的增强版本——认知的空时处理或者知识辅助的空时处理，希望借助环境的知识提高杂波抑制的性能。本章包括以下内容：机载雷达杂波抑制需求和空时自适应处理方法、非均匀杂波抑制方法和理论、探测环境的静态信息和动态信息、知识辅助空时自适应处理的直接法和间接法、MCARM 和 KASSPER 计划的启示。

3.1 机载雷达杂波抑制的空时自适应处理方法

3.1.1 机载雷达杂波抑制需求

机载脉冲多普勒雷达是现代战场上最重要的传感器之一，动目标显示/检测

(MTI/MTD)是它的一项重要功能。由于以飞机作平台,其对低飞目标的可视距离比地基雷达远得多,并且可以灵活、快速地部署在所需要的地方,因而受到广泛重视。除了担任远程警戒、指挥的预警机,用于战场感知的无人驾驶侦察机和执行打击任务的战斗机也是其重要的应用对象。这些雷达下视工作时,地面杂波对检测性能的影响十分严重。地杂波不仅强度大,而且由于不同方向的地面散射体对于载机的速度各异,从而使杂波谱大大扩展,杂波呈现出很强的空时耦合性。有效抑制地杂波,是机载雷达下视工作的难题,而又是必须解决的问题。

解决杂波抑制的传统技术包括超低副瓣天线和偏置相位中心天线(DPCA)技术[1]。在理论上,超低副瓣技术既可以用于相控阵天线,也可以用于机械扫描天线。但由于天线系统的各个部分不可避免地存在幅度和相位误差,加上天线各部分之间的互耦、波束扫描、工作环境的变化,实际相控阵天线要想实现超低副瓣难度很大,在宽角扫描的情况下要达到超低副瓣的要求就更加困难。对于具有众多 T/R 组件的有源相控阵天线更是如此。美国的 E-3 预警机采用的就是这种技术,采用超低副瓣(-50dB)的平面裂缝天线阵,使用波束变化受惯性制约的机械扫描方式,但其超低副瓣技术从理论分析到技术实现至今仍被严格保密。在当前技术和工艺水平下,对相控天线的低副瓣提出过高要求是不切实际的。另一方面,超低副瓣技术只能抑制副瓣杂波,对于影响最小可检测速度(MDV)的主瓣杂波,它是无能为力的。TACCAR 和 DPCA 技术是较早提出的雷达平台运动补偿方法,TACCAR 改变发射信号的频率,使回波的相位变化和 MTI 滤波器相适应,本质上是一种自适应的 MTI 技术,只能在多普勒上对准主瓣中心处的杂波并进行抑制。它的原理和效果与后来出现的机载动目标显示(AMTI)大同小异。DPCA 方法分为物理调控型和电子调控型两类。物理调控型 DPCA 的基本原理是:若两个相邻脉冲间载机向前运动的距离为 l,即天线系统向前移动了距离 l,在第二个脉冲期间使发射和接收天线的相位中心向后移动距离 l(相位中心偏置),相当于在两个相邻脉冲间天线相对于地面没有移动,可以用第二次回波数据与第一次回波数据相减对消主瓣杂波。它要求系统采用低重复频率,而且偏置距离 l 和脉冲重复频率 PRF、速度 v 之间必须满足确定的关系。电子调控型 DPCA(E-DPCA)由物理调控型 DPCA 演变而来,利用差波束补偿和波束中杂波的相位变化,但是由于误差的影响系统往往无法获得 E-DPCA 所需的具有理想形状的和、差波束,其杂波抑制性能很有限。从原理上说,DPCA 方法可以抑制主瓣杂波和副瓣杂波,但实际上,不同子孔径的副瓣形状不能完全一致,副瓣杂波抑制效果有限。而且偏流、360°覆盖使天线轴向无法与航行方向完全吻合,杂波抑制性能显著下降。

随着军事技术的发展和战场环境的复杂化,这些采用传统技术的机载雷达越来越难以满足现代战争的要求。在现代战场上,来袭目标常常是大纵深、全方位、多批次、全高度的,目标的等效雷达截面积越来越小、速度越来越快。为了能够有效地发现和跟踪目标,现代机载雷达越来越倾向于采用波束可以无惯性捷变的相控阵天线。为了在虚警概率不变的情况下有效地提高检测概率,机载雷达必须有更强的抑制地杂波的能力。相控阵天线难以形成超低副瓣电平,TACCAR、AMTI、DPCA 和 E-DPCA 技术的杂波抑制能力有限。空时(二维)自适应处理(STAP)技术正是在这种情况下应运而生的,它可以有效提高机载相控阵雷达的地杂波抑制能力。由于机载雷达地杂波的空时耦合性,杂波在空时二维平面内成斜线分布。空时级联的常规处理无法有效抑制这种斜线型杂波。STAP 利用空时二维采样的数据改变系统的二维响应,它能够补偿系统误差的影响,形成与杂波匹配的斜凹口,有效地抑制地杂波并大大改善系统的检测性能。

3.1.2 机载雷达的空时自适应处理方法

1973 年,L. E. Brennan、J. D. Mallett 和 I. S. Reed 首次提出了空时二维自适应处理的概念[2],在 20 世纪 90 年代迎来其发展的高潮。国内外对 STAP 的研究已经开展了 20 多年,最初的研究仅限于理论,主要研究空时最佳检测理论和杂波特性。后来为了使 STAP 走向实用化,人们在降维算法的研究方面做了大量的工作,产生了各种各样的降维算法。为了推动 STAP 的发展,美国相继进行了 Mountain Top 计划和多通道机载雷达测量(MCARM)计划,获得了大量的实测数据。在此基础上,降维处理和训练策略成为新的研究热点。

从应用的角度看,空时二维自适应处理技术现已不仅应用于机载预警雷达。从原理上说,只要雷达和杂波存在明显的空时耦合性,空时二维自适应处理就能够得以应用,并使其性能得到明显改善。这些应用中包括将在未来战争中发挥重要作用的具有地面运动目标检测能力的战场感知雷达、机载火控雷达和具有极远程观测性能的地波超视距雷达(GWOTHR)。战场感知雷达和机载火控雷达在检测地面运动目标的时候同机载预警雷达一样,面临地面杂波的严重影响,由于地面目标的速度小,杂波的影响更严重。而地波超视距雷达则是由于在波束宽度范围内存在着运动的海流,使海杂波呈现出空时耦合的特性。作为空时二维处理的应用对象,它们都具有一些特点,应用研究必须结合这些特点进行。

从原理上说,机载雷达杂波抑制较地面雷达杂波抑制更为困难的原因是雷达平台的高速运动。由于平台的运动,使不同方向的地杂波相对于雷达有不同的相对速度,这种多普勒频率随空间角度的变化被称为空时耦合。图 3.1 给出了机载雷达与地面散射体之间几何关系的示意图。图中以载机在地面上的投影点 O 为原点建立坐标系,x 轴平行于载机飞行方向,在水平面内与飞行方向垂直的方向为 y 轴,垂直地面向上的方向为 z 轴。设载机以速率 v 水平匀速飞行,天线阵水平轴向偏离运动方向的角度为 α,地面上一散射体相对于天线的方位角

(相对于天线水平轴向)、俯仰角(相对于天线相位中心所在的水平面)和锥角(相对于天线水平轴向)分别为 θ_a、φ、ψ,相对于载机水平面内飞行方向的方位角为 θ。设雷达的工作波长为 λ,则该散射体回波的多普勒频率为

$$
\begin{aligned}
f_d &= \frac{2v}{\lambda}\cos\theta\cos\varphi \\
&= \frac{2v}{\lambda}\cos(\theta_a+\alpha)\cos\varphi \\
&= \frac{2v}{\lambda}(\cos\psi\cos\alpha - \sqrt{\cos^2\varphi-\cos^2\psi}\sin\alpha)
\end{aligned}
\tag{3.1}
$$

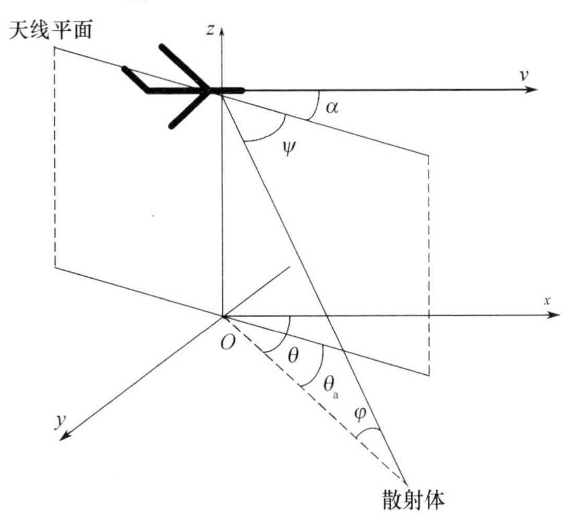

图 3.1 斜侧面阵几何关系示意图

由图 3.1 可见,ψ 对应以天线轴向为参考的空间频率,$\cos\psi$ 正比于水平向相邻阵元的相位差,而 f_d 是回波的多普勒频率,正比于两个相邻脉冲之间的相位差。f_d 和 $\cos\psi$ 的关系说明了雷达地杂波的空时耦合特性。容易证明,f_d 和 $\cos\psi$ 构成空时平面的一个椭圆,该椭圆的尺寸和 $\cos\varphi$ 有关。图 3.2 给出不同天线安装方向 α 分别等于 0°,-30°,-60°和-90°情况下的二维杂波分布曲线,横坐标采用归一化多普勒频率,其中 f_r 表示重复频率,纵坐标采用 $\cos\psi$,这样两个变量的变化范围均为-1~1。图中实线表示天线正面所接收到的回波,虚线表示天线背面所接收到的回波,它们共同构成了空时二维平面的椭圆或直线。除 $\alpha=0°$的情况以外,图中都有两个椭圆,大椭圆对应较小的俯仰角(φ 接近 0°的情况),即远距离的回波。小椭圆对应某一较大的俯仰角 $\varphi=45°$,即较近距离的回波。可以看到,在 $\alpha=0°$的时候,天线轴向平行于飞行方向,表示正侧视阵的理想工作状态,椭圆退化为斜线,天线正面和天线背面、远距离和近距离的回波相互重叠,得到了最简单的线性空时耦合关系。在 $\alpha=-90°$的时候,天线轴向垂

直于飞行方向，表示前视阵的理想工作状态，f_{d} 和 $\cos\psi$ 的交叉项消失，斜椭圆变为正椭圆，天线正面和天线背面的回波分别占据正的多普勒域和负的多普勒域。

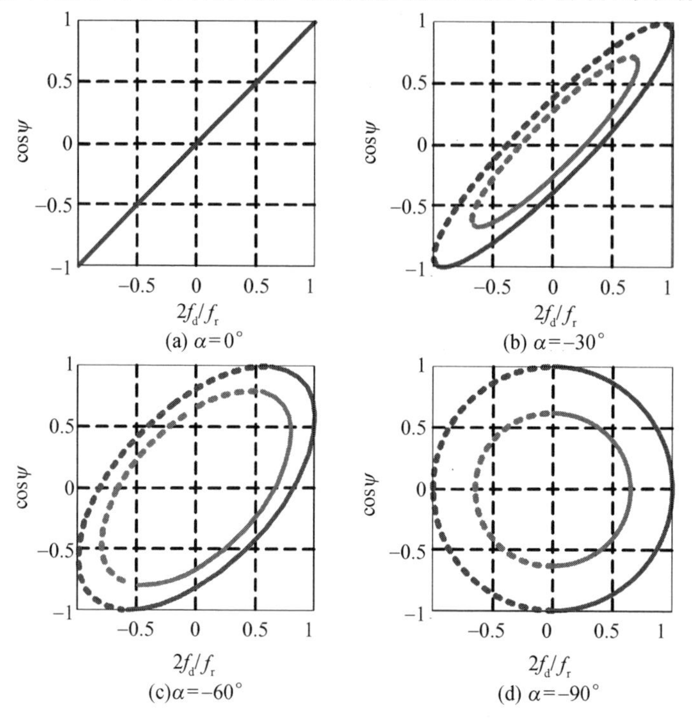

图 3.2　不同天线安装方向情况下的二维杂波分布曲线（见彩图）

图 3.3 给出了地面雷达和机载雷达正侧视阵的空时二维杂波分布比较。由图中可见，杂波的强度由地面散射强度和天线方向图共同确定，主瓣指向方向的杂波明显强于副瓣方向的杂波。在地面雷达中，由于杂波和雷达相对静止（实际上树林、海面、云、雨等杂波也存在一定的速度或速度分布，但速度一般比较小），杂波能量虽然来自不同角度，但在多普勒域集中于零频附近。如果雷达照射方向存在运动目标，不为 0 的径向速度会使目标的多普勒偏离零频。我们只要采用 MTI 技术或者 MTD 技术就可以在抑制杂波的基础上对目标进行有效检测。但是对于机载雷达，由于平台的运动，导致不同方向的地杂波有不同的多普勒速度（多普勒频率 f_{d} 随 $\cos\psi$ 变化），杂波（主要是副瓣杂波）占据很大的多普勒带宽，使多普勒频率落在该带宽内的信号容易被杂波遮蔽。在 PD 处理的输出端，如果目标的功率不能远大于杂波功率，则很难被检测。显然，在这种情况下，单纯依靠时域（多普勒域）滤波的 PD 处理、MTI 处理、MTD 处理均不能有效抑制在多普勒域扩散的杂波。空域处理只能在某些方向形成凹口（零陷），显然不能用于大角度范围的杂波抑制。但是，可以看到，虽然目标和杂波无论是在多

普勒域还是在空间域都很难区分，但在空间和时间的二维域（$f_{\mathrm{d}}-\cos\psi$ 域），它们却是分开的。如果能够在空时二维平面内沿着杂波分布的轨迹形成斜的凹口，就能够有效抑制杂波，这就是空时处理的基本思想。

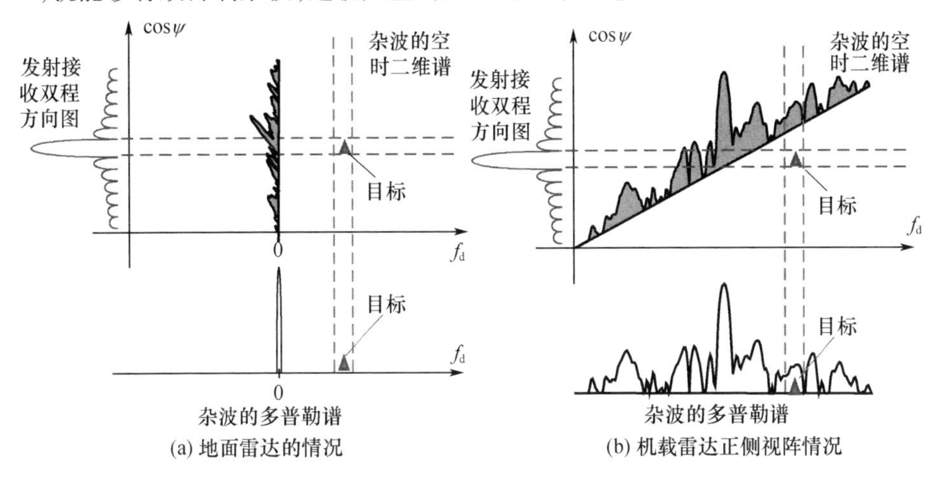

图 3.3　地面雷达和机载雷达的空时二维杂波分布（见彩图）

图 3.4 给出了空时自适应处理的原理框图。由于空时处理主要依赖水平向的空域自由度，所以人们往往用一个等距线阵的模型来描述机载雷达的天线。但在实际工程中，机载雷达天线往往是矩形或者接近矩形的面阵，可以将图 3.4 中的阵元理解为列子阵。设阵列天线由 N 列组成。在这种情况下，每一列可以看作是一个等效阵元，整个阵面可以看作一个 N 元的等效等距线阵。设一个相干处理间隔内的脉冲数为 K，将第 n 列第 k 个脉冲的接收数据记为 x_{nk}，第 k 个脉冲的阵列数据矢量 $\boldsymbol{X}_{\mathrm{S}}(k)$ 为

$$\boldsymbol{X}_{\mathrm{S}}(k)=[x_{1k},\quad x_{2k},\quad \cdots,\quad x_{Nk}]^{\mathrm{T}} \tag{3.2}$$

将 $\boldsymbol{X}_{\mathrm{S}}(k)$，$k=1,2,\cdots,K$ 排成 $NK\times1$ 的列矢量 $\boldsymbol{X}$，即得到一个空时数据快拍，有

$$\boldsymbol{X}=[\boldsymbol{X}_{\mathrm{S}}^{\mathrm{T}}(1),\quad \boldsymbol{X}_{\mathrm{S}}^{\mathrm{T}}(2),\quad \cdots,\quad \boldsymbol{X}_{\mathrm{S}}^{\mathrm{T}}(K)]^{\mathrm{T}} \tag{3.3}$$

矢量 $\boldsymbol{X}$ 称为数据矢量。在 H_0（无目标信号，只有杂波和内部热噪声）和 H_1（既有目标信号，又有杂波和噪声）二元假设下，$\boldsymbol{X}$ 可以表示成如下简洁的形式：

$$\boldsymbol{X}=\begin{cases} b\boldsymbol{S}+\boldsymbol{C}+\boldsymbol{N} & H_1\text{假设} \\ \boldsymbol{C}+\boldsymbol{N} & H_0\text{假设} \end{cases} \tag{3.4}$$

式中：b 为目标回波复幅度，为一复标量；$\boldsymbol{C}$，$\boldsymbol{N}$ 分别为杂波和噪声矢量；$\boldsymbol{S}$ 为归一化信号空时导引矢量，即 $\boldsymbol{S}=\dfrac{\boldsymbol{S}_1}{\sqrt{\boldsymbol{S}_1^{\mathrm{H}}\boldsymbol{S}_1}}$，$\boldsymbol{S}_1$ 的表达式如下：

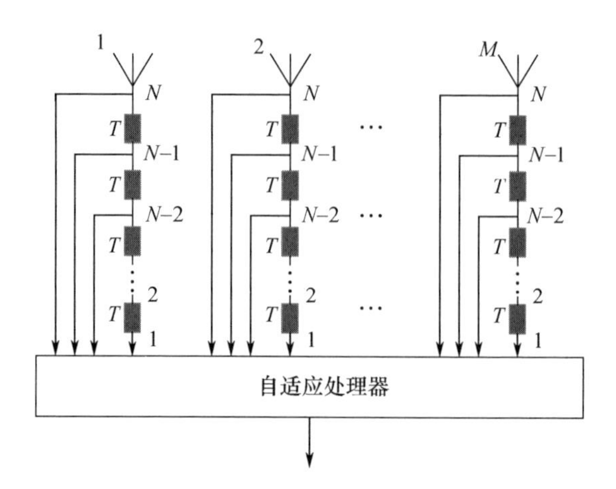

图 3.4　空时自适应处理的原理框图(见彩图)

$$\begin{cases} \boldsymbol{S}_1 = \boldsymbol{S}_{\mathrm{T}}(f_{\mathrm{d}}) \otimes \boldsymbol{S}_{\mathrm{S}}(\psi_{\mathrm{S}}) \\ \boldsymbol{S}_{\mathrm{S}}(\psi_{\mathrm{S}}) = [1, \mathrm{e}^{\mathrm{j}\varphi_{\mathrm{S}}(\psi_{\mathrm{S}})}, \cdots, \mathrm{e}^{\mathrm{j}(N-1)\varphi_{\mathrm{S}}(\psi_{\mathrm{S}})}]^{\mathrm{T}} \\ \boldsymbol{S}_{\mathrm{T}}(f_{\mathrm{d}}) = [1, \mathrm{e}^{\mathrm{j}\varphi_{\mathrm{T}}(f_{\mathrm{d}})}, \cdots, \mathrm{e}^{\mathrm{j}(K-1)\varphi_{\mathrm{T}}(f_{\mathrm{d}})}]^{\mathrm{T}} \end{cases} \tag{3.5}$$

式中:⊗表示 Kronecker 积;$\varphi_{\mathrm{S}}(\psi_{\mathrm{S}})$,$\varphi_{\mathrm{T}}(f_{\mathrm{d}})$分别为阵元间和脉冲间在相应 ψ_{S} 和 f_{d} 时的角相移。易知,输入信号与杂波加噪声功率之比(简称信杂噪比)为

$$\mathrm{SCNR}_{\mathrm{i}} = \frac{|b|^2}{\sigma_{\mathrm{ci}}^2 + \sigma_{\mathrm{ni}}^2} = \frac{|b|^2}{(\mathrm{CNR}_{\mathrm{i}} + 1)\sigma_{\mathrm{ni}}^2} \tag{3.6}$$

式中:σ_{ci}^2为输入杂波功率;σ_{ni}^2为输入噪声功率;$\mathrm{CNR}_{\mathrm{i}}$为输入杂噪比。

对于图 3.4 所示的空时自适应滤波器的结构(称为全空时自适应处理)。对 $\boldsymbol{X}$ 做自适应滤波,若权矢量为 $\boldsymbol{W}$,那么滤波器输出为

$$y = \boldsymbol{W}^{\mathrm{H}}\boldsymbol{X} \tag{3.7}$$

输出信号与杂波加噪声功率之比(SCNR_0)为

$$\mathrm{SCNR}_0 = \frac{|E(y)|^2}{\mathrm{Var}(y)} = \frac{|b|^2 |\boldsymbol{W}^{\mathrm{H}}\boldsymbol{S}|^2}{E(|y|^2)} \tag{3.8}$$

最优权系数通过求解如下线性约束的最优化问题得到

$$\begin{cases} \min\limits_{\boldsymbol{W}} & E(|y|^2) \\ \mathrm{s.t.} & \boldsymbol{W}^{\mathrm{H}}\boldsymbol{S} = 1 \end{cases} \tag{3.9}$$

其物理意义为在保证系统对目标信号的增益不变(=1)的前提下,使系统输出的杂波功率剩余最小。在权矢量 $\boldsymbol{W}$ 的滤波作用下,输出功率为

$$E(|y|^2) = E(yy^*) = E(\boldsymbol{W}^{\mathrm{H}}\boldsymbol{X}\boldsymbol{X}^{\mathrm{H}}\boldsymbol{W}) = \boldsymbol{W}^{\mathrm{H}}E(\boldsymbol{X}\boldsymbol{X}^{\mathrm{H}})\boldsymbol{W} = \boldsymbol{W}^{\mathrm{H}}\boldsymbol{R}_X\boldsymbol{W} \tag{3.10}$$

式中：$\boldsymbol{R}_X = E(\boldsymbol{X}\boldsymbol{X}^{\mathrm{H}})$为杂波加噪声的协方差矩阵。式(3.9)的解为

$$\boldsymbol{W}_{\mathrm{opt}} = \mu \boldsymbol{R}_X^{-1}\boldsymbol{S} \tag{3.11}$$

式中：$\mu = 1/(\boldsymbol{S}^{\mathrm{H}}\boldsymbol{R}_X^{-1}\boldsymbol{S})$为归一化复常数。将$\boldsymbol{W}_{\mathrm{opt}}$代入式(3.8)，得到最大输出信杂噪比为

$$\mathrm{SCNR}_{\mathrm{opt}} = |b|^2 \boldsymbol{S}^{\mathrm{H}}\boldsymbol{R}_X^{-1}\boldsymbol{S} \tag{3.12}$$

滤波器自适应输出为

$$\boldsymbol{y} = \frac{\boldsymbol{S}^{\mathrm{H}}\boldsymbol{R}_X^{-1}\boldsymbol{X}}{\boldsymbol{S}^{\mathrm{H}}\boldsymbol{R}_X^{-1}\boldsymbol{S}} \tag{3.13}$$

改善因子(输出端信杂噪比与输入端信杂噪比之比)可以简单地表示系统检测性能的改善，表达式如下：

$$\mathrm{IF} = \frac{\mathrm{SCNR}_0}{\mathrm{SCNR}_{\mathrm{i}}} = \frac{|\boldsymbol{W}_{\mathrm{opt}}^{\mathrm{H}} S|^2(\mathrm{CNR}_{\mathrm{i}}+1)\sigma_{\mathrm{ni}}^2}{\boldsymbol{W}_{\mathrm{opt}}^{\mathrm{H}}\boldsymbol{R}_X\boldsymbol{W}_{\mathrm{opt}}} = (\boldsymbol{S}^{\mathrm{H}}\boldsymbol{R}_X^{-1}\boldsymbol{S})(\mathrm{CNR}_{\mathrm{i}}+1)\sigma_{\mathrm{ni}}^2 \tag{3.14}$$

E. J. Kelly在文献[3]中提出了用于STAP的广义似然比检测(GLRT)器，F. C. Robey，D. R. Fuhrmann，E. J. Kelly等人在文献[4]中提出了形式更简单、运算量更小的自适应匹配滤波(AMF)检测算法。这两种检测器的虚警门限与杂波协方差矩阵和目标回波幅度无关，仅由处理器维数和虚警概率决定，因此都具有恒虚警检测(CFAR)的特点。其中广义似然比检测器为

$$\Lambda_{\mathrm{GLRT}} = \frac{|\boldsymbol{S}^{\mathrm{H}}\boldsymbol{R}_X^{-1}\boldsymbol{X}|^2}{(\boldsymbol{S}^{\mathrm{H}}\boldsymbol{R}_X^{-1}\boldsymbol{S})\left[1+\frac{1}{L}\boldsymbol{X}^{\mathrm{H}}\boldsymbol{R}_X^{-1}\boldsymbol{X}\right]} \underset{H_0}{\overset{H_1}{\gtrless}} \eta \tag{3.15}$$

自适应匹配滤波检测器为

$$\Lambda_{\mathrm{AMF}} = \frac{|\boldsymbol{S}^{\mathrm{H}}\boldsymbol{R}_X^{-1}\boldsymbol{X}|^2}{\boldsymbol{S}^{\mathrm{H}}\boldsymbol{R}_X^{-1}\boldsymbol{S}} \underset{H_0}{\overset{H_1}{\gtrless}} \eta \tag{3.16}$$

式中：η为检测门限。可以看到，它们和自适应滤波输出y有着密切的关系。关于其推导过程、虚警概率和检测概率的公式见文献[3,4]，这里不再赘述。

在理论上，如果协方差矩阵确知，全空时处理可以取得很好的杂波抑制效果。但实际中杂波的特性是未知的，协方差矩阵只能由距离门参考样本数据估计得来。协方差矩阵的最大似然估计可以写成如下形式：

$$\hat{\boldsymbol{R}}_X = \frac{1}{L}\sum_{l=1}^{L}\boldsymbol{X}_l\boldsymbol{X}_l^{\mathrm{H}} \tag{3.17}$$

式中：L为距离门样本数；$\boldsymbol{X}_l$表示第l个样本数据矢量。由于用协方差矩阵的估计代替真实的协方差矩阵，会造成系统输出的信杂噪比下降。文献[5]中研究发现，要使信杂噪比的下降小于3dB，用来估计协方差矩阵的满足独立同分布条

件的距离门样本数 L 应该不小于 $2M-3$，而 M 是处理器的维数。对于全空时处理，$M=N\cdot K$。

图 3.5 给出了常规 PD 处理和空时处理的二维响应。由图中可见，常规 PD 处理可以在目标方向形成很好的响应峰值，并且可以依靠多普勒滤波器组之前对脉冲数据加窗获得很好的多普勒主副瓣比，但其无法主动适应空时耦合的杂波分布，在放大目标信号的同时，也给杂波信号很高的增益，主瓣和副瓣的地杂波会产生比较大的输出。空时自适应处理的响应虽然没有在目标的二维位置形成响应峰值（响应峰值的位置往往和系统设定的多普勒中心频率存在一定的偏差），而且也使方位副瓣显著提高（会带来输出噪声功率一定的增加），但它在杂波分布的曲线上形成了斜凹口，使系统对所有方向的杂波的增益明显下降，最终会使目标输出功率与杂波噪声输出功率之和的比（信杂噪比）显著上升，提高目标的检测性能。

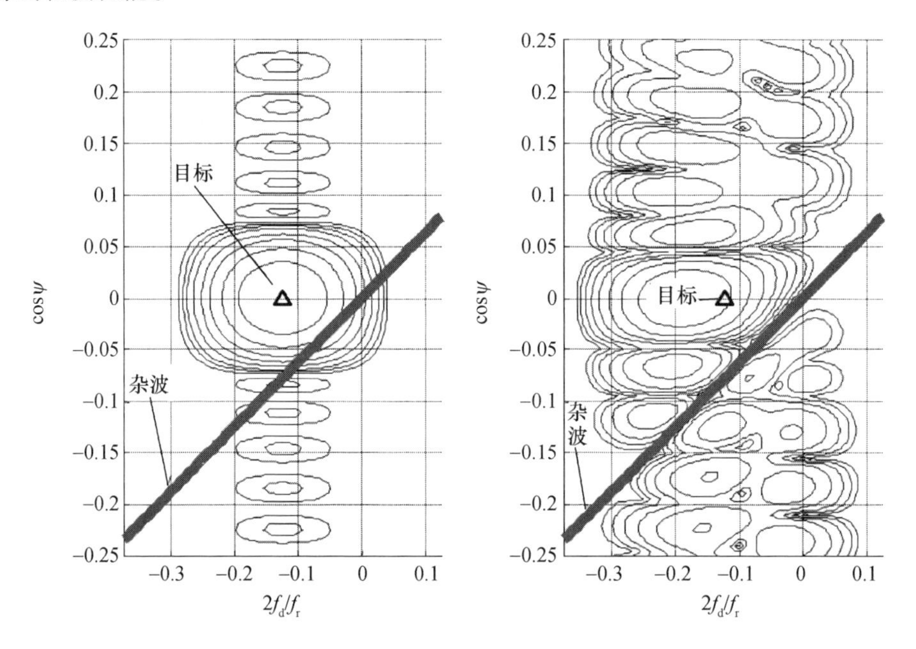

图 3.5　常规 PD 处理和空时处理的二维响应（见彩图）

图 3.6 给出了空时自适应处理的流程，在某一相干处理时间（CPI）内机载多通道雷达的回波数据可以排列成一个三维立方体，其三个方向的尺寸分别是空域自由度数目（阵元数或列子阵数）N、脉冲数 M 和距离门数 L。当前待检测的距离门的全部数据是该立方体的一个切片，该切片的数据可以拉成一个列矢量 $\boldsymbol{X}$，空时处理就是用一个自适应权 $\boldsymbol{W}$ 对该切片的数据 $\boldsymbol{X}$ 加权求和（求内积），得到一个标量输出 $z=\boldsymbol{W}^{\mathrm{H}}\boldsymbol{X}$。若该标量的绝对值大于门限 η，就判定该距离单位

存在一个目标信号。在这一过程中,自适应权的计算是非常关键的,它需要依靠一定的训练策略,依靠辅助样本进行计算。

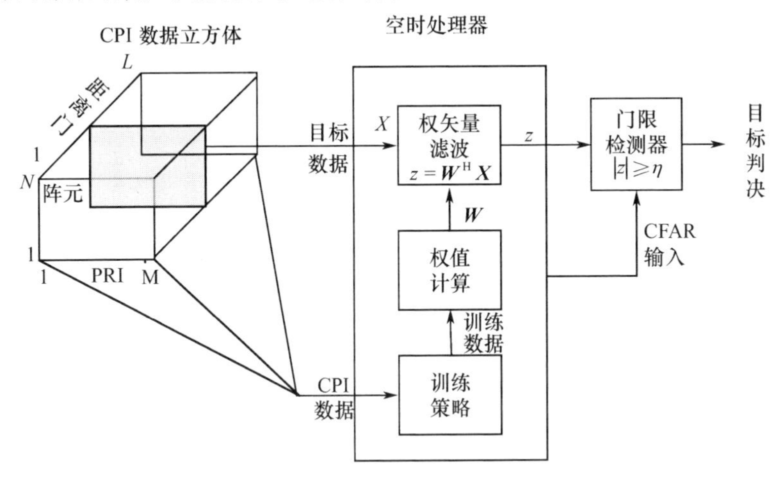

图 3.6 空时自适应处理的流程

空时处理在实际应用中至少需要很好地解决两个问题,一是降维处理的问题,二是权系数训练的问题。在 20 世纪末和 21 世纪初,空时处理的研究主要集中在降维处理方法。

对于通常的机载相控阵雷达系统,N 和 K 一般各为几十,甚至上百,$N \cdot K$ 的范围为数百到数千。在上面对全空时处理的描述中可以看到,全空时处理至少存在以下几个方面的问题:①将每一列的回波信号直接变换成正交双路数字信号,需要 N 个硬件通道(包括接收机、正交检波器和 A/D 变换器),使接收部分(含天线)十分复杂,造价昂贵,在 10 年前几乎是不可能的;②需要 $2NK$ 个独立同分布的距离门样本数据,对于通常的脉冲重复间隔,很难获得如此之多的距离门数据;③自适应处理器维数 $M = N \cdot K$,要计算如此高阶的协方差矩阵并求逆,其计算量和所需的硬件设备量及其带来的成本上升在目前条件下是难以接受的;④全空时处理的空时二维响应难以预料和控制,常常会出现很高的副瓣电平或者无法在目标的二维指向处形成主瓣。如果不是采用列子阵结构,列内的 P 个阵元都能引下来,则系统的总空间通道数为 $N \cdot P$,自适应维数为 $N \cdot P \cdot K$,更难以接受。因此全空时的 STAP 目前只有理论意义,难以实现。STAP 的应用必须采用降维处理方案。

降维即是减小参与自适应处理的数据矢量的维数,最简单的方法就是抽取。降维处理可以在二维数据域(阵元域、脉冲域)直接进行,也可以在其傅里叶变换域(子阵或波束域、多普勒域)中进行。由此可以简单地将 STAP 降维域分为四类:阵元 - 脉冲、阵元 - 多普勒、子阵(波束) - 脉冲、子阵(波束) - 多普勒,如

图 3.7 所示。当然,降维处理并不局限于此,在一个降维结构中,空域通道可以采用波束、子阵、阵元的任意组合,时域自由度可以选择脉冲、多普勒的任意组合,甚至可以不区分时域和空域自由度,而将二维数据直接进行某种变换得到若干个空时二维自由度(比如以二维数据协方差矩阵的特征矢量作为基矢量的主分量方法)。

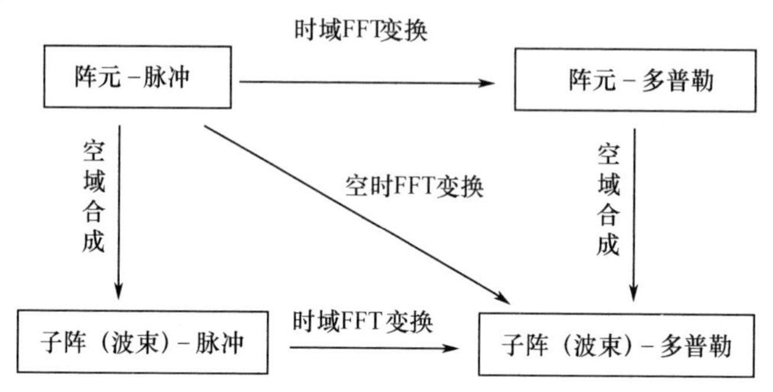

图 3.7 四种基本降维域及其相互关系

无论降维处理如何进行,只要是线性变换,总可以写成矩阵变换的形式。设一个 $NK\times Q$ 的降维矩阵 $\boldsymbol{B}$,其中 NK 和 Q 分别为降维前后数据的维数。降维前后的数据矢量和信号导引矢量间存在如下关系:

$$\begin{cases}\boldsymbol{X}_{\mathrm{r}}=\boldsymbol{B}^{\mathrm{H}}\boldsymbol{X}\\\boldsymbol{S}_{\mathrm{r}}=\boldsymbol{B}^{\mathrm{H}}\boldsymbol{S}\end{cases}\tag{3.18}$$

降维后的杂波协方差矩阵为

$$\boldsymbol{R}_{X_{\mathrm{r}}}=E[\boldsymbol{X}_{\mathrm{r}}\boldsymbol{X}_{\mathrm{r}}^{\mathrm{H}}]=\boldsymbol{B}^{\mathrm{H}}\boldsymbol{R}_X\boldsymbol{B}\tag{3.19}$$

降维 STAP 处理即求解如下最优化问题:

$$\begin{cases}\min\limits_{\boldsymbol{W}_{\mathrm{r}}}\boldsymbol{W}_{\mathrm{r}}^{\mathrm{H}}\boldsymbol{R}_{X_{\mathrm{r}}}\boldsymbol{W}_{\mathrm{r}}\\\text{s. t. }\boldsymbol{W}_{\mathrm{r}}^{\mathrm{H}}\boldsymbol{S}_{\mathrm{r}}=1\end{cases}\tag{3.20}$$

最优权矢量为

$$\boldsymbol{W}_{\mathrm{r}}=\mu_{\mathrm{r}}\boldsymbol{R}_{X_{\mathrm{r}}}^{-1}\boldsymbol{S}_{\mathrm{r}}\tag{3.21}$$

式中:$\mu_{\mathrm{r}}=1/(\boldsymbol{S}_{\mathrm{r}}^{\mathrm{H}}\boldsymbol{R}_{X_{\mathrm{r}}}^{-1}\boldsymbol{S}_{\mathrm{r}})$ 为归一化复常数。输出信杂噪比为

$$\begin{aligned}\mathrm{SCNR}_{\mathrm{or}}&=|b|^2\boldsymbol{S}_{\mathrm{r}}^{\mathrm{H}}\boldsymbol{R}_{X_{\mathrm{r}}}^{-1}\boldsymbol{S}_{\mathrm{r}}\\&=|b|^2\boldsymbol{S}^{\mathrm{H}}\boldsymbol{B}(\boldsymbol{B}^{\mathrm{H}}\boldsymbol{R}_X\boldsymbol{B})^{-1}\boldsymbol{B}^{\mathrm{H}}\boldsymbol{S}\end{aligned}\tag{3.22}$$

改善因子为

$$I_{\mathrm{r}}=\frac{\mathrm{SCNR}_{\mathrm{or}}}{\mathrm{SCNR}_{\mathrm{i}}}=(\boldsymbol{S}_{\mathrm{r}}^{\mathrm{H}}\boldsymbol{R}_{X_{\mathrm{r}}}^{-1}\boldsymbol{S}_{\mathrm{r}})(\mathrm{CNR}_{\mathrm{i}}+1)\sigma_{\mathrm{ni}}^2\tag{3.23}$$

同样,在实际应用中降维处理也必须依靠协方差矩阵的估计来计算权系数矢量,也会因为估计而造成输出信杂噪比的下降,但是估计协方差矩阵所需的样本数变为 $2Q$。用 $\boldsymbol{S}_r$ 代替 $\boldsymbol{S}$,$\boldsymbol{X}_r$ 代替 $\boldsymbol{X}$,用 $\boldsymbol{R}_{X_r}$ 代替 $\boldsymbol{R}_X$,代入到式(3.15)和式(3.16)中就可以得到广义似然比检测器和自适应匹配滤波检测器。

由上面的推导可以看到,降维矩阵 $\boldsymbol{B}$ 可以完整、准确地表征一种降维结构。矩阵 $\boldsymbol{B}$ 的列数 Q 表示降维后处理器的维数,按照无冗余自由度的原则,矩阵 $\boldsymbol{B}$ 的各列之间应该是线性无关的。与协方差矩阵确知的全空时自适应处理相比,降维 STAP 使系统输出的信杂噪比下降,有

$$\rho = \frac{\mathrm{SCNR_r}}{\mathrm{SCNR_{opt}}} = \frac{\boldsymbol{S}_r^{\mathrm{H}} \hat{\boldsymbol{R}}_{X_r}^{-1} \boldsymbol{S}_r}{\boldsymbol{S}^{\mathrm{H}} \boldsymbol{R}_X^{-1} \boldsymbol{S}} \tag{3.24}$$

这种下降由两个因素造成:①由于降维处理造成信杂噪比下降;②由于协方差矩阵估计造成的信杂噪比下降。对于后一个因素,文献[5]中已有明确的结论,即数据样本满足独立同分布且为高斯分布时,由有限个样本估计协方差矩阵造成的输出信杂噪比的下降因子是一个服从 Beta 分布的随机变量,该分布与辅助样本和处理器维数有关。要使信杂噪比的下降小于 3dB,用来估计协方差矩阵的满足独立同分布条件的距离门样本数 L 应该大于等于 $2M-3$,M 是处理器的维数。使我们在决定样本数时有了一个大概的指导准则。而对于前一个因素——降维处理造成信杂噪比下降,它不仅取决于降维后处理器的维数 Q,更取决于降维矩阵 $\boldsymbol{B}$ 的具体结构。降维处理类似于数据压缩,性能下降是其主要问题,也是衡量一种降维方法优劣的标准。不同的降维结构会得到不同的滤波性能。即使是同一种降维结构,在不同的系统参数和工作条件下,也会表现出不同的性能。这些系统参数和工作条件不仅包括工作波长、平台运动速度和高度、天线放置角度、脉冲重复频率、天线尺寸及副瓣电平,还包括地形情况、植被、湖泊、海洋,等等。所以没有哪一种降维结构在任何情况下都是最优的,降维结构的选择要根据实际情况具体分析。

3.2 非均匀杂波抑制方法和理论

3.2.1 非均匀杂波问题的认识过程和解决思路

经过 30 余年的发展,空时自适应处理技术(STAP)的一些基础理论研究已经比较成熟了,人们对影响 STAP 实时应用最严重的运算量问题开展了大量的、卓有成效的研究并取得了丰富的研究成果。人们提出了许多便于实际工程应用的降维处理算法,如 JDL[6]、EFA[7]、ACR[8]、GMB[9]、ΣΔ[10]法等,这些算法同最优 STAP 算法相比起来性能下降不多,但运算量以及对训练样本的要求大大降

低了。

空时自适应处理方法的研究，特别是降维处理方法的研究，为机载预警雷达杂波抑制提供了新的技术。2014 年开始服役于美国海军的 E-2D 预警机的宣传资料中就明确指出该雷达采用的空时自适应处理技术大大提高了雷达在滨海地区的探测性能，克服了雷达原来的只能在远离陆地的远海工作的弊病。但是，实际上在更早的时候，研究人员就已经发现现在的空时自适应处理技术仍然存在明显的缺陷，即只能适应较平稳的环境。这种情况可以归咎于自适应处理的权矢量产生方法。

在信号处理时，雷达本身的很多特性（比如天线单元的响应误差、通道的响应特性误差）和环境的很多因素（比如杂波的种类、强度、内部运动）是未知的，我们不可能通过计算直接得到一个很好的权矢量。实际上权矢量的细微变化都会引起系统响应的明显变化，特别是抑制杂波或干扰的凹口，由于其增益极低，故对误差更加敏感，这就是为什么天线开环形成指定方向的波束容易，而形成指定方向的凹口较难。这时，必须依靠回波来估计杂波和系统的特性以便得到性能较好的滤波权矢量，这正是自适应处理的思想。自适应处理给我们提供了解决问题的方法，但它也有其明显的缺陷，即对训练样本质量的依赖性。不同的训练样本集合可以给出很好的滤波权矢量，也可能给出很差的结果。在某些极端情况下，自适应处理得到滤波效果甚至差于常规非自适应 PD 处理的结果。

在机载雷达和空时处理的研究中，人们对非均匀杂波的认识和处理方法的研究经历了三个阶段。

在空时自适应处理方法研究的早期，人们意识到杂波协方差矩阵的估计需要足够多的独立同分布（IID）的样本数据，但是杂波统计特性随距离的变化使机载雷达难以获得 IID 的杂波样本数据。一方面，正如在前面指出的那样，不同距离的杂波的二维分布是不同的。这一点，在前视阵和斜侧阵中是非常明显的，不同距离杂波分布的椭圆的尺寸是不同的，如图 3.2 和图 3.8 所示。实际上，即使是正侧阵，不同距离的杂波分布的二维范围也是不同的，即二维平面内的斜线段的长度是不同的。另一方面，地面情况和内部运动随距离的变化造成的不同距离环的杂波具有不同的杂波谱。这种变化表现为杂波二维谱强度和宽度随距离、方位、多普勒变化（由于杂波的方位和多普勒是耦合的，可以认为方位和多普勒是一个变量）。

这种杂波谱随距离的空变，也可以理解为杂波统计特性（包括数据分布的概率密度）随时间的变化，实际上是一种非平稳性。对于这种非平稳特性，人们往往采用样本训练策略来避免或减弱这种分布变化的影响。一类方法是训练样本和权矢量随距离变化的样本选取方法，比如滑窗法、分段处理、递推算法、滑洞（Sliding Hole）法[11,12]。这些方法都假设杂波数据在一段小的距离范围内是 IID

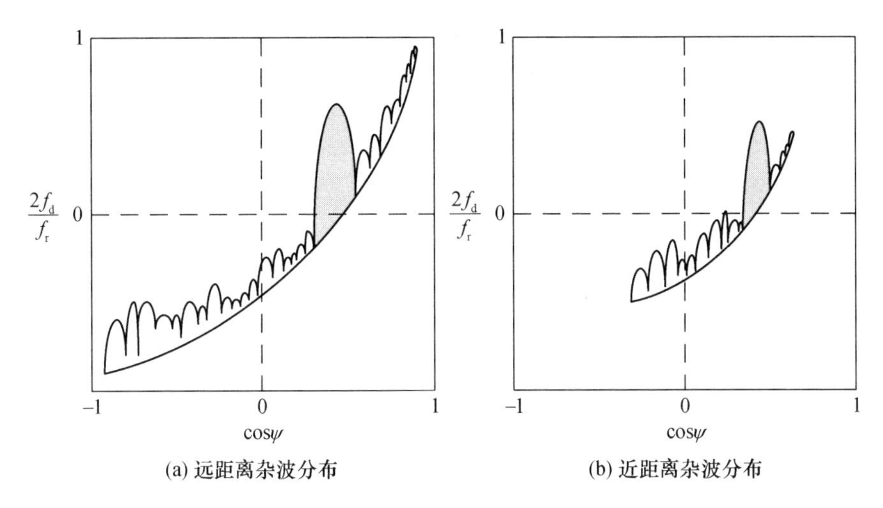

图 3.8 不同距离的杂波分布(见彩图)

的,因此检测单元附近距离单元的杂波数据具有较高的参考价值。图 3.9 给出了分段处理的示意图。设在距离脉压以后,用于检测动目标的距离单元的总个数为 N_r,我们将每 L 个距离单元作为一段进行 STAP 处理(L 应大于自由度的 2 倍)。在杂波抑制之后做单元平均恒虚警检测时要取邻近距离单元滤波输出的平均值用于检测门限的计算,而分段处理的每一段的开始或者结尾几个距离单元,无法从前面或者后面取到足够的单元做平均值。所以要让前一段末尾的几个距离单元也包含在下一段中,即相邻的数据分段之间应该有一小部分的重叠,其重叠的距离单元的个数为 p(p 的取值等于单元平均恒虚警检测的平滑窗长)。距离单元的总数为 N_r,从第 1 号距离单元开始,每 L 个距离单元分为一段(有 p 个重叠的单元)。若最后一个分段取到第 N_r 个距离单元时,总数量不够 L 个,就将这一段中的所有距离单元划分到上一段。

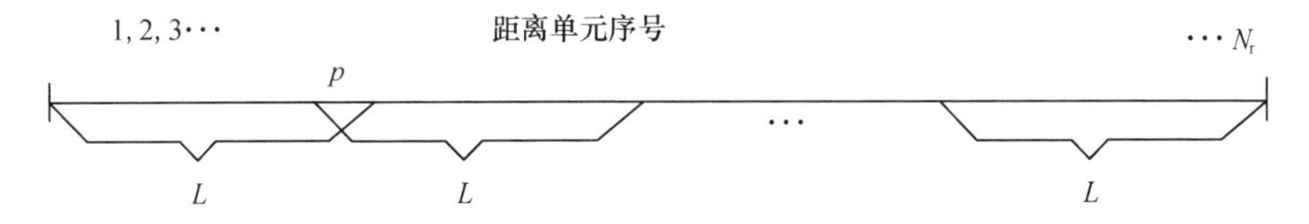

图 3.9 距离单元数据分段示意图

接着,经过一定时间的摸索和实际信号数据处理实验,人们意识到,在样本中可能存在一些特殊的样本,它们的统计特性与其他样本有很大的差异。这就是奇异样本,或者非均匀样本。这种样本包含两种情况,如图 3.10 所示。一是特殊的离散杂波,在地面场景中往往存在一些非常强的离散的点状杂波,在《雷达手册》里指出包括无线电铁塔、水塔、高层建筑等点杂波的 RCS 可以达到 30 ~

40dBm², 即 1000 ~ 10000m², 会在该方向表现出非常强的杂波；二是目标污染，由于运动，目标的空时耦合特性不同于杂波，会使协方差矩阵受到扰动，在实际情况下会使权矢量对目标的增益下降。针对第二个问题，人们常常采用阻塞矩阵和不包含检测单元的辅助数据以避免目标信号对相关统计量的影响。但是经过阻塞矩阵滤波处理的样本会偏离原来的杂波特性，降低杂波抑制的性能。在样本中去掉待检测单元只能避免待检测单元中的目标影响，不能避免辅助数据中可能存在的目标的影响。因此，必须采用奇异检测（NHD）算法剔除被目标污染的样本，使其不参与权系数的计算。常见的 NHD 方法包括广义内积（GIP）[13] 和修正的采样协方差矩阵求逆（MSMI）[14] 等方法。

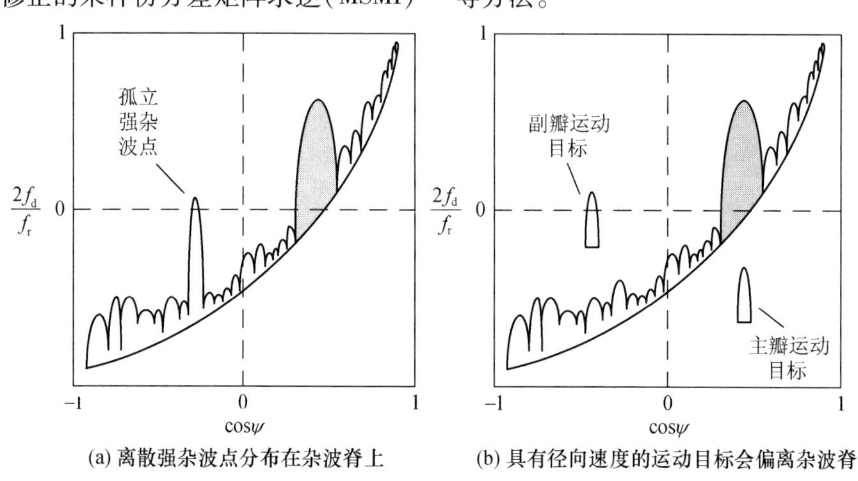

(a) 离散强杂波点分布在杂波脊上　　(b) 具有径向速度的运动目标会偏离杂波脊

图 3.10　离散强杂波点和运动目标引起的杂波非均匀性（见彩图）

设两个矢量 $\boldsymbol{X}_i$ 和 $\boldsymbol{X}_j$ 的维数相同，它们的真实协方差矩阵为

$$\boldsymbol{R}_i = E[\boldsymbol{X}_i\boldsymbol{X}_i^{\mathrm{H}}], \boldsymbol{R}_j = E[\boldsymbol{X}_j\boldsymbol{X}_j^{\mathrm{H}}] \tag{3.25}$$

如果满足

$$\boldsymbol{R}_i\boldsymbol{R}_j^{-1} \approx \boldsymbol{I} \tag{3.26}$$

就称矢量 $\boldsymbol{X}_i$ 和 $\boldsymbol{X}_j$ 是同分布的。如果两个矩阵的积 $\boldsymbol{R}_i\boldsymbol{R}_j^{-1}$ 明显偏离单位阵，则认为它们是不同分布的。注意，对于降维处理，$\boldsymbol{X}_i$ 表示降维数据矢量。

由这种假设，得到广义内积的定义，有

$$\mathrm{GIP}_i = \boldsymbol{X}_i^{\mathrm{H}}\boldsymbol{R}_X^{-1}\boldsymbol{X}_i \tag{3.27}$$

式中，$\boldsymbol{R}_X$ 是数据协方差矩阵。广义内积在物理上的解释是数据白化矢量的内积。定义白化滤波器的输出为一个与原数据矢量长度相等的矢量，有

$$\tilde{\boldsymbol{X}}_i = \boldsymbol{R}_X^{-1/2}\boldsymbol{X}_i \tag{3.28}$$

由于数据协方差矩阵 $\boldsymbol{R}_X$ 是 Hermitain 矩阵，且是正定的，所以 $\boldsymbol{R}_X^{-1/2}$ 也是 Hermitain 矩阵。对于 IID 数据，数据协方差矩阵 $\boldsymbol{R}_X$ 体现了 $\boldsymbol{X}_i$ 的统计特性，$\boldsymbol{R}_X = E[\boldsymbol{X}_i\boldsymbol{X}_i^{\mathrm{H}}]$，$\tilde{\boldsymbol{X}}_i$ 的协方差矩阵可以写成

$$\begin{aligned}\tilde{\boldsymbol{R}}_i &= E[\tilde{\boldsymbol{X}}_i\tilde{\boldsymbol{X}}_i^{\mathrm{H}}] = E[\boldsymbol{R}_X^{-1/2}\boldsymbol{X}_i\boldsymbol{X}_i^{\mathrm{H}}\boldsymbol{R}_X^{-1/2}] \\ &= \boldsymbol{R}_X^{-1/2}E[\boldsymbol{X}_i\boldsymbol{X}_i^{\mathrm{H}}]\boldsymbol{R}_X^{-1/2} \\ &= \boldsymbol{R}_X^{-1/2}\boldsymbol{R}_X\boldsymbol{R}_X^{-1/2} = \boldsymbol{I}\end{aligned} \tag{3.29}$$

数据矢量 $\tilde{\boldsymbol{X}}_i$ 的协方差矩阵是一个单位阵，所以 $\boldsymbol{R}_X^{-1/2}$ 的确具有使数据白化的能力。

广义内积可以写成内积形式，即

$$\mathrm{GIP}_i = \tilde{\boldsymbol{X}}_i^{\mathrm{H}}\tilde{\boldsymbol{X}}_i \tag{3.30}$$

可见它实际上是白化矢量的各分量平方和，即能量。IID 数据的广义内积的均值为

$$E[\mathrm{GIP}_i] = \mathrm{tr}(\tilde{\boldsymbol{R}}_X) = l \tag{3.31}$$

式中：l 是数据矢量的维数。文献[13]提出用广义内积作为奇异检测器，认为对于奇异的数据，$\boldsymbol{R}_X^{-1/2}$ 不能将数据有效白化，$\tilde{\boldsymbol{X}}_i$ 的协方差矩阵将明显偏离单位阵，同时其广义内积也将明显大于均值 l。

上面从白化矢量能量的角度解释了广义内积的物理含义。对于广义内积也可以给出它的另外一种解释，假设杂波数据服从零均值的多维正态分布，其概率密度为

$$f(\boldsymbol{X}_i) = \frac{1}{(\sqrt{2\pi})^l|\boldsymbol{V}_X|^{\frac{1}{2}}}\exp\left(-\frac{1}{2}\boldsymbol{X}_i^{\mathrm{H}}\boldsymbol{V}_X^{-1}\boldsymbol{X}_i\right) \tag{3.32}$$

式中：$\boldsymbol{V}_X$ 是数据 $\boldsymbol{X}_i$ 的协方差矩阵，其元素定义为

$$\begin{aligned}v_{ij} &= \mathrm{cov}(x_i, x_j) = E(x_i - E(x_i))(x_j - E(x_j)^*) \\ &= E(x_i x_j^*)\end{aligned} \tag{3.33}$$

显然 $\boldsymbol{V}_X = E(\boldsymbol{X}_i\boldsymbol{X}_i^{\mathrm{H}}) = \boldsymbol{R}_X$ 就是数据的确知协方差矩阵，而 $\boldsymbol{X}_i^{\mathrm{H}}\boldsymbol{V}_X^{-1}\boldsymbol{X}_i = \mathrm{GIP}_i$。在协方差矩阵确知的情况下，数据矢量的概率密度函数与其广义内积一一对应，且一个量是另一个量的单调函数，即

$$f(\boldsymbol{X}_i) = \frac{1}{(\sqrt{2\pi})^l|\boldsymbol{R}_X|^{\frac{1}{2}}}\exp\left(-\frac{1}{2}\mathrm{GIP}_i\right) \tag{3.34}$$

由此，得到广义内积的另外一种解释是：假设杂波数据服从零均值的多维正态分布，而且协方差矩阵是基本准确的。通过计算某一距离门数据在协方差矩阵所确定的多维正态分布中出现的概率密度，来判断该样本是否符合该分布。样本概率密度很小，可能是由于样本矢量结构与分布不符的奇异性造成的，也可能是由于该样本的杂波强度非常大造成的。将这些概率密度很小的数据从样本集合中剔除，可以达到抑制奇异性影响的目的。因为数据的概率密度与广义内积满足单调的指数关系，因此可以用广义内积作为判断样本可用性的指标。

在实际情况下数据矢量的协方差矩阵是不可能确知的，只能用数据的有限个样本估计得到，因此存在估计误差。上面表达式中的 $\boldsymbol{R}_X$ 应该用其估计 $\hat{\boldsymbol{R}}_X$ 来代替。

容易看到，广义内积至少存在三个主要的缺点：①广义内积假设数据是多维正态分布，并且协方差矩阵基本准确，在样本数量有限的情况下该假设很难满足；②广义内积显然与数据矢量 $\boldsymbol{X}_i$ 的范数有关，若数据矢量增大到原来的 2 倍，广义内积也会增大到原来的 4 倍，能量大的杂波数据很容易被误认为是奇异样本，去掉这些能量大的杂波数据会使自适应凹口变浅，减弱系统的杂波抑制能力；③广义内积的计算中虽然用到了协方差矩阵，却没有用到导向矢量，如果采用阵元域或脉冲域的数据，则广义内积与系统的空间角度指向和多普勒指向无关。也就是说，广义内积识别的奇异样本中的奇异分量若和导向矢量接近正交，则既不会在权矢量计算中造成权矢量的扰动，也不会在检测时产生虚警。

对于广义内积与矢量 $\boldsymbol{X}_i$ 的范数有关的问题，似乎可以采用能量归一化的数据矢量计算广义内积，使广义内积与数据矢量的范数无关，即令

$$\mathrm{GIP}_i = \frac{\boldsymbol{X}_i^{\mathrm{H}} \boldsymbol{R}_X^{-1} \boldsymbol{X}_i}{\boldsymbol{X}_i^{\mathrm{H}} \boldsymbol{X}_i} \tag{3.35}$$

但是在降维处理中由于各个自由度对应的杂波功率和噪声功率互不相同，特别是在某些广义副瓣相消结构中，主支路的输出明显大于其他辅助支路，归一化后各距离样本主支路输出的大小基本相同。另外，由于噪声样本分布特性的随机性，杂躁比较低的样本更容易被剔除，同样会影响协方差矩阵的准确估计。实验表明它的奇异检测性能也并不理想。

最后，人们意识到仅仅采用距离局域化训练策略和采用 NHD 剔除少量奇异样本的方法在很多环境中仍然不能得到满意的空时处理效果。似乎应该针对每一个待检测单元挑选与该检测单元匹配的训练样本。

从上述三个阶段可以看到，人们对空时处理样本的独立同分布、均匀性的认识有一个逐渐深入的过程。实际上，到目前为止，人们仍未给出独立同分布、均匀性或者非均匀性的很好的定义和度量方式，也没有给出完整的令人满意的非

均匀杂波解决方案。

3.2.2 非均匀杂波抑制方法和理论的欠缺

从空时自适应处理的权矢量计算公式和滤波公式可以看出,STAP 相当于先对数据进行一次白化预滤波处理,然后再对数据进行匹配滤波,这就要求对待检单元内的杂波谱特性估计得十分准确。这在均匀杂波环境中,如正侧面阵雷达检测沙漠背景中的目标,相对来说比较容易。但是对于包含复杂环境(比如山川、湖泊、城市、陆海交界)的非均匀杂波环境来说,这是比较困难的。什么情况下采集的数据可以看作是均匀的杂波数据,从不同角度来说有不同的定义。文献[15]指出,从统计的角度来说,"均匀是指相同的或者类似的……",不满足均匀性的即为非均匀性的,虽然文献没有给出非均匀性详细定义,但是我们可以看出非均匀性是指不同的或者不相似的。从雷达信号处理角度来讲,非均匀性可以定义成"如果一个或者多个二次数据矢量统计偏离 x,则我们可以认为数据集合($x,y(1),y(2),\cdots,y(k)$)是非均匀的"[16],其中,$\boldsymbol{x}$ 表示待检数据矢量,($y(1),y(2),\cdots,y(k)$)表示用于估计协方差矩阵的训练样本。在雷达领域,如果按照文献[15]的定义来说,则对于观测到的雷达回波数据来说不存在均匀数据。

从空时自适应处理的文献看,关于非均匀性有两种描述。一种描述认为,如果雷达能够照射到的场景内的地物是相同的,则散射率基本一样,会产生均匀的回波。另外一种描述认为,如果样本集中任意两个不同距离门的样本的统计特性(协方差矩阵)相同,我们就说这些样本是均匀的。这正是提出广义内积时的概念。显然,这两种描述中,第一种过于严苛而缺乏实用性,对于探测距离达到 300 ~400km 的机载预警雷达来说,即使是工作在远离陆地的海洋上空,由于散射特性随入射角的变化,也不可能产生均匀的回波。回波只能是局部均匀的。这种均匀性在陆地上则更加难得。第二种不具备可操作性,对于一个距离门,雷达获得的只是一个唯一的空时快拍矢量,不能得到它的协方差矩阵。

为了进一步探讨杂波样本对空时自适应滤波处理的影响,以及杂波非均匀的内涵,可以从以下两个方面进行分析(或者从数据域、二维频域、特征空间三个域进行分析)。

首先,按照一般的杂波概率模型,假设回波矢量 $\boldsymbol{X}$ 服从一个均值为 $\boldsymbol{0}$ 矢量、协方差矩阵为 $\boldsymbol{R}$ 的联合高斯概率分布,如式(3.32)。

在这样的模型中,任何一个样本矢量 $\boldsymbol{X}$ 对应多维信号空间的一个点,而该空间内的任何一个点都有一个不为零的概率密度数值 $p(x)$,而且这个函数是连续的、光滑的。这就是说,回波矢量 $\boldsymbol{X}$ 可以是任何形式的(任何 $\boldsymbol{X}$ 都可能出现),不同的只是有些 $\boldsymbol{X}$ 的概率密度比较大,有些 $\boldsymbol{X}$ 的概率密度比较小。因此,这些样本被没有优劣地自然划分。我们可以很容易发现在利用广义内积挑选奇异样本的方法中，广义内积 $\mathrm{GIP}_i = \boldsymbol{X}_i^{\mathrm{H}} \boldsymbol{R}_{\boldsymbol{X}}^{-1} \boldsymbol{X}_i$ 就是多维联合高斯分布指数项的一部分。这种奇异样本挑选方法实际上就是设定一定的门限，将概率密度数值比较小的样本判定为奇异样本。但是，我们需要考虑，是不是只要挑选概率密度比较大的样本，杂波的滤波就可以得到比较好的结果。由于三维及更高维的联合分布很难用图形表示，故我们以二维联合分布为例进行说明。图 3.11 给出了一个概率密度函数的等高线图。二维数据空间内，概率密度分布的斜率、胖瘦取决于自相关和互相关。如果是同一脉冲的两阵元上的信号，则自相关和互相关反映了信号的空间分布特性。如果是同一阵元的两个脉冲信号，则自相关和互相关反映了信号的时间频率分布特性。如果是不同阵元不同脉冲的信号，则自相关和互相关反映了信号的空间频率和时间频率的耦合分布特性。

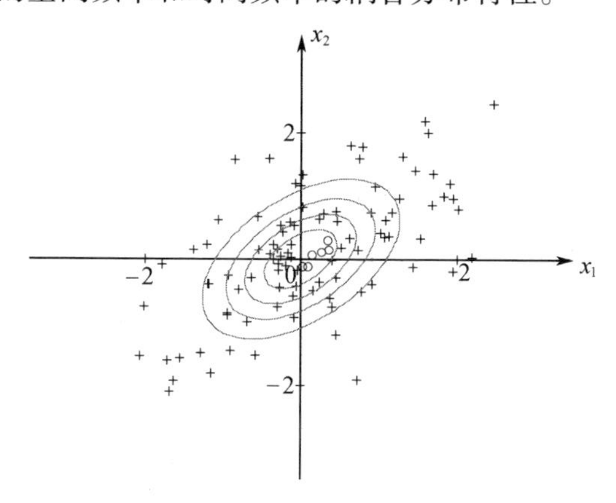

图 3.11　二维联合高斯分布（见彩图）

在该图的例子中，二维数据矢量的两个分量具有正相关性，最内侧的斜椭圆表示概率密度最高的区域。在这个区域内，用十字和圆点表示一些样本，这些样本都具有较高的概率密度。很容易发现，如果只是使用圆点作为样本来估计杂波加噪声的统计特性，不仅不能得到正确的协方差矩阵，甚至均值都会出现非常大的偏差。这是数据域的情况。

另外，如果我们将概率密度公式中的 $\boldsymbol{X}$ 换成 $2\boldsymbol{X}$，就会发现，广义内积增加到原来的 4 倍，概率密度函数中指数项变为原来的 4 次方，概率密度的数值会显著下降（因为指数项是小于 1 的）。这样，样本矢量的长度越大（杂波功率越大），概率密度越小。即具有较大杂波功率的样本往往被 GIP 方法当作是奇异样本。而实际上，这类样本对于杂波抑制的贡献很大（例如后面会提到的过度零陷方法）。如果每次挑选都放弃概率密度较小的样本，就会使样本的方差越来越小。因此，提出广义内积的文献中也并不是挑选概率密度较大的样本，即广义内积较小的样本，它挑选的是广义内积接近均值的样本。因为广义内积较小的样本或者是均匀的,能够被协方差矩阵逆很好白化的样本,或者是模较小的样本。模较小的样本会造成杂波功率被低估,凹口深度变浅,滤波效果变差。挑选广义内积接近均值的样本等于放弃了概率密度较大和较小的样本,只保留中间的样本,但它仍然不能完全避免杂波平均功率被低估。

图3.12和图3.13给出两种不同的广义内积样本剔除方法,可以看到,不论是采用保留较小广义内积样本的剔除方法,还是采用保留中间值的广义内积样本剔除方法,样本的剔除都会引起信号均值、方差和协方差的显著变化。对于第一种方法,均值、方差和协方差总的趋势是变小,从均值的角度来说是有利的,但从方差和协方差的角度来说会低估信号的功率。第二种方法虽然大大减缓了这种变化,但是仍然不能完全避免这样的变化趋势。因此,比较而言,第二种方法应该是更为合理的。

值得一提的是,在空时处理研究的早期还提出过根据样本功率选择样本的方法,最重要的一种方法就是过度零陷(Over Nulling)法[11,12]。简单地说,就是选用杂波功率比较大的样本构筑协方差矩阵并估计权矢量,这样可以沿二维杂波谱形成更深的零陷,使系统加大对杂波的适应能力。

因此,我们似乎可以看到,广义内积的样本挑选方法在这一方面似乎是不合理的。实际上,用众多的样本来表示一个概率分布,每一个样本都是有价值的,不能因为概率密度较小就随意丢弃,小概率密度的样本和大概率密度的样本一样,它们都是准确描述一个概率分布所必需的。

上述分析虽然是建立在多维联合高斯分布的基础上,其结论也适用于K分布、Weibull分布、lognormal分布。实际上,只要概率密度函数非零的自变量范围是无界的,则以上分析都是适用的。

接着,我们在空时二维频域来观察。在空时二维频域也有类似的情况。通常我们认为天线上的每一个阵元或者子阵都能接收到方位180°俯仰180°的半个球面范围内的回波。实际上,不同距离的杂波在方位角度上的分布往往是不均匀的,很多城市是沿着河道方向、沿着海岸线方向或者顺着山坡方向建设的,它们形成的地面强杂波区相对于雷达来说,不同距离的分布方向是不同的。图3.14画出了以宁波(东经121.53°,北纬29.87°)为中心,400km内城市高山分布示意图,图3.15给出了一个象限的局部放大图。图3.16给出以兰州(东经103.6°,北纬36.11°)为中心400km内的城市高山分布图。图中黑色的部分表示城市和高山强杂波分布的区域,可见强杂波的方位分布是随距离空变的。图3.17给出以昆明为中心400km内的海拔高于2000m的地面分布图,图3.18给出以西安为中心400km内的海拔高于1500m的地面分布图,同样说明了杂波方位分布的距离空变性。

如果要对一段距离形成一个协方差矩阵,实际上只要该距离门的回波矢量

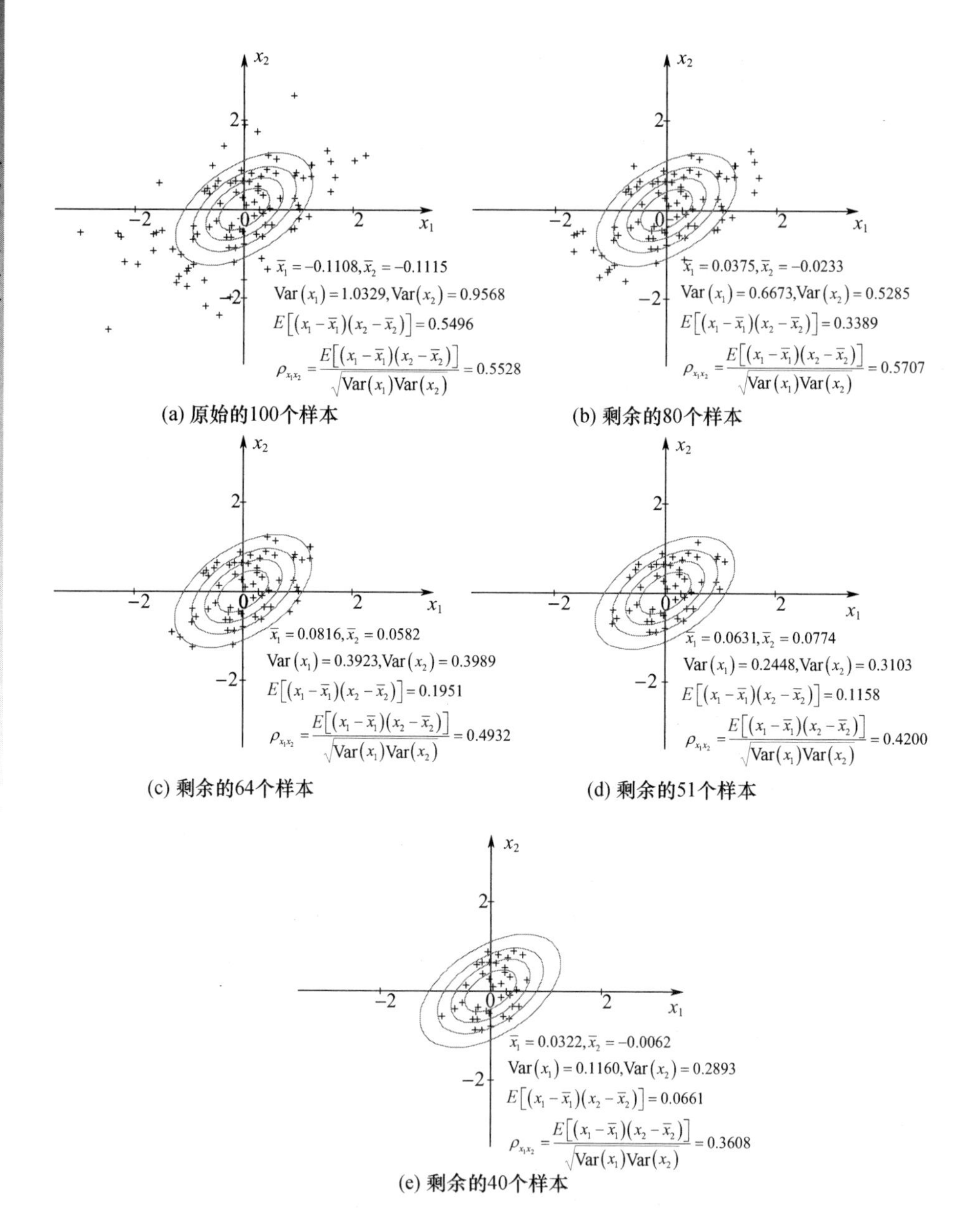

图 3.12　剔除广义内积数值较大样本后的分布变化(见彩图)

X 能够被协方差矩阵的逆矩阵很好地白化(广义内积较小),该距离门就有较大的概率密度。从上面几幅图可以看到,每一个距离的杂波都有自己的特点,不同距离环对应的强杂波角域是不同的。如果我们获得的样本大多数都是在某一个角度域(比如 30°~45°)杂波比较强的样本,而待检测单元的杂波是在另一个角

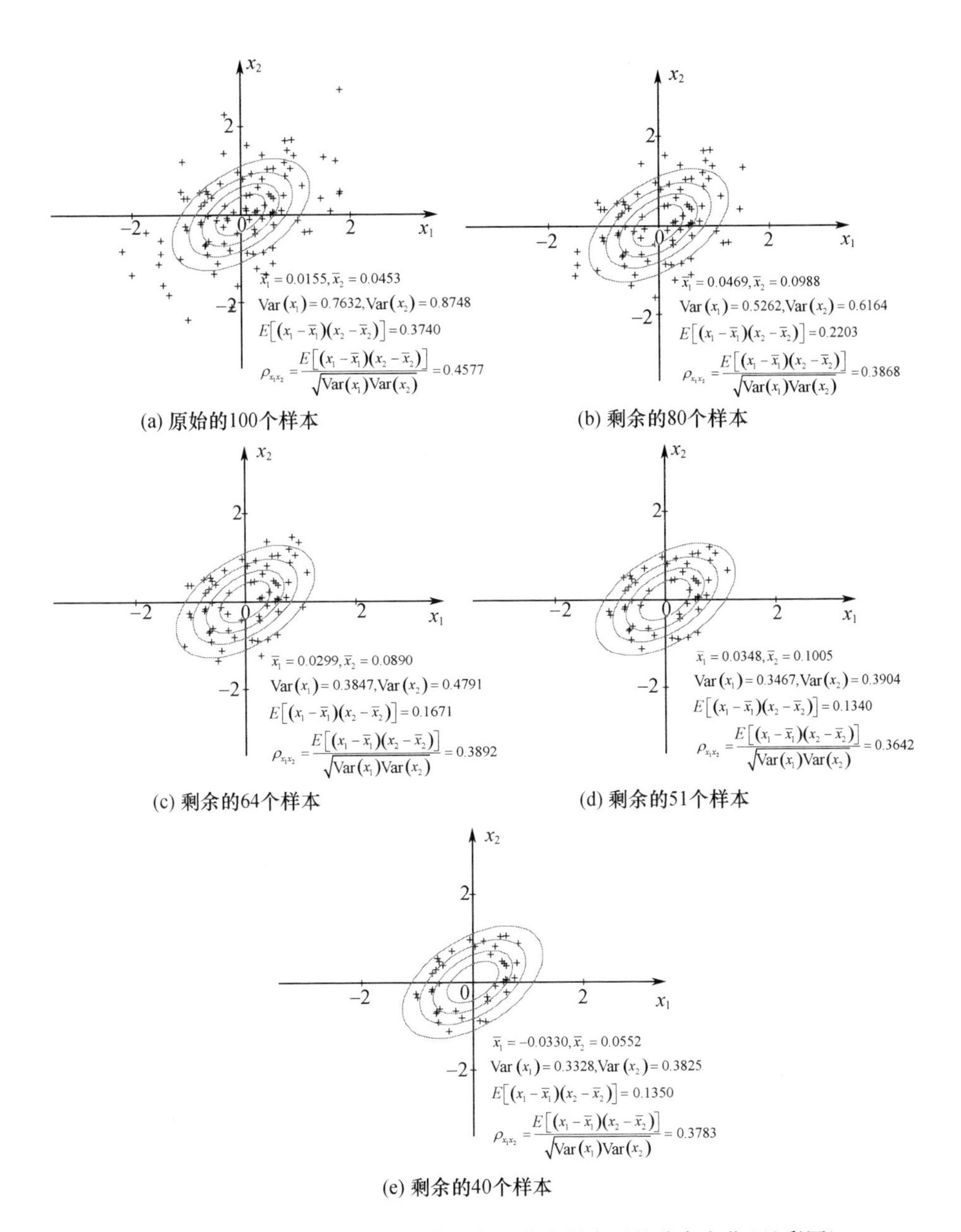

(a) 原始的100个样本　(b) 剩余的80个样本　(c) 剩余的64个样本　(d) 剩余的51个样本　(e) 剩余的40个样本

图 3.13　同时剔除广义内积数值较大和较小样本后的分布变化(见彩图)

域比较强(比如 40°~60°)。这样,用理想协方差矩阵度量,样本和待检测单元都是概率密度很高的单元,但是用样本协方差矩阵度量,待检测单元的概率密度非常低。这样形成的权矢量将不能有效抑制待检测单元的杂波。

最后,我们考虑协方差矩阵的特征矢量。从特征空间的角度来说,样本矢量

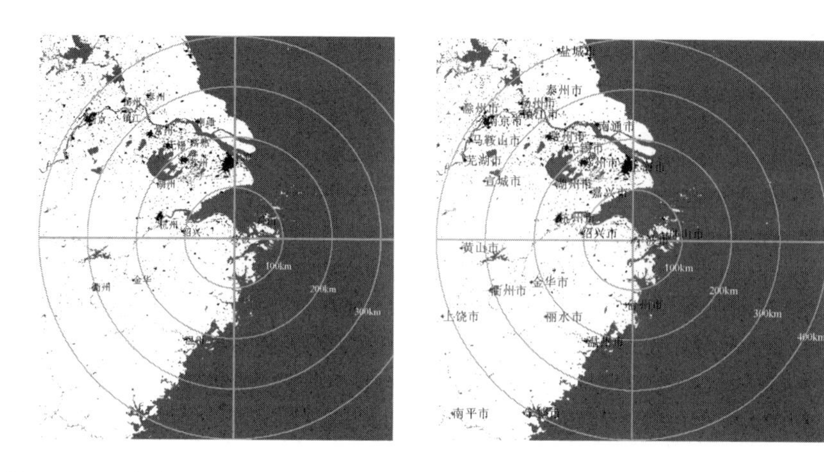

图 3.14　以宁波(121.53°,29.87°)为载机中心,400km 内城市高山分布(见彩图)

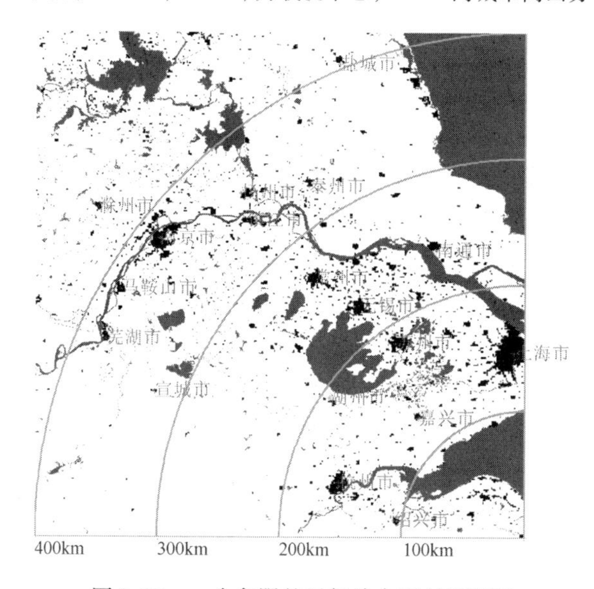

图 3.15　一个象限的局部放大图(见彩图)

集合应张成完整的杂波子空间和噪声子空间。如果样本集合中样本数量较少,或者只包含了某些特殊的样本(比如 30°～45°区间杂波比较强的样本),那么,目标导向矢量向样本噪声子空间投影的时候,得到的权矢量就不能和杂波子空间完全正交。

从以上分析可以看到,在杂波分布特性未知的情况下,要形成对滤波有利的协方差矩阵,必须保证样本的多样性,这一点可能比均匀性更重要。举例来说,对于某一角度或角度域,如果只有很少的几个样本包含该方向的杂波分量,已有的广义内积等奇异样本选择方法很容易将它们当作奇异样本剔除。但实际上,

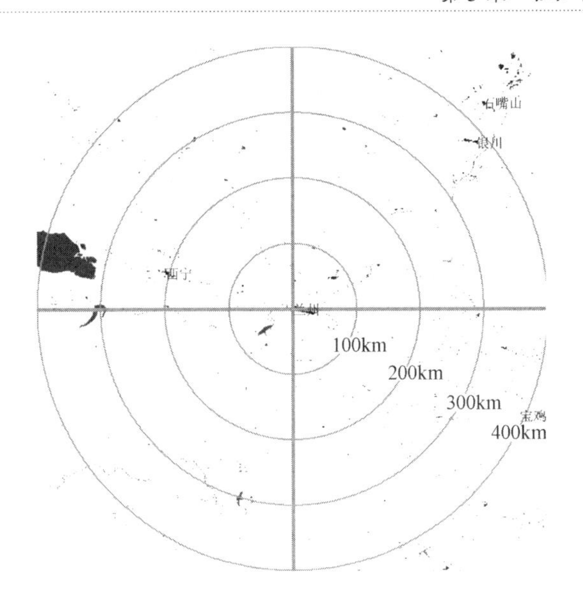

图 3.16　以兰州(103.6°,36.11°)为载机中心,400km 内城市高山分布情况(见彩图)

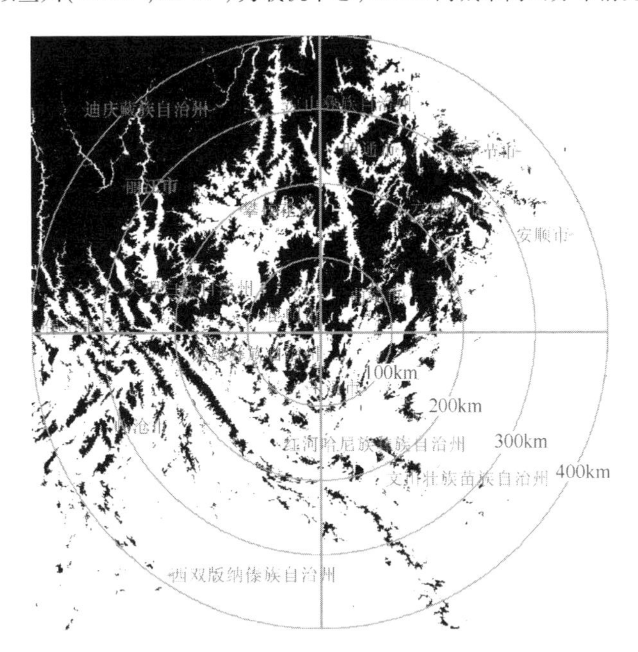

图 3.17　以昆明为中心 400km 内的海拔高于 2000m 的地面分布图(见彩图)

这些样本是非常重要的,它们是构成完整杂波特性所必需的。这样的样本应该被保留,甚至在协方差矩阵形成时给予更大的加权,因为我们并不知道待检测单元中是否包含该方向的杂波分量。从训练策略上说,在没有先验知识的情况下,我们宁愿相信所有的距离单元都可能包含该方向的杂波。也就是说,在数据域,

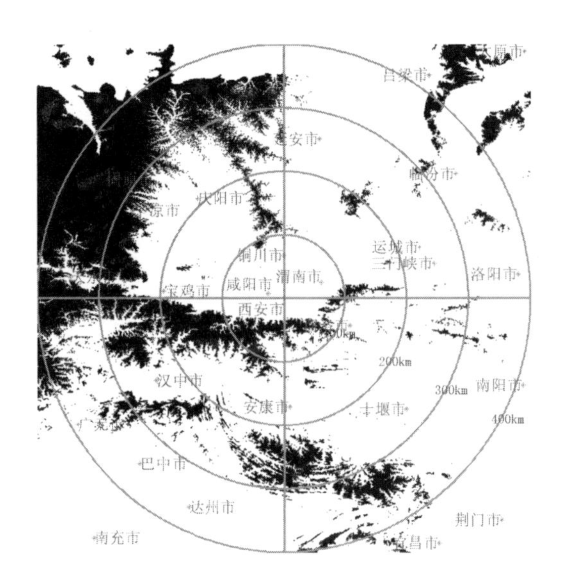

图 3.18　以西安为中心 400km 内的海拔高于 1500m 的地面分布图(见彩图)

二维频域和特征空间都能支撑杂波空间,并且能够反映杂波的相对强弱。

从上面讨论,我们可以得到以下结论:

(1) 对于机载雷达面临的各种复杂环境,到目前为止,均匀性和非均匀性没有很好定义,也没有很好的度量方法。

(2) 如果每个杂波样本的特性都未知,则人们只能希望在一个距离段内,地面是均匀的,地物、植被、地形起伏的情况是基本相同的。但通过观察各种遥感图像(包括原始光学图像、三维地形图、地表类型图、地面植被覆盖图),我们可以发现,相对于雷达数百千米的照射半径,或者十几、数十千米的处理段长,起伏缓慢、类型一致的均匀地表的比例是很小的。

(3) 如果要获得很好的滤波结果,对于一个待检测单元,辅助样本集合应该能够充分反映待检测单元的杂波特性(广义内积方法的缺点之一就是既没有体现目标的特性,也和待检测单元无关)。也就是说,协方差矩阵要能够很好地反映所有方向杂波分量,或者至少能够有效反映待检测单元的杂波分量。对于自适应批处理的情况(就是对一段数据只产生一个权矢量,用该权矢量对该段数据所有单元进行滤波),就要求样本集合中任意样本的特性都能被另外一部分样本很好地表示出来。这实际上要求数据集中的样本具有多样性,它们应该能够有效地表示各个方向的杂波分量,能够体现不同方向杂波的平均强度(受天线发射和接收方向图调制)。也就是说,多样性比均匀性更重要。因此在形成样本集合时,首先,选取的样本应与待检测单元具有相同的空时分布特性。其次,样本中应包含待检测单元中所有杂波的空时分量方向,这是最重要的。然后,估计得到的协方差矩阵表现的杂波随方向变化的(实际上也是随多普勒变化的)功率密度谱与待检测单元基本相同。第一点可以通过比较各个距离单元的理想空时分布曲线完成,是比较容易做到的。在没有先验知识的情况下,第二点和第三点是难以做到的。

在目前情况下,由于地面类型、地形起伏的复杂性,要获得上述理想的样本集合是非常困难的,仅仅依靠从数据本身中提取出来的信息是不够的。要获得非常理想的协方差矩阵,需要了解每个数据样本的基本情况,即每个样本都包含了什么样的地物、地形,该样本的杂波功率在二维域是如何分布的。这样我们就可以获得多样性的样本,产生能够对所有方向都适应的权矢量。实际上,我们更容易做的是针对一个待检测单元的杂波情况,为其选择一批特定的样本,这些样本能够很好地表示该检测单元的杂波特性,能够产生最佳的滤波结果。或者,针对该距离单元,直接构造一个反映其特性的协方差矩阵。

这种思路实际上是利用先验知识克服自适应处理存在的问题,使滤波权矢量的产生过程从原来的完全依靠回波数据的自适应处理变成部分依赖回波、部分依赖知识的半自适应处理,甚至变成完全不依赖回波的确定性处理。

另外,还需要指出的是,雷达收到的回波是所有方向的回波的叠加,叠加的方式和散射点的位置有关,也和雷达接收阵元的位置有关。邻近的两个点会不会被雷达看作一个信号,和雷达的分辨能力有关。因此,雷达回波的非均匀性和雷达的参数有关。阵列的电孔径越大,或者多普勒分辨力越高,越不容易把两个空间角度、多普勒频率比较靠近的信号当成是一个合成的信号。也就是说二维分辨力越高,回波的自由度就越大,这和 RMB 准则的描述是吻合的。这就是说分辨力越高,越难以得到均匀的杂波。因为角度、多普勒细分很厉害,在雷达看起来它们就是不同的信号。如果雷达的分辨性能差,就可能将很多杂波散射点的回波看作一个点的回波。

如果我们已经知道一批数据是平稳的,要判断另一个数据矢量是否奇异,和这个样本与协方差矩阵的二次型有关。要让概率密度大,就要让这个二次型很小,或者这个矢量本身的模很小,或者这个矢量落在杂波空间中。在模不变,这个矢量等于协方差矩阵最大特征值对应的特征矢量的情况下,二次型最小,概率密度最大。用这种二次型判断一个数据是否平稳是存在问题的,用它挑选样本最有可能最终获得的是和大特征矢量相关的样本。

3.3　探测环境的静态信息和动态信息

3.3.1　探测环境的静态信息

空时自适应处理需要准确估计出雷达回波中的杂波分布特性,它对于提高雷达系统的杂波抑制能力、改善雷达系统的目标探测性能有着十分重要的意义。在实际情况中，由于雷达观测几何的原因和地理地形变化的原因，机载雷达接收到的杂波是空间快变的，具有非均匀和非平稳性，这时如果简单地采用均匀散射的平面或球面作为地表模型来推断杂波特性无疑是不够准确的。

探测区域的环境信息是机载雷达实现知识辅助处理的基础，可以分为静态信息和动态信息。静态信息主要指雷达工作前已经获得的、不随时间变化或者变化很慢的相对固定的信息，主要是地面场景的信息，包括地面类型、地面起伏、强散射点等信息。而动态信息是指在雷达工作过程中获得的、随时间变化的信息，比如运动目标、各种类型的有源和无源干扰、气象杂波等。

静态信息的获取可以依靠遥感、测绘的产品。相对完整并能比较准确反映地表特性的信息库主要是各种地理信息库，包括地表分类数据、三维地形图（高程地图）和地面道路信息等。此外，具有潜在利用价值的信息源还包括各种原始 SAR 图像和 InSAR 图像等。

在地表分类数据方面，公开的、容易获得的数据库有 3 类，它们是 ESA Globcover、NLCD 和 GlobeLand30 数据。

ESA GlobCover 2009 是欧洲太空局提供的第二种全球地表覆盖数据（第一种为它的早期版本 GlobCover 2005），分辨力为 300m，数据格式为 TIF。该产品的原始数据来自 Envisat 卫星上的中分辨力成像光谱仪（MERIS）传感器。产品生成过程中，主要选取了 MERIS 传感器在 2009 年 1 月 1 日—12 月 31 日期间所接收的较高质量的光学数据来进行地表分类，整个数据的形成只用了不到一年时间。欧航局认为，该数据有助于科学家研究气候变化造成的影响，并为保护生物多样性和管理自然资源等作出贡献。

GlobCover 2009 地表覆盖产品是第二个 300m 分辨力的全球地表覆盖地图。图 3.19是 GlobCover 2009 地表覆盖地图，用不同的颜色表示 22 种不同的地表类型。

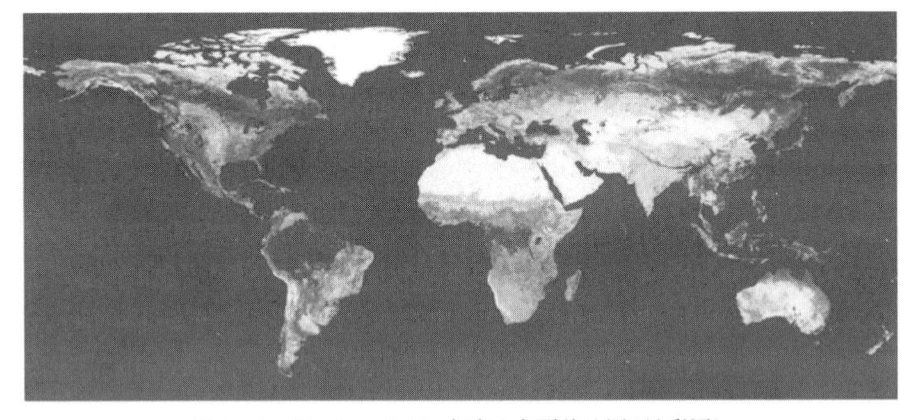

图 3.19　GlobCover 2009 全球地表覆盖地图（见彩图）

22种地表覆盖类型包括：

（1）灌溉农田；

（2）旱作农田；

（3）拼接农田（50% ~70%）/植被（草地、灌丛带、森林）（20% ~50%）；

（4）拼接植被（草地、灌丛带、森林）（50% ~70%）/农田（20% ~50%）；

（5）植被覆盖度 >15% 的阔叶常绿植物和半落叶林（ >5m）；

（6）植被覆盖度 >40% 的落叶阔叶林（ >5m）；

（7）植被覆盖度在15% ~40% 的落叶阔叶林（ >5m）；

（8）植被覆盖度 >40% 的常绿针叶林（ >5m）；

（9）植被覆盖度在15% ~40% 的落叶针叶林或常绿针叶林（ >5m）；

（10）植被覆盖度 >15% 的混合阔叶针叶林（ >5m）；

（11）拼接森林/灌丛林（50% ~70%）/草地（20% ~50%）；

（12）拼接草地（50% ~70%）/森林/灌丛林（20% ~50%）；

（13）植被覆盖度 >15% 的灌丛林（ <5m）；

（14）植被覆盖度 >15% 的草地；

（15）稀疏（ >15%）植物（木本植物、灌木丛、草地）；

（16）植被覆盖度 >40% 的常被水淹的阔叶林；

（17）植被覆盖度 >40% 的阔叶半落叶和常被水淹的常绿森林；

（18）植被覆盖度 >15% 的常被水淹植物（草地、灌木丛、木本植物）；

（19）人工地表及相关区域（城市区域 >50%）；

（20）贫瘠地区；

（21）水体；

（22）冰川和永久积雪。

正如已在GlobCover 2005报告中提到的，GlobCover产品的质量很依赖于输入的有效观察数量和用于标记的参考地表覆盖数据库。在GlobCover 2009项目中，参考数据库是GlobCover 2005地表覆盖地图。由于GlobCover 2005地表覆盖地图的质量随着不同的地区而变化（这样的变化在GlobCover 2009地表覆盖地图中也很明显），因此，欧洲呈现了比北美地区细节更丰富的信息。另一方面，有效观察的数量是一个限制因素。MERIS数据的空间范围决定了拼接图案及地表覆盖地图的质量。比如，在加拿大的一些地区，GlobCover 2009项目的MERIS有效观察数量比GlobCover 2005要少，因此图3.20中在2009版的数据中某些2005年观察到的地表覆盖变化丢失了。这些现象都说明了产品有效观察数量的重要性。

另一个值得注意的现象是，浓密的云和悬浮微粒覆盖会影响某些地区的分类准确性。

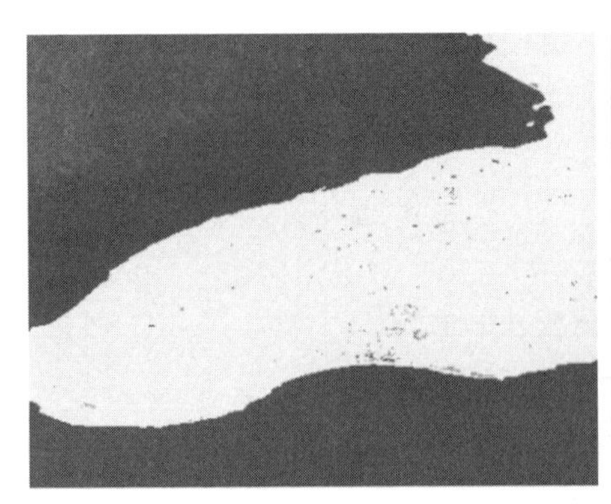
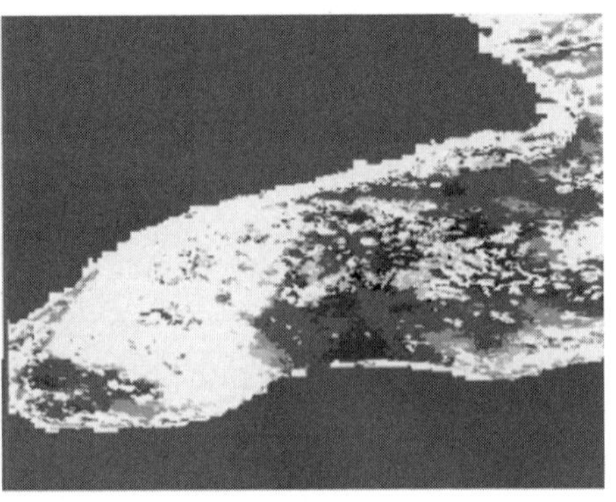

图 3.20　GlobCover 2009(左)与 GlobCover 2005(右)地图比较,地表覆盖种类变化减少了(见彩图)

国家土地覆盖数据(NLCD)只包含了美国的地表覆盖,分辨力为 30m,有 1992,2001 和 2006 年的三个不同的版本。NLCD 1992 提供了在陆地卫星(LandSat)主题成像仪(TM)获得的 30m 分辨力的本土 48 个州 21 种不同的地表覆盖类型。由于云层和其他因素使得其他年份的场景数据不够完整而无法采用,最终使用 1992 年获得的数据形成了第一个产品。制图使用了无监督聚类和逻辑建模方法,最终在 2000 年 12 月完成。NLCD 1992 是在美国使用最广泛的地表覆盖数据,它也被美国专家用于 MCARM 数据的处理。

NLCD1992 数据主要分为 9 大类,21 小类。9 大类分别是水体、城镇用地、荒地、森林、灌木地、非天然木质地、自然草地、耕地和湿地。9 大类型定义如下:

(1) 水体(Water):地表水或永久冰/积雪区域。

(2) 城镇用地(Developed):建筑材料占高百分比(30% 或以上)的区域(比如:沥青、混凝土、建筑物等)。

(3) 荒地(Barren):以裸礁石、碎石、沙子、淤泥、黏土为特征的区域,由于没有维持生命的能力,所以这块区域几乎没有绿色生物出现。

(4) 森林(Forested Upland):以树林覆盖为特征的地区。

(5) 灌木地(Shrubland):以天然或半天然有地生茎的木本植被为特征的区域,植被一般都不超过 6m 高。

(6) 非天然木质地(Non – Natural Woody):以非天然木本植被为主的地区。非天然木本植被的林冠占地表的 25% ~100% 。

(7) 自然草地(Herbaceous Upland Natural/Seminatural Vegetation):高地地区以天然或半天然草本植物为主要特征,草本植物占地表的 75% ~100% 。

(8) 耕地(Herbaceous Planted/Cultivated):用于种植或集中用于生产食品、饲料、纤维的草本植物为主的区域。草本植物占地表的 75% ~100% 。

(9) 湿地(Wetlands):有浅层积水或土壤过湿的土地。

各类型占比如图3.21所示。21个细节分类如表3.1所列。

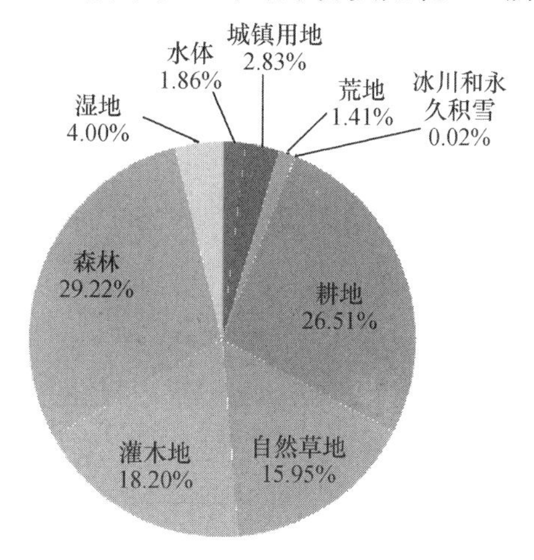

图3.21 各类型占比(见彩图)

表3.1 NLCD地表分类类型

9大类地表类型名称	21小类地表类型代码和名称
水体(Water)	11 活动水体 Open Water
	12 终年冰雪 Perennial Ice/Snow
城镇用地(Developed)	21 低密度居住区 Low Intensity Residential
	22 高密度居住区 High Intensity Residential
	23 商业/工业/交通 Commercial/Industrial/Transportation
荒地(Barren)	31 裸地 Bare Rock/Sand/Clay
	32 采石场 Quarries/Strip Mines/Gravel Pits
	33 过渡地 Transitional
森林(Forested Upland)	41 落叶林地 Deciduous Forest
	42 常绿林地 Evergreen Forest
	43 混交林 Mixed Forest
灌木地(Shrubland)	51 灌丛 Shrubland
非天然木质地(Non - Natural Woody)	61 果园 Orchards/Vineyards/Other
自然草地(Herbaceous Upland Natural/Seminatural Vegetation)	71 草地 Grassland/Herbaceous

（续）

9 大类地表类型名称	21 小类地表类型代码和名称
耕地（Herbaceous Planted/Cultivated）	81 草原 Pasture/Hay
	82 行播作物 Row Crops
	83 谷物 Small Grains
	84 休耕地 Fallow
	85 城市草地 Urban/Recreation Grasses
湿地（Wetlands）	91 有林湿地 Woody Wetlands
	92 草类湿地 Emergent Herbaceous Wetlands

GlobeLand30 是指由国家基础地理信息中心组织研制的全球范围 30m 分辨力的地表覆盖遥感制图数据及相关产品，包括 30m 及由其生成的其他分辨力的全球地表覆盖数据，覆盖南北纬 80°间的陆地范围。GlobeLand30 对地表的分类是利用影像分辨力为 30m 的多光谱影像，包括美国陆地资源卫星（Landsat）TM5、ETM + 多光谱影像和中国环境减灾卫星（HJ-1）多光谱影像。除了多光谱影像外，研制中还使用了大量的辅助数据和参考资料，以支持样本选取、辅助分类等工作，主要包括：已有地表覆盖分类数据（全球、区域）、全球 MODIS NDVI 年序数据、全球基础地理信息数据、全球 DEM 数据、各种专题数据（全球红树林、湿地、冰川等）和在线高分辨力影像（Google Map、Bing Map、OpenStreetMap 和天地图高分影像）等。

GlobeLand30 数据共包括 10 个类型，分别是：耕地、森林、草地、灌木地、水体、湿地、苔原、人造地表、裸地、冰川和永久积雪。各个类型定义如下：

（1）耕地。用于种植农作物的土地，包括水田、灌溉旱地、雨养旱地、菜地、牧草种植地、大棚用地、以种植农作物为主间有果树及其他经济乔木的土地，以及茶园、咖啡园等灌木类经济作物种植地。

（2）森林。乔木覆盖且树冠盖度超过 30% 的土地，包括落叶阔叶林、常绿阔叶林、落叶针叶林、常绿针叶林、混交林，以及树冠盖度为 10% ~30% 的疏林地。

（3）草地。天然草本植被覆盖，且盖度大于 10% 的土地，包括草原、草甸、稀树草原、荒漠草原，以及城市人工草地等。

（4）灌木地。灌木覆盖且灌丛覆盖度高于 30% 的土地，包括山地灌丛、落叶和常绿灌丛，以及荒漠地区覆盖度高于 10% 的荒漠灌丛。

（5）湿地。位于陆地和水域的交界带，有浅层积水或土壤过湿的土地，多生长有沼生或湿生植物。包括内陆沼泽、湖泊沼泽、河流洪泛湿地、森林/灌木湿地、泥炭沼泽、红树林、盐沼等。

（6）水体。陆地范围液态水覆盖的区域，包括江河、湖泊、水库、坑塘等。

（7）苔原。寒带及高山环境下由地衣、苔藓、多年生耐寒草本和灌木植被覆盖的土地，包括灌丛苔原、禾本苔原、湿苔原、高寒苔原、裸地苔原等。

（8）人造地表。由人工建造活动形成的地表，包括城镇等各类居民地、工矿、交通设施等，不包括建设用地内部连片绿地和水体。

（9）裸地。植被覆盖度低于 10% 的自然土地，包括荒漠、沙地、砾石地、裸岩、盐碱地等。

（10）冰川和永久积雪。由永久积雪、冰川和冰盖覆盖的土地，包括高山地区永久积雪、冰川，以及极地冰盖等。

在地面高程数据方面，公开的、可以获得的数据库主要有 2 个，它们是 SRTM DEM 和 GDEM 数据。

航天飞机雷达地形测绘任务（SRTM）是指以人造地球卫星、宇宙飞船、航天飞机等航天器为工作平台，对地球表面所进行的遥感测量。以往的航天测绘由于其精度有限，一般只能制作中、小比例尺地图。SRTM 是由美国太空总署（NASA）、国防部国家测绘局（NIMA）以及德国与意大利航天机构共同合作完成的，由美国发射的“奋进”号航天飞机上搭载 SRTM 系统完成数据采集。测图任务从 2000 年 2 月 11 日开始至 22 日结束，共进行了 11 天总计 222 小时 23 分钟的数据采集工作，获取北纬 60°至南纬 60°之间总面积超过 1.19 亿 km^2 的雷达影像数据，覆盖地球 80% 以上的陆地表面。该计划共耗资 3.64 亿美元，获取的雷达影像数据经过两年多的处理，制成了数字地形高程模型，该测量数据也覆盖了中国全境。

SRTM 系统获取的雷达影像的数据量约 9.8 万亿字节，经过两年多的数据处理，制成了地形数字高程模型（DEM）。SRTM 测绘覆盖面积之广、采集数据量之大、精度之高在测绘史上是前所未有的。11 天采集的全部原始数据仅处理就约需两年的时间。数据经处理后最终所获取的全球数字高程模型（GDEM），将美军的 GDEM 精度提高了约 30 倍。

此数据产品 2003 年开始公开发布，经历多次修订，目前的数据修订版本为 V4.1 版本。该版本由 CIAT（国际热带农业中心）利用新的插值算法得到的 SRTM 地形数据，此方法更好地填补了 SRTM 90 的数据空洞。

SRTM 数据每经纬度方格提供一个文件，精度有 1″（arc-second，也称弧秒）和 3 角秒两种，称作 SRTM1 和 SRTM3，或者称作 30m 和 90m 数据，SRTM1 的文件里面包含 3601 ×3601 个采样点的高度数据，SRTM3 的文件里面包含 1201 × 1201 个采样点的高度数据。目前能够免费获取的中国境内的数据是 SRTM3 文件，即 90m 的数据，每个 90m 的数据点是由 9 个 30m 精度的数据点算术平均得来的。

2009 年 6 月 30 日,美国航天局(NASA)与日本经济产业省(METI)共同推出了最新的地球电子地形数据 ASTER GDEM(先进星载热发射和反射辐射仪全球数字高程模型),该数据是根据 NASA 的新一代对地观测卫星 Terra 的详尽观测结果制作完成的。这一全新地球数字高程模型包含了先进星载热发射和反辐射仪(ASTER)传感器搜集的 130 万个立体图像。ASTER 于 1999 年 12 月 18 日随 Terra 卫星发射升空。一个日美技术合作小组负责该仪器的校准确认和数据处理。ASTER 是唯一一部高分辨解析地表图像的传感器,其主要任务是通过 14 个频道获取整个地表的高分辨解析图像数据——黑白立体照片。在 4 ~16 天之内,当 ASTER 重新扫描到同一地区,它具有重复覆盖地球表面变化区域的能力。

ASTER 测绘数据覆盖范围为北纬 83°到南纬 83°之间的所有陆地区域,比以往任何地形图都要广得多,达到了地球陆地表面的 99% 。此前,最完整的地形数据是由 NASA 的 SRTM 提供的,此项任务对位于北纬 60°和南纬 57°间地球 80% 的陆地进行了测绘。

ASTER GDEM 是采用全自动的方法对 150 万景的 ASTER 数据进行处理生成的,其中包括通过立体相关生成的 1264118 个基于独立场景的 ASTER GDEM 数据,再经过去云处理,除去残余的异常值,取平均值,并以此作为 ASTER GDEM 对应区域的最后像素值。纠正剩余的异常数据,再按 1° ×1°分片,生成全球 ASTER GDEM 数据。第 1 版 ASTER GDEM V1 数据的基本特征见表 3. 2。

表 3. 2 ASTER GDEM V1 数据基本特征

项目	描述
分片尺寸	3601 像素 ×3601 像素(1° ×1°)
空间分辨力	1rads(约 30m)
地理坐标	地理经纬度坐标
DEM 格式	GeoTIFF,参考大地水准面 WGS84/EGM96
特殊 DN 值	无效像素值为 -9999,海平面数据为 0
覆盖范围	北纬 83°到南纬 83°,版本 1 包含 22600 个分片数据文件
精度	垂直精度 20m,水平精度 30m

ASTER GDEM 基本的单元按 1° ×1°分片。每个 GDEM 分片包含两个压缩文件,一个数字高程模型(DEM)文件和一个质量评估(QA)文件。每个数据文件的文件名根据分片几何中心左下(西南)角的经纬度产生。例如,ASTGTM_N40E116 文件的左下角坐标是北纬 40°,东经 116°。ASTGTM_N40E116_dem 和 ASTGTM_N40E116_num 对应的分别是 DEM 和 QA 的数据。

目前,ASTER GDEM 数据可以在网上免费获取。用户通过日本的地球遥感数据分析中心(ERSDAC)(http://www. gdem. aster. ersdac. or. jp)或美国 NASA

的美国陆地处理分布式活动档案中心(LPDAAC)(http://www.gdem.aster.ersdac.or.jp/index.jsp)免费下载这些数据。当然,拥有数据下载权限之前都需要进行相关网站的用户注册和所需数据的申请。

ASTER GDEM 是一个非常庞大的产品,涉及广袤的全球陆地表面。因此,这个数据只有由全球用户详细研究后才能得到充分验证。然而,在决定发布 ASTER GDEM 之前,NASA 和 METI 合作对 ASTER GDEM 进行了广泛的初步验证和鉴定研究。据统计,ASTER GDEM 在全球范围内满足垂直精度为20m的置信度为95%。

用户在数据使用过程中会发现,ASTER GDEM V1 数据确实存在一些异常和缺陷,这在一定程度上影响了 ASTER GDEM V1 数据的准确性。GDEM 数据的缺陷主要表现为以下几点。

(1) 云的影响:在某些地区,尤其是在一些重复数据较少的区域,如果有云遮挡,又没有替代数据,就可能会产生明显的异常值。

(2) 边界层叠:会导致 GDEM 数据显示为直线,坑,隆起,大坝或其他异常的几何形状,影响局部地区数据的精度和使用。

(3) 没有进行内陆水域掩蔽:会导致绝大多数的内陆湖泊高程并不稳定,因此利用 ASTER GDEM 数据不能提取水体分布信息。

ASTER GDEM 将为各种学科和领域的用户和研究人员提供他们所需要的高程和地形信息,这些信息对整个地球科学都具有很大价值,也将产生很多的实际应用。ASTER GDEM 数据将可以用于工程、能源勘探、自然资源保护、环境管理、公共工程设计、消防、重建以及地质和城市规划等多个研究领域。

ASTER GDEM 数据是世界上迄今为止可为用户提供的最完整的全球数字高程数据,它填补了航天飞机测绘数据中的许多空白。NASA 目前正在对 ASTER GDEM、SRTM 两种数据和其他数据进行综合,以产生更为准确和完备的全球地形图。

总体来说,ASTER GDEM 的垂直精度达20m,水平精度达30m,事实上,有些区域数据的数据精度已经远优于这个数值。当然,ASTER GDEM 数据中也包含一些异常,这可能在局部区域引起较大的高程误差,并在一定程度上影响数据的可用性。METI 和 NASA 也认为,第1版的 ASTER GDEM 应该更多地被视为"实验"或"研究"性质的数据。然而,尽管其存在缺陷,在许多领域和科研应用中,ASTER GDEM 将会是一个非常有用的高程数据产品。

地面分类数据、高程地图和道路网数据是长期遥感和测绘得到的产品,利用地面分类数据、高程地图,结合人们对不同地物的散射特性的研究成果,我们可以判断雷达回波数据中的任何一个距离多普勒单元对应的地面小块的类型、是否被遮挡、擦地角大小,进而推断这一小块地面的散射系数期望值(根据概率分布的类型和参数),以及多普勒扩散的情况(由地物类型决定的内部运动的情况)。在下一节中可以看到,这对于知识辅助的空时自适应处理样本选取和协方差矩阵构造都是相当重要的。利用道路网的信息,可以推断波束照射到某一区域是否可能存在高速的地面运动目标,对于奇异样本剔除、虚警的剔除都是很重要的。

当然,由于这种大范围的数据主要是通过遥感手段(比如多光谱成像、分类)获取的,其结果必然存在各种错误和误差,在利用这些知识的时候,必须充分考虑这些数据的准确性和时效性。

至于人们长期以来积累的大量的SAR、极化SAR、多波段SAR和InSAR图像,它们虽然能够提供更加丰富的信息,但信息的提取和利用更加复杂,难以直接应用。特别是目前没有覆盖全球范围或者一个足够大的区域的连续原始回波或图像数据可供下载,极大地限制了它们在知识辅助雷达信号处理中的应用。

3.3.2 探测环境的动态信息

上述地理环境信息虽然可以为机载雷达提供所探测区域的精细杂波信息,但这些信息是静态的、历史的。对于某些动态的和快变的区域,地理信息所提供的杂波先验信息不足以用于机载雷达的认知探测,还需要研究环境知识的动态感知。

利用雷达实时测量得到的回波数据,反演出雷达波束照射场景内的杂波分布、干扰特性和运动目标,就是动态感知的过程。从原理上说,这一过程非常类似于地面雷达经常采用的杂波图方法,但它应该提供更加丰富的信息。人们可以利用雷达正常对空探测工作模式获得的数据来提取地面的知识,也可以设计专门的工作模式、工作参数和波形以便更好地获取知识。

对于压制式干扰,可以设计静默的方式(发射机不工作)接收干扰信号,这样得到的信号中不包含地面和目标的回波,有利于对干扰信号的方向、强度进行估计。如果采用数字阵,则更可以同时形成多个不同指向的接收波束提高感知的效率。

对于地面杂波,可以针对每个波位发射单个脉冲得到主瓣回波,对波束指向方向的杂波进行感知,得到杂波图。为了避免距离模糊,可以采用较低的重复频率。如果要得到更为精细的杂波图,也可以对每个波位发射相干脉冲串,获得地面的多普勒波束锐化(DBS)图像。

如果我们关心的只是对目标检测影响较大的强杂波区域,则可以采用MIMO的方式,形成覆盖整个空域或者较宽角域的空间编码的发射波束,通过对回波进行处理同时得到所有方向的杂波散射特性估计。

需要强调的是,对于杂波抑制,通常认为动态感知的主要目的是弥补静态先验信息的不足。但是,在无法得到足够准确的地面静态先验知识的情况下,动态感知过程及其获得的信息就会显得尤为重要。

3.4　知识辅助空时自适应处理的直接法和间接法

3.4.1　知识辅助空时自适应处理的直接法

经过国内外学者 10 余年的研究,知识辅助空时自适应处理(KA-STAP)已经取得了显著的进展,在公开刊物上也发表了一些文章。总的来说,按照知识在空时二维滤波中的应用方式,KA-STAP 方法可以分为直接法和间接法两类。

利用地面知识和系统参数直接形成滤波权矢量,或者参与滤波权矢量的计算,称为直接法。直接法包含以下算法。

1) 在强杂波或特殊地形方向形成凹口的预处理方法

知识的第一种应用就是在自适应处理之前的直接滤波处理。系统可以借助于地图等知识源滤除回波中的孤立强散射体或者地面交通的回波。这种滤除可以在空域进行也可以在时域进行。

图 3.22 给出了地面交通车辆影响空中目标检测的示意图。在图 3.22 中,有 3 条公路穿过了待检测的距离单元,另有一条公路穿过了待检测距离单元的模糊距离。图 3.23 给出了角度多普勒空间中的情况,公路 1、3 和 4 上的目标可能落入待检测的多普勒单元的主瓣或者多普勒模糊的主瓣内,我们就在空时自适应处理之前先在空域形成凹口,滤除这些可能存在的车辆的回波。在此过程中,我们需要指定凹口的位置、深度和宽度。公路 2 虽然也穿过了待检测的距离单元,但在它上面的运动车辆不可能落入当前待检测的多普勒单元及其模糊的主瓣之时,可以不必对其形成凹口。

经过实测的 MCARM 数据验证,这种算法能够在一定程度上提高目标检测能力、减少虚警数,证明这种利用地图知识进行预滤波处理再级联 STAP 处理的 KA-STAP 算法能够显著地改善目标检测性能。

文献[17]提出的上述基于知识的空时处理方法可以有效减少地面慢速目标引起的虚警,也有助于减少待检测单元内的非平稳信号分量。当然,我们也可以对所有的辅助单元进行预处理以提高回波的平稳性。

需要指出的是,这种算法属于直接应用先验知识的方法,该方法虽然能够有效地减小公路上车辆对目标检测造成的影响,但是有一点比较重要的是,这种方法相当于开环预置凹口,然后再进行标准的 STAP 处理,其对误差非常敏感,当预置的凹口位置不准确时,不仅不能剔除公路造成的影响,反而会更严重地降低输出信杂噪比。

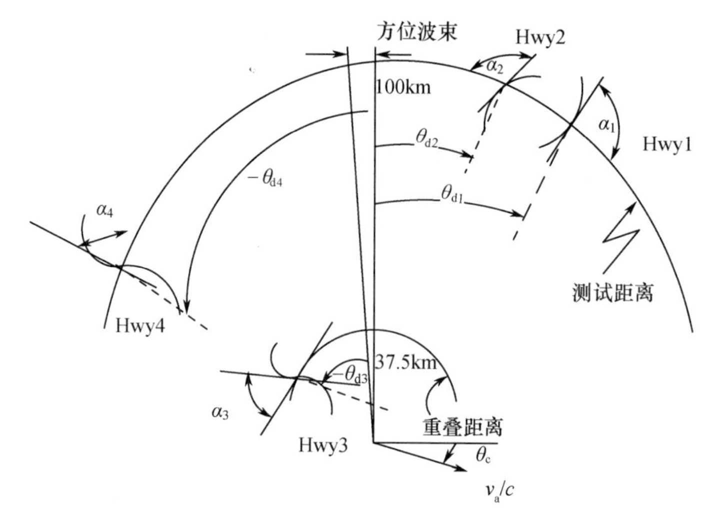

图 3.22　地面交通与目标竞争场景

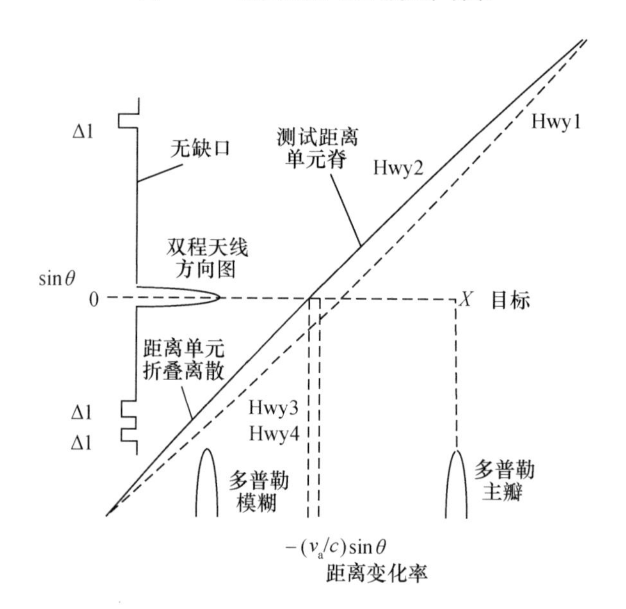

图 3.23　潜在的地面交通向角度－多普勒空间的映射

2）利用历史 CPI 数据形成杂波协方差矩阵的处理方法

利用多个 CPI 期间的回波对波束照射场景内的地面杂波反射率进行统计计算,然后再估计出杂波协方差矩阵,最后再进行 STAP 处理,也是一种直接法。该算法融合了协方差矩阵锥削、通道失配自适应校正、色加载以及特征值因子技术。

在标准的 STAP 处理过程中一般仅在单个 CPI 内进行自适应波束形成运

算,我们知道随着数字信号处理技术的快速发展,现代相控阵雷达一个 CPI 期间发射的脉冲一般都较多,具有较高的多普勒分辨力。在单个 CPI 期间足以进行空时自适应处理,但是为了估计照射场景内的杂波反射率以形成杂波协方差矩阵,仅靠单个 CPI 数据是不足以准确估计照射场景内的杂波反射率的,为此必须基于多个 CPI 数据来估计波束照射场景内的杂波反射率。

首先,利用过去的 CPI 数据形成杂波散射图,需要四个基本步骤。

(1) 定义杂波散射体。在一个距离单元的中心距离处定义一系列的杂波散射体,这些散射体具有不同的多普勒频率,其多普勒间隔由雷达的多普勒分辨力($1/T$)决定,在存在多普勒模糊的情况下,多普勒的范围可能大于重频。

(2) 散射体位置的地理关联。每一个距离、多普勒散射体的地理位置由三个曲面的交点确定。这三个曲面是:① 以平台位置为中心、以对应距离为半径的等距离球面;② 以平台速度矢量为对称轴、对应散射体多普勒频率的锥面,忽略杂波的内部运动,锥角余弦和多普勒频率的对应关系为 $\cos\theta_{\mathrm{c}} = \dfrac{\lambda f_{\mathrm{dop}}}{2v_{\mathrm{p}}}$,其中 λ 为雷达工作波长,f_{dop}为散射体的多普勒频率,v_{p}为雷达平台速度;③ 由数字地形高度数据(DTED)确定的地球表面。

(3) 在利用雷达系统及平台的先验知识结合数字高程地图计算出某一距离单元中所有散射体的实际地理位置后,需要估计出每个散射体对雷达回波幅度的贡献。由每个散射体相对于雷达的视角和多普勒频率定义该散射体的空时导向矢量 $\boldsymbol{s}_i$,记该单元的接收数据矢量为 $\boldsymbol{x}$,可表示为如下近似形式:

$$\boldsymbol{x} = \sum_i \alpha_i \cdot \boldsymbol{s}_i \tag{3.36}$$

式中:α_i为每个散射体的回波强度,可以通过最小化下面的平方误差来得到其估计值,有

$$\varepsilon = \left|\bar{x} - \sum_i \alpha_i \cdot \bar{s}_i\right|^2 \tag{3.37}$$

该问题的解可以表示为

$$\alpha_i = \sum_i [S^{-1}]_{ij} \cdot \boldsymbol{s}_j^{\mathrm{H}}\bar{x}, [S]_{ij} \equiv \boldsymbol{s}_i^{\mathrm{H}}\boldsymbol{s}_j \tag{3.38}$$

由于通常情况下导向矢量不是彼此正交的,这里的 S 不会是对角阵。这样得到的复数 α_i表示了数据立方体中一个距离单元的数据矩阵中的某一个散射体的回波强度。

(4) 归一化并形成散射图。上面得到的每个散射体的回波强度 α_i是由实测数据得到的,其中必然包含了雷达方程中所有参数的影响,包括天线方向图、距离、杂波雷达截面积等。由于地面上的距离-多普勒分辨单元的面积是随着 CPI

变化的(重频不同、观测几何不同会导致分辨单元面积变化),仅仅获得每个散射单元的复回波强度是不够的,必须建立杂波散射率地图。在文献[18]中杂波散射率定义为一个散射体的杂波功率与该散射体的地面面积之比。散射体的地面面积可以定义为

$$A_i = |\Delta \boldsymbol{r}_{\text{rng}}^{(i)} \times \Delta \boldsymbol{r}_{\text{dop}}^{(i)}| \tag{3.39}$$

式中:$\Delta \boldsymbol{r}_{\text{rng}}^{(i)}$,$\Delta \boldsymbol{r}_{\text{dop}}^{(i)}$分别为第 i 个散射体的距离向宽度矢量和多普勒维宽度矢量。这样,可以建立散射率图。首先,确定散射率图中的每个单元包含的杂波散射体的距离和多普勒序号,如果一个散射体的中心包含于散射图中的某个单元,就说该散射体属于该单元。接着,将每一个单元中包含的若干散射体的散射率的平均值作为该单元的杂波散射率。最后,利用多个 CPI 数据进行平均,得到最终的散射率图。

文献[18]中利用知识辅助传感器信号处理和专家推理(KASSPER)数据进行的实验表明,散射率图可以预测强杂波和弱杂波的区域,分别对应崎岖的地形和被遮蔽的阴影区域。通过对散射率图进行识别可以获得这些知识。如果将这些知识用于自适应权矢量的形成,可以减轻标准的距离平均协方差估计中的过度零陷或不足零陷(形成的用于杂波抑制的凹口过深或不够深)的问题。

在形成了散射率地图后,可以用它预测当前 CPI 的统计特性。对于数据立方体中的某一个距离单元,可以建立一系列的散射点。为了减少插值误差,散射点的多普勒间距应小于多普勒滤波器宽度的一半。通过计算这些散射点的经纬度,可以在散射率地图中查到它们的散射率。将散射率乘以面积,并按照天线发射方向图和接收子阵方向图进行修正,就可以得到第 i 该散射点回波的功率估计 p_i。由此,可以计算得到该距离门的先验协方差矩阵

$$\boldsymbol{R}_{\text{calc}} = \sum p_i \cdot \boldsymbol{s}_i \boldsymbol{s}_i^{\text{H}} \tag{3.40}$$

利用这个协方差矩阵,就可以计算得到空时处理的权矢量,对回波数据进行滤波处理,得到杂波抑制的结果用于目标检测。当然,我们也有其他的选择。为了计算稳健的空时处理权矢量,考虑到杂波内部运动,需要对协方差矩阵进行锥削。对于双边指数型速度分布的模型,可以在协方差矩阵的每个元素上加上洛伦兹形的锥削函数,即

$$\boldsymbol{R}_{nm,n'm'} \rightarrow \boldsymbol{R}_{nm,n'm'} \cdot \frac{1}{1+\gamma\,|m-m'|^2} \tag{3.41}$$

式中:n,n'为空间阵元序号;m,m'为时间脉冲序号;常数 γ 可以根据杂波内部运动的速度标准差来选择。在协方差矩阵锥削后,为了补偿随角度和通道变化的方向图失配,对于每个多普勒滤波器,应估计其复相关项,可以采用线性化的最大似然方法对随通道变化的幅度和相位误差进行估计。对于多普勒后的协方差

矩阵可以采用下式进行校正,有

$$\boldsymbol{R}_{nf,n'f'} \rightarrow c_n \cdot \boldsymbol{R}_{nf,n'f'} \cdot c_{n'}^{*} \tag{3.42}$$

式中:f,f'为相邻的多普勒通道序号;c_n 为第 n 个天线单元估计得到的相关项。

未知的杂波内部运动、阵元天线方向图变化、散射率随角度的改变,都是协方差矩阵计算中的非理想因素,它们造成由散射率地图估计得到的计算协方差矩阵会出现各种误差。为了弥补这些误差,可以同时利用计算协方差矩阵和当前 CPI 的训练数据。通过将计算协方差矩阵和估计协方差矩阵进行融合获得更加稳健的空时处理权矢量,公式为

$$\begin{aligned} \boldsymbol{w} = \kappa \cdot \boldsymbol{R}_{\mathrm{CL}}^{-1}\boldsymbol{s}, \boldsymbol{R}_{\mathrm{CL}} \\ \equiv \boldsymbol{R}_{\mathrm{curr}} + \beta_{\mathrm{l}} \cdot \boldsymbol{I} + \beta_{\mathrm{d}} \cdot \boldsymbol{R}_{\mathrm{calc}} \end{aligned} \tag{3.43}$$

这个过程就是所谓的色加载过程。其中 $\boldsymbol{R}_{\mathrm{curr}}$是从当前 CPI 数据中估计得到的协方差矩阵,$\boldsymbol{s}$ 为目标导向矢量。β_{l}和 β_{d} 分别为传统对角加载的加载量因子和色加载的加载量因子。

上述处理得到空时处理权矢量也可以通过预白化的方法来实现。在预白化方法中,数据矢量和对角加载后的协方差矩阵估计被计算协方差矩阵预白化。在上述公式中,我们选择对角加载因子 β_{l}使之产生相当于噪声电平的对角加载,选择色加载因子 β_{d}使 $\beta_{\mathrm{d}} \cdot \boldsymbol{R}_{\mathrm{calc}}$的平均功率和测量协方差矩阵 $\boldsymbol{R}_{\mathrm{curr}}$的功率匹配。

为了进一步减小剩余杂波的幅度,或者进一步提高 SINR,人们也提出了特征值尺度变换的技术。首先,找出色加载协方差矩阵的特征矢量和特征值,有

$$\boldsymbol{R}_{\mathrm{CL}}\hat{\boldsymbol{e}}_n = \lambda_n \hat{\boldsymbol{e}}_n \tag{3.44}$$

然后,通过计算得到一组新的特征值和一个修正的协方差矩阵,有

$$\tilde{\lambda}_n = \hat{\boldsymbol{e}}_n^{\mathrm{H}} \boldsymbol{R}_{\mathrm{calc}} \hat{\boldsymbol{e}}_n, \tilde{\boldsymbol{R}}_{\mathrm{CL}} = \sum_n \tilde{\lambda}_n \cdot \hat{\boldsymbol{e}}_n \hat{\boldsymbol{e}}_n^{\mathrm{H}} \tag{3.45}$$

最终,KA-STAP 的权矢量可以表示为 $\tilde{\boldsymbol{w}} = \kappa \cdot \tilde{\boldsymbol{R}}_{\mathrm{CL}}^{-1}\boldsymbol{s}$。这种方法利用计算得到的先验协方差矩阵对特征值的大小进行调节,使我们能够利用计算协方差矩阵更好地预测杂波的幅度。通过保留色加载协方差矩阵的特征值,也使我们能够更好地表示散射体的空时响应(包括随通道变化的通道增益和相位误差)。

3)利用地面知识和系统参数直接计算先验协方差矩阵[19]

随着遥感和测绘技术的发展和广泛应用,我们可以得到越来越丰富的地球表面的信息。前面介绍的地理分类将地表分成 20 类以上的不同类型,地面高程地图提供分辨力 30m 左右,精度达到 5m 的高度数据。在未来,我们必将能够获得越来越丰富、越来越精细的地表数据资源。利用这些数据进行融合和计算,可以推断地球上某一点的地表类型、地面斜率和粗糙度,结合地表雷达散射特性的

研究(表3.3和表3.4给出《雷达手册》第2版[1]中频谱扩散和杂波反射系数的典型数据,图3.24和图3.25给出《Airborne Early Warning System Concepts》一书中L波段和S波段水平极化情况下不同地物场景在不同擦地角情况下的散射系数曲线),或许可以直接得到地面的散射率分布和参数。利用地面植被情况,结合当时的气象情况,或许可以直接得到杂波内部运动的速度方差。

表3.3　不同风速时频谱扩展的测量值(J. B. Billingsley © William Andrew publishing Inc. 2002)

风条件	风速/(m/h)	指数ac形状参数β/(m/s)		均方根频谱宽度σ_v/(m/s)	
		典型	最坏情况	典型	最坏情况
软风	1~7	12	—	0.12	—
微风	7~15	8	—	0.18	—
大风	17~30	5.7	5.2	0.25	0.27
狂风(est.)	30~60	4.3	3.8	0.33	0.37

表3.4　杂波反射系数的典型数据

杂波	反射系数/λ(m)或η(m^{-1})	条件	频带λ/m	典型条件下的杂波参数			
				L 0.23	S 0.1	C 0.056	X 0.032
陆地(不包括点杂波)	$\sigma_0=0.00032/\lambda$(最差时位10%)	…	σ^0dB	−29	−25	−22	−20
点杂波	$\sigma=10^4\ m^2$	…	σm^2	10^4	10^4	10^4	10^4
海浪(蒲福风级K_B,角度E)	$\sigma^0\ dB=-64+6K_B+(\sin E)\ dB-\lambda dB$	4级海浪(浪高183m),$E=1°$	σ^0dB	−51.5	−47.5	−44.5	−42.5
箔条(单位体积质量固定)	$\eta=3\times10^{-8}\lambda$	…	$\eta(m)^{-1}$	7×10^{-9}	3×10^{-9}	1.7×10^{-9}	10^{-9}
雨(降雨率r/(mm/h))	$\eta=6\times10^{-14}r^{1.6}\lambda^{-4}$(匹配的极化)	$r=4$mm/h	$\eta(m)^{-1}$	2×10^{-9}	5×10^{-9}	5×10^{-8}	5×10^{-7}

对于雷达当前CPI回波的每一个距离单元,可以通过坐标变换和查表的方式得到散射率随方位角的变化,利用$\boldsymbol{R}_{\text{calc}}=\sum p_i\cdot\boldsymbol{s}_i\boldsymbol{s}_i^{\text{H}}$可以直接计算出先验协方差矩阵。考虑杂波内部运动,可以对该矩阵或者矩阵中某些方向的分量进行锥削。由此,直接计算出不依赖于回波数据的滤波权矢量。

在地表信息不足以估计杂波散射强度的情况下,也有学者提出利用SAR图像作为先验知识进行KA-STAP处理。算法基本流程见图3.26所示,考虑到SAR图像本身可能存在的相干斑,SAR图像中每个像素并不能代表该分辨单元

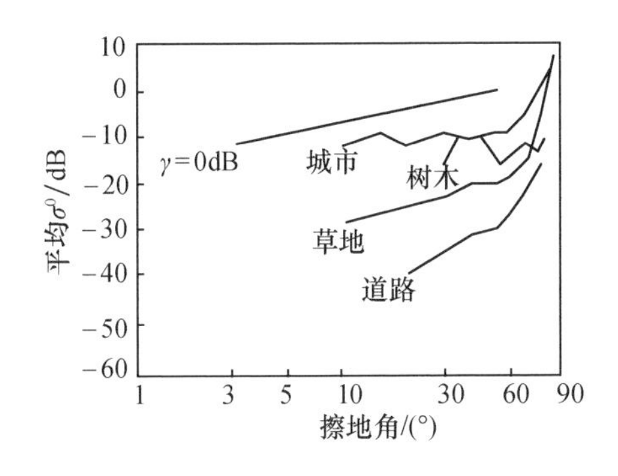

图 3.24　L－波段各地形的平均 σ^0_{HH}

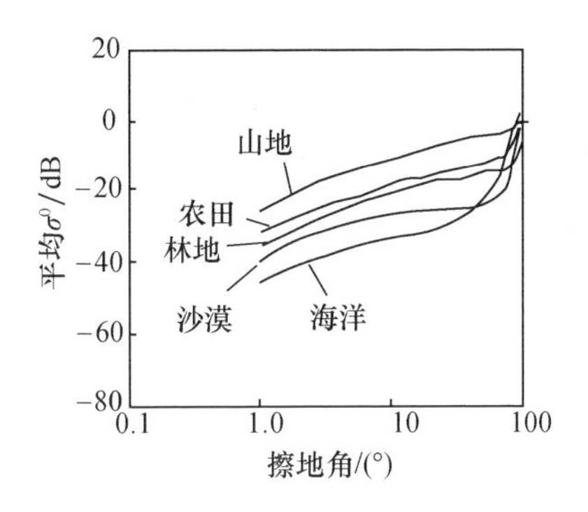

图 3.25　E－3 陆海模式在 S 波段和 HH 极化下的平均 σ^0

的平均散射率数值，因此需要对 SAR 图像的强度进行平均以获得平均散射率数值。假设已经获取的多种先验信息 SAR 图像、DTED、地表分类等信息可以用来预测场景中的均匀区域，系统将场景按照均匀区域进行分割。然后利用 $R_{\mathrm{c}} = \sum_{k}^{N_{\mathrm{c}}} \boldsymbol{\sigma}_k v_k v_k^{\mathrm{H}}$ 从频谱域估计杂波的协方差矩阵。上式中，$\boldsymbol{\sigma}_k$ 表示杂波散射单元功率，v_k 表示杂波散射单元处的空时响应，N_{c} 表示杂波散射单元个数。如果照射场景内的杂波散射单元功率以及杂波散射单元处的导向矢量精确已知的话，可以直接写出杂波协方差矩阵。这里用取平均后的 SAR 图像像素值来当作对应散射单元处的散射单元功率。

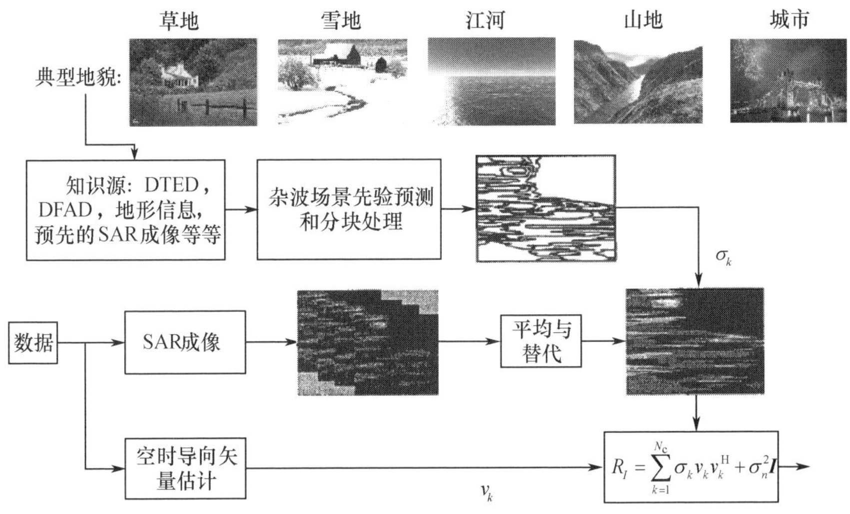

图 3.26　利用先验地理信息和 SAR 图像的 KA 处理（见彩图）

考虑到实际系统中不可避免存在各种误差，在上面协方差矩阵估计中每个导向矢量都可能存在不可能事先精确已知的误差，因此需要对导向矢量进行补偿。研究表明,时域导向矢量误差较小相对来说比较精确,空域导向矢量误差较大。文献[19]讨论了在其他参数都比较理想的情况下校正偏航角引起的导向矢量误差的算法,主要是利用二维 Capon 算法对回波数据进行分析,通过比较得到的空时二维杂波谱进行偏航角估计。仿真结果表明在没有其他误差的情况下,该算法可以较好地抑制杂波。

4）利用先验协方差矩阵和辅助样本共同形成待检测单元的协方差矩阵

上述所提出的三种算法均属于直接应用先验知识的方法,主要特点是直接利用先验知识在空时二维形成滤波权矢量,该权矢量在二维响应的杂波方向形成凹口以抑制杂波。它的一个主要问题是没有利用当前观测数据,即算法是确定性算法,没有对误差的自适应能力,在系统或杂波模型(比如杂波运动参数)存在误差时性能显著下降,同时没有对干扰的适应能力。

为此,人们提出了几种同时利用先验知识得到的计算协方差矩阵和回波中的辅助样本形成协方差矩阵和滤波权矢量的"混合"方法。它们是知识辅助约束方法、色加载方法和凸组合方法。J. S. Bergin 在文献[20]中指出这些方法实际就是同一种方法。

我们考虑阵元-脉冲域的空时二维杂波模型,阵列接收到的杂波和干扰信号可以表示为 $MN\times1$ 维矢量,有

$$\boldsymbol{x} = \sum_{p=1}^{P_{\mathrm{c}}} \alpha_p \boldsymbol{v}(\theta_p, f_p) \circ \boldsymbol{t}_p + \boldsymbol{n} = \boldsymbol{x}_{\mathrm{c}} + \boldsymbol{n} \tag{3.46}$$

式中:矢量 $\boldsymbol{t}_p$ 为杂波信号(其特性随波达角度、地理位置等变化)中小的、未知的随机调制和(或者)误差(如 ICM、配准误差等);$\boldsymbol{n}\in C^{MN\times1}$ 为热噪声(通常情况下,其在通道间和脉冲间是不相关的);同时,$\boldsymbol{x}_{\mathrm{c}}$ 定义为数据矢量中仅含杂波部分的矢量;调制 $\boldsymbol{t}_p$ 通常可写作 $\boldsymbol{t}_p=\boldsymbol{1}+\tilde{\boldsymbol{t}}_p$,式中,$\boldsymbol{1}$ 表示 $MN\times1$ 维全 1 矢量,$\tilde{\boldsymbol{t}}_p$ 为零均值的随机矢量,其方差通常远小于单位值。这个假设是合理的,因为它至少能够保持雷达数据一定的空时相干性。注意,该模型中 $\{\alpha_p\}$ 和 $\{\boldsymbol{v}(\theta_p, f_p)\}$ 是已知量。

考虑数据矢量 $\boldsymbol{x}$ 的协方差矩阵($\boldsymbol{x}_{\mathrm{c}}$ 与 $\boldsymbol{n}$ 不相关)

$$\boldsymbol{R}_{xx} = E[\boldsymbol{x}\boldsymbol{x}^{\mathrm{H}}] = \boldsymbol{R}_{\mathrm{c}} + \sigma^2 \boldsymbol{I}_{MN} \tag{3.47}$$

式中:$E[\cdot]$ 表示期望;$\boldsymbol{R}_{\mathrm{c}}=E[\boldsymbol{x}_{\mathrm{c}}\boldsymbol{x}_{\mathrm{c}}^{\mathrm{H}}]$;$\sigma^2$ 为各个通道和脉冲的噪声功率;$\boldsymbol{I}_{MN}$ 为 $MN\times MN$ 维的单位阵。现在,考虑杂波协方差矩阵,有

$$\boldsymbol{R}_{\mathrm{c}} = E\left[\left\{\sum_{p=1}^{P_{\mathrm{c}}} \alpha_p \boldsymbol{v}(\theta_p, f_p) \circ \boldsymbol{1} + \tilde{\boldsymbol{t}}_p\right\}\left\{\sum_{p=1}^{P_{\mathrm{c}}} \alpha_p \boldsymbol{v}(\theta_p, f_p) \circ \boldsymbol{1} + \tilde{\boldsymbol{t}}_p\right\}^{\mathrm{H}}\right] \tag{3.48}$$

由于 $\{\alpha_p\}$ 之间互不相关且与 $\{\tilde{\boldsymbol{t}}_p\}$ 不相关,因此有

$$
\begin{aligned}
\boldsymbol{R}_{\mathrm{c}} &= \sum_{p=1}^{P_{\mathrm{c}}} |\alpha_p|^2 E[\{\boldsymbol{v}(\theta_p, f_p) + \boldsymbol{v}(\theta_p, f_p) \circ \tilde{\boldsymbol{t}}_p\}\{\boldsymbol{v}(\theta_p, f_p) + \boldsymbol{v}(\theta_p, f_p) \circ \tilde{\boldsymbol{t}}_p\}^{\mathrm{H}}] \\
&= \sum_{p=1}^{P_{\mathrm{c}}} |\alpha_p|^2 \boldsymbol{v}(\theta_p, f_p)\boldsymbol{v}^{\mathrm{H}}(\theta_p, f_p) + \sum_{p=1}^{P_{\mathrm{c}}} |\alpha_p|^2 \boldsymbol{v}(\theta_p, f_p)\boldsymbol{v}^{\mathrm{H}}(\theta_p, f_p) \circ \tilde{\boldsymbol{T}}_p
\end{aligned}
\tag{3.49}
$$

式中：$\tilde{\boldsymbol{T}}_p = E[\tilde{\boldsymbol{t}}_p \tilde{\boldsymbol{t}}_p^{\mathrm{H}}]$，这里我们借助了 CMT 理论[21-23]的结论。由此可见，杂波协方差矩阵包含了一个已知分量，即

$$
\sum_{p=1}^{P_{\mathrm{c}}} |\alpha_p|^2 \boldsymbol{v}(\theta_p, f_p)\boldsymbol{v}^{\mathrm{H}}(\theta_p, f_p) \tag{3.50}
$$

和一个未知分量

$$
\sum_{p=1}^{P_{\mathrm{c}}} |\alpha_p|^2 \boldsymbol{v}(\theta_p, f_p)\boldsymbol{v}^{\mathrm{H}}(\theta_p, f_p) \circ \tilde{\boldsymbol{T}}_p \tag{3.51}
$$

因此，我们感兴趣的是能够结合确定性滤波和自适应滤波去分别对消上述分量的波束形成解。

首先考虑全自由度优化问题

$$
\min_{\boldsymbol{w}} E[|\boldsymbol{w}^{\mathrm{H}}\boldsymbol{x}|^2] \quad \text{s.t.} \begin{cases} \boldsymbol{w}^{\mathrm{H}}\boldsymbol{v} = 1 \\ \boldsymbol{w}^{\mathrm{H}}\boldsymbol{R}_{\mathrm{c}}\boldsymbol{w} \leqslant \delta_{\mathrm{d}} \\ \boldsymbol{w}^{\mathrm{H}}\boldsymbol{w} \leqslant \delta_{\mathrm{L}} \end{cases} \tag{3.52}
$$

式中：$\boldsymbol{v}$ 是 $MN \times 1$ 维表示期望方向和多普勒频移的空时导向矢量；δ_{L}为白噪声的期望增益[24]。二次约束 $\boldsymbol{w}^{\mathrm{H}}\boldsymbol{R}_{\mathrm{c}}\boldsymbol{w} \leqslant \delta_{\mathrm{d}}$[25]结合先验信息通过“约束”权矢量解（近似）垂直于先验协方差矩阵 $\boldsymbol{R}_{\mathrm{c}}$，先验协方差矩阵可利用所有可获得的关于杂波环境的先验信息计算得到。我们注意到构成 $\boldsymbol{R}_{\mathrm{c}}$ 主子空间的维数通常比系统的全空时维数要少得多（如 Brennan 准则[26]）。该优化问题的解（如[27]），即

$$
\boldsymbol{w} = \frac{(\boldsymbol{R}_{xx} + \beta_{\mathrm{d}}\boldsymbol{R}_{\mathrm{c}} + \beta_{\mathrm{L}}\boldsymbol{I})^{-1}\boldsymbol{v}}{\boldsymbol{v}^{\mathrm{H}}(\boldsymbol{R}_{xx} + \beta_{\mathrm{d}}\boldsymbol{R}_{\mathrm{c}} + \beta_{\mathrm{L}}\boldsymbol{I})^{-1}\boldsymbol{v}} = \frac{(\boldsymbol{R}_{xx} + \boldsymbol{Q})^{-1}\boldsymbol{v}}{\boldsymbol{v}^{\mathrm{H}}(\boldsymbol{R}_{xx} + \boldsymbol{Q})^{-1}\boldsymbol{v}} \tag{3.53}
$$

式中：我们定义 $\boldsymbol{Q} = \beta_{\mathrm{d}}\boldsymbol{R}_{\mathrm{c}} + \beta_{\mathrm{L}}\boldsymbol{I}$ 为“已知”协方差矩阵。

在实际应用中，矩阵 $\boldsymbol{R}_{xx}$ 通常用估计的数据协方差矩阵代替，估计的数据协方差矩阵由可获得的辅助雷达数据快拍计算得到。从式（3.53）可看出，权矢量解包含普通对角加载[25]项 $\beta_{\mathrm{L}}\boldsymbol{I}$ 和色加载[28-30]项 $\beta_{\mathrm{d}}\boldsymbol{R}_{\mathrm{c}}$。通过软约束项（式（3.52）中的不等式关系）可确定这两个加载量的大小。将含有 $\boldsymbol{Q}$ 的权矢量解代入软约束项中，可得一对关于加载量的非线性不等式关系：

$$
\begin{aligned}
\boldsymbol{v}^{\mathrm{H}}(\boldsymbol{R}_{xx} + \boldsymbol{Q})^{-1}\boldsymbol{R}_{\mathrm{c}}(\boldsymbol{R}_{xx} + \boldsymbol{Q})^{-1}\boldsymbol{v} &\leqslant \delta_{\mathrm{d}}[\boldsymbol{v}^{\mathrm{H}}(\boldsymbol{R}_{xx} + \boldsymbol{Q})^{-1}\boldsymbol{v}]^2 \\
\boldsymbol{v}^{\mathrm{H}}(\boldsymbol{R}_{xx} + \boldsymbol{Q})^{-2}\boldsymbol{v} &\leqslant \delta_{\mathrm{L}}[\boldsymbol{v}^{\mathrm{H}}(\boldsymbol{R}_{xx} + \boldsymbol{Q})^{-1}\boldsymbol{v}]^2
\end{aligned}
\tag{3.54}
$$

式(3.54)并不存在解析解,因此需要通过迭代求解。更一般地,根据干扰环境和可用来估计 $\boldsymbol{R}_{xx}$ 的样本的合理假设,对加载量 β_{L} 和 β_{d} 进行设置。注意为了获得一个解,δ_{L} 必须严格大于零,同时,降低 δ_{d} 需要提高色加载的加载量 β_{d}。当 $\delta_{\mathrm{d}}\to 0$(权矢量正交于杂波模型)时,$\beta_{\mathrm{d}}\to\infty$ 。

式(3.53)给出的解“混合”了样本协方差矩阵和先验杂波模型的信息,因此,该解具有我们期望的特性,即包含自适应滤波和确定性滤波。事实上,该解提供的波束方向图将是全自适应方向图、一个全确定性滤波器方向图和由约束 $\boldsymbol{v}$ 表示的常规方向图的混合。未来研究工作的一个感兴趣方向将是根据从辅助数据库获知工作环境(如预计的目标密度、地表类型等)的特点,为设置“混合”因子研究和制定细则。

如果假设矩阵 $\boldsymbol{Q}$ 是不可逆的(当 β_{d} 和 β_{L} 非零时,该假设通常成立),则式(3.53)中波束形成的权矢量可写作:

$$\boldsymbol{w}=\frac{\boldsymbol{Q}^{-1/2}(\boldsymbol{Q}^{-1/2}\boldsymbol{R}_{xx}\boldsymbol{Q}^{-1/2}+\boldsymbol{I})^{-1}\boldsymbol{Q}^{-1/2}\boldsymbol{v}}{\boldsymbol{v}^{\mathrm{H}}\boldsymbol{Q}^{-1/2}(\boldsymbol{Q}^{-1/2}\boldsymbol{R}_{xx}\boldsymbol{Q}^{-1/2}+\boldsymbol{I})^{-1}\boldsymbol{Q}^{-1/2}\boldsymbol{v}} \tag{3.55}$$

式(3.55)可解释为一个二级滤波器,其中第一级为“白化”数据矢量,随后第二级为基于白化后数据的自适应波束形成器。更确切地说,$\boldsymbol{w}^{\mathrm{H}}\boldsymbol{x}=\tilde{\boldsymbol{w}}^{\mathrm{H}}\tilde{\boldsymbol{x}}$,其中

$$\left.\begin{aligned}\tilde{\boldsymbol{x}}&=\boldsymbol{Q}^{-1/2}\boldsymbol{x}\\ \tilde{\boldsymbol{w}}&=\frac{(\boldsymbol{R}_{\tilde{x}\tilde{x}}+\boldsymbol{I})^{-1}\tilde{\boldsymbol{v}}}{\tilde{\boldsymbol{v}}^{\mathrm{H}}(\boldsymbol{R}_{\tilde{x}\tilde{x}}+\boldsymbol{I})^{-1}\tilde{\boldsymbol{v}}}\\ \tilde{\boldsymbol{v}}&=\boldsymbol{Q}^{-1/2}\boldsymbol{v}\end{aligned}\right\} \tag{3.56}$$

$\boldsymbol{R}_{\tilde{x}\tilde{x}}$ 为白化后数据的协方差矩阵,可用获得的白化后数据样本的估计协方差矩阵代替。我们注意到,在文献[31]中提到了类似的滤波方式,这一类型的处理器通常可在自适应处理阶段获得更低秩的干扰,这一特点可减少所需样本数量,并且可在训练样本数量不变的情况下获得更好的性能。同时,我们注意到在文献[31]中也提到了在自适应处理之前用一个确定性滤波器对地面杂波进行预滤波的概念。最后,文献[32]的结果表明在自适应滤波前使用确定性预滤波对离散强杂波(从合成孔径雷达(SAR)图像获得)进行滤波可降低虚警率。

对先验杂波模型进行秩分解可得 $\boldsymbol{R}_{\mathrm{c}}=\boldsymbol{U}\boldsymbol{D}\boldsymbol{U}^{\mathrm{H}}$,并代入式(3.52)中的第一个二次约束中,可得一组线性约束满足使权矢量正交于地杂波子空间($\delta_{\mathrm{d}}\to 0$),有

$$\boldsymbol{w}^{\mathrm{H}}\boldsymbol{R}_{\mathrm{c}}\boldsymbol{w}=0\Rightarrow\boldsymbol{w}^{\mathrm{H}}\boldsymbol{U}\boldsymbol{D}\boldsymbol{U}^{\mathrm{H}}\boldsymbol{w}=0\Rightarrow(\boldsymbol{w}^{\mathrm{H}}\boldsymbol{U})\boldsymbol{D}(\boldsymbol{U}^{\mathrm{H}}\boldsymbol{w})=0 \tag{3.57}$$

由于 $\boldsymbol{R}_{\mathrm{c}}$ 的特征值严格非负,因此这组线性约束 $\boldsymbol{w}^{\mathrm{H}}\boldsymbol{U}=0$ 可满足条件。此时,原优化问题变为

$$\min_{w} E[\,|\boldsymbol{w}^{\mathrm{H}}\boldsymbol{x}|^2\,] \quad \text{s. t.} \begin{cases} \boldsymbol{w}^{\mathrm{H}}\boldsymbol{v}=1 \\ \boldsymbol{w}^{\mathrm{H}}\boldsymbol{U}=0 \\ \boldsymbol{w}^{\mathrm{H}}\boldsymbol{w}=\delta_{\mathrm{L}} \end{cases} \tag{3.58}$$

其解为

$$\boldsymbol{w}=\frac{\overline{\boldsymbol{R}}_{xx}^{-1}[\boldsymbol{I}-\boldsymbol{U}(\boldsymbol{U}^{\mathrm{H}}\overline{\boldsymbol{R}}_{xx}^{-1}\boldsymbol{U})^{-1}\boldsymbol{U}^{\mathrm{H}}\overline{\boldsymbol{R}}_{xx}^{-1}]\boldsymbol{v}}{\boldsymbol{v}^{\mathrm{H}}\overline{\boldsymbol{R}}_{xx}^{-1}[\boldsymbol{I}-\boldsymbol{U}(\boldsymbol{U}^{\mathrm{H}}\overline{\boldsymbol{R}}_{xx}^{-1}\boldsymbol{U})^{-1}\boldsymbol{U}^{\mathrm{H}}\overline{\boldsymbol{R}}_{xx}^{-1}]\boldsymbol{v}}=\frac{\overline{\boldsymbol{R}}_{xx}^{-1}\boldsymbol{P}\boldsymbol{v}}{\boldsymbol{v}^{\mathrm{H}}\overline{\boldsymbol{R}}_{xx}^{-1}\boldsymbol{P}\boldsymbol{v}} \tag{3.59}$$

式中：$\overline{\boldsymbol{R}}_{xx}^{-1}=\boldsymbol{R}_{xx}+\beta_{\mathrm{L}}\boldsymbol{I}$，同时定义投影矩阵

$$\boldsymbol{P}=\boldsymbol{I}-\boldsymbol{U}(\boldsymbol{U}^{\mathrm{H}}\overline{\boldsymbol{R}}_{xx}^{-1}\boldsymbol{U})^{-1}\boldsymbol{U}^{\mathrm{H}}\overline{\boldsymbol{R}}_{xx}^{-1} \tag{3.60}$$

通过分析矩阵$(\overline{\boldsymbol{R}}_{xx}+\beta_{\mathrm{d}}\boldsymbol{R}_{\mathrm{c}})^{-1}$和$\overline{\boldsymbol{R}}_{xx}^{-1}\boldsymbol{P}$，对二次约束和线性约束得出的权矢量解进行比较。应用矩阵求逆引理和秩分解，可得

$$\begin{aligned} &\overline{\boldsymbol{R}}_{xx}^{-1}\boldsymbol{P}=\overline{\boldsymbol{R}}_{xx}^{-1}[\boldsymbol{I}-\boldsymbol{U}(\boldsymbol{U}^{\mathrm{H}}\overline{\boldsymbol{R}}_{xx}^{-1}\boldsymbol{U})^{-1}\boldsymbol{U}^{\mathrm{H}}\overline{\boldsymbol{R}}_{xx}^{-1}] \\ &(\overline{\boldsymbol{R}}_{xx}+\beta_{\mathrm{d}}\boldsymbol{R}_{\mathrm{c}})^{-1}=\overline{\boldsymbol{R}}_{xx}^{-1}\left[\boldsymbol{I}-\boldsymbol{U}\left(\boldsymbol{U}^{\mathrm{H}}\overline{\boldsymbol{R}}_{xx}^{-1}\boldsymbol{U}+\frac{1}{\beta_{\mathrm{d}}}\boldsymbol{D}^{-1}\right)^{-1}\boldsymbol{U}^{\mathrm{H}}\overline{\boldsymbol{R}}_{xx}^{-1}\right] \end{aligned} \tag{3.61}$$

可见，当第二个等式圆括号内的第二项相对于第一项可忽略不计（即 $\beta_{\mathrm{d}}\rightarrow\infty$）时，上述两个等式是等价的。我们知道线性约束解满足权矢量与杂波模型正交的条件。由此可知，一般情况下，色加载的解在 β_{d} 为有限值时只满足近似正交的条件。因为杂波模型存在未知误差，所以近似正交成为一个有利的特性，它能够降低杂波子空间上确定性凹口的深度，而降低色加载的加载量能够获得这一优点。

5）综合处理方法

S. B. Jameson 在文献[33]中提出了一种综合处理结构，如图 3. 27 所示。该结构中对于知识的利用包括以下五个方面。

（1）分布杂波色加载。对于分布杂波，色加载的过程和上面论述的方法相同，都是采用 Ward 报告中的杂波模型和协方差矩阵模型，可以对该矩阵进行锥削以减弱各种误差和杂波内部运动的影响。

（2）主瓣离散杂波色加载。典型的杂波环境包含比较平缓的地杂波和非常强的离散杂波。这些离散强杂波通常是由人工建筑造成的，它们在场景中随机分布。如果在估计杂波协方差矩阵的时候从训练单元中剔除待检测单元，可能会造成非常严重的凹口过浅的问题。将待检测单元包含在训练样本中又可能造成目标相消的问题。知识辅助处理提供了一种可能的解决方案，其前提是我们事先知道这些离散强杂波点的位置。只要根据离散杂波的位置，就可以通过色加载的方式在适当的角度和多普勒频移处形成凹口，达到抑制离散杂波的目的。

从前面的分析可以知道，色加载和两级滤波的方式是等价的。这种方式也

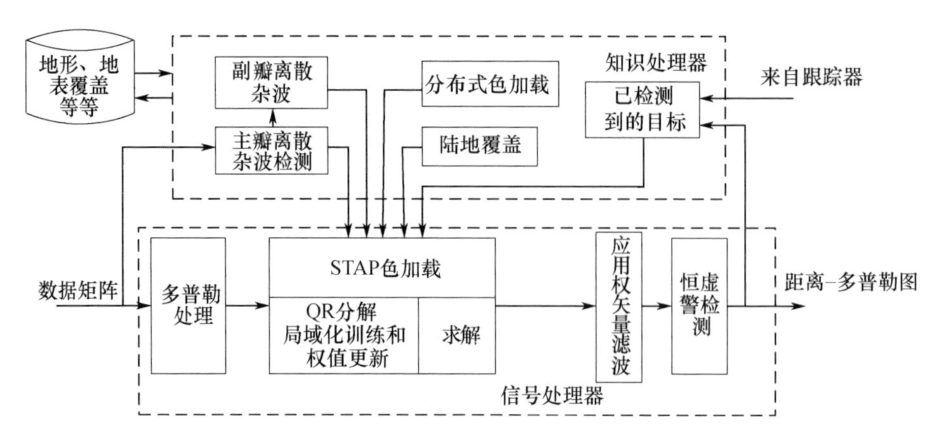

图 3.27　知识辅助空时自适应处理结构

相当于先利用先验知识对离散杂波进行白化滤波，然后对白化后的数据进行自适应滤波。这种思想也提示我们，可以采用机载多通道雷达以单输入多输出(SIMO)或多输入多输出(MIMO)方式工作，识别这些离散强杂波，计算它们的空时响应，构造白化或者色加载的协方差矩阵，最终达到减少虚警的作用，这就是环境感知的思想。在环境感知中，由于采用主瓣照射强离散杂波，它们回波的SNR 比较高，可以得到它们空时响应的比较准确的估计。

(3) 副瓣离散杂波色加载。与上述主瓣离散杂波不同，当离散杂波从副瓣进来的时候，它会被天线衰减。因此，从 SNR 和多普勒的表现上，副瓣离散杂波的表现往往更像运动目标。这样，只利用回波数据，副瓣离散杂波和运动目标就更难区别。即使我们识别了数据中的副瓣离散杂波，由于其回波的 SNR 比较低，我们也很难得到它们的准确空间响应。

为此，需要利用 SAR 图像或者地表覆盖信息获得这些离散杂波散射体的位置。结合雷达自身的信息(位置、速度、飞行方向、主瓣照射方向等)，可以计算每个 CPI 中每个离散散射体的距离和多普勒，并判断它们是否构成了副瓣离散杂波。如果知识处理器预测在当前的待检测距离-多普勒单元中存在副瓣离散强杂波，我们就把待检测单元补充到它的训练样本中去。由于单元中包含了该杂波的精确信息，信号处理器就可以很好地抑制它，这种方法比用计算的方法获得离散杂波的协方差矩阵进行色加载的方法更精确，抑制性能更好。这种方法的另外一个好处是，如果在待检测距离-多普勒单元中同时存在副瓣离散强杂波和主瓣运动目标，这种方法仍能检测出运动目标。而在该情况下，单纯的副瓣匿隐方法会将目标当作副瓣目标，往往不能有效检测该运动目标。

当然，正如前面所说的那样，这样的处理有时会造成目标相消(在待检测距离-多普勒单元中同时存在副瓣离散强杂波和主瓣运动目标的情况下)，但是由于目标的运动，在下一次照射该目标时，它和离散杂波可能就不在同一个距离-

多普勒单元了。因此,虽然丢点无法避免,但也不太可能持续出现某个目标不能检测的情况。

最后,需要指出的是,对于预警、监视这样的扫描系统,某个照射方向的主瓣离散强杂波对另一个照射方向可能就是副瓣杂波,我们也可以利用主瓣的扫描过程通过对回波的分析获得场景中的主瓣离散杂波的位置等信息,利用它们对副瓣离散杂波进行抑制。

(4) 按照陆地覆盖类型进行训练。在雷达工作的区域中包含诸如地理类型分界之类的非均匀环境时,虚警率会增加。地理类型的分界就比如陆地和水面的分界、森林和农田的分界、城市和山区的分界。这些分界的存在会导致待检测单元的训练样本中包含不同的地表类型,会导致虚警。举例来说,如果待检测单元的杂波对应陆地而临近单元主要由水面构成,由于水面的散射回波强度远远低于陆地的回波强度,就会使自适应滤波器的凹口严重过浅,不足以滤除陆地的强回波,就可能造成虚警增加。

为了解决这一问题,可以利用地形特性的数据库(比如地表分类)来选择训练样本的区域,以使训练样本具有和待检测单元相同的杂波地表类型,使训练样本能够更好地表示杂波特性,形成所需深度的凹口。这一步骤实际上类似于后面要讲述的间接处理方法。

(5) 迭代目标剔除。前面已经提到,如果产生协方差矩阵的训练样本中包括一个或多个和待检测目标具有相同角度和多普勒的目标时,会导致自适应滤波器对目标的灵敏度显著下降。因此,必须有一个机制防止这类现象发生。一个有效的方法是迭代地剔除训练样本中检测出目标的样本。这一过程可能需要迭代若干次,直到训练样本中没有新的目标被检测出来为止。这实际上非常类似于前面讨论的 MSMI 方法。

S. B. Jameson 认为,通过上面 5 种处理,可以比较全面地解决非均匀环境带来的问题,获得好的检测效果。

3.4.2 知识辅助空时自适应处理的间接法

以上讨论的方法都是直接法。利用地面知识和系统参数选择权矢量形成的训练样本,由训练样本形成协方差矩阵或者滤波权矢量,称为间接法。

早在 1998 年,美国空军实验室的 W. Melvin 和 M. Wicks 就在文献[17]中首次介绍了基于先验知识的空时自适应处理用于机载预警雷达的设想,不仅包括了前面讨论的直接法中对公路方向形成凹口的空域预滤波方法,也讨论了利用知识选择样本的思想,这可能是最早的一篇比较系统介绍知识辅助空时处理的文献。该文献指出在预滤波处理之后,可以用知识源帮助自适应处理选择合适的辅助样本。最接近待检测单元的距离单元是优先级最高的辅助样本,但必须按照地图数据对这些距离单元进行检查。举例来说,可以按照公路所在的距离删除相应的距离单元样本,以剔除可能包含非均匀分量的训练数据。在样本选择完成后,再利用统计的非均匀检测器(比如众所周知的内积检测器、SMI 检测器和广义内积检测器)对数据进行进一步检验。非均匀检测器迭代地选择适合作为辅助样本的数据子集,直到该子集达到预先设定的均匀性要求。在训练样本选择完成后,还要进行空时自适应配置的选择,包括空时自适应处理的域、特定的空时自适应处理算法和参数。空时自适应处理的域选择包括选择阵元空间还是波束空间,多普勒前处理还是多普勒后处理。算法选择包括因子化处理(FA 或 EFA 方法)、联合域局域化(JDL)、自适应偏置相位中心天线(DPCA)方法,等等。处理域和算法的选择取决于在哪一种域或降维结构中训练样本能够更好地反映待检测单元的杂波特性。可用的系统自由度由系统参数决定,比如雷达的中心频率、天线的配置。而我们所需的自适应自由度应该由环境决定。在良好的环境中,应当采用自由度较多的空时自适应处理技术,这样可以用所有的自由度来抑制均匀杂波。但在复杂环境中,应采用自由度较小的空时处理方法结合前面讲过的知识辅助空域置零方法,并且需要小心地选择辅助样本。在极端非均匀环境中,可能不能提供足够的训练样本,此时应该采用非自适应处理的方法。在真实系统中,系统参数和硬件配置限制了处理器的结构选择。图 3.28 给出了上述思想的概念框图。遗憾的是,并没有公开的文献仔细讨论过上述自适应处理域、算法和参数的选择。

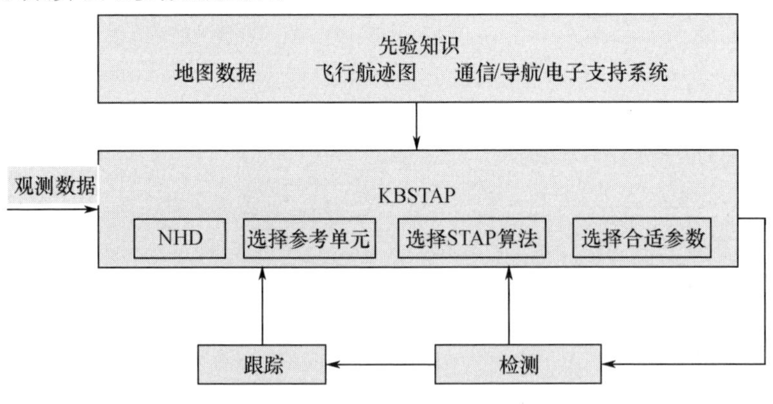

图 3.28　KBSTAP 处理流程图(见彩图)

文献[34]给出了利用地形分类和高程数据进行知识辅助样本挑选的最为完整的论述,包括将地形数据和雷达回波数据配准的技术、用于评估配准性能和地理信息时效性的由雷达回波产生地形图像的方法、KA 辅助样本选择方法、使用地形数据提高样本数量的方法、减少距离扩散影响的方法,并采用美国的国家陆地覆盖数据(NLCD)和国家高程数据(NED)作为先验知识对 MCARM 数据进行了处理,取得了比较好的结果。

1）地形数据和雷达回波数据配准的技术

为了能够将雷达回波数据和地面场景精确配准,需要对地球模型、地球坐标系、传播中的各种误差有很好的理解。

配准可以采用各种不同的地球模型。最为精确的地球形状模型是定义在大地水准面系统之上的,大地水准面是地球表面的一个等重力的形状模型。这种模型往往过于复杂,难以计算。球面模型是最简单的地球模型,在较短的斜距范围内其精度较高。但在斜距较大的情况下难以满足要求。因此,我们可以选择椭球模型(在两极附近曲率较小)。

配准采用的地球坐标系包括大地坐标系和地球中心地球固定(ECEF)坐标系。大地坐标系对地球上每个点是采用经度、纬度和高度这三个坐标来描述的,比如 1984 年的世界大地测量系统(WGS84),它更像是一种三维的极坐标系统。ECEF 坐标系是以地球的质量中心(质心)为原点的随地球旋转的地球固定的直角坐标系统。图 3.29 给出了 ECEF 坐标系的示意图,并同标准的大地坐标系进行了比较。ECEF 系统的 x 轴位于赤道平面同本初子午线相交。z 轴贯穿地球自转的轴线(从地心指向地理北极的方向),y 轴位于赤道平面且与 x 轴、z 轴形成一个右旋的直角坐标系。

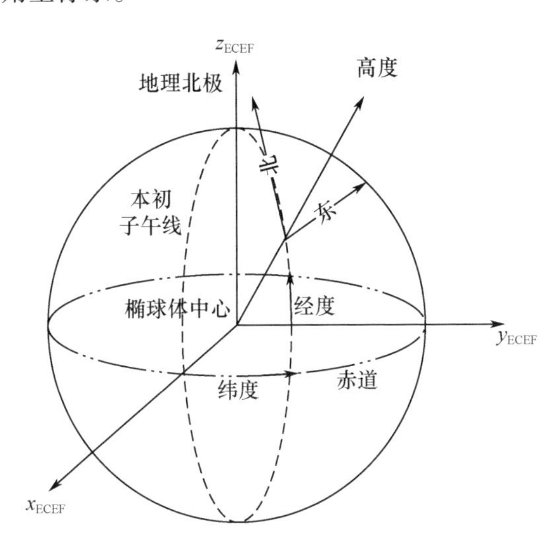

图 3.29　ECEF 和大地坐标系统(经度、纬度、高度)

这两种坐标系都是非投影坐标系统,不会被生成平面地图的各种投影方法扭曲。我们获得的先验知识(地表分类数据和地面高程数据)往往是采用球面大地坐标系的经度、纬度二维网格来定义的,整个地球的数据可以按照不同的区域或尺寸要求分成很多个数据文件,每个数据文件是一个二维表,表中的每个值代表着地面类型或者地面的高度,头文件中包含着这个二维表的行数和列数。左下角的地理位置和单元的尺寸。而 ECEF 系统的好处在于它使用长度而非角度来表征地理位置,这就使得两点之间距离的计算更为方便。

从标准大地测量坐标系统向 ECEF 坐标系统进行转化可以采用下面的公式:

$$\begin{aligned} x &= (v+h)\cos(\text{lat})\cos(\text{lon}) \\ y &= (v+h)\cos(\text{lat})\sin(\text{lon}) \\ z &= [(1-e^2)v+h]\sin(\text{lat}) \end{aligned} \tag{3.62}$$

式中,$v=\dfrac{a}{\sqrt{1-e^2\sin^2(\text{lat})}}$;$a$ 是参考椭球体的半长轴;h 表示高度;lat 表示纬度;lon 表示经度;e 是由带有椭球体扁率 f 的公式 $e^2=2f-f^2$ 所定义的偏心率。

要从 ECEF 坐标转换到大地坐标可以使用迭代算法,有

$$\text{lat}=\cot\left(\frac{z(1-f)+e^2a\sin^3(u)}{(1-f)(p-e^2a\cos^3(u))}\right)$$

$$\text{lon}=\cot\left(\frac{y}{x}\right)$$

$$h=p\cos(\text{lat})+z\sin(\text{lat})-a\sqrt{1-e^2\sin^2(\text{lat})} \tag{3.63}$$

此处

$$p=\sqrt{x^2+y^2} \tag{3.64}$$

$$u=\cot\left(\frac{z}{p}((1-f)+\frac{e^2a}{r}\right)) \tag{3.65}$$

并且有

$$r=\sqrt{p^2+z^2} \tag{3.66}$$

这种方法可以很快地转换到一个准确的结果(通常在 2 次迭代之内)。

将雷达回波数据和地球坐标(主要是指大地坐标系中的坐标)相对应就是配准,实际就是由雷达回波的二维特性参数(距离-多普勒频率或者距离-空间频率)找到地面上的点。这一过程可以通过求解方程数目为 3 的非线性方程组来得到。图 3.30 给出的等多普勒锥面、等空间频率锥面的几何示意图。由图中可见,以天线相位中心为顶点、以飞行速度矢量为对称轴的圆锥面上的点,具有相同的锥角,构成了等多普勒频率曲面;以天线相位中心为顶点、以天线轴向为对称轴的圆锥面上的点,具有相同的空间频率,构成了等空间频率曲面。它们和地面的交线构成了地面杂波的等多普勒线和等锥角线。图 3.31 给出了地面上的等距离线、等多普勒线和等空间频率线。图 3.32 给出了这种配准几何。

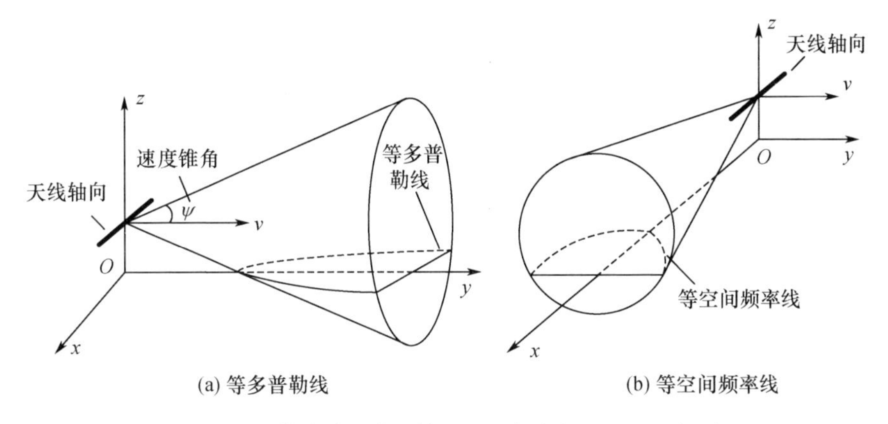

图 3.30 等多普勒线和等空间频率线产生机理示意图

在图 3.32 中,点 $P_r(x_r, y_r, z_r)$ 代表雷达的位置,点 $P_e(x, y, z)$ 为地球上待确定的点。图中也给出了第 l 个距离样本的斜距 R_l 和感兴趣的等频率线(多普勒频率或者空间频率)。等频率曲面和等斜距 R_l 曲面,以及地球表面的交点出现在点 P_e 和等频率曲面上的另外一个镜像点。然而,在某些情况下(正侧阵情况和斜侧阵的部分多普勒频率情况),点 P_e 和等频率曲面上的另外一个镜像点中,一个位于天线的正面方向,另一个位于天线的背面方向,我们只考虑其中正面的那一个。在前视阵情况和斜视阵的某些情况下,两个点都位于天线的正面,都是有用的。

第一个方程和斜距有关,是点 P_e 和 P_r 之间欧氏距离等于回波距离门对应的斜距。该方程形式如下:

$$F_1(x, y, z) = (x - x_r)^2 + (y - y_r)^2 + (z - z_r)^2 - R_l^2 = 0 \tag{3.67}$$

第二个方程将地球表面建模成椭球面,定义如下:

$$F_2(x, y, z) = \frac{x^2}{a^2} + \frac{y^2}{a^2} + \frac{z^2}{b^2} - 1 = 0 \tag{3.68}$$

此处 a 和 b 分别是地球的半长轴和半短轴长度。这些参数的数值可以从 WGS84 世界大地测量资料中得到。最后一个方程描述了地球表面上的等频线(等多普勒频率或者等空间频率)。下列两方程中的一个可以连同前面斜距和地球表面方程,构成完整 3 个方程的方程组。

(1) 多普勒频率方程:对于一个给定的多普勒频率 f_d,第三个配准方程满足地物的多普勒频率和回波的多普勒频率相等,即

$$f_d = \frac{2(\boldsymbol{k} \cdot \boldsymbol{v}_r)}{\lambda} \tag{3.69}$$

式中:$\boldsymbol{k}$ 是从雷达指向地球的单位矢量;$\boldsymbol{v}_r$ 是雷达的速度矢量;λ 是雷达波长。经过一些运算以后,第三个方程为

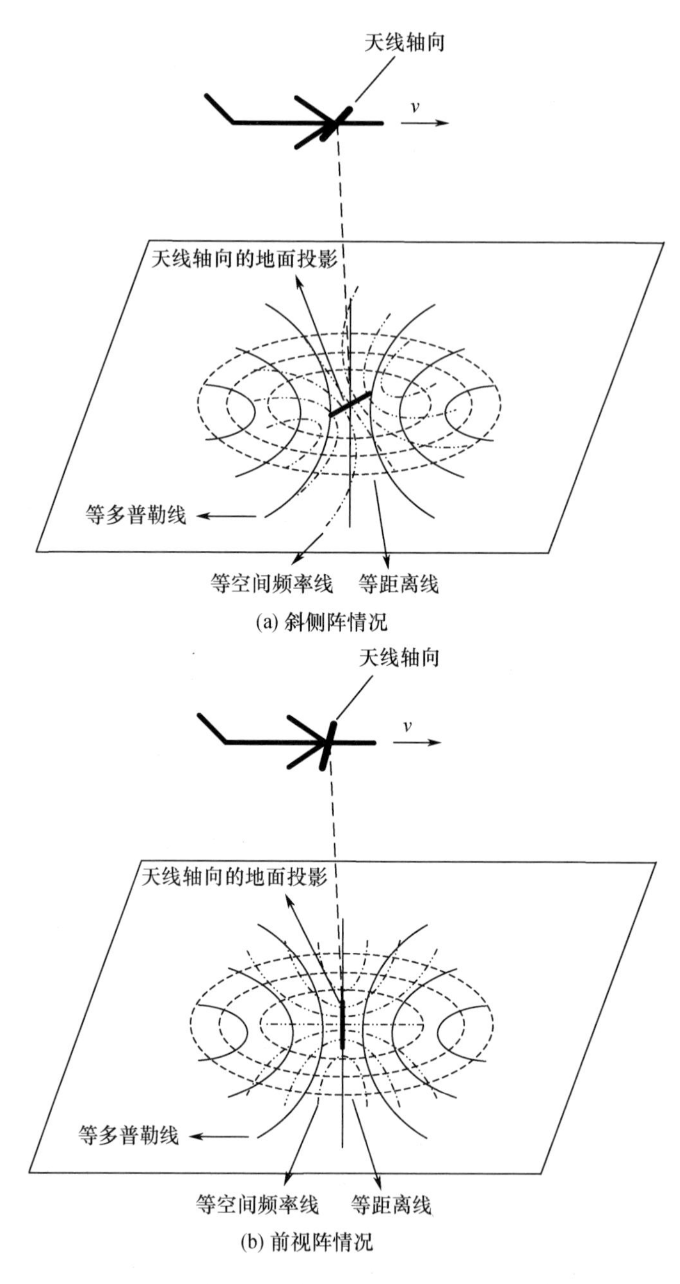

图 3.31　飞机、天线与地面等距离线、等多普勒线和等空间频率线

$$F_3(x,y,z)=(x-x_r)v_{rx}+(y-y_r)v_{ry}+(z-z_r)v_{rz}-\left(\frac{f_d\lambda R_l}{2}\right)=0 \quad (3.70)$$

式中：v_{rx}、v_{ry}、v_{rz}都是雷达速度矢量的分量。

（2）空间频率方程：对于一个给定的空间频率 v，假定雷达天线是一个一维

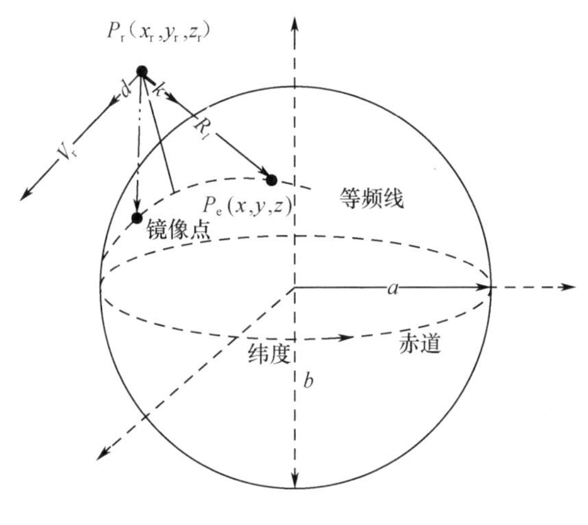

图 3.32　配准几何

线性阵列,第三个配准方程满足地物的空间频率和回波的空间频率相等,即

$$v = \frac{(\boldsymbol{k} \cdot \boldsymbol{d})}{\lambda} \tag{3.71}$$

式中:$\boldsymbol{d}$ 是沿阵元水平轴线的阵元间隔矢量。经过推导,第三个方程可以表示成

$$F_3(x,y,z) = (x - x_r)d_x + (y - y_r)d_y + (z - z_r)d_z - (v\lambda R_l) = 0 \tag{3.72}$$

式中:d_x、d_y、d_z都是 $\boldsymbol{d}$ 的分量。

为了求解 x、y 和 z 的解,可以使用迭代的牛顿-拉夫申法(Newton-Raphson method),直到该方法收敛于一个解。迭代中使用的第一个点是由球体的地球模型计算得到的并选在感兴趣的点 P_e 附近。这有助于牛顿-拉夫申法快速收敛于我们想要的 P_e 点,而不是它的镜像点。对于侧视雷达还要进行检查以确保结果是在平台正确的一侧。

为了更精确地配准,必须考虑大气的折射效应。大气的存在使电磁波的传播速度变慢并随着折射率的变化而变化,折射率的变化也使电磁波的传播方向缓慢偏转,使传播路径成为曲线,速度变慢和路径弯曲分别影响回波真实距离和角度的计算。C. T. CAPRARO 和 G. T. CAPRARO 在文献[34]中指出,补偿大气折射的三分之四地球半径的雷达电磁波传播模型只在高度 1km 或 2km 之内比较精确,难以适用于机载雷达的多数情况。而更为精确的射线追踪和抛物线方程方法通常计算量比较大。他们建议采用为 GPS 开发的传播模型,该模型比三分之四地球半径模型更为精确,而且易于计算。因为 GPS 是 L 波段的,也特别适合同频段的雷达,比如 MCARM 计划中的雷达。该文还引用其他文献的结果对对流层的延时增加进行了说明,从对流层顶部(12km 高空)以 5°的俯仰角发射电磁波,由大气引起的距离误差大约为 25m 左右。当高度减小或者俯仰角增大时，这种距离误差也会减小。这样的误差对于某些雷达系统（比如距离分辨力 120m 的 MCARM 系统）是可以忽略的，但是对于分辨力更高的情况则是必须考虑的。为了进一步考察路径弯曲的影响，文献[34]对路径弯曲进行了仿真。为此，将对流层模型化为由不同的分层构成（整个对流层变为很多嵌在一起的球壳），假设每一层内的散射率是不变的，这样只有在电磁波从一层进入另一层时才发生折射。当层的数目足够多时，就可以逼近实际中路径连续弯曲的情况。在仿真中考虑的是两束电磁波，一路沿理想的直线传播，一路受大气影响沿曲线传播。它们的起点相同，传播相同的路径长度后到达地面（它们当然有不同的初始传播俯仰角）。仿真给出了两束电磁波照射到地面的位置偏差随直线传播的俯仰角的变化曲线，结果表明在俯仰角较小时，这种弯曲造成的斜距对应地面位置的偏差（实际上说明地面点的俯仰角计算偏差）往往是可以忽略的。

在我们将回波距离、多普勒坐标和地面的经纬度坐标配准之后，就必须回答一个问题“第 l' 号距离单元的杂波能不能代表第 l 个距离单元的杂波特性”。通过分析，可以发现，按照 Ward 提出的杂波模型，可以将地面划分为不同斜距的等距离环，再将每一个环按照方位角划分为很多个杂波小片（扇环）。当方位角划分足够密时，每个扇环可以用一个散射点来代替。对于雷达来说，每个散射点有自己的斜距、多普勒频率和空间频率。在正侧阵的情况下，多普勒频率和空间频率成正比，只差一个比例系数。因此，相同多普勒频率的点一定有相同的空间频率，即有相同的空时导向矢量，而与斜距无关。这样，如果存在两个距离环（比如第 l' 号距离单元和第 l 个距离单元），它们对应相同多普勒频率-空间频率的点的散射回波强度相同，我们就认为它们具有相同的杂波特性。

这个答案当然过于严格了。在真实世界中，地面场景的类型、高度（以及斜率）都是两维空变的，能够找到散射率随方位变化的函数完全相同的两个距离环的概率是非常低的。为此，我们可以考虑多普勒后的降维空时自适应处理方法。在这类方法中（包括 FA、EFA、JDL 和多窗方法等），先采用深加权的多普勒滤波器组对回波进行频域分析，使每个滤波器的输出只包含某一确定角度区域的杂波（其他方向的杂波处于该多普勒滤波器的副瓣被显著衰减，通常的时域深加权可以达到 70dB，也就使副瓣区域的杂波衰减达到 70dB），即利用空时耦合特性通过时域滤波使杂波局域化。此时，两个距离环（第 l' 号距离单元和第 l 个距离单元），只要在该角域内各个小片的散射回波强度相同，我们就认为它们具有相同的杂波特性，可以彼此作为参考单元计算协方差矩阵。

显然，这种考虑与传统的使用待检测单元周围的距离样本作为辅助样本（比如滑窗法和分段处理）是不同的，这里挑选的距离样本可能和待检测单元距离很远。滑窗法和分段处理的好处在于，因为样本和待检测单元距离较近，不容易受到很多杂波特性随距离空变因素的影响，这些因素包括传播引起的功率变化、杂波散射率随擦地角的变化、天线方向图随俯仰角的变化,以及偏流引起的空时耦合特性随距离的变化。对于这里的样本挑选方法,首先需要对这些不利因素进行补偿。文献[34]中以正侧阵为例描述了偏流影响、功率衰减、杂波单元面积变化、擦地角变化、散射率变化、天线俯仰方向特性的估计和补偿办法。其中偏流影响的补偿需要给每个单元的空时样本快拍乘以一个含有线性相位的变换矩阵,使每个距离单元的多普勒频率整体搬移一个频率(其大小由偏流的程度决定)。其他的补偿都很简单,只是对每个距离单元的空时样本快拍乘以一个随距离变化的正常数。

文献中还指出,为了进一步观察回波代表的地形特性和地理信息的吻合程度,可以利用回波对地面成像,再将所得图像和地理信息的图像进行对比。

2) KA 样本选择方法

辅助数据的选择取决于雷达工作区域的情况以及用来表示该区域的地理信息类型。文献[34]给出了两个算法:一种方法使用地表分类数据,一种方法使用数字高程数据。

(1) 地表分类数据算法:对于一个多普勒单元,可以使用上面提到的多普勒、距离、地球球面方程构成的方程组计算出界定每一个距离-多普勒单元对应的地面区域的四个边界点的位置,如图 3.33 所说明的。显然,雷达自身的分辨特性决定了这些边界并不与经线、纬线平行,边界点也并不像地形信息数据单元

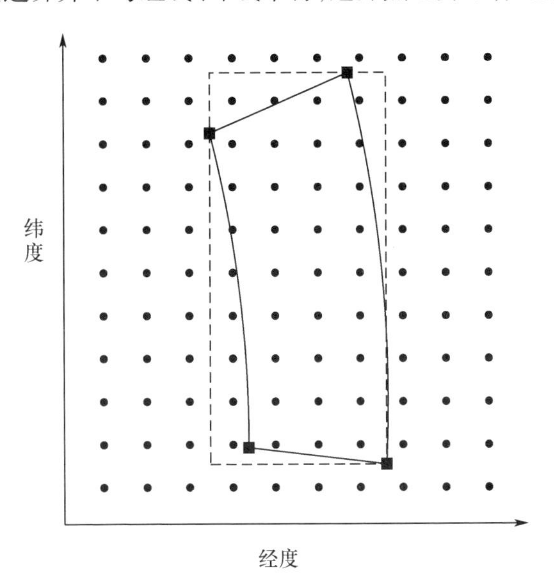

图 3.33 用于辅助数据选择算法的距离-多普勒单元区域近似
(黑点代表地形单元的中心,黑色实线代表距离-多普勒单元的边界;
虚线矩形为距离-多普勒单元的近似区域)

那样与经度、纬度对齐,为了简化算法,可以计算出了一个最小的矩形区域。该矩形区域包含距离-多普勒单元地面区域,当然也包含这些边界点。当然,我们也可以采用更加复杂的算法,比如将每一个距离-多普勒单元细分成很多小的单元并将同样的处理应用在小的单元上,以便获得更为准确的结果,但似乎并无必要。

在我们为一个距离-多普勒单元确定了这种矩形后,就可以用地表类型数据库中的信息来描述这个距离-多普勒单元的杂波特性。我们可以计算该矩形边界内每一种地表类型包含的地理单元数目。如果采用的地理信息数据库包含21 种地表类型,得到的距离-多普勒单元的结果可以用一个包含 21 个元素的矢量来表示,其中每一个元素对应一种地形分类类型。然后用该矢量除以包含在矩形边界内的地表信息单元总数实现矢量归一化。这样,每一个距离-多普勒单元对应的矩形区域的情况就可以用一个矢量表示。第 l 个距离样本的归一化矢量表示为

$$\boldsymbol{t}_l = [t_{l,1}, t_{l,2}, \cdots, t_{l,21}]^{\mathrm{T}} \tag{3.73}$$

我们可以称该矢量为地表信息矢量。对于当前处理的多普勒通道,完成所有距离-多普勒单元的地表信息矢量计算以后,就可以通过计算可能的辅助数据单元的地表信息矢量与待检测距离-多普勒单元的地表信息矢量之间的平方误差对它们进行比较。这就对第 l'个距离-多普勒单元与待检测的距离-多普勒单元之间的匹配程度给出了一种度量,定义为

$$\mathrm{grade}_{l'} = \sum_{i=1}^{21} (t_{l,i} - t_{l',i})^2 \tag{3.74}$$

式中,$t_{l,i}$是待检测单元地表信息矢量的第 i 个元素;$t_{l',i}$是可能的辅助数据的地表信息矢量的第 i 个元素。这里假设误差越小的辅助单元可以与待检测单元更好地匹配。然后对这些辅助数据的度量进行排序,选择误差最小的前若干个单元作为辅助数据。

虽然在此处选择平方误差度量距离-多普勒单元中地表的差异,并据此用最近距离(误差最小)原则挑选样本,但这里实际上并不排斥其他的特征构造方法。而且,这里的算法同样地可以对不同的地表分类类型区别对待。实际上,考虑到地表分类里的某些类型会比其他类型产生更强的杂波,可以在误差度量前对地表信息矢量中的元素进行加权,权系数可以源于地表类型的散射特性。这就会产生一个加权矫正的地表信息矢量,定义如下:

$$\tilde{\boldsymbol{t}}_l = \boldsymbol{t}_l \circ \boldsymbol{w}_t \tag{3.75}$$

其中

$$\boldsymbol{w}_t = [w_1, w_2, \cdots, w_{21}]^{\mathrm{T}} \tag{3.76}$$

文献[34]描述的这一方法存在一个显著的问题,即获得的地表信息没有和每个距离-多普勒单元散射的散射强度挂钩。也就是说,21 个元素的矢量虽然保留了较多的信息,但过于苛刻,使我们难以获得足够的样本。况且,21 类地表并不对应 21 个散射强度的等级,很多类型也许在散射强度方面彼此就是非常接近的,应该合并。为此我们可以首先设计一个合并矩阵,将 21 个元素的矢量降维成低维的矢量,新的地表信息矢量 $\boldsymbol{t}_l$ 可以表示成

$$\tilde{\boldsymbol{t}}_l = \boldsymbol{B} \cdot \boldsymbol{t} \tag{3.77}$$

其中,$\boldsymbol{B}$ 代表 $q \times 21$ 降维矩阵,它将 21 类地表合并、删除形成 q 类地表。

进一步,我们可以考虑采用散射强度描述一个距离-多普勒单元。在 21 类地表中一定有某些类型散射很强,某些类型散射很弱,若我们能够根据地面散射特性的先验知识(不同地表的散射率随擦地角变化的图表)得到该分辨单元的散射强度,那么上述地表信息矢量就可以变为一个标量,通过标量和标量的比较,就可以确定哪些单元的特性比较接近,彼此适合作为辅助单元。此时地表信息可以用标量 t_l 表示成

$$t_l = \boldsymbol{\gamma}^{\mathrm{H}} \cdot \boldsymbol{t} \tag{3.78}$$

其中,$\boldsymbol{\gamma}$ 代表 q 维矢量,它的每一个元素表示了一类地表的散射强度。

(2)高程数据算法:假设地表是光滑的,我们首先要为每一个距离-多普勒单元建立分辨力与数字高程数据匹配的栅格。然后将这些栅格的格点使用多普勒、斜距、地表三个方程组成的方程组配准地表。为了确定距离-多普勒单元中每一个格点的高度,需要在对应高程地形网格上做一次最近邻插值。由于引入了高程数据,每一个栅格的格点对应的斜距必须重新计算,并根据格点的平均斜距将这些单元重新分配到恰当的距离门。接下来,使用德洛内三角算法将每一个栅格分成两个三角形,使地面高程数据变成了由三角形构成的网格,也就产生了模拟实际地形的一种近似的三维表面。

为了利用这样的三维表面模型进行距离-多普勒分辨单元之间的比较,必须为分辨单元中的每一个小片(三角形)确定一个后向散射角(见图 3.34)。然后,对于每一个分辨单元,我们给它一个包含三个元素的特性矢量,三个元素分别是平均后向散射角、散射角标准差以及阴影(由于地形遮蔽)百分比。由于矢量中每一个元素的量纲不同,需要对它们进行归一化并且相同加权。然后像前面利用地表信息矢量所做的那样,使用平方误差的方法将可能的辅助样本的地形矢量同待检测单元的地形矢量进行比较,并将误差最小的若干单元选作辅助样本。

该方法在理论上仍然存在上述问题,即没有和散射强度关联。另外,一个明显的问题是量纲不统一的问题,在 3 个元素的地形矢量中,第 3 个元素是百分

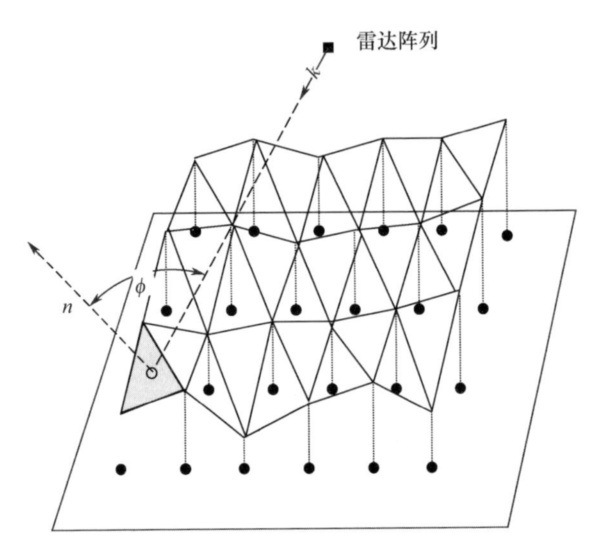

图 3.34　由数字高程数据产生的距离-多普勒单元表面模型
（散射角 ϕ 是杂波块法线 n 与从雷达指向杂波块的单位矢量 $\boldsymbol{k}$ 之间的夹角，黑点代表对准在平滑地球模型上的单元格点）

比，表示 0 ~ 1 之间的数，它没有量纲，对于第 1 个和第 2 个元素，我们究竟应该用散射角的度数、弧度数，或者散射角的正弦、余弦、正切，并没有从理论上很好地说明。显然，若由这 3 个元素去形成散射强度的估计，也绝不会是一个简单的线性模型。由于 MCARM 数据录取的地形比较平缓，文献[34]也没有（或无法）对方法的效果进行检验。

我们可以考虑对该方法进行改进，使之与散射强度关联。我们可以利用散射的擦地角计算散射强度，作为每个距离-多普勒单元的信息，即

$$p_l = \sum_i f(\theta_{i,l}, k_{i,l}) \cdot s_i \tag{3.79}$$

式中：p_l表示第 l 个距离单元的散射强度；s_i表示第 i 个小片的面积；$f(\theta_{i,l}, k_{i,l})$为散射率函数，与第 i 个小片（三角形）的擦地角 $\theta_{i,l}$、地表类型 $k_{i,l}$有关。

3）提高样本数量的方法

雷达实际使用 STAP 方法的一个重要条件是必须获得协方差矩阵准确估计所需要的足够多的样本。虽然可以获得的样本数量是由雷达的工作参数决定的，但是使用地形数据和前面讨论的一些校正方法也可以提高样本质量和数量。

正如前面提到的，多普勒后处理的降维 STAP 方法通过深加权的滤波器将杂波局域化，局域化后的杂波的归一化多普勒和空域频率被限制在杂波空时二维分布曲线的一小段上。除了在当前处理的多普勒通道选择距离辅助样本（会将 KA 样本选择的范围限制在一个很小的区域中）外，也可以将样本的选择范围

扩展到包括杂波的所有距离-多普勒单元。

利用上面的选择算法，一旦确定第 m 个多普勒通道的第 l 个距离的数据可以作为待检测单元的辅助样本，就必须用一个矩阵对该数据进行补偿，使该样本的杂波和待检测单元的杂波具有相同的空时频率特性。$M\times N$ 维的校正矩阵可以表示成

$$\mathbf{C}_{ml}^{\text{shift}}=\begin{bmatrix} 1 & \cdots & e^{j2\pi((N-1)\Delta v)} \\ \vdots & \ddots & \vdots \\ e^{j2\pi((M-1)\Delta\omega)} & \cdots & e^{j2\pi((M-1)\Delta\omega+(N-1)\Delta v)} \end{bmatrix} \tag{3.80}$$

式中：$\Delta\omega$ 是辅助数据单元和待检测单元的多普勒通道之间的归一化多普勒频率差；Δv 是它们之间的归一化空域频率的差异。对每一个辅助数据单元的空时快拍进行校正后，就可以估计协方差矩阵进行 STAP 处理了。

容易看到，这种方法提高样本数量的前提是一定要对阵列的每一列进行数字化。如果我们事先采用模拟器件将整个阵面事先合成了若干个有限的通道（比如子阵或者波束），则无法对样本与待检测单元的空域频率差进行有效的补偿。另外，严格来说，这种方法也要求雷达天线采用正侧视安装，否则不同距离、不同多普勒频率的距离-多普勒单元内杂波分布的斜率是不同（图 3.35），难以补偿。

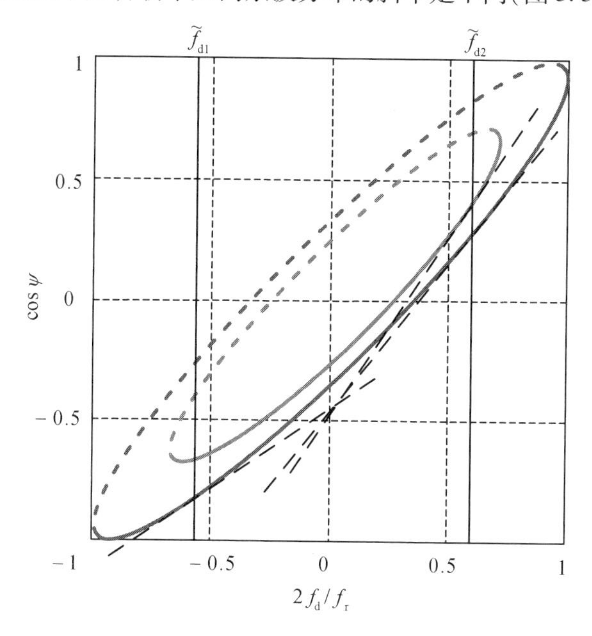

图 3.35　斜侧阵杂波分布示意图（由图中可见，在远距离 $\tilde{f}_{d1}$ 和 $\tilde{f}_{d2}$ 处、及 $\tilde{f}_{d2}$ 的不同距离处空时分布的斜率明显不同）（见彩图）

4）减少距离扩散影响的方法

文献[34]所提的这种方法，也讨论了有关距离-多普勒扩展的问题。在分析包含运动目标或者运动目标模拟信号的实测数据时，我们往往会发现很多目标在距离和多普勒上都出现了扩散。这会造成辅助样本单元受到其附近单元的运动目标信号污染。这不符合估计杂波协方差矩阵时辅助数据样本需要服从的独立同分布（IID）的必要条件。为了减轻这种影响，文献[34]认为需要在被选为辅助数据的距离-多普勒单元附近放置保护单元，保护单元不能作为样本数据单元参与协方差矩阵的运算。

文献[34]的做法实际上是不太合理的，它使得每一个样本单元周围的距离-多普勒单元不能作为辅助样本，大大限制了样本的有效数量。我们认为正确的做法是应该在待检测单元或者已经被判定含有运动目标的距离-多普勒单元周围放置保护单元。改善样本支持的方法见图3.36。

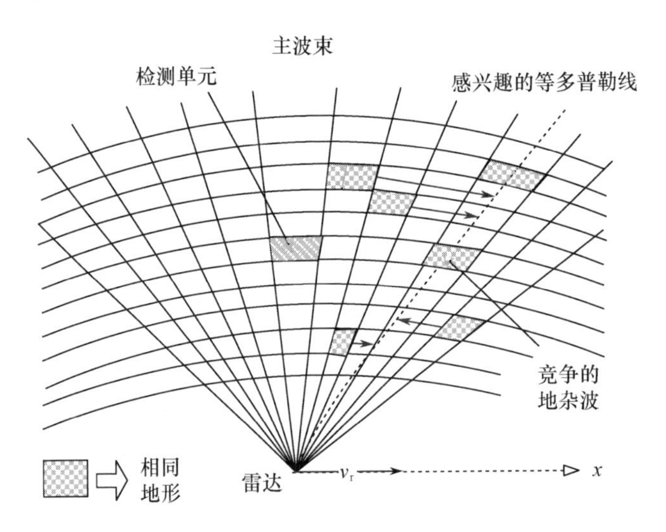

图3.36　将距离-多普勒单元移动到与目标竞争的杂波多普勒频率（如图中的等多普勒线）来改善样本支持（见彩图）

此处，我们已经完成了KA处理中一些重要思想和方法的介绍，也包括了我们对这些方法合理性和有效性的一些观点和改进想法。必须指出的是，由KA处理的直接法和间接法的思想出发，可以获得各种各样的方法。但到目前为止，国内外学者对很多理论问题仍然缺乏清晰的认识，特别是真实环境中杂波非均匀性的内涵和KA处理的机理，远远没有达成共识。算法的检验也停留在采用相对简单的MCARM系统在相对平缓的地形中获得的有限的几帧数据或者KASSPER的高精度仿真数据上。因此，我们认为KA处理的研究还有很长的路要走，离实用化也许还有较远的距离。

3.5　MCARM和KASSPER计划的启示

美军最早意识到机载雷达杂波抑制的重要性,美国的专家在这方面做出了非常重要的工作。在20世纪70年代,美军为了解决杂波抑制的问题,研发了世界上第一个超低副瓣的机载雷达天线。在20世纪90年代,美军对机载杂波情况和空时自适应处理进行深入研究,并在E-2D雷达上采用空时自适应处理技术,取得了实际效益。仔细观察国外的发展情况,我们可以发现实际杂波的录取实验是推动机载雷达技术不断向前发展的重要引擎。我们可以举出一些例子。

为了弄清不同条件下杂波对不同波段雷达的影响,20世纪六七十年代,美国海军实验室(NRL)组织实施了著名的四频率机载雷达海杂波实验。分别于1964年、1965年、1969年、1970年以及1971年进行了多次杂波测量实验,实际录取了一大批地海杂波测量数据,为美国预警机雷达及其他雷达的研制提供了第一手的资料。

在林肯实验室的纪念文章中也提到,为了对舰载固定翼预警机雷达的参数选择提供依据,美国林肯实验室专门开展了S波段和UHF波段的海杂波录取和处理实验。通过实验得出结论,当采用较低的发射频率时,海杂波的反射会明显弱于采用较高频率发射时产生的回波,据此美国在E-2的后期型号中摒弃了早期所采用的S波段,转而采用UHF波段。当然,我们在这里需要指出,波段的选择和雷达技术发展的水平是密切相关的(比如天线副瓣抑制水平、杂波抑制技术),基于当时技术状态得出的结论未必适合新的雷达。

为了研究在海洋环境下对小目标进行检测和识别的技术,加拿大于1984年启动了"IPIX"雷达实验计划。1986年夏天进行了系统测试。1993年—1998年间,该雷达经历了重大的技术改造,录取了一批高分辨海杂波回波数据以及一批目标回波数据,推动了海背景下的小目标智能检测算法的研究。

为了研究中高擦地角的海杂波特性(当时小擦地角海杂波情况已经进行了大量的研究,建立了相应的模型,但对大擦地角情况的研究还不多),澳大利亚DSTO于2004年—2006年间利用一部名为"Ingara"的机载雷达进行了中高擦地角的海杂波测量实验。录取了包括各种观测几何的大量中高擦地角海杂波数据。目前这些数据对外是不公开的,公开文献上也很少报道。据说美国于20世纪六七十年代也进行了类似实验,但鲜见相关文献资料。

此外,国外还进行了一些其他杂波测量实验,如英国DERA的MCR实验、美国加利福尼亚大学圣巴巴拉分校的海洋工程实验室的风浪水池实验、1993年加拿大利顿公司的APS-504型X波段机载雷达实验、荷兰泰利斯公司的

"PLOARIS"实验等。通过这些实验，录取了大量的海杂波实际测量数据，尤其是真正意义的机载雷达杂波数据，为机载预警雷达的研制提供了有力的支撑。

这些大量实验计划的实施从侧面说明了开展杂波测量实验以及对实测杂波数据进行深入分析处理是非常必要的。它对雷达系统的性能评估、系统参数优选以及其他的信号处理算法设计来说具有重要意义，能够为机载预警雷达的研制提供理论指导和实验依据。

在空时自适应处理和知识辅助杂波抑制的研究过程中，非常著名的三个计划是 Mountain Top 计划、MCARM 计划和 KASSPER 计划，其中后两个尤为重要。

3.5.1 Mountain Top 计划

20 世纪 90 年代，由美国国防高级研究划署（DARPA）出面牵头实施了 Mountain Top 计划[35]。1993 年前后在新墨西哥州的白沙导弹试验区以及夏威夷的太平洋导弹试验区的几个山峰的顶部采集了一批多通道杂波数据，促进了机载预警雷达所需的先进信号处理及其相关技术的研究。

在美国的 Mountain Top 计划中，接收采用的是一部架高的 UHF 波段雷达，该雷达是 Mountain Top 计划核心，被称作"雷达监视技术试验雷达 RSTER"。该雷达原来是一部地基搜索雷达，在 1992 年被 DARPA（高级研究计划署）用于 Mountain Top 计划。它的平面天线有 5m 宽，10m 高，由 14 列子阵构成，采用水平极化的方式。在每个列子阵后面都有独立的移相器、发射机和接收机。系统具有很大的功率孔径积（发射功率峰值为 100kW，平均值为 6kW），可以在方位维进行实时的全自适应处理，在俯仰维具有低副瓣电平，且系统稳定性非常出色。

1993 年，RSTER 在白沙导弹基地的北奥斯克拉峰（NOP）进行实验。NOP 位于白沙导弹基地的东北角，比海面高出大约 8000 英尺（1 英尺 =30.48cm），比周围的沙漠高出大约 3500 英尺。这个地点可以俯瞰四周 360°，周围可以直视到得地区包括了沙漠、裸露地表的和长满树木的丘陵、高山、熔岩流以及小块的居民区。在一个检测单元中，有时观测到的杂波强度高达 60dB。DARPA 在 NOP 采集到了可以支持空时自适应处理研究需要的数据。

1994 年 10 月，RSTER 在夏威夷的太平洋导弹基地的 Makaha 山脉进行实验（图 3.37 给出了实验场景图，表 3.5 给出了雷达系统参数）。雷达架设的地点比海平面高 1500 英尺，一边是陡峭的悬崖，可以无障碍地看到下面的海面和附近的尼豪岛。这个地点特别适合开展机载预警雷达在海上工作的研究。在 Mountain Top 实验中，可以观测到很多不同类型的目标，包括海面的船只和低空飞行的靶机。

图 3.37 RSTER 的原型和在白沙导弹实验场的 NOP 部署的照片
(可以看到雷达天线被旋转了 90°,该天线达到了超低副瓣的水平)(见彩图)

表 3.5 RESTER-90 雷达系统参数

参数	数值	单位
天线增益	29	dB
发射功率(峰值/平均)	100/6	kW
重复频率	250 ~ 1500	Hz
工作频率	400 ~ 500	MHz
带宽	200	kHz
波束宽度(方位/俯仰)	9/6	(°)

Mountain Top 计划面临的主要难题是如何有效模拟机载雷达的实际工作情况。为模仿雷达的运动,专门设计了逆相位中心偏置天线(IDPCA)用于发射(图 3.38)。IDPCA 是由 16 个子阵构成的等效线阵,线阵轴线与水平面平行,工作频率为 450MHz 工作时每个子阵沿着阵面轴线方向依次发射,这样可以近似认为是从运动平台上发射的信号,使这个静止的发射系统能够模拟机载监视环境中的杂波空时特性。这个概念是非常容易理解的。为了模拟雷达的运动,我们可以使雷达在地面上运动,也可以使用多个天线,让这些天线轮流工作。后者就是 IDPCA 的概念。RSTER 雷达有两种 IDPCA 的工作方式。第一种是单个列子阵轮流发射,即第一个脉冲由天线的第一列发射,所有的列均接收回波信号,第二个脉冲由天线的第二列发射,所有的列均接收回波信号,依此类推。第二种方式是三个列子阵轮流发射,即第一个脉冲由天线的第一到三列发射,所有的列均接收回波信号,第二个脉冲由天线的第二到四列发射,所有的列均接收回波信号,依此类推。这样通过发射孔径的移动,实现了天线等效相位中心的移动(天线等效相位中心的移动速度是发射孔径移动速度的一半)。

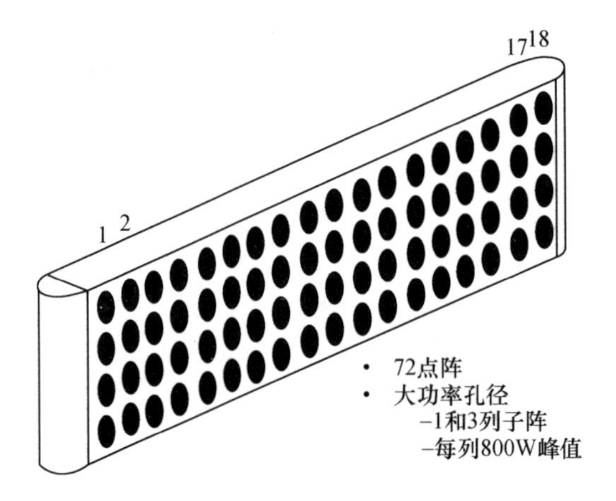

图 3.38　用来说明 IDPCA 概念的天线结构示意图

为了更好地模拟机载预警雷达的工作环境，Mountain Top 计划还在环境中设置了干扰和目标，录取了大量的数据（图 3.39）。这些数据为后面 E-2D 雷达的研制发挥了非常重要的作用。

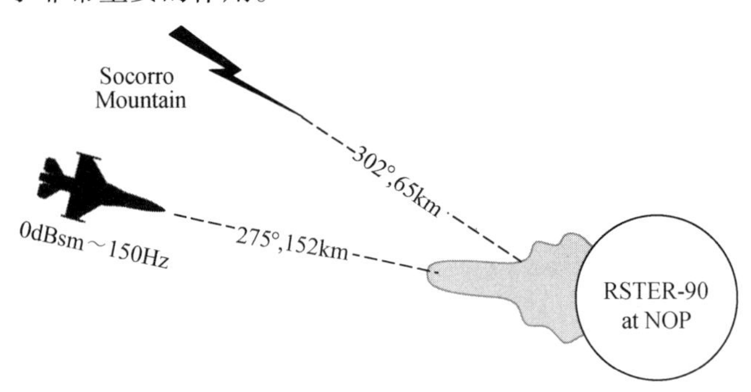

图 3.39　Mountain Top 计划中录取干扰和目标信号的几何示意图

3.5.2　MCARM 计划

由于以往的杂波测量实验多是由地面雷达完成的，为了研究机载雷达的真实杂波特性和空时自适应处理技术，1996 年 6 月，美国实施了由 Rome 实验室及诺斯罗普·格鲁曼（Northrop Grumman）公司负责，并有多所大学及实验室参加的多通道机载雷达测量（MCARM）计划[36]。Rome 实验室将 L 波段实验雷达安装在诺斯罗普·格鲁曼公司的 BAC－111 飞机（图 3.40）上。整个雷达天线阵面为 2 行 16 列，共计 32 个子孔径，其中每一个子孔径都是由 4 个阵元构成的，这 4 个阵元是按照垂直方向排列的，每个阵元间距为 5.54 英寸（即为 14.07 cm），每一列阵元之间的距离为 4.43 英寸（即为 11.25 cm），这样整个阵面实际上是由 128 个小阵元构成的，如图 3.41 所示。该雷达共有 24 路接收机，其中 2

路分别接收和波束与方位差波束信号,另 22 路用来接收 22 个子阵(由 128 个阵元划分构成)的信号。该雷达的子阵形成方式有几种,在不同的飞行实验中采用不同的子阵划分,最常见的是 22 个通道对应 2 行 11 列的面阵。天线正侧面地安装在位于飞机前部左侧的天线罩内。

图 3.40　录取 MCARM 数据的机载雷达系统(见彩图)

噪声　倾斜 5°下倾阵列　翼/尾

Module30 Module28 Module26 Module24 Module22 Module20 Module18 Module16 Module14 Module12 Module10 Module8 Module6 Module4 Module2 Module0

Module31 Module29 Module27 Module25 Module23 Module21 Module19 Module17 Module15 Module13 Module11 Module9 Module7 Module5 Module3 Module1

Test Manifold

①∑ Manifold
②△ Manifold

16个散热器/模块组成阵列
4个散热器连接到32个模块中的每个模块
\# 中的数字代表24个RCVR通道编号

图 3.41　MCARM 雷达天线和通道示意图

MCARM 数据包含了陆地、海面、城区、交通干线、陆海交界等典型地物(图 3.42),并且还设置了多个干扰场景除了阵面规模较小且为正侧阵外,基本反映了机载雷达工作的真实环境和情况,对于机载雷达信号处理的研究具有很大价值。它的主要系统参数见表 3.6。所有角度均以机首为准。在国外发表的论文中常常采用编号是 RL050575 的数据。它包含了从 Delmarva 半岛上空采集的数据:载机从西经 75.972°、北纬 39.379°靠近马里兰切萨皮克港处起飞。在这批数据中,大约有近百个距离-多普勒单元包含目标。实测数据中的动目标不仅数量多,而且有些动目标还很强(MCARM 数据未给出天线的噪声电平,不能得到准确的目标信噪比。但对 RL050575 用不同方法估计出的噪声功率在 -95 ~ -81dB间,很多目标的功率在 -80 ~ -60dB 间)。此时,动目标带来的检测性能损失会很大。对应18.75m/s的多普勒滤波器，如果直接使用200~300号距离门的数据（其中包含密集的地面交通动目标）训练协方差，根据有关文献的分析，主瓣增益会损失6.5dB，在此密集目标环境下信杂噪比会损失5~7dB。但是，如果在估计协方差矩阵时剔除可能包含动目标的距离样本，可使信杂噪比增加7dB以上。

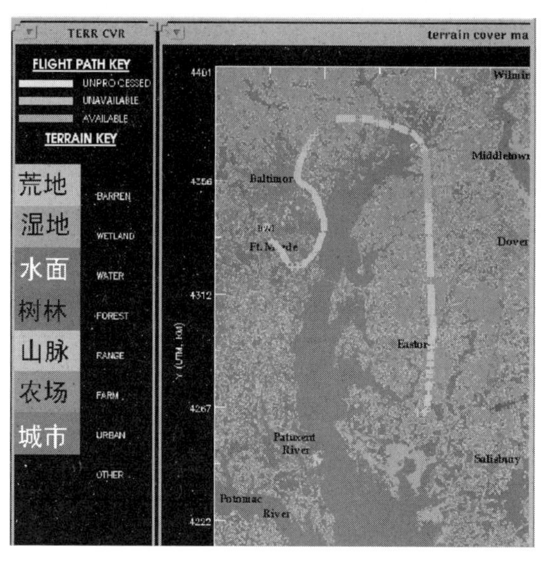

图3.42　MCARM录取数据的航线和场景的地表分类情况（见彩图）

表3.6　MCARM系统的工作参数

通道个数	24个
阵元发射功率	1.5kW左右
脉冲重复频率（PRF）	1984Hz
发射脉冲个数	128
发射线性调频信号的带宽	1.24MHz
发射线性调频信号的时宽	50.4μs
接收线性调频信号的带宽	800kHz
接收线性调频信号的时宽	1.00μs
采样率	5MHz
雷达载频	1.24GHz
距离分辨力	120m/0.8μs
采样距离单元个数	630
载机飞行高度	3000m
阵元间距	0.109m
子阵行数	2
子阵列数	11
$\sum\Delta$ 波束个数	各1个

正侧面阵是最适宜于进行空时二维滤波的情形,MCARM 系统阵面轴向与速度的夹角虽然不为零,但也不大,处理时往往也是按正侧面阵对待的。

自 MCARM 数据问世以来,它已成为机载雷达信号处理,尤其是 STAP 处理最有代表性的检验手段。据不完全统计,美国学者发表的与 MCARM 数据有关的文章已近百篇。这些工作主要集中在以下三方面:

(1)对 MCARM 数据进行分析,研究杂波的特性(包括均匀性等)。

(2)用 MCARM 数据对原有 STAP 算法进行验证、评估和改进。

(3)从理论上探讨降维和非均匀处理方法,并用 MCARM 数据进行评估。

然而,由于 MCARM 数据一直处于保密状态,国内的研究单位从其网站上无法下载。

3.5.3 KASSPER 计划

近年来,雷达系统和信号处理技术逐步向精细化和智能化方向发展,雷达系统可以与同一平台中的其他传感器以及通信系统共享信息,或者通过数据链和其他作战平台共享信息,通过优化雷达的工作模式、发射波形和信号处理提高侦查、监视、预警探测的工作效能。在这种趋势下,DARPA 在 2002 年启动了“知识辅助传感器信号处理和专家推理(KASSPER)计划”[37],主要研究利用外源信息和先验信息提高机载雷达对空中和地面动目标检测和跟踪能力的方法,以及知识辅助自适应处理算法的实时实现。

高逼真度的多通道机载雷达数据(空时信号)仿真和建模方法对于知识辅助杂波抑制方法的设计及验证都是至关重要的。现有的机载脉冲多普勒雷达的杂波模型很多,它们往往能够很好地反映平稳环境的杂波空时耦合特性、空时频域分布特性,适合常规 PD 处理和 STAP 技术的研究。但对于知识辅助的信号处理研究,这些模型往往不够精确,不能很好地反映地面的非均匀特性。鉴于此,KASSPER 计划的第一个研究目标就是要建立高逼真度的环境模型和回波仿真数据,称为 KASSPER 数据。受 DARPA 的 KASSPER 计划管理机构委托,ISL 公司通过仿真完成了 KASSPER 数据库,其目的是利用雷达现象学建模技术高逼真度模拟雷达在特定场景的观测数据(图 3.43)。从目前公开发表的文献分析[38,39],KASSPER 数据库至少有 6 组,KASSPER data set 1 ~ KASSPER data set 6,每一组数据都有其相应的研究报告。我们可以从公开发表的文献中了解该数据的一些基本情况,例如,data set 1 使用 MCARM 雷达系统参数,模拟载机位于美国 Olancha 地区上空雷达接收数据,该地区包括多种地形,模拟数据可以与 MCARM 数据进行比对,而 data set 2 使用 GMTI 雷达系统参数,模拟载机在上述地区上空飞行,存在很多地面目标情况下的接收数据。

从林肯实验室发表的文章来看,林肯实验室在 KASSPER 计划中的一个重

图 3.43 KASSPER 计划设想的一种雷达工作场景(见彩图)

点任务是构建一种实时处理系统,使各种 KA 处理的算法能够在该系统上运行,以证明利用地面类型、离散杂波和道路的信息的确能够有效提高雷达的探测性能。获得实际能够使用的硬件系统需要一定的研制时间,因此,林肯实验室规划了四种处理平台结构,它们的能力是逐渐提高的,最终的目标时获得满负荷的实时目标硬件系统。第一种结构采用 Linux 操作系统的贝奥武甫集群(这是一种高性能的并行计算集群结构,特点是使用廉价的个人计算机硬件组装以达到最优的性价比)。这个集群有 8 个处理节点,每个处理节点由一个双处理器(450MHz 的 Power PC G4 处理器)系统构成,节点之间用千兆以太网交换机连接。这一结构的峰值运算速度达到 280 亿次每秒浮点运算。第二种结构是 18 个节点的水星系统,系统的核心是一个 9U 的水星主板,同时配备 9 个双处理器的子卡模块。每个模块包含两个 500MHz 的 Power PC 处理器。处理器之间采用水星 RACE + + 交换结构连接。峰值运算速度达到 360 亿次每秒浮点运算。第三种结构增加了水星 PowerStream 机架,整个结构包含 60 个 CPU,峰值运算速度达到 2400 亿次每秒浮点运算。第四种结构,也是最终的结构,增加了更多的主板和 PowerPC 的 CPU,大约包括 120 个 CPU,峰值运算速度达到 4800 亿次每秒浮点运算。图 3.44 给出了 KA-HPEC 采用的因果和非因果处理混合的方式,图 3.45 给出林肯实验室的 KASSPER 硬件结构,图 3.46 给出林肯实验室的 KASSPER 结构框图。

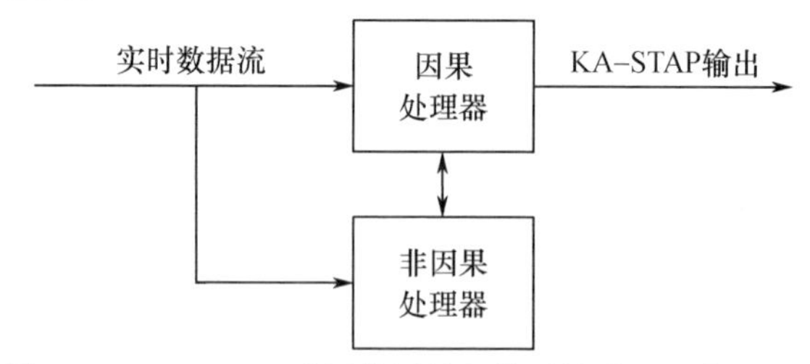

图 3.44 KA-HPEC 采用的因果和非因果处理混合的方式
(因果处理器是传统的 STAP 处理器,非因果处理器预测并判断需要采用 KA 处理的区域并进行 KA 处理)

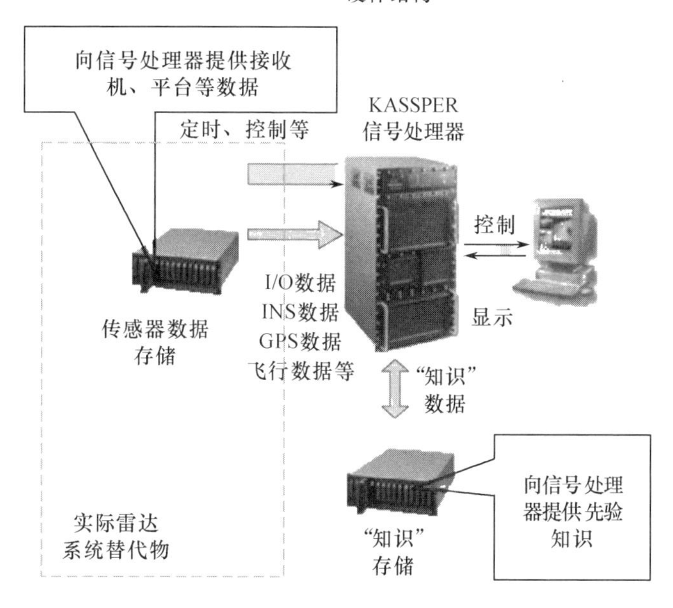

图 3.45 林肯实验室的 KASSPER 硬件结构(见彩图)

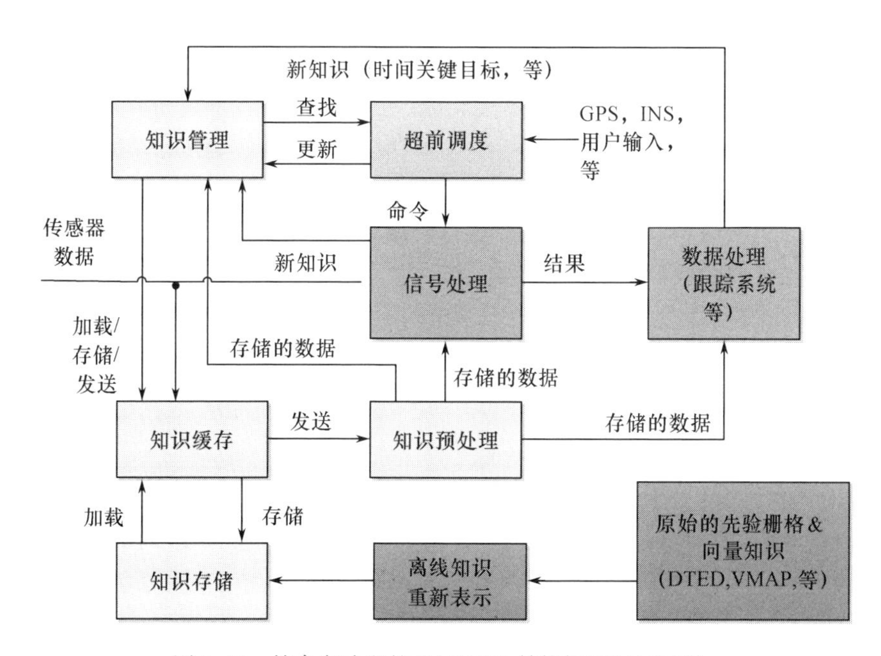

图 3.46 林肯实验室的 KASSPER 结构框图(见彩图)

在该计划的引导下已有较多的研究成果发表,这些成果代表了雷达信号处理技术发展的前沿。2004 年 IEEE 专门召开了一次知识辅助雷达信号处理的研讨会,2008 年 F. Gini 和 M. Rangaswamy 将一些研究成果整理为该领域的第一部专著“基于知识的雷达目标检测、跟踪和目标分选”。

3.5.4 数据录取和高精度仿真计划的启示

综上所述,我们可以看到,美国为了推动空时自适应处理的研究,先后开展了 Mountain Top 计划和 MCARM 计划,录取了大量的数据,其中不仅包括机载陆地杂波数据,也包括海杂波数据和机载双基地雷达杂波数据,由此发现和解决了许多实际问题。为了维持美军在复杂密集目标战场环境中的作战优势,美国于 2002 年左右实施了 KASSPER 计划,根据实际环境采用高精度的仿真方法得到了若干批和地形特征非常吻合的机载多通道数据,力图将过去几十年来美军积累的大量关于战场环境的物理特征以及电子特征知识信息应用到雷达的信号处理部分中去,应用到雷达系统模式选择、资源管理和数据处理中去,是革命性的变革。它打破以前的信号处理模式,能够根据不同的雷达工作环境选择不同的硬件和算法对雷达数据和先验知识进行有效处理,预期会对雷达的性能产生明显的增强作用。

空时二维自适应处理的理论研究在国内外已经开展了很长时间了,与美国相比,在某些方面仍存在差距。造成这种差距的部分原因与数据缺乏有关。国内虽然也录取了一些机载杂波数据,但都是不系统、不完整的,是为单个型号项目的研究开展的,不具有普遍性和代表性,也不具有科学研究所需要的多种条件。在机载环境中还会遇到什么样的未知的困难和挑战,是不能完全依靠想像和仿真得到的。由于缺乏实际数据的支持,对某些方面的研究还不够深入,比如:非均匀非平稳杂波的抑制问题、双基杂波的抑制问题都因为缺乏适当的、充足的实测数据而难以深入。

要摆脱这种差距,我们应该向美国学习,更加重视基础研究,系统地录取不同条件不同环境的杂波数据,利用多种手段系统地建立我国和周边地区的雷达散射特性数据库,以支持 KA-STAP 技术的发展和应用。

参考文献

[1] SKOLNIK M I. Radar Handbook[M]. 2nd ed. New York, McGraw - hill, 1990.

[2] BRENNAN L E, MALLETT J D, REED I S. Theory of adaptive radar[J]. IEEE Trans. AES - 9(2), 1973:237 - 251.

[3] KELLY E J. An adaptive detection algorithm[J]. IEEE Trans. AES - 22(1), 1986: 115 - 127.

[4] ROBEY F C, FUHRMANN D R, KELLY E J, et al. A CFAR adaptive matched filter detector

[J]. IEEE Trans. AES-28(1), 1992: 208-216.

[5] REED I S, MALLETT J D, BRENNAN L E. Rapid convergence rate in adaptive arrays[J]. IEEE Trans. AES-10(6),1974:853-863.

[6] WANG H,CAI L. On adaptive spatial-temporal processing for airborne surveillance radar systems[J]. IEEE Trans. AES-30(3), 1994,:660-669.

[7] DIPIETRO R. Extended factored space-time processing for airborne radar systems[C]. Pacific Grove, CA:Proceedings of the 26th Asilomar Conference on Signals, Systems and Computing, 1992:425-430.

[8] KLEMM R. Adaptive airborne MTI: An auxiliary channel approach[J]. IEEE, Proc. F134 (3), 1987:269-276.

[9] 王永良，彭应宁. 空时自适应信号处理[M]. 北京:清华大学出版社,2000.

[10] WANG H, ZHANG Y, ZHANG Q, et al. An improved and affordable space-time adaptive processing approach[M]//Simulation environments and symbol and number processing on multi and array processors : Simulations Councils, Inc. 1996:36-48.

[11] BORSARI G K, STEINHARDT A O. Cost-efficient training strategies for space-time adaptive processing algorithms[C]. Conference Record of the Twenty-Ninth Asilomar Conference on Signals, Systems and Computers, Vol.2 1995, 1: 650-654.

[12] RABIDEAU D J, STEINHARDT A O. Improved adaptive clutter cancellation through data-adaptive training[J]. IEEE Trans. AES-35(3), 1999: 879 -891.

[13] MELVIN W L,WICKS M C. Improving Practical Space-Time Adaptive Radar[C]//IEEE National Radar Conference, Syracuse, NY, 1997:48-53.

[14] MELVIN W L, WICKS M C. An efficient architecture for nonhomogeneity detection in space-time adaptive processing airborne early warning radar[C]//Radar 97, IEEE Xplore, 1997: 295 -299.

[15] KOTZ, JOHNSON. Encyclopedia of statistical sciences-homogeneity and tests of homogeneity[M]. New York:Wiley, 1982.

[16] WANG H. Space-time adaptive processing and its radar applications[Z]. Notes for 1995 summer course ELE891 in Syracuse University, 1995.

[17] MELVIN W, WICKS M, ANTONIK P, et al. Knowledge-based space-time adaptive processing for airborne early warning radar[J]. IEEE AES. Systems Magazine, 1998,(4) 37-42.

[18] DOUGLAS P, STEVEN S, GREGORY O,et al. Improving knowledge-aided STAP Performance using past CPI data[A]. IEEE Radar Conference[C],2004,295-300.

[19] GOODMAN N A, GURRAM P R. STAP training through knowledge-aided predictive modeling, IEEE 2004. 388-393.

[20] BERGIN J S, TEIXEIRS C M, TECHAU P M, et al. Improved clutter mitigation performance using knowledge-aided space-time adaptive processing[J]. IEEE Trans. AES,2006,42 (7):997-1009.

[21] CAPONand J, GOODMAN N R. Probability distributions for estimation of the frequency – wavenumber spectrum[J], Proc. IEEE,1970,58(10):1785 – 1786.

[22] DIPIETRO R. Extended factored space – time processing for airborne radar systems[C],Atlanta, GA:Proceedings of the 1994 National radar conference, 1994:104 – 109.

[23] KLEMMR. Adaptive airborne MTI: an auxiliary channel approach[J]. IEEE Proc. F, 1987, 134 (3) , 269 –276.

[24] WANGY L, CHENJ W, BAOZ, et al. Robust space – time adaptive processing for airborne radar in nonhomogeneous clutter environmets[J]. IEEE Trans. AES,2003,39(1):70 – 81.

[25] BROWNR D,WICHS M C,ZHANG Y. et al. A space – time adaptive processing approach for improved performance and affordability[J]. IEEE Proc, 1996 National Radar Conf. , 1996: 321 –326.

[26] WANG H, CAI L. On adaptive spatial – temproal processing for airborne surveillance radar systems[J]. IEEE Trans. AES,1994,30(3):660 –670.

[27] GOODMAN N R. Statistical analysis based on a certain multivariate complex Guassian distribution[J], Ann. Math. Stat. , 1963,34(3):152 – 177.

[28] PAULRAJ A J, PAPADIAS C B. Space – time processing for wireless Communications[J]. IEEE Signal Processing Magazine, 1997,14(6):49 – 83.

[29] Kotz S,Johnson N L. Encyclopedia of statistical sciences – homogeneity and tests of homogeneity[J]. John Wiley and Sons, A wiley – interscience publication, 1982. (3):524.

[30] HONGWANG. Space – time adaptive processing and its radar applications[Z]. Notes for 1995 summer course ELE891 inSyracuse University, 1995.

[31] GOLDSTEINH. Sea echo, the origins of echo fluctuation, the fluctuation of clutter echoes [R]. MIT Radiation Lab. , Series Vol. 13 Sects, 6. 6 ~ 6. 21.

[32] RANGASWAMY M, WEINER D D, OZTURK A. Non – Gaussian random vector identification using spherically invariant random processes[J]. IEEE Trans. AES, 1993, 29(1): 111 – 124.

[33] JAMESON S B, DAVID R K, KIRK C. Evaluation of knowledge – aided STAP using experimental data[C]. Aerospace Conference IEEE,2007:1 – 13.

[34] CAPRARO C T. , CAPRARO G T. , WEINER D,et al. Improved STAP performance using knowledge – aided secondary data selection[C]. Philadelphia: In Proceedings of the 2004 IEEE Radar Conference, 2004:361 –365.

[35] TITI G W, MARSHALL D. The ARPA/NAVY Mountaintop Program: Adaptive signal processing for airborne early warning radar[C]//Proc. ICASSP'96. Atlanta, GA: May 1996: 1165 – 1168.

[36] LITTLE M O, BERRY W P. Real – time multichannel airborne radar measurements[C]// IEEE Proc. Int. Conf, Radar Syracuse. New York: 1997:138 – 142.

[37] GUERCI J R. DARPA KASSPER Program [OL]. http://www.darpa.mil/spo/programs/kassper.htm, 2010 –2 – 15.

[38] BERGIN J S, TEIXEIRA C M, GUERCI J R, et al. Improved clutter mitigation performance using knowledge – aided spacetime adaptive processing[J]. IEEE Transactions on Aerospace-and Electronic Systems, 2006, 42(3):997 – 1009.

[39] BERGIN J S. High – Fidelity Site – Specific Radar Data Set[OL]. http://www. darpa . mil/spo/programs/kassper. htm, 2010 – 02 – 21 .

第4章 认知雷达目标检测

对于复杂的地理环境和特殊的观测几何,机载雷达杂波呈现严重的非均匀性和非平稳性,这给杂波抑制和恒虚警检测带来很大的困难。虽然知识辅助杂波抑制能够明显改善非均匀和非平稳杂波的抑制能力,但它并不能将杂波完全抑制到噪声水平。而且杂波抑制性能随非均匀和非平稳程度变化,这就导致了剩余杂波水平呈现非均匀的特点。此时采用传统的基于均匀背景的恒虚警检测算法就会产生模型失配以及门限设置不合理等问题,导致目标检测性能的下降。因此需要针对不同的剩余杂波来设计合适的恒虚警检测算法,以提高复杂杂波背景下的 CFAR 性能。另外,目标检测也可以直接在回波数据域上进行,这与杂波抑制后再进行检测有所不同,此时的目标检测问题就是在杂波和噪声背景下的信号检测问题。本章将从杂波抑制后检测和直接检测两个方面介绍知识辅助的目标检测方法。

4.1 传统雷达目标检测方法

4.1.1 高斯杂波背景下的目标检测方法

从理论上讲,对于传统的中、低分辨力雷达,雷达波束宽度和发射脉冲宽度均较宽,杂波单元内包含大量散射体且没有绝对占优势的强散射体存在,根据中心极限定理,合成回波服从高斯分布,其包络服从瑞利分布。此时,杂波的统计特性随不同距离变化不大,并且各距离门之间是相互独立的,因此雷达回波可以近似看作是均匀分布的。在雷达目标检测算法中,一般有两种处理方法。一种是先对数据进行滤波,再对滤波后的数据做 CFAR 处理;另一种是直接对接收到的矢量数据进行检测,也就是通过广义似然比、自适应匹配滤波器等检测器计算出对应距离单元的检测统计量,再根据对应的门限值判定是否存在目标。对于这两种类型的检测方法,第一种在做 CFAR 检测时实际上处理的是滤波后的一组标量数据,而第二种方法是直接在矢量数据的基础上进行检测的,因此在后面的内容中,我们将第一种目标检测方法称为标量检测算法,而第二种称为矢量检测算法。

4.1.1.1　标量检测算法

如果杂波是均匀分布的,即对于空间上的各个距离门,杂波矢量满足独立同分布(IID)条件,则称为均匀杂波。第 k 个距离门的数据矢量可以表示为

$$\boldsymbol{z}_k=[z_{1k},z_{2k},\cdots,z_{Mk}]^{\mathrm{T}} \tag{4.1}$$

式中:M 为系统空时自由度,其对应的二元假设检验可以表示为

$$\begin{cases}H_0:\boldsymbol{z}_k=\boldsymbol{n}_k\\ H_1:\ \boldsymbol{z}_k=\alpha_{\mathrm{t}}\boldsymbol{s}_{\mathrm{t}}+\boldsymbol{n}_k\end{cases} \tag{4.2}$$

式中:$\boldsymbol{n}_k$表示杂波噪声分量;$\alpha_{\mathrm{t}}\boldsymbol{s}_{\mathrm{t}}$表示目标分量,其中 α_{t}为目标复幅度,$\boldsymbol{s}_{\mathrm{t}}$表示与目标角度和速度有关的目标导向矢量。若该杂波数据是均匀分布的,那么对于 $k=1\cdots K$,$\boldsymbol{z}_k$服从相同分布且分布参数相同。

当以上杂波模型中的杂波功率是先验已知时可以采用最优检测,相应的判决门限可以根据杂波幅度分布模型进行精确计算。而通常情况下,杂波功率在检测前是未知的,并且在很多环境下杂波在时间和空间上是变化较快的。这时我们应该采用自适应的 CFAR 检测技术,即使用和待检测单元邻近的样本单元来估计待检测单元中的背景杂波功率水平,以确定判决门限值。在均匀高斯杂波背景下常用的 CFAR 检测[1-4]方法很多,应用也很成熟。其中,均值类 CFAR 是很重要的一类,它们的共同特点是在局部干扰功率水平估计中采用了取均值的方法。而单元平均(CA)技术[1]则是该类 CFAR 检测中广泛使用的一类。下面将要介绍的非自适应标量检测技术和自适应的标量检测技术两类方法都是以此为基础的。

1）基于非自适应滤波结果的标量检测

对于脉冲多普勒雷达的回波数据,雷达回波一般由多个相干脉冲组成,回波里不仅包含了目标的距离信息,同时也包含了和目标运动速度有关的多普勒信息。为了有效地利用此多普勒信息,在检测前通常需对数据做滤波处理。常用的滤波方法为匹配滤波,而且对不同的多普勒通道需要使用不同的匹配滤波器。在式(4.2)信号的基础之上,滤波后的数据可以表示为

$$\bar{z}_k(p)=\mathrm{DFT}\{\bar{\boldsymbol{z}}_k\} \tag{4.3}$$

式中:p 表示多普勒通道,$\bar{z}_k(p)$表示滤波后数据。

由于检测是在各距离 多普勒单元上完成的,因此在滤波之后应该对数据进行检波,假设检波后数据为 $x_k(p)$,那么有

$$\boldsymbol{x}_k(p)=\begin{cases}|\bar{z}_k(p)|^2 & \text{平方检波}\\ |\bar{z}_k(p)| & \text{线性检波}\end{cases} \tag{4.4}$$

检波之后对各距离-多普勒单元进行 CFAR 检测。对于待检测的距离-多普勒单元，选择相同多普勒通道、相邻距离单元的数据$\{\boldsymbol{x}_k(p),k=1,2,\cdots,K\}$作为训练样本对杂波的局部平均功率或幅度 $\boldsymbol{\eta}_k(p)$进行估计。对于 CA-CFAR，其估计方法如下：

$$\boldsymbol{\eta}_k(p)=\frac{1}{K}\sum_{k=1}^{K}\boldsymbol{x}_k(p) \tag{4.5}$$

式中：$\boldsymbol{x}_k(p),k=1,2,\cdots,K$ 为与待检测单元具有相同多普勒通道的 K 个样本单元。

得到待检测单元的距离-多普勒数据 $\hat{\boldsymbol{\eta}}_k(p)$后，可以将比率检测统计量计算如下：

$$\boldsymbol{\gamma}_k(p)=\frac{\boldsymbol{x}_k(p)}{\hat{\boldsymbol{\eta}}_k(p)} \tag{4.6}$$

并进行判决，如果 $\boldsymbol{\gamma}_k(p)>T_p$，则判定距离-多普勒单元$(k,p)$内存在目标，相反，如果 $\boldsymbol{\gamma}_k(p)\leqslant T_p$，则判定距离-多普勒单元$(k,p)$内不存在目标。其中，$T_p$为各多普勒通道内的判决门限。由于不同多普勒通道内比率检测统计量一般服从不同的分布，因此 T_p对于不同多普勒通道一般也是不同的。

2）基于自适应滤波结果的标量检测

1）中，在对杂波数据进行滤波时所采用的方法是匹配滤波（FFT 变换）。匹配滤波在处理上便于实现，具有一定的杂波抑制功能，且速度较快。但是对于天线副瓣水平比较高的情况，会由于副瓣杂波比较强而淹没落在这些多普勒通道的运动目标，导致目标检测无法实现。为了提高对这类目标的检测性能，需要采用空时自适应处理实现接收天线的低副瓣。本小节考虑在自适应滤波情况下的 CFAR 算法，称其为自适应的标量检测算法。

假设杂波分量和噪声分量是去相关的，因此待检测单元 $\boldsymbol{z}_k$在 H_0假设下的协方差矩阵可由下式给出：

$$\boldsymbol{R}_k=E[\boldsymbol{z}_k\boldsymbol{z}_k^{\mathrm{H}}|_{H_0}] \tag{4.7}$$

在最大信噪比准则下，最优滤波器权矢量为 $\boldsymbol{w}_{\mathrm{opt}\,l}=\beta\boldsymbol{R}_k^{-1}\boldsymbol{s}_{\mathrm{t}}$，$\beta$ 是归一化系数，$\boldsymbol{s}_{\mathrm{t}}$是目标导向矢量。

在实际情况中，$\boldsymbol{R}_k$往往是未知的，因此在信号的处理过程中需要用其他 K 个训练样本$\{\boldsymbol{z}_k\}_{k=1}^{K}$对其进行估计，得到估计的协方差矩阵为

$$\hat{\boldsymbol{R}}_k=\frac{1}{K}\sum_{k=1}^{K}\boldsymbol{z}_k\boldsymbol{z}_k^{\mathrm{H}} \tag{4.8}$$

在训练样本满足多维复高斯分布且各样本独立同分布时,式(4.8)是第 k 个距离门在 H_0 假设下协方差矩阵的最大似然估计。相应的,其自适应权值为 $\hat{\boldsymbol{w}}_k=\hat{\beta}\hat{\boldsymbol{R}}_k^{-1}\boldsymbol{s}_t$。其中 $\hat{\beta}$ 是一个标量。在样本满足独立同分布条件下,自适应输出的信干噪比与最优输出的信噪比的比值 λ 服从 Beta 分布[5],即

$$f(\mathrm{SINR}|_{\hat{w}_l}/\mathrm{SINR}|_{w_l/\mathrm{opt}})=f(\lambda)=\frac{K!}{(K-M+1)!\ (M-2)!}\lambda^{K-M+1}(1-\lambda)^{M-2} \tag{4.9}$$

且其期望值为 $E[\lambda]=(K+2-M)/(K+1)$。例如,当 K 为 2M 即参考样本数为自由度的 2 倍时,自适应输出信干噪比相对于最优的信干噪比平均损失为 3dB。

自适应滤波后,后续的检测流程和非自适应标量 CFAR 算法是一致的,这里不再重复叙述。值得说明的是,自适应标量 CFAR 算法中会涉及两个窗的选取问题,即滤波时的自适应窗和 CFAR 处理时的 CFAR 窗。在两个窗(包括窗长和具体所使用的样本)一致时,自适应标量 CFAR 检测器和后面讲到的 AMF 检测器是等效的,其理论证明会在后面给出。

4.1.1.2 矢量检测算法

1)广义似然比检验

在杂波和噪声为高斯分布的背景下,Kelly 提出了一种基于广义似然比的自适应检测算法[6]。该算法是建立在 Reed, Mallett 和 Brennan(RMB)所提出的自适应检测算法之上的,并且具有 RMB 算法所不具有的 CFAR 特性。假设样本单元 $\boldsymbol{z}_k, k=1,2,\cdots K$ 与待检测单元 $\boldsymbol{z}$ 具有相同的协方差矩阵 $\boldsymbol{R}_z=E[\boldsymbol{z}\boldsymbol{z}^{\mathrm{H}}]$,则 $\boldsymbol{z}_k$ 的 M 维高斯概率密度函数为

$$p(\boldsymbol{z}_k)=\frac{1}{\pi^M\|R_z\|}\mathrm{e}^{-\boldsymbol{z}_k^{\mathrm{H}}\boldsymbol{R}_z^{-1}\boldsymbol{z}_k} \tag{4.10}$$

在 H_0 假设下,待检测单元 $\boldsymbol{z}$ 的 M 维概率密度函数为

$$p(\boldsymbol{z}|H_0)=\frac{1}{\pi^M\|\boldsymbol{R}_z\|}\mathrm{e}^{-\boldsymbol{z}^{\mathrm{H}}\boldsymbol{R}_z^{-1}\boldsymbol{z}} \tag{4.11}$$

那么,$\boldsymbol{z}$ 和 $\boldsymbol{z}_1,\boldsymbol{z}_2,\cdots,\boldsymbol{z}_K$ 的联合概率密度函数为

$$p_0[\boldsymbol{z},\boldsymbol{z}_1,\cdots,\boldsymbol{z}_K]=p(\boldsymbol{z}|H_0)\prod_{k=1}^{K}p(\boldsymbol{z}_k) \tag{4.12}$$

在 H_1 假设下,$\boldsymbol{z}_k$ 的概率密度函数不变,而 $\boldsymbol{z}$ 的概率密度函数为

$$p(\boldsymbol{z}|H_1)=\frac{1}{\pi^M\|\boldsymbol{R}_z\|}\mathrm{e}^{-(\boldsymbol{z}-\alpha_t\boldsymbol{s}_t)^{\mathrm{H}}\boldsymbol{R}_z^{-1}(\boldsymbol{z}-\alpha_t\boldsymbol{s}_t)} \tag{4.13}$$

z 和 $z_1, z_2, \cdots, z_K$ 的联合概率密度函数为

$$p_1[z, z_1, \cdots, z_K] = p(z | H_1) \prod_{k=1}^{K} p(z_k) \tag{4.14}$$

将式(4.12)和式(4.14)两个联合概率密度函数分别对杂波协方差矩阵 $\boldsymbol{R}_z$ 和目标回波幅度 α_t 两个未知参数进行最大化,将两个似然函数最大值之比作为检验统计量。其主要步骤可以总结如下:

(1) 求 $p_0[z, z_1, \cdots, z_K]$ 对 $\boldsymbol{R}_z$ 的最大值,得到 H_0 假设下的最大似然函数 $p_{0\max}$;

(2) 求 $p_1[z, z_1, \cdots, z_K]$ 对 $\boldsymbol{R}_z$ 的最大值,得到 H_1 假设下的最大似然函数 $p_{1\max}(\alpha_t)$;

(3) 求似然函数,有

$$L(\alpha_t) = \frac{p_{1\max}(\alpha_t)}{p_{0\max}} \tag{4.15}$$

并求解 $\max\limits_{\alpha_t} L(\alpha_t)$,得到幅度 α_t 的最大似然比估计 $\hat{\alpha}_t$;

(4) 将 $\hat{\alpha}_t$ 代入 $L(\alpha_t)$ 中,经简单的运算并化简后得到最终的 GLRT 检测器。

经过推导,最终广义似然比检验判决式可以表示如下:

$$\Lambda_{\mathrm{GLRT}} = \frac{|\boldsymbol{s}^{\mathrm{H}} \hat{\boldsymbol{R}}_z^{-1} \boldsymbol{z}|^2}{\boldsymbol{s}^{\mathrm{H}} \hat{\boldsymbol{R}}_z^{-1} \boldsymbol{s} \left(1 + \frac{1}{K} \boldsymbol{z}^{\mathrm{H}} \hat{\boldsymbol{R}}_z^{-1} \boldsymbol{z}\right)} \underset{H_0}{\overset{H_1}{\gtrless}} K\eta_0 \tag{4.16}$$

式中:

$$\hat{\boldsymbol{R}}_z = \frac{1}{K} \sum_{k=1}^{K} \boldsymbol{z}_k \boldsymbol{z}_k^{\mathrm{H}} \tag{4.17}$$

为 $\boldsymbol{R}_z$ 的最大似然估计,η_0 为检测门限,有 $0 \leqslant \eta_0 \leqslant 1$。

由式(4.16)可以看出,GLRT 检测器是对 RMB 检测器的推广。

2) 自适应匹配滤波器

自适应匹配滤波器(即 AMF 检测器)[7]是继广义似然比检测器之后提出的另一种似然比检测算法。与 GLRT 检测器不同的是,在推导前,该检测器假设杂波协方差矩阵 $\boldsymbol{R}_z$ 是已知的。那么此时,未知参数就只剩下目标幅度 α_t。可将似然函数对 α_t 进行最大化,得到 $\boldsymbol{R}_z$ 已知条件下的似然比检验,最后再用 $\hat{\boldsymbol{R}}_z$ 代替 $\boldsymbol{R}_z$。

下面,首先将似然函数重新表示如下:

$$L(\alpha_t) = \frac{p(z | H_1)}{p(z | H_0)} = \mathrm{e}^{-(z-\alpha_t)^{\mathrm{H}} \hat{\boldsymbol{R}}_z^{-1}(z-\alpha_t) + z^{\mathrm{H}} \hat{\boldsymbol{R}}_z^{-1} z} \tag{4.18}$$

对式(4.18)两边分别取对数,再对左边 $\ln(L(\alpha_t))$ 最大化,得到未知幅度 α_t 的最大似然比估计为

$$\hat{\alpha}_t = \frac{\boldsymbol{s}^H \boldsymbol{R}_z^{-1} \boldsymbol{z}}{\boldsymbol{s}^H \boldsymbol{R}_z^{-1} \boldsymbol{s}} \tag{4.19}$$

将式(4.19)重新代入 $L(\alpha_t)$ 并化简,得到

$$\Lambda_{AMF} = \frac{|\boldsymbol{s}^H \boldsymbol{R}_z^{-1} \boldsymbol{z}|^2}{\boldsymbol{s}^H \boldsymbol{R}_z^{-1} \boldsymbol{s}} \underset{H_0}{\overset{H_1}{\gtrless}} K\eta \tag{4.20}$$

在已知协方差矩阵的情况下,按式(4.20)进行目标检测的处理器称为匹配滤波器(MF)。最后,再将式(4.20)中的 $\boldsymbol{R}_z$ 用 $\hat{\boldsymbol{R}}_z$ 代替,得到 $\boldsymbol{R}_z$ 未知时的 AMF 似然比检测器

$$\Lambda_{AMF} = \frac{|\boldsymbol{s}^H \hat{\boldsymbol{R}}_z^{-1} \boldsymbol{z}|^2}{\boldsymbol{s}^H \hat{\boldsymbol{R}}_z^{-1} \boldsymbol{s}} \underset{H_0}{\overset{H_1}{\gtrless}} K\eta \tag{4.21}$$

对比 GLRT 检测器,可知 AMF 检测器也是 GLRT 检测器在样本单元数 $K \to \infty$ 时的极限情况,且与 GLRT 检测器一样,AMF 检测器也是一个 CFAR 检测器。

实际上,AMF 检测器与前面的自适应的标量检测算法在一定条件下是等价的,即杂波抑制所用训练样本单元与 CFAR 时的参考单元所对应的距离门一致时,两种检测算法效果是一致的。具体说明如下。

自适应标量检测算法的判决准则可以描述为

$$|\boldsymbol{s}^H \hat{\boldsymbol{R}}^{-1} \boldsymbol{z}|^2 \underset{H_0}{\overset{H_1}{\gtrless}} \frac{\alpha}{K_1} \sum_{k=1}^{K_1} |\boldsymbol{s}^H \hat{\boldsymbol{R}}^{-1} \boldsymbol{z}_k|^2 \tag{4.22}$$

式中:左右两边的 $\boldsymbol{s}^H \hat{\boldsymbol{R}}^{-1}$ 部分实际上是待检测单元的自适应权值,因而其与 z 相乘即是待检测单元的自适应滤波输出,如上式左边所示。相应的,右边为 K_1 个参考单元自适应滤波的均值,也即前面所述的估计噪声电平,其再与因子 α 相乘即构成了待检测单元自适应滤波后的判决门限。

将上式右边进行展开,其表达式为

$$|\boldsymbol{s}^H \hat{\boldsymbol{R}}^{-1} \boldsymbol{z}|^2 \underset{H_0}{\overset{H_1}{\gtrless}} \frac{\alpha}{K_1} \sum_{k=1}^{K_1} \boldsymbol{s}^H \hat{\boldsymbol{R}}^{-1} \boldsymbol{z}_k \boldsymbol{z}_k^H \hat{\boldsymbol{R}}^{-1} \boldsymbol{s} \tag{4.23}$$

进一步整理化简可得

$$|\boldsymbol{s}^H \hat{\boldsymbol{R}}^{-1} \boldsymbol{z}|^2 \underset{H_0}{\overset{H_1}{\gtrless}} \frac{\alpha}{K_1} \boldsymbol{s}^H \hat{\boldsymbol{R}}^{-1} (K_1 \tilde{\boldsymbol{R}}) \hat{\boldsymbol{R}}^{-1} \boldsymbol{s} \tag{4.24}$$

其中:

$$K_1 \tilde{\boldsymbol{R}} = \sum_{k=1}^{K_1} z_k z_k^{\mathrm{H}} \tag{4.25}$$

$$\hat{\boldsymbol{R}} = \frac{1}{K_2} \sum_{k=1}^{K_2} z_k z_k^{\mathrm{H}} \tag{4.26}$$

对比式(4.25)和式(4.26),如果 $K_1 = K_2$ 且 $\hat{\boldsymbol{R}}$ 和 $\tilde{\boldsymbol{R}}$ 所对应的参考单元一致,即 CFAR 窗和自适应窗一致,可以得到 $\hat{\boldsymbol{R}} = \tilde{\boldsymbol{R}}$,因此

$$|\boldsymbol{s}^{\mathrm{H}} \hat{\boldsymbol{R}}^{-1} \boldsymbol{z}|^2 \underset{H_0}{\overset{H_1}{\gtrless}} \alpha \boldsymbol{s}^{\mathrm{H}} \hat{\boldsymbol{R}}^{-1} \boldsymbol{s} \tag{4.27}$$

式(4.27)经过变形可得

$$\frac{|\boldsymbol{s}^{\mathrm{H}} \hat{\boldsymbol{R}}^{-1} \boldsymbol{z}|^2}{\boldsymbol{s}^{H} \hat{\boldsymbol{R}}^{-1} \boldsymbol{s}} \underset{H_0}{\overset{H_1}{\gtrless}} \alpha \tag{4.28}$$

该式正好为 AMF 检测器。

4.1.2 非高斯杂波背景下的目标检测方法

在复杂杂波背景下,比如高海情的海面和城市山区,杂波呈现复杂的非均匀非高斯特性,这给杂波背景下的恒虚警检测技术带来很大的困难。这种困难性主要体现在两个方面,一个方面是检测单元与样本单元之间不满足均匀条件,另一个方面是样本单元之间也不满足均匀条件。第一个方面给恒虚警检测器的设计带来困难,而第二个方面给杂波统计特性的估计带来困难。针对这两个问题,需要开展针对检测单元与样本单元非均匀的恒虚警检测算法研究以及针对样本单元之间非均匀的自适应检测技术研究。

1) 非高斯杂波信号模型

非高斯杂波可以建模成球不变随机过程,对应的二元检测问题的信号模型可以写成

$$\begin{cases} H_0 : \boldsymbol{z} = \boldsymbol{n} \\ H_1 : \boldsymbol{z} = a\boldsymbol{s} + \boldsymbol{n} \end{cases} \tag{4.29}$$

如果 $\boldsymbol{n}$ 服从复合高斯杂波模型,那么它可以写成如下形式:

$$\boldsymbol{n} = \sqrt{\tau} \boldsymbol{x} \tag{4.30}$$

式中:正随机变量 τ 为纹理分量,其概率密度为 $p_\tau(\tau)$,$\boldsymbol{x} \in C^{N \times 1}$ 是零均值复高斯随机矢量,其协方差矩阵为 $\boldsymbol{M} = E[\boldsymbol{x}\boldsymbol{x}^{\mathrm{H}}] \in C^{N \times N}$,$\tau$ 与 $\boldsymbol{x}$ 独立。

2) 非高斯杂波的似然比检测[8,9]

根据 NP 准则,最优检测为似然比检测,有

$$\Lambda(\boldsymbol{z})=\frac{p_{z\mid H_1}(\boldsymbol{z}\mid H_1)}{p_{z\mid H_0}(\boldsymbol{z}\mid H_0)}>\eta \tag{4.31}$$

(1) 对于 H_0，在给定 τ 的情况下，$\boldsymbol{z}$ 服从零均值，协方差矩阵为 $\tau\boldsymbol{M}$ 的复高斯分布，也就是 $\boldsymbol{z}\mid\tau,H_0\sim\mathrm{CN}(0,\tau\boldsymbol{M})$。因此，$\boldsymbol{z}\mid H_0$的概率密度函数可以通过对 τ 的边缘积分得到

$$\begin{aligned}p_{z\mid H_0}(z\mid H_0)&=\int_0^\infty p_{z\mid\tau}(\boldsymbol{z}\mid\tau,H_0)p_\tau(\tau)\mathrm{d}\tau\\&=\int_0^\infty\frac{1}{\pi^N\mid\tau\boldsymbol{M}\mid}\exp(-\boldsymbol{z}^{\mathrm{H}}(\tau\boldsymbol{M})^{-1}\boldsymbol{z})p_\tau(\tau)\mathrm{d}\tau\\&=\int_0^\infty\frac{1}{\pi^N\tau^N\mid\boldsymbol{M}\mid}\exp\left(-\frac{\boldsymbol{z}^{\mathrm{H}}\boldsymbol{M}^{-1}\boldsymbol{z}}{\tau}\right)p_\tau(\tau)\mathrm{d}\tau\end{aligned} \tag{4.32}$$

如果定义如下函数：

$$h(x)=\int_0^\infty\frac{1}{\tau^N}\exp\left(-\frac{x}{\tau}\right)p_\tau(\tau)\mathrm{d}\tau \tag{4.33}$$

那么式(4.32)可以简化为

$$\begin{aligned}p_{z\mid H_0}(z\mid H_0)&=\int_0^\infty p_{z\mid\tau}(\boldsymbol{z}\mid\tau,H_0)p_\tau(\tau)\mathrm{d}\tau\\&=\int_0^\infty\frac{1}{\pi^N\mid\tau\boldsymbol{M}\mid}\exp(-\boldsymbol{z}^{\mathrm{H}}(\tau M)^{-1}\boldsymbol{z})p_\tau(\tau)\mathrm{d}\tau\\&=\frac{1}{\pi^N\mid\boldsymbol{M}\mid}h(\boldsymbol{z}^{\mathrm{H}}\boldsymbol{M}^{-1}\boldsymbol{z})\end{aligned} \tag{4.34}$$

实际上，复高斯分布是复合高斯分布的特殊形式，也就是当 $p_\tau(\tau)=\delta(\tau-\sigma^2)$（纹理分量完全相干的情况）时复合高斯分布简化为复高斯分布。此时$h(x)$简化成

$$h(x)=\frac{1}{\sigma^{2N}}\exp\left(-\frac{x}{\sigma^2}\right) \tag{4.35}$$

对应的 $p_{z\mid H_0}(z\mid H_0)$简化为

$$p_{z\mid H_0}(z\mid H_0)=\frac{1}{\pi^N\mid\boldsymbol{M}\mid}\frac{1}{\sigma^{2N}}\exp\left(-\frac{\boldsymbol{z}^{\mathrm{H}}\boldsymbol{M}^{-1}\boldsymbol{z}}{\sigma^2}\right) \tag{4.36}$$

(2) 对于 H_1，如果目标 $a\boldsymbol{s}\sim\mathrm{CN}(\boldsymbol{0},\boldsymbol{M}_{\mathrm{s}})$，那么在给定 τ 的情况下，$\boldsymbol{z}$ 服从零均值，协方差矩阵为 $\boldsymbol{M}_{\mathrm{s}}+\tau\boldsymbol{M}$ 的复高斯分布，也就是 $\boldsymbol{z}\mid\tau,H_1\sim\mathrm{CN}(0,\boldsymbol{M}_{\mathrm{s}}+$

$\tau\boldsymbol{M}$）。因此，$z\mid H_1$ 的概率密度函数可以通过对 τ 的边缘积分得到

$$
\begin{aligned}
p_{z\mid H_1}(z\mid H_1) &= \int_0^{\infty} p_{z\mid\tau,H_1}(z\mid\tau,H_1)p_\tau(\tau)\mathrm{d}\tau \\
&= \int_0^{\infty}\frac{1}{\pi^N|\tau\boldsymbol{M}+\boldsymbol{M}_{\mathrm{s}}|}\exp(-z^{\mathrm{H}}(\tau\boldsymbol{M}+\boldsymbol{M}_{\mathrm{s}})^{-1}z)p_\tau(\tau)\mathrm{d}\tau
\end{aligned}
\tag{4.37}
$$

如果目标协方差矩阵 $\boldsymbol{M}_{\mathrm{s}}=\boldsymbol{U}_{\mathrm{s}}\boldsymbol{\Delta}_{\mathrm{s}}\boldsymbol{U}_{\mathrm{s}}^{\mathrm{H}}$ 的子空间已知，那么目标信号可以表示成 $a\boldsymbol{s}=\boldsymbol{U}_{\mathrm{s}}\beta$。在 β 和 τ 给定的情况下，z 服从均值为 $\boldsymbol{U}_{\mathrm{s}}\beta$，协方差矩阵为 $\tau\boldsymbol{M}$ 的复高斯分布，也就是 $z\mid\tau,\beta,H_1\sim\mathrm{CN}(\boldsymbol{U}_{\mathrm{s}}\beta,\tau\boldsymbol{M})$。因此，$z\mid H_1$ 的概率密度函数可以通过对 τ 和 β 的边缘积分得到，有

$$
\begin{aligned}
p_{z\mid H_1}(z\mid H_1) &= \iint_0^{\infty} p_{z\mid\tau,\beta,H_1}(z\mid\tau,\beta,H_1)p_\beta(\beta)p_\tau(\tau)\mathrm{d}\tau\mathrm{d}\beta \\
&= \iint_0^{\infty}\frac{1}{\pi^N|\tau\boldsymbol{M}|}\exp(-(z-\boldsymbol{U}_{\mathrm{s}}\beta)^{\mathrm{H}}(\tau\boldsymbol{M})^{-1}(z-\boldsymbol{U}_{\mathrm{s}}\beta))p_\tau(\tau)\mathrm{d}\tau p_\beta(\beta)\mathrm{d}\beta \\
&= \iint_0^{\infty}\frac{1}{\pi^N\tau^N|\boldsymbol{M}|}\exp\left(-\frac{(z-\boldsymbol{U}_{\mathrm{s}}\beta)^{\mathrm{H}}\boldsymbol{M}^{-1}(z-\boldsymbol{U}_{\mathrm{s}}\beta)}{\tau}\right)p_\tau(\tau)\mathrm{d}\tau p_\beta(\beta)\mathrm{d}\beta \\
&= \int\frac{1}{\pi^N|\boldsymbol{M}|}h((z-\boldsymbol{U}_{\mathrm{s}}\beta)^{\mathrm{H}}\boldsymbol{M}^{-1}(z-\boldsymbol{U}_{\mathrm{s}}\beta))p_\beta(\beta)\mathrm{d}\beta
\end{aligned}
\tag{4.38}
$$

此时的似然比可以写成如下形式：

$$
\begin{aligned}
\Lambda(z) &= \frac{p_{z\mid H_1}(z\mid H_1)}{p_{z\mid H_0}(z\mid H_0)} \\
&= \frac{\displaystyle\int\frac{1}{\pi^N|\boldsymbol{M}|}h((z-\boldsymbol{U}_{\mathrm{s}}\beta)^{\mathrm{H}}\boldsymbol{M}^{-1}(z-\boldsymbol{U}_{\mathrm{s}}\beta))p_\beta(\beta)\mathrm{d}\beta}{\displaystyle\frac{1}{\pi^N|\boldsymbol{M}|}h(z^{\mathrm{H}}\boldsymbol{M}^{-1}z)} \\
&= \frac{\displaystyle\int h((z-\boldsymbol{U}_{\mathrm{s}}\beta)^{\mathrm{H}}\boldsymbol{M}^{-1}(z-\boldsymbol{U}_{\mathrm{s}}\beta))p_\beta(\beta)\mathrm{d}\beta}{h(z^{\mathrm{H}}\boldsymbol{M}^{-1}z)}
\end{aligned}
\tag{4.39}
$$

当 $p_\tau(\tau)=\delta(\tau-\sigma^2)$ 时，$h(x)=(1/\sigma^{2N})\exp(-x/\sigma^2)$，则 $p_{z\mid H_1}(z\mid H_1)$ 简化为高斯背景下起伏目标的概率密度，即

$$
p_{z\mid H_1}(z\mid H_1) = \int\frac{1}{\pi^N|\boldsymbol{M}|}\frac{1}{\sigma^{2N}}\exp\left(-\frac{(z-\boldsymbol{U}_{\mathrm{s}}\beta)^{\mathrm{H}}\boldsymbol{M}^{-1}(z-\boldsymbol{U}_{\mathrm{s}}\beta)}{\sigma^2}\right)p_\beta(\beta)\mathrm{d}\beta
\tag{4.40}
$$

对应的似然比为

$$
\begin{aligned}
\Lambda(z) &= \frac{p_{z|H_1}(z|\boldsymbol{H}_1)}{\boldsymbol{p}_{z|H_0}(z|H_0)} \\
&= \frac{\int \exp\left(-\dfrac{(z-\boldsymbol{U}_s\beta)^{\mathrm{H}}\boldsymbol{M}^{-1}(z-\boldsymbol{U}_s\beta)}{\sigma^2}\right)p_\beta(\beta)\,\mathrm{d}\beta}{\exp\left(-\dfrac{z^{\mathrm{H}}\boldsymbol{M}^{-1}z}{\sigma^2}\right)}
\end{aligned}
\tag{4.41}
$$

（3）对于 H_1，如果目标 $a\boldsymbol{s} \sim \mathrm{CN}(a\boldsymbol{s},0)$，那么在给定 τ 的情况下，$\boldsymbol{z}$ 服从均值为 $a\boldsymbol{s}$，协方差矩阵为 $\tau\boldsymbol{M}$ 的复高斯分布，也就是 $\boldsymbol{z}|\tau,H_1 \sim \mathrm{CN}(a\boldsymbol{s},\tau\boldsymbol{M})$。因此，$\boldsymbol{z}|H_1$ 的概率密度函数可以通过对 τ 的边缘积分得到

$$
\begin{aligned}
p_{z|H_1}(z|H_1) &= \int_0^\infty p_{z|\tau,H_1}(z|\tau,H_1)p_\tau(\tau)\,\mathrm{d}\tau \\
&= \int_0^\infty \frac{1}{\pi^N|\tau\boldsymbol{M}|}\exp(-(z-a\boldsymbol{s})^{\mathrm{H}}(\tau\boldsymbol{M})^{-1}(z-a\boldsymbol{s}))p_\tau(\tau)\,\mathrm{d}\tau \\
&= \int_0^\infty \frac{1}{\pi^N\tau^N|\boldsymbol{M}|}\exp\left(-\frac{(z-a\boldsymbol{s})^{\mathrm{H}}\boldsymbol{M}^{-1}(z-a\boldsymbol{s})}{\tau}\right)p_\tau(\tau)\,\mathrm{d}\tau \\
&= \frac{1}{\pi^N|\boldsymbol{M}|}h((z-a\boldsymbol{s})^{\mathrm{H}}\boldsymbol{M}^{-1}(z-a\boldsymbol{s}))
\end{aligned}
\tag{4.42}
$$

此时的似然比可以写成如下形式：

$$
\begin{aligned}
\Lambda(z) &= \frac{p_{z|H_1}(z|H_1)}{p_{z|H_0}(z|H_0)} \\
&= \frac{\dfrac{1}{\pi^N|\boldsymbol{M}|}h((z-a\boldsymbol{s})^{\mathrm{H}}\boldsymbol{M}^{-1}(z-a\boldsymbol{s}))}{\dfrac{1}{\pi^N|\boldsymbol{M}|}h(z^{\mathrm{H}}\boldsymbol{M}^{-1}z)} \\
&= \frac{h((z-a\boldsymbol{s})^{\mathrm{H}}\boldsymbol{M}^{-1}(z-a\boldsymbol{s}))}{h(z^{\mathrm{H}}\boldsymbol{M}^{-1}z)}
\end{aligned}
\tag{4.43}
$$

当 $p_\tau(\tau)=\delta(\tau-\sigma^2)$ 时，$h(x)=(1/\sigma^{2N})\exp(-x/\sigma^2)$，则 $p_{z|H_1}(z|H_1)$ 简化为高斯背景下起伏目标的概率密度，即

$$
p_{z|H_1}(z|H_1) = \frac{1}{\pi^N|\boldsymbol{M}|}\frac{1}{\sigma^{2N}}\exp\left(-\frac{(z-a\boldsymbol{s})^{\mathrm{H}}\boldsymbol{M}^{-1}(z-a\boldsymbol{s})}{\sigma^2}\right) \tag{4.44}
$$

对应的似然比为

$$
\begin{aligned}
\Lambda(z) &= \frac{p_{z\,|\,H_1}(z\,|\,H_1)}{p_{z\,|\,H_0}(z\,|\,H_0)} \\
&= \frac{\exp\left(-\dfrac{(z-as)^{\mathrm{H}}\boldsymbol{M}^{-1}(z-as)}{\sigma^2}\right)}{\exp\left(-\dfrac{z^{\mathrm{H}}\boldsymbol{M}^{-1}z}{\sigma^2}\right)} \\
&= \exp\left(-\frac{(z-as)^{\mathrm{H}}\boldsymbol{M}^{-1}(z-as)-z^{\mathrm{H}}\boldsymbol{M}^{-1}z}{\sigma^2}\right)
\end{aligned}
\tag{4.45}
$$

为了更好地理解非高斯杂波背景下的恒虚警检测算法以及它与高斯杂波背景下的恒虚警检测算法的区别,图 4.1 和图 4.2 分别给出了针对非高斯杂波和高斯杂波的检测流程。

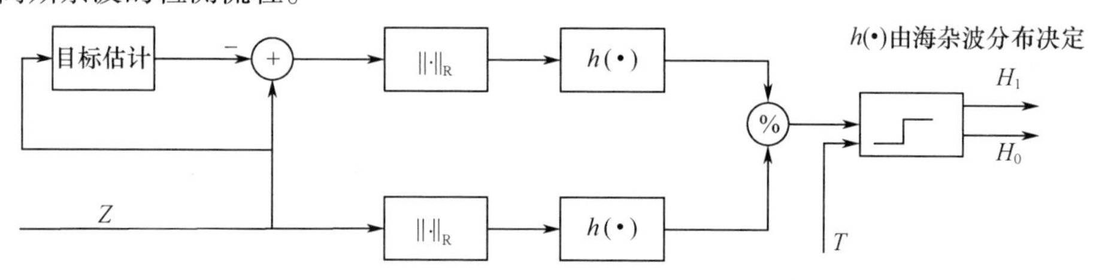

图 4.1　非高斯杂波背景下的检测流程图

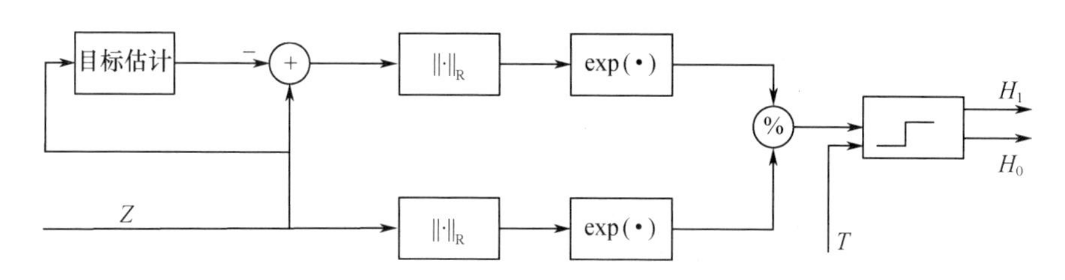

图 4.2　高斯杂波背景下的检测流程图

从图中可以看出,针对非高斯杂波和高斯杂波的检测流程是相同的,它们首先对回波数据进行基于最大似然的目标幅度信息估计,然后构造 H_1 和 H_0 假设下的广义内积值,将这两个广义内积值传递给分布核函数计算各自的概率密度,最后计算两种假设下的概率密度之比,与固定门限 T 比较确定目标存在与否。它们的区别主要在分布核函数上,非高斯杂波的分布核函数比较复杂,而高斯杂波的分布核函数为指数函数,形式非常简单。由于两个指数函数之比等于两个指数的指数项相减然后再进行指数运算,这时高斯杂波背景下的检测流程可以简化为如图 4.3 所示形式。

图 4.3 把概率密度函数之比转化为两种假设下各自广义内积值之差。这种结构的好处是避免了检测量的指数运算,由于有众多的检测单元要进行检测,这

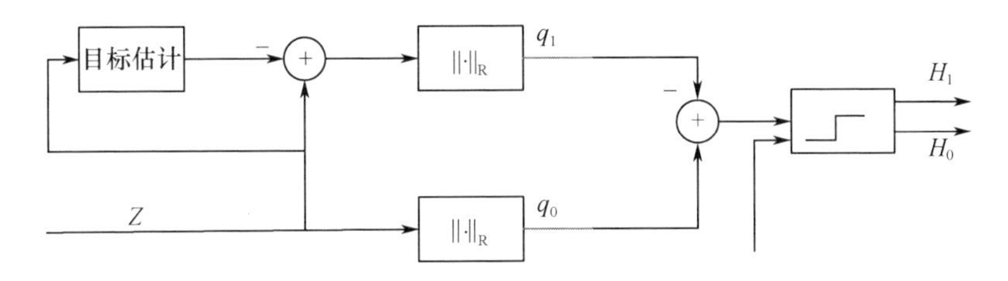

图 4.3　高斯杂波背景下的检测流程图

种方式可以明显减少计算量。而且检测量的指数运算容易造成数值不稳定，通过将其转化为门限的对数运算，可以明显提高数值稳定性。因此，这种结构更适合于工程应用。为了能够在非高斯杂波背景下也采用这种结构，图 4.4 给出了相应的流程图。

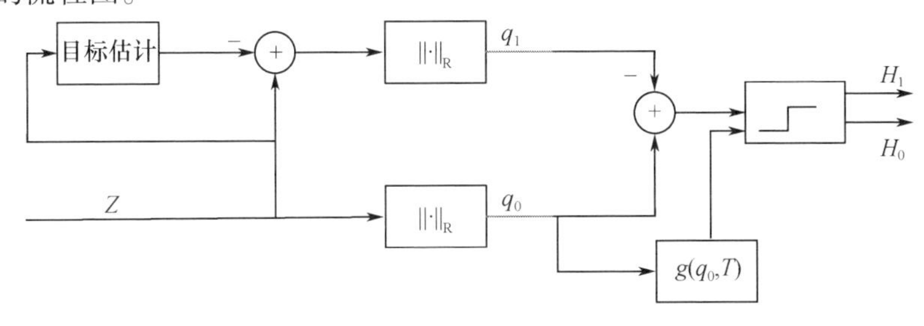

图 4.4　非高斯杂波背景下的检测流程图

从上面可以看出，将分布核函数转化为门限的非线性运算，能够使目标检测以更简单的方式执行。通过比较高斯杂波和非高斯杂波的检测流程，可以看出在相同检测量的前提下，非高斯杂波的门限不是固定的，它随 H_0 假设下的广义内积值和杂波分布变化而变化。因此，要有效实现非高斯杂波背景下的目标检测，需要已知杂波的分布，特别是纹理分量的分布。实际上，纹理分量的分布可以通过杂波的幅度统计分布得到。首先利用杂波数据估计得到杂波幅度分布的形状参数和尺度参数，或者基于之前的杂波特性分析结果得到杂波幅度分布的形状参数和尺度参数，然后利用形状参数和尺度参数反推得到纹理分量的形状参数和尺度参数，进而确定纹理分量的分布。

4.1.1.3　非高斯杂波的广义似然比检测

如果得不到纹理分量的分布，那么可以利用最大似然的方法从数据中估计纹理分量，不再把纹理分量作为一个随机变量，而是作为一个确定的未知常数。此时的回波信号模型可以建模为

$$\begin{cases} H_0: \boldsymbol{x}_{l_0} - \sigma \boldsymbol{n}_k \\ H_1: \boldsymbol{x}_{l_0} = \mu \boldsymbol{s}_k + \sigma \boldsymbol{n}_k \end{cases} \tag{4.46}$$

其中 $\boldsymbol{s}_k$ 已知，$\boldsymbol{n}_k \in \mathrm{CN}(\boldsymbol{0}, \boldsymbol{R}_k)$ 为周围单元的杂波回波，σ 衡量了检测单元与周围单元功率非均匀的程度。H_1 和 H_0 假设下的概率密度为

$$f_1(\boldsymbol{x}_{l_0};\mu,\sigma^2) = \frac{1}{\pi^N \det(\sigma^2 \boldsymbol{R}_k)} \exp\left\{ -\frac{1}{\sigma^2}(\boldsymbol{x}_{l_0} - \mu \boldsymbol{s}_k)^{\mathrm{H}} \boldsymbol{R}_k^{-1} (\boldsymbol{x}_{l_0} - \mu \boldsymbol{s}_k) \right\} \tag{4.47}$$

$$f_0(\boldsymbol{y};\sigma^2) = \frac{1}{\pi^N \det(\sigma^2 \boldsymbol{R}_k)} \exp\left\{ -\frac{1}{\sigma^2} \boldsymbol{x}_{l_0}^{\mathrm{H}} \boldsymbol{R}_k^{-1} \boldsymbol{x}_{l_0} \right\} \tag{4.48}$$

其广义似然比为

$$\begin{aligned} \Lambda &= \frac{\max\limits_{\mu,\sigma^2} f_1(\boldsymbol{x}_{l_0};\mu,\sigma^2)}{\max\limits_{\sigma^2} f_0(\boldsymbol{x}_{l_0};\sigma^2)} \\ &= \frac{\max\limits_{\sigma^2} \frac{1}{\sigma^{2N}} \exp\left(-\frac{1}{\sigma^2} q_1 \right)}{\max\limits_{\sigma^2} \frac{1}{\sigma^{2N}} \exp\left(-\frac{1}{\sigma^2} q_0 \right)} \\ &= \left(\frac{q_0}{q_1} \right)^N \end{aligned} \tag{4.49}$$

由于指数函数的单调性，广义似然比可以写成

$$\Lambda_2 = \frac{|\boldsymbol{s}_k^{\mathrm{H}} \boldsymbol{R}_k^{-1} \boldsymbol{x}_{l_0}|^2}{\boldsymbol{s}_k^{\mathrm{H}} \boldsymbol{R}_k^{-1} \boldsymbol{s}_k \boldsymbol{x}_{l_0}^{\mathrm{H}} \boldsymbol{R}_k^{-1} \boldsymbol{x}_{l_0}} \tag{4.50}$$

最后，图 4.5 给出了纹理分布未知情况下的目标检测流程。

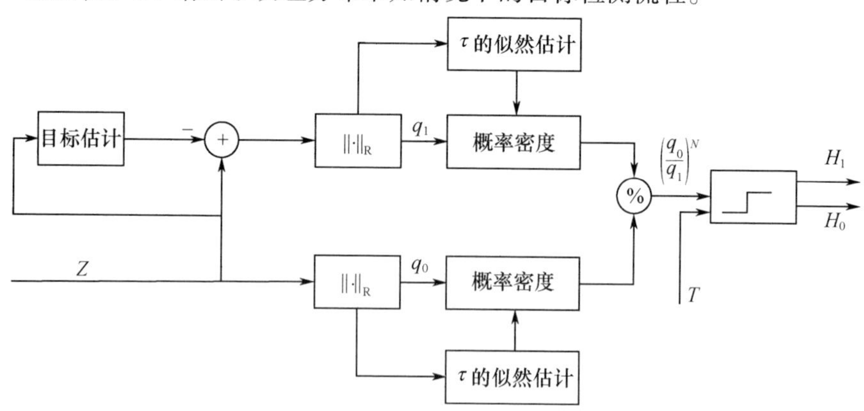

图 4.5　纹理分布未知情况下的目标检测流程图

总的来说，图 4.5 所示的检测方法所需的先验信息最少，性能相对于图 4.4 所示的检测方法的性能有所降低。但第二种方法要求分布及其参数准

确,在存在分布模型误差或者参数误差时性能会明显下降。因此,两种方法各有优缺点。

4.1.1.4　非高斯杂波背景下的自适应检测算法

在上面的分析中,我们假设杂波的协方差矩阵是已知的。实际上,杂波的协方差矩阵需要从数据中估计得到。杂波的协方差矩阵(NSCM)估计方法有很多种,这里主要介绍采样协方差矩阵(SCM)估计方法、归一化采样协方差矩阵估计方法、复合高斯杂波模型下的最大似然协方差矩阵估计方法、复合高斯杂波模型下的近似最大似然(AML)协方差矩阵估计方法等五种协方差矩阵估计方法。

1) 采样协方差矩阵

对低分辨力雷达来说,一个距离分辨单元包含了大量的独立同分布的杂波散射体,根据独立同分布的中心极限定理,杂波服从高斯分布。

首先介绍独立同分布的中心极限定理,设随机变量 $x_1,x_2,\cdots,x_n$ 相互独立,服从同一分布,且具有数学期望和方差:$E(x_k)=\mu,D(x_k)=\sigma^2>0(k=1,2,\cdots,n)$,则随机变量之和 $\sum^{n} x_k$ 的标准化变量为

$$Y_n=\frac{\sum_{k=1}^{n} x_k-E\left(\sum_{k=1}^{n} x_k\right)}{\sqrt{D\left(\sum_{k=1}^{n} x_k\right)}}=\frac{\sum_{k=1}^{n} x_k-n\mu}{\sqrt{n}\sigma} \tag{4.51}$$

其分布函数 $F_n(x)$ 对于任意 x 满足

$$\lim_{n\to\infty} F_n(x)=\lim_{n\to\infty} P\left\{\frac{\sum_{k=1}^{n} x_k-n\mu}{\sqrt{n}\sigma}\right\} \tag{4.52}$$

也就是说,均值为 μ,方差 $\sigma^2>0$ 的独立同分布的随机变量 $x_1,x_2,\cdots,x_n$ 之和 $\sum_{k=1}^{n} x_k$ 在 n 充分大时,近似服从正态分布。

将此中心极限定理推广到多维的情况。设 N 维随机矢量 $\boldsymbol{x}_1,\boldsymbol{x}_2,\cdots,\boldsymbol{x}_n$ 相互独立,服从同一分布,均值是 $\boldsymbol{\mu}$,协方差矩阵是 $\boldsymbol{R}$,设

$$\boldsymbol{x}=\frac{1}{\sqrt{L}}\sum_{i=1}^{L}(\boldsymbol{x}_i-\boldsymbol{\mu}) \tag{4.53}$$

则 $\boldsymbol{x}$ 服从均值是 0,协方差矩阵是 $\boldsymbol{R}$ 的多维正态分布,即 $\boldsymbol{x}\sim N(\boldsymbol{0},\boldsymbol{R})$。

由中心极限定理可得,雷达接收到的杂波服从复高斯分布,设雷达是 N 元均匀线阵,且在一个相干处理间隔内发射的脉冲数是 M,则训练样本 $\boldsymbol{x}_1,\boldsymbol{x}_2,\cdots,$

$\boldsymbol{x}_n$ 是 MN 维独立同分布的随机矢量，且 $\boldsymbol{x}_i \sim N(0,\boldsymbol{R})$，有

$$p(\boldsymbol{x}_i) = \frac{1}{\pi^{MN}\,|\boldsymbol{R}|}\mathrm{e}^{-\boldsymbol{x}_i^H\boldsymbol{R}^{-1}\boldsymbol{x}_i}\boldsymbol{x}_2 \tag{4.54}$$

则它们的联合概率密度函数表示如下：

$$f(\boldsymbol{x}_1,\boldsymbol{x}_2,\cdots,\boldsymbol{x}_\mathrm{L}) = \prod_{i=1}^{L}p(\boldsymbol{x}_i) \tag{4.55}$$

将式(4.54)代入式(4.55)整理后可得

$$f(\boldsymbol{x}_1,\boldsymbol{x}_2,\cdots,\boldsymbol{x}_\mathrm{L}) = \pi^{-MNL}|\boldsymbol{R}|^{L}\exp\left[-\sum_{i=1}^{L}\boldsymbol{x}_i^{\mathrm{H}}\boldsymbol{R}^{-1}\boldsymbol{x}_i\right] \tag{4.56}$$

式中：$|\boldsymbol{R}|$ 表示协方差矩阵 $\boldsymbol{R}$ 的行列式。对式(4.56)两边分别取对数，可得

$$\ln f(\boldsymbol{x}_1,\boldsymbol{x}_2,\cdots,\boldsymbol{x}_\mathrm{L}) = -MNL\ln\pi + L\ln|\boldsymbol{R}| - \sum_{i=1}^{L}\boldsymbol{x}_i^{\mathrm{H}}\boldsymbol{R}^{-1}\boldsymbol{x}_i \tag{4.57}$$

式中，$\ln(x)$ 表示对 x 取自然对数。

式(4.57)中含有未知量协方差矩阵 $\boldsymbol{R}$，可以用最大似然估计法求得协方差矩阵 $\boldsymbol{R}$ 的最大似然估计值 $\hat{\boldsymbol{R}}$。首先式(4.57)两边对 $\boldsymbol{R}$ 微分，然后令该式等于0，得到

$$\mathrm{d}(\ln f(\boldsymbol{x}_1,\boldsymbol{x}_2,\cdots,\boldsymbol{x}_\mathrm{L})) = L|\boldsymbol{R}|^{-1}\mathrm{d}(|\boldsymbol{R}|) - \mathrm{d}\left(\mathrm{tr}\left[\sum_{i=1}^{L}\boldsymbol{x}_i\boldsymbol{x}_i^{\mathrm{H}}\boldsymbol{R}^{-1}\right]\right) \tag{4.58}$$

可求得

$$\hat{\boldsymbol{R}} = \frac{1}{L}\sum_{i=1}^{L}\boldsymbol{x}_i\boldsymbol{x}_i^{\mathrm{H}} \tag{4.59}$$

此即为常说的采样协方差矩阵SCM，根据采样协方差矩阵获得待检测单元的协方差矩阵有两个重要的前提，一是雷达系统的分辨力较低，此时雷达的回波可以看作是由地面大量的散射体叠加而成的，因此服从复高斯杂波分布。二是用来估计杂波协方差矩阵的训练样本是独立同分布的。

2）归一化采样协方差矩阵

采样协方差矩阵SCM[10]适用于均匀杂波环境中的协方差矩阵估计，但对高分辨力以及低擦地角雷达来说，杂波会偏离复高斯分布，此时杂波模型应该采用复合高斯分布来描述，我们接下来首先讨论球不变随机矢量(SIRV)模型。

因为杂波的纹理分量和散斑分量相比有较长的时间相关性，所以在短的积累时间内可以把纹理分量认为是随机常数，则杂波可以建模成球不变随机过程(SIRP)，对杂波回波进行 M 次采样，形成SIRV。可以表示成下面的形式：

$$z = \sqrt{\tau}\boldsymbol{x} \tag{4.60}$$

式中，随机变量 τ 表示纹理分量，代表的是慢变过程；$\boldsymbol{x}$ 服从复高斯分布，表示散

斑分量,代表的是快变过程。

同时,假设待检测单元周围的 K 个训练样本单元和它有相同的结构。用 $\boldsymbol{z}_k$ 表示第 k 个训练样本矢量,则有

$$\boldsymbol{R}=E[\boldsymbol{z}\boldsymbol{z}^{\mathrm{H}}]=E[\boldsymbol{z}_k\boldsymbol{z}_k^{\mathrm{H}}]\qquad k=1,2,\cdots,K \tag{4.61}$$

式中:H 表示共轭转置。第 k 个参考单元的杂波回波可以表示为

$$\boldsymbol{z}_k=\sqrt{\tau_k}\boldsymbol{x}_k\qquad k=1,2,\cdots,K \tag{4.62}$$

在杂波协方差矩阵已知的情况下,利用广义似然比可以推导出下面的检测统计量

$$\frac{|\boldsymbol{p}^{\mathrm{H}}\boldsymbol{R}^{-1}\boldsymbol{z}|^2}{(\boldsymbol{z}^{\mathrm{H}}\boldsymbol{R}^{-1}\boldsymbol{z})(\boldsymbol{p}^{\mathrm{H}}\boldsymbol{R}^{-1}\boldsymbol{p})}\underset{H_0}{\overset{H_1}{\gtrless}}T \tag{4.63}$$

式中:$\boldsymbol{p}$ 表示约束的目标的空时导向矢量;$\boldsymbol{z}$ 表示待检测单元矢量;H_1 假设有目标;H_0 假设没有目标。式(4.63)左边部分由白化匹配滤波器加归一化因子组成,这个检测器即称为归一化匹配滤波器(NMF)。

当杂波协方差矩阵已知时,式(4.63)所表示的检测器不依赖于杂波幅度的概率密度函数。但是,如果杂波协方差矩阵结构未知,要采用式(4.63)所表示的检测统计量,需要用一个合适的协方差矩阵估计来代替未知的协方差矩阵估计,若使用上一小节介绍的采样协方差矩阵估计方法,会导致检测门限依赖于实际的杂波协方差矩阵。从另一方面来说,杂波服从复合高斯分布这一特点,会导致检测门限和纹理分量有关系。在纹理方面保证 CFAR 特性是有意义的,事实上,对于服从复合高斯分布的杂波环境来说,可以根据结构 $\Sigma=(1/2\sigma^2)\boldsymbol{R}$ 估计协方差矩阵,其中 $2\sigma^2$ 代表杂波功率,得到的归一化采样协方差矩阵的表达式如下:

$$\hat{\boldsymbol{R}}_{\mathrm{NSCM}}=\frac{M}{K}\sum_{k=1}^{K}\frac{\boldsymbol{z}_k\boldsymbol{z}_k^{\mathrm{H}}}{\boldsymbol{z}_k^{\mathrm{H}}\boldsymbol{z}_k} \tag{4.64}$$

也可以理解为归一化数据的采样协方差矩阵

$$\frac{\boldsymbol{z}_k}{\sqrt{\frac{1}{M}\|\boldsymbol{z}_k\|^2}} \tag{4.65}$$

可以证明,归一化采样协方差矩阵独立于纹理分量,推导过程如下所示:

$$\hat{\boldsymbol{R}}_{\mathrm{NSCM}}=\frac{M}{K}\sum_{k=1}^{K}\frac{\boldsymbol{z}_k\boldsymbol{z}_k^{\mathrm{H}}}{\boldsymbol{z}_k^{\mathrm{H}}\boldsymbol{z}_k}=\frac{M}{K}\sum_{k=1}^{K}\frac{\tau_k\boldsymbol{x}_k\boldsymbol{x}_k^{\mathrm{H}}}{\tau_k\boldsymbol{x}_k^{\mathrm{H}}\boldsymbol{x}_k}=\frac{M}{K}\sum_{k=1}^{K}\frac{\boldsymbol{x}_k\boldsymbol{x}_k^{\mathrm{H}}}{\boldsymbol{x}_k^{\mathrm{H}}\boldsymbol{x}_k} \tag{4.66}$$

将归一化采样协方差矩阵代入之前介绍的检测器后,该检测器可以保证对纹理分量和杂波幅度概率密度函数的恒虚警特性。

3）复合高斯模型下的最大似然协方差矩阵估计[11]

根据上一节介绍的复合高斯模型，在给定τ_k的情况下，样本单元$\boldsymbol{z}_k$服从零均值，协方差矩阵为$\tau_k\boldsymbol{R}$的复合高斯分布，也就是$\boldsymbol{z}_k|\tau_k \sim \mathrm{CN}(\boldsymbol{0},\tau_k\boldsymbol{R})$。因此，$\boldsymbol{z}_k$的概率密度函数可以通过对$\tau_k$的边缘积分得到

$$p_z(\boldsymbol{z}_k) = \int_0^{\infty} \frac{1}{\pi^{NM}\tau_k^{NM}|\boldsymbol{R}|}\exp\left(-\frac{\boldsymbol{z}_k\boldsymbol{R}^{-1}\boldsymbol{z}_k}{\tau_k}\right)p_\tau(\tau_k)\mathrm{d}\tau_k \tag{4.67}$$

式中：$p_{\tau_k}(\tau_k)$表示纹理分量的概率密度函数。然后可以得到K个样本单元的联合概率密度函数为

$$p_z(\boldsymbol{z}_1 \quad \boldsymbol{z}_2 \quad \cdots \quad \boldsymbol{z}_K) = \prod_{k=1}^{K}p_z(\boldsymbol{z}_k) = \prod_{k=1}^{K}\int_0^{\infty}p_z(\boldsymbol{z}_k|\tau_k)p_\tau(\tau_k)\,\mathrm{d}\tau_k \tag{4.68}$$

对于复合高斯模型来说，当纹理分量τ服从伽马（Gamma）分布时，称该杂波服从K分布，每个训练样本单元的纹理分量的概率密度函数表达式如下式所示：

$$p(\tau_k) = \frac{\beta^{-\nu}}{\Gamma(\nu)}\tau_k^{\nu-1}\mathrm{e}^{-\beta^{-1}\tau_k} \tag{4.69}$$

式中，ν表示形状参数；β表示尺度参数。将$p(\tau_k)$代入式（4.68）并对联合概率密度函数取对数，然后对$\boldsymbol{R}$求导，并令其结果等于零，最后经数学运算，我们可以得到采用最大似然估计的杂波协方差矩阵

$$\hat{\boldsymbol{R}}_{ML} = \frac{1}{\beta^{1/2}K}\sum_{k=1}^{K}(\boldsymbol{z}_k^{\mathrm{H}}\hat{\boldsymbol{R}}_{ML}^{-1}\boldsymbol{z}_k)^{-1/2} \times \frac{\mathrm{K}_{M+1-\nu}(2\sqrt{\boldsymbol{z}_k^{\mathrm{H}}\hat{\boldsymbol{R}}_{ML}^{-1}\boldsymbol{z}_k/\beta})}{\mathrm{K}_{M-\nu}(2\sqrt{\boldsymbol{z}_k^{\mathrm{H}}\hat{\boldsymbol{R}}_{ML}^{-1}\boldsymbol{z}_k/\beta})}\boldsymbol{z}_k\boldsymbol{z}_k^{\mathrm{H}} \tag{4.70}$$

式中：$\mathrm{K}_{M+1-\nu}(\cdot)$和$\mathrm{K}_{M-\nu}(\cdot)$是第二类修正贝塞尔函数，最大似然估计可以通过迭代的方法来求解。

4）近似最大似然协方差矩阵估计[12]

使用最大似然估计方法时，有两个主要的问题，一个是需要知道纹理分量的概率密度函数，如果事先不知道纹理分量的概率密度函数，需要通过参数估计方法来估计，有可能参数估计不准，会对杂波的抑制性能和检测性能造成影响。而且，即使纹理分量的概率密度函数已知，计算这些系数对实时处理而言，计算量也过于庞大。另一个问题是选择迭代的初始值要可以防止收敛到局部最大值。所以，在实际运用的过程中，选择用一种近似方法 AML 来取代 ML。

首先，假设每个样本单元的纹理分量τ_k已知，则样本单元联合的条件概率密度函数为

$$p_z(z_1,z_2,\cdots,z_K \mid \tau_1,\tau_2,\cdots,\tau_K) \tag{4.71}$$

将此联合条件概率密度函数对 $\boldsymbol{R}$ 求导,并令其等于零,则可得到如下表达式:

$$\frac{\partial p_z(z_1,z_2,\cdots,z_K \mid \tau_1,\tau_2,\cdots,\tau_K)}{\partial \boldsymbol{R}} = \sum_{k=1}^{K} \frac{\partial \ln p_{z\mid\tau}(z_k \mid \tau_k)}{\partial \boldsymbol{R}} = 0 \tag{4.72}$$

求解式(4.72),可得

$$\hat{\boldsymbol{R}} = \frac{1}{K}\sum_{k=1}^{K}\frac{\boldsymbol{z}_k\boldsymbol{z}_k^{\mathrm{H}}}{\tau_k} \tag{4.73}$$

然后再假设协方差矩阵 $\boldsymbol{R}$ 已知,对各个样本单元的纹理分量进行最大似然估计

$$\hat{\tau}_k = \underset{\tau_k}{\operatorname{argmax}} p_{z\mid\tau}(z_k \mid \tau_k) = \frac{\boldsymbol{z}_k^{H}\boldsymbol{R}^{-1}\boldsymbol{z}_k}{M} \qquad k=1,2,\cdots,K \tag{4.74}$$

最后,将样本单元纹理分量和协方差矩阵的最大似然估计结合起来,得到 AML

$$\hat{\boldsymbol{R}}_{\mathrm{AML}} = \frac{1}{K}\sum_{k=1}^{K}\left(\frac{M}{\boldsymbol{z}_k^{\mathrm{H}}\hat{\boldsymbol{R}}_{\mathrm{AML}}^{-1}\boldsymbol{z}_k}\right)\cdot \boldsymbol{z}_k\boldsymbol{z}_k^{\mathrm{H}} \tag{4.75}$$

从式(4.70)和式(4.75)我们可以看出最大似然估计和近似最大似然估计有相同的结构,同时,根据下面的推导我们可以发现近似最大似然估计并不依赖于样本单元的纹理分量,而且,近似最大似然估计比最大似然估计方便计算的多。具体推导如下:

$$\hat{\boldsymbol{R}}_{\mathrm{AML}} = \frac{1}{K}\sum_{k=1}^{K}\left(\frac{M}{\boldsymbol{z}_k^{\mathrm{H}}\hat{\boldsymbol{R}}_{\mathrm{AML}}^{-1}\boldsymbol{z}_k}\right)\cdot \boldsymbol{z}_k\boldsymbol{z}_k^{\mathrm{H}} = \frac{1}{K}\sum_{k=1}^{K}\left(\frac{M}{\boldsymbol{x}_k^{\mathrm{H}}\hat{\boldsymbol{R}}_{\mathrm{AML}}^{-1}\boldsymbol{x}_k}\right)\cdot \boldsymbol{x}_k\boldsymbol{x}_k^{\mathrm{H}} \tag{4.76}$$

可以用迭代的方法求解协方差矩阵,经过实验,我们发现经过较少的迭代次数就可以达到收敛。

5)修正的采样协方差矩阵(MSCM)

对于均匀的杂波环境来说,每个参考单元中的杂波与待检测单元中的杂波具有相同的统计分布特性。所以,在之前介绍的用采样协方差矩阵估计方法估计协方差矩阵时,各个参考单元的贡献是相同的,加权系数都一样。但是,在非高斯杂波环境中,各个参考单元起不同大小的作用,每个参考单元的贡献是不同的。所以,我们可以将协方差矩阵表示如下:

$$\hat{\boldsymbol{R}} = \sum_{i=1}^{K}\beta_i^2\boldsymbol{z}_i\boldsymbol{z}_i^{\mathrm{H}} \tag{4.77}$$

式中:β_i 表示对第 i 个参考样本的加权系数。如果距离单元之间的相关性越强,则该训练单元的贡献就越大,所以我们可以利用相关系数来计算加权系数,即

$$\beta_i^2 = \frac{|z_i^{\mathrm{H}} \hat{\boldsymbol{R}}_{\mathrm{MSCM}}^{-1} z|^2}{(z_i^{\mathrm{H}} \hat{\boldsymbol{R}}_{\mathrm{MSCM}}^{-1} z_i)(z^{\mathrm{H}} \hat{\boldsymbol{R}}_{\mathrm{MSCM}}^{-1} z)} \tag{4.78}$$

由于公式中包含有未知的 $\hat{\boldsymbol{R}}_{\mathrm{MSCM}}$，所以需要通过迭代求得 $\hat{\boldsymbol{R}}_{\mathrm{MSCM}}$。具体求解步骤如下：

(1) 将估计得到的采样协方差矩阵 $\hat{\boldsymbol{R}}_{\mathrm{SCM}} = \frac{1}{K}\sum_{i=1}^{K} \beta_i^2 z_i z_i^{\mathrm{H}}$ 作为 $\boldsymbol{R}$ 的初始值 $\boldsymbol{R}_0$；

(2) 将 $\boldsymbol{R}_0$ 代入式(4.78)，求得每个训练样本的加权系数；

(3) 用第二步得出的加权系数重新估计 $\hat{\boldsymbol{R}}$；

(4) 重复上述步骤，直到收敛。

4.2 标量检测的知识辅助目标检测方法

杂波抑制后的杂波剩余一般会呈现非均匀现象，造成这种现象的原因主要可以归纳为两种，第一种是不同杂波类型（比如城市、草地、山区、水域等）导致的杂波剩余量不一样，比如城市地区杂波经过杂波抑制后的杂波剩余与草地区域杂波经过杂波抑制后的杂波剩余是不一样的；第二种是不同杂波秩导致的杂波剩余量不一样，比如同一个多普勒通道的近程杂波与远程杂波的杂波秩是不一样的，近程杂波（特别是高度线杂波）经过杂波抑制后的杂波剩余就要比远程杂波的杂波剩余大。为了提高检测性能，需要根据造成这种非均匀的原因有针对性地解决非均匀杂波剩余下的恒虚警检测问题。

根据产生杂波剩余非均匀的两大原因，需要首先获得不同杂波类型在距离-多普勒图的分布情况以及不同杂波秩引起的杂波剩余在距离-多普勒图的分布情况，然后就可以结合这两种距离-多普勒图分布对剩余杂波进行分区，此时同一个区间内可以认为是服从同一分布的。理论上通过先验信息就可以获得该分区杂波的分布，但由于诸多非理想因素的影响，比如先验信息的精度、后向散射系数模型、阵列误差等，由先验信息估计得到的杂波分布及其相应的参数不一定准确。实际上，基于较准确的杂波分区，可以利用实测数据的杂波抑制结果进行该区间内剩余杂波的分布及其参数估计，提高对剩余杂波特性的表征精度。最后根据杂波分布以及孤立强散射点的分布情况进行 CFAR 算法的选取，获得最适合于该区域的 CFAR 算法。

图 4.6 给出了 CFAR 算法自适应选取流程图，从图中可以看出，CFAR 算法自适应选取主要包括机载杂波分类图生成、机载杂波理论剩余图生成、机载杂波分区图生成、杂波分布及参数估计、CFAR 算法库、CFAR 算法选取和处理等部

分。下面针对各个部分进行详细介绍。

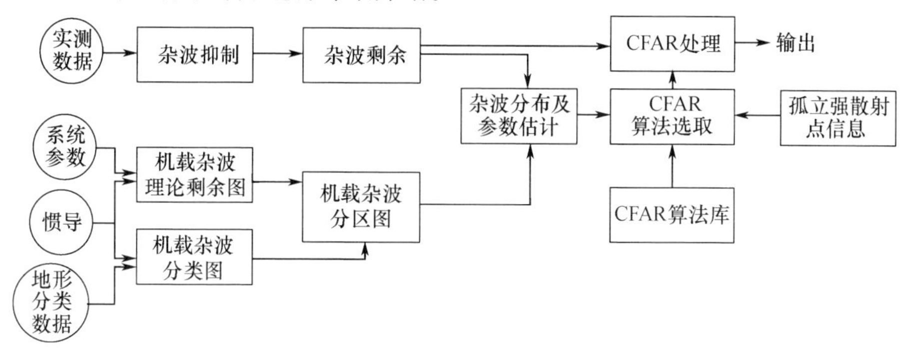

图 4.6　CFAR 算法自适应选取示意图

4.2.1　机载杂波分类图生成

机载杂波分类图主要解决不同杂波类型下功率剩余不一样导致的非均匀背景分类问题,其基本思路是利用地形分类先验信息、系统参数、惯导参数计算得到不同地物类型杂波在距离-多普勒图上的分布情况,为相同地物类型杂波区间的选取提供参考。

为了实现由地形分类先验信息到距离-多普勒图的映射,首先需要解决坐标系转换问题。先验知识所对应的参考坐标系是不同的,比如,陆地覆盖陆地使用(LCLU)数据以地理坐标系为参考坐标系,DEM 数据通常以地心坐标系为参考坐标系,雷达波束指向通常以天线坐标系为参考坐标系,测量飞机姿态时通常是测量机体坐标系与地面惯性坐标系之间的姿态角,即欧拉角。涉及的坐标系主要有:雷达系统本身所在的雷达天线坐标系,由于雷达天线轴向与机体轴向不共轴而引入的机体坐标系,以及惯性导航仪器的坐标系即惯导坐标系。

图 4.7 给出了地球中心地球固定(ECEF)坐标系 $O_eX_eY_eZ_e$,其中原点 O_e 为地球质心,其地心空间直角坐标系的 Z_e 轴指向国际时间局(BIH)1984.0 定义的协议地极(CTP)方向,X_e 轴指向 BIH 1984.0 的协议子午面和 CTP 赤道的交点,Y_e轴位于赤道平面内,且与 Z_e 轴、X_e 轴垂直构成右手坐标系,称为 1984 年世界大地坐标系。这是一个国际协议地球参考系统(ITRS),是目前国际上统一采用的地心坐标系。地理坐标系 $O_tX_tY_tZ_t$ 一般指东北天坐标系,即坐标原点 O_t 位于飞机重心,X_t 指向正东方向,Y_t 指向正北方向,Z_t 指向上为正,满足右手坐标系。当载机运动时,它随地球的运动和载体的运动而运动。惯导坐标系 $O_nX_nY_nZ_n$ 是惯导系统在求解导航参数时所用到的坐标系。常用的惯导坐标系是地理系。但对于捷联惯导来说,需要将加速度计测到的量分解到某个便于求解导航参数的坐标系中,再进行导航计算,因微分计算过程会带来一定程度的偏差,通常相对

于地理坐标系存在一绕 Z_t 轴转动的角度 α_{nt}。机体坐标系 $O_bX_bY_bZ_b$ 是固定在飞机机体上的一个坐标系，其原点 O_b 取在飞机的重心，X_b 轴与飞机纵轴一致，指向飞机前方。Y_b 轴垂直于飞机对称面并指向右方。Z_b 轴在飞机对称面内并且垂直于纵轴，向上为正。雷达天线坐标系 $O_rX_rY_rZ_r$，其坐标系原点 O_r 一般取在飞机的重心位置，可认为 O_r 与 O_b 重合，X_r 轴与雷达天线轴向一致，指向雷达右半平面，Y_r 轴与雷达天线法线方向一致，Z_r 轴位于雷达天线平面内，与 X_r 轴垂直，且满足右手定则。

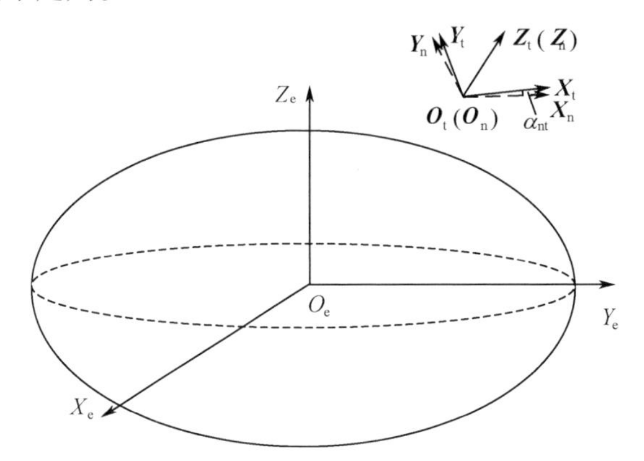

图 4.7　地心坐标系、地理坐标系及惯导坐标系

对于机载雷达来说，根据工作任务环境的要求，雷达天线与飞机机体中心线之间有一定的夹角，如天线偏航角 α_{rb}，雷达天线法线与机体坐标系 $X_bO_bZ_b$ 平面的夹角，逆时针为正；天线下倾角 β_{rb}，雷达天线轴线与机体坐标系 $X_bO_bZ_b$ 平面的夹角，向上为正；天线横滚角 η_{rb}，雷达天线法线与机体坐标系 $X_bO_bZ_b$ 平面的夹角，向上为正，如图 4.8 所示。

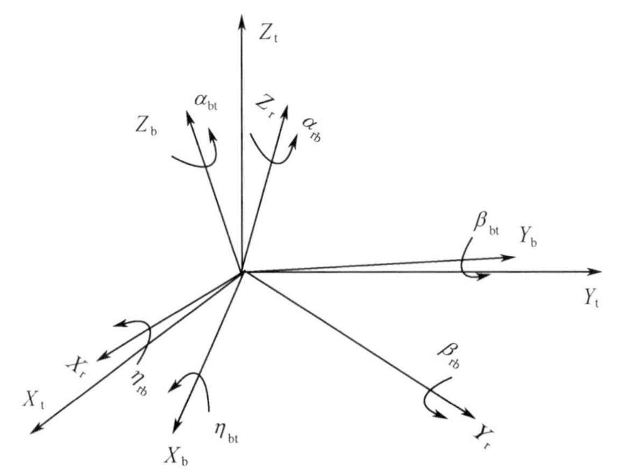

图 4.8　天线坐标系、机体坐标系及惯导坐标系(见彩图)

通常在机载雷达的目标测量中，一般给出的是极坐标系参数，即目标的坐标为(ρ,θ,φ)，其中ρ表示目标斜距，θ表示俯仰角，φ表示方位角，则目标在雷达天线坐标系中的坐标为(x_0, y_0, z_0)，变换公式为

$$\begin{cases} x_0 = \rho\cos\varphi\cos\theta \\ y_0 = \rho\cos\varphi\sin\theta \\ z_0 = \rho\sin\varphi \end{cases} \tag{4.79}$$

我们的最终目的是将雷达天线坐标系中的坐标转换为地心坐标系中的坐标。因此，首先需要将雷达坐标系中的坐标转换为机体坐标系中的坐标。假设雷达天线坐标系中的单位矢量为$k_r(\rho,\varphi,\theta)$，则该矢量在机体坐标系下的坐标为

$$k_b = T_{rb}k_r(\rho,\varphi,\theta) = T_x(\eta_{rb})T_y(\beta_{rb})T_z(\alpha_{rb})k_r(\rho,\varphi,\theta) \tag{4.80}$$

式中：$T_x(\eta_{rb})$、$T_y(\beta_{rb})$、$T_z(\alpha_{rb})$分别对应于绕X轴、Y轴及Z轴旋转的旋转矩阵，定义如下：

$$\boldsymbol{T}_x(\eta) = \begin{bmatrix} 1 & 0 & 0 \\ 0 & \cos\eta & \sin\eta \\ 0 & -\sin\eta & \cos\eta \end{bmatrix} \tag{4.81}$$

$$\boldsymbol{T}_y(\beta) = \begin{bmatrix} \cos\eta & 0 & -\sin\eta \\ 0 & 1 & 0 \\ \sin\eta & 0 & \cos\eta \end{bmatrix} \tag{4.82}$$

$$\boldsymbol{T}_z(\alpha) = \begin{bmatrix} \cos\alpha & \sin\alpha & 0 \\ -\sin\alpha & \cos\alpha & 0 \\ 0 & 0 & 1 \end{bmatrix} \tag{4.83}$$

进一步，目标在惯导坐标系下的坐标为

$$\boldsymbol{k}_n = \boldsymbol{T}_{bn}\boldsymbol{k}_b = \boldsymbol{T}_x(\eta_{bn})\boldsymbol{T}_y(\beta_{bn})\boldsymbol{T}_z(\alpha_{bn})\boldsymbol{k}_b \tag{4.84}$$

式中：$\boldsymbol{T}_{bn} = \boldsymbol{T}_x(\eta_{bn})\boldsymbol{T}_y(\beta_{bn})\boldsymbol{T}_z(\alpha_{bn})$表示从机体坐标系到惯导坐标系的旋转变换，$\alpha_{bn}$、$\beta_{bn}$、$\eta_{bn}$分别表示：飞机姿态的偏航角，机体轴$X_b$在水平面$O_nX_nY_n$上的投影与$X_n$之间的夹角，以机头右偏为正；飞机姿态的俯仰角，机体轴X_b与水平面$O_nX_nY_n$之间的夹角，飞机抬头为正；飞机姿态的横滚角，飞机对称面绕机体轴X_b转过的角度，飞机右翼向下为正。

因此，目标在地理坐标系下的坐标为

$$\boldsymbol{k}_t = \boldsymbol{T}_{nt}\boldsymbol{k}_n = \boldsymbol{T}_z(\alpha_{nt})\boldsymbol{k}_n \tag{4.85}$$

式中：$\boldsymbol{T}_{\mathrm{nt}}=\boldsymbol{T}_{z}(\alpha_{\mathrm{nt}})$表示从惯导坐标系到地理坐标系的旋转变换。

假设地理坐标系的原点坐标为(L,B,H)，其中，L表示经度，B表示纬度，H表示当前原点沿地心方向距椭球地球模型表面的距离。根据如下两个公式可知，地理坐标系下坐标$\boldsymbol{k}_{\mathrm{t}}=(x_1,y_1,z_1)$与地心坐标系下坐标$\boldsymbol{k}_{\mathrm{e}}=(x_2,y_2,z_2)$满足如下关系：

$$\boldsymbol{k}_{\mathrm{e}}=\boldsymbol{T}_{\mathrm{te}}\boldsymbol{k}_{\mathrm{t}}+\boldsymbol{A} \tag{4.86}$$

$$\boldsymbol{T}_{\mathrm{te}}=\begin{bmatrix}-\sin L & -\sin B\cos L & \cos B\cos L\\ \cos L & -\sin B\sin L & \cos B\sin L\\ 0 & \cos B & \sin B\end{bmatrix} \tag{4.87}$$

式中：$\boldsymbol{A}=[(N+H)\cos B\cos L \quad (N+H)\cos B\sin L \quad (N(1-e^2)+H)\sin B]^{\mathrm{T}}$表示地理坐标系原点在地心坐标系的坐标，$N=a/\sqrt{1-e^2\sin^2(B)}$，$a$表示椭球长半轴，$e$表示椭球离心率，$e^2=2f-f^2$，$f$表示椭球逆离心率。

经过上面的分析可知，雷达天线坐标系与地理坐标系的转换矩阵为

$$\boldsymbol{T}_{\mathrm{rn}}=\boldsymbol{T}_{\mathrm{nt}}\boldsymbol{T}_{\mathrm{bn}}\boldsymbol{T}_{\mathrm{rb}} \tag{4.88}$$

利用三个非线性方程可以在给定斜距、多普勒或者空间频率及椭球体地球模型的前提下计算地球上杂波散射点的位置。这里假定地球是光滑的并且雷达回波没有多普勒模糊。图4.9给出了这种配准几何。在地形高度变化显著的条件下，配准方程需要结合数字高度数据和前面所述的算法一起使用以得到更准确的结果。

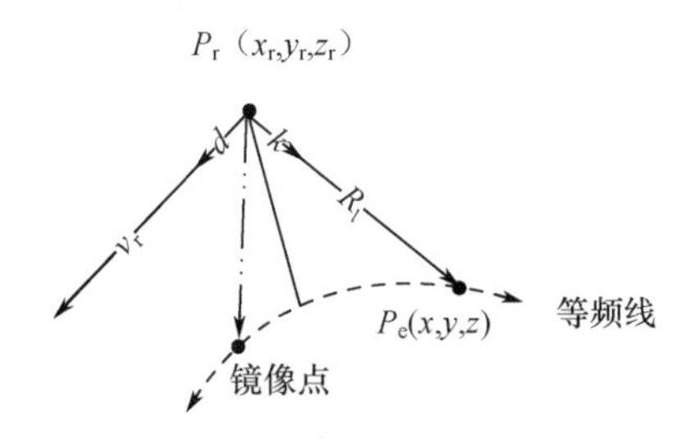

图4.9　配准几何图

在图4.9中，点P_{r}代表雷达的位置，点P_{e}表示地球上待确定的点。图中也给出了第l个距离样本的斜距R_l和感兴趣的等频率(多普勒或者空间)轮廓。等多普勒线轮廓上的斜距同地球表面的交叉出现在点P_{e}和轮廓上的一个镜像点。然而，由于雷达数据是由一个侧视雷达收集的，镜像点位于天线的背瓣，基本可以忽略。

第一个方程和斜距有关，是点P_{e}和P_{r}之间欧氏距离的平方。该方程函数

形式可以表示如下：

$$F_1(x,y,z)=(x-x_r)^2+(y-y_r)^2+(z-z_r)^2-R_l^2=0 \tag{4.89}$$

第二个方程认为地球是一个椭球体，它应该满足如下的椭球方程：

$$F_2(x,y,z)=\frac{x^2}{a^2}+\frac{y^2}{a^2}+\frac{z^2}{b^2}-1=0 \tag{4.90}$$

式中：a 和 b 分别是地球的长半轴和短半轴。这些参数的数值可以从 WGS84 世界大地测量资料中得到。最后一个方程描述了地球表面上的等多普勒线或等锥角线。下面两个方程中的其中一个结合式(4.89)和式(4.90)可以实现距离-多普勒单元与地面某一点的配准。

(1) 多普勒频率方程：对于给定的多普勒频率 f_d，第三个配准方程为

$$f_d=\frac{2(\boldsymbol{k}\cdot\boldsymbol{v}_r)}{\lambda} \tag{4.91}$$

式中：$\boldsymbol{k}$ 是从雷达指向地球的单位矢量；$\boldsymbol{v}_r$ 是雷达的速度矢量；λ 是雷达波长。经过运算后，第三个方程可以写成

$$F_3(x,y,z)=(x-x_r)v_{rx}+(y-y_r)v_{ry}+(z-z_r)v_{rz}-\left(\frac{f_d\lambda R_l}{2}\right)=0 \tag{4.92}$$

式中：v_{rx}、v_{ry}、v_{rz}都是雷达速度矢量的组成部分。

(2) 空间频率方程：对于一个给定的空间频率 v，假定是一维线性阵列，第三个配准方程可以写成

$$\boldsymbol{v}=\frac{(\boldsymbol{k}\cdot\boldsymbol{d})}{\lambda} \tag{4.93}$$

式中：$\boldsymbol{d}$ 是沿阵元水平轴线的阵元间隔矢量。经过一些运算以后，第三个方程可整理为

$$F_3(x,y,z)=(x-x_r)d_x+(y-y_r)d_y+(z-z_r)d_z-(\boldsymbol{v}\lambda R_l)=0 \tag{4.94}$$

式中：d_x、d_y、d_z都是 $\boldsymbol{d}$ 的组成部分。

为了求解 x、y 和 z，使用迭代的牛顿-拉夫申法进行迭代运算直到收敛。迭代过程中使用的第一个点是由球体的地球模型计算得到的并选在感兴趣的点 P_e 附近。这有助于牛顿-拉夫申法快速收敛于 P_e。求解出 x、y 和 z 后，就可以获得不同地物类型在距离-多普勒图上的分布情况。

4.2.2　机载杂波理论剩余图生成

存在不同地物类型杂波时，杂波抑制后的杂波剩余估计比较复杂，这不仅涉及杂波秩对杂波抑制结果的影响，还涉及样本对杂波抑制结果的影响。一种简

单的办法就是将杂波秩和样本两个因素分开考虑。

即使地物类型完全一致以及样本数足够多,经过杂波抑制后不同距离-多普勒单元的杂波剩余也是不一样的,这主要是由于杂波秩不同引起的。杂波秩与谱分布、阵面形状、杂噪比等因素有关,不同距离-多普勒单元的杂波由于杂噪比、离主瓣中心的角度不同,其杂波秩也就不同。机载杂波理论剩余图主要解决在相同地物类型下不同距离-多普勒单元经过杂波抑制后的杂波剩余估计问题。其基本思路是结合系统参数、惯导参数和杂波抑制方法,通过仿真计算得到不同距离-多普勒单元的杂波剩余,为杂波分区提供参考。

根据 Ward 杂波模型[13],在给定系统参数和惯导参数情况下,其杂波信号模型为

$$x_{\mathrm{c}} = \sum_{i=1}^{N_{\mathrm{r}}} \sum_{k=1}^{N_{\mathrm{c}}} \alpha_{ik} \boldsymbol{v}(\vartheta_{ik}, \varpi_{ik}) \tag{4.95}$$

式中:N_{r} 为距离模糊的次数;N_{c} 为在方位角上均匀分布的独立杂波源个数;α_{ik} 为第 ik 杂波块的幅度;$\boldsymbol{v}(\vartheta_{ik}, \varpi_{ik})$ 为杂波的空时导向矢量;ϑ_{ik}、ϖ_{ik} 分别为第 ik 杂波块的空间频率和归一化多普勒频率;$v(\vartheta, \varpi) = b(\varpi) \otimes a(\vartheta)$,其中 $b(\varpi) = [1; \mathrm{e}^{\mathrm{j}2\pi\varpi}; \cdots; \mathrm{e}^{\mathrm{j}(M-1)2\pi\varpi}]$,$a(\vartheta) = [1; \mathrm{e}^{\mathrm{j}2\pi\vartheta}; \cdots; \mathrm{e}^{\mathrm{j}(N-1)2\pi\vartheta}]$。

对于第 ik 杂波块的有效散射面积(RCS)为

$$\sigma_{ik} = \sigma_0(\phi_k, \theta_i) \times \text{Patch Area} = \sigma_0(\phi_k, \theta_i) R_i \Delta\phi \Delta R \sec\psi_i \tag{4.96}$$

式中:$\sigma_0(\phi_k, \theta_i)$ 为第 ik 杂波块的地面散射率,目前已经根据地形、雷达频率和极化等对杂波散射率提出很多模型,这里采用等 γ 模型,即 $\sigma_0 = \gamma \sin\psi_{\mathrm{c}}$($\gamma$ 表示地型相关参数);R_i 表示雷达斜距;$\Delta\phi = 2\pi / N_{\mathrm{c}}$ 表示每个杂波块的方位角范围;$\Delta R = c/2B$ 表示雷达的距离分辨力;ψ_i 表示擦地角。

根据以上定义,第 ik 杂波块分布的杂噪比(CNR)为

$$\xi_{ik} = \frac{P_{\mathrm{t}} T_{\mathrm{p}} C_{\mathrm{t}}(\phi_k, \theta_i) g(\phi_k, \theta_i) \lambda_0^2 \sigma_{ik}}{(4\pi)^3 N_0 L_{\mathrm{s}} R_i^4} \tag{4.97}$$

式中:P_{t} 为峰值功率;T_{p} 为脉冲带宽;$G_{\mathrm{t}}(\phi_k, \theta_i)$ 为发射增益;$g(\phi_k, \theta_i)$ 为子阵增益;λ_0 为载波波长;N_0 为额定噪声功率;L_{s} 为系统损失。由式(4.97)得,杂波的幅度满足如下关系式

$$E\{|\alpha_{ik}|^2\} = \sigma^2 \xi_{ik} \tag{4.98}$$

假定来自不同杂波块的回波是不相关的,即

$$E\{\alpha_{ik} \alpha_{jl}^*\} = \sigma^2 \xi_{ik} \delta_{i-j} \delta_{k-l} \tag{4.99}$$

由式(4.95)和式(4.99)可得杂波的协方差矩阵为

$$\boldsymbol{R}_{\mathrm{c}}(R) = E\{x_{\mathrm{c}} x_{\mathrm{c}}^{\mathrm{H}}\} = \sigma^2 \sum_{i=1}^{N_{\mathrm{r}}} \sum_{k=1}^{N_{\mathrm{c}}} \xi_{ik} v_{ik} v_{ik}^{\mathrm{H}} \tag{4.100}$$

杂波抑制可以采用空时自适应处理,其自适应权可以通过线性约束最小方差(LCMV)准则得到,由于全空时自适应处理的高维数问题和样本问题,这里考虑降维空时自适应处理,此时的最优化问题可以描述为

$$\left.\begin{aligned}&\min_{w}\boldsymbol{w}^{\mathrm{H}}(R,f_{\mathrm{d}})\boldsymbol{R}_{u}(R,f_{\mathrm{d}})\boldsymbol{w}(R,f_{\mathrm{d}})\\&\text{s. t. }\boldsymbol{w}^{\mathrm{H}}(R,f_{\mathrm{d}})\boldsymbol{v}_{\mathrm{t}}=1\end{aligned}\right\}\tag{4.101}$$

式中:$\boldsymbol{w}(R, f_{\mathrm{d}})$和$\boldsymbol{R}_{\mathrm{u}}(R, f_{\mathrm{d}})$为距离-多普勒单元$(R, f_{\mathrm{d}})$对应的自适应权矢量和协方差矩阵,$\boldsymbol{R}_{u}(R, f_{\mathrm{d}}) = \boldsymbol{T}^{\mathrm{H}}(f_{\mathrm{d}})\boldsymbol{R}_{\mathrm{u}}(R)\boldsymbol{T}(f_{\mathrm{d}})$,$\boldsymbol{T}(f_{\mathrm{d}})$为降维变换矩阵;$\boldsymbol{v}_{\mathrm{t}} = \boldsymbol{b}(\varpi_{\mathrm{t}})\otimes\boldsymbol{a}(\vartheta_{\mathrm{t}})$是目标的导向矢量。采用拉格朗日乘子法可以解得空时自适应滤波权矢量为

$$\boldsymbol{w}=(R,f_{\mathrm{d}})=\boldsymbol{R}_{\mathrm{u}}^{-1}(R,f_{\mathrm{d}})\boldsymbol{v}_{\mathrm{t}}\tag{4.102}$$

其中,

$$\boldsymbol{R}_{\mathrm{u}}(R,f_{\mathrm{d}})=\boldsymbol{R}_{\mathrm{c}}(R,f_{\mathrm{d}})+\sigma^{2}\boldsymbol{I}\tag{4.103}$$

为杂波加噪声的协方差矩阵。

经过空时自适应滤波后的距离-多普勒单元(R, f_{d})处的剩余杂噪功率为

$$p(R,f_{\mathrm{d}})=w^{\mathrm{H}}(R,f_{\mathrm{d}})\boldsymbol{R}_{\mathrm{u}}(R,f_{\mathrm{d}})\boldsymbol{w}(R,f_{\mathrm{d}})=\frac{1}{v_{\mathrm{t}}^{\mathrm{H}}\boldsymbol{R}_{\mathrm{u}}^{-1}(R,f_{\mathrm{d}})\boldsymbol{v}_{\mathrm{t}}}\tag{4.104}$$

从式(4.104)可以看出,在给定系统参数和惯导参数下,可以获得不同距离-多普勒单元的杂波剩余。

4.2.3　机载杂波分区图生成

基于获得的机载杂波分类距离-多普勒图和理论杂波剩余距离-多普勒图,可以直接进行杂波分区处理。首先根据机载杂波分类距离-多普勒图得到同一类杂波类型对应的距离-多普勒区间,然后在同一类型杂波对应的区间内依据理论杂波剩余距离-多普勒图进行进一步划分。如果该区间内的理论杂波剩余差别很大,那么就需要进行进一步划分,划分准则可以基于简单的杂波剩余强度大小来划分。如果该区间内的理论杂波剩余差别不大,那么就不需要进行继续划分。如果划分太细,同一杂波区间对应的距离-多普勒单元数会很少,这对于后续基于样本的杂波统计分布及参数估计是非常不利的。因此,杂波分区还需要考虑样本的获取问题,如果能够获取的样本数足够多,那么分区可以更细,否则不能分得太细。

4.2.4　杂波分布及参数估计

对于给定的实测杂波数据,要从这些模型中选出一种最能拟和给定杂波幅

度数据的模型,则必须先定义一个能反映模型与数据拟和程度的统计量,来验证一组数据的分布是否和我们设计的分布模型相符合,这就是统计假设检验中的拟和优度检验问题。常用的拟和优度检验方法有 K-S 检验法、χ^2检验法、均方差检验法。下面具体介绍这几种拟和优度检验方法。

1) K-S 检验法

K-S 检验比较实际频数与理论频数的累积概率间的差距,找出最大距离 d,根据 d 值来判断实际分布函数是否服从理论分布函数。

K-S 检验的步骤如下:

(1) 设 $S(x)$为 n 个观测值的样本中构造的经验累积分布函数;

(2) 设 $F(x)$为在原假定为真的假定下的理论累积分布函数;

(3) 对于 N 个样本点中的每一个,计算 $F(x_i)-S(x_i)(i=1,2,\cdots,N)$,令

$$d=\max_i|F(x_i)-S(x_i)| \tag{4.105}$$

(4) 选择某个 α 值,在此显著水平下,如果 d 的计算值大于临界值 D_{ks}(D_{ks}需要查表得到),则拒绝原假设。

2) χ^2检验法

χ^2 检验最基本的思想是利用观察实际值与理论值的偏差来确定理论的正确与否。具体的步骤是:首先假设两个变量模型是一致的,然后观察实际值与理论值的偏差程度,如果偏差足够小,我们就认为两者确实是一致的,如果偏差大到一定程度,超过其临界值,我们就认为两者实际上是不同的。

χ^2检验把实验数据按大小顺序分为 m 个区间,每区间对应的数据个数为 N_i,检验统计量χ^2定义如下:

$$\chi^2=\sum_{i=1}^{m}\frac{(N_i-n_i)^2}{n_i} \tag{4.106}$$

式中:n_i为假设理论分布对应区间数据大小。当数据分组数足够大($m>>1$)或每区间数据(N_i)足够大时,统计量χ^2将趋近于χ^2分布。其分布自由度为 $m-1-p$,p 为假设分布中待估计的参数个数,当 p 相对于 m 较小时,自由度可近似为 $m-1$。

于是,在假设 H_0为真时有

$$H_0:\chi^2\leqslant\chi^2_{1-\alpha}(m-1-p) \tag{4.107}$$

式中:$\chi^2_{1-\alpha}(m-1-p)$为自由度为 $m-1-p$ 的χ^2分布的 $1-\alpha$ 上侧分位数;α 为显著水平,通常取 0.1,0.05 等较小值。

3) 均方差检验法

均方差(MSD)检验法是统计学中常用的检验方法,检验公式如下式所示:

$$\mathrm{msd}=\frac{1}{n}(p_{\mathrm{e}}(x_k)-p_{\mathrm{t}}(x_k))^2 \tag{4.108}$$

式中：$p_{\mathrm{e}}(x_k)$，$p_{\mathrm{t}}(x_k)$分别为实测概率密度与各分布理论的概率密度；n 为矢量长度。msd 值越小，表明两种分布越相似，也就是实测数据的分布越接近该种理论分布。

杂波分布的拟和优度检验需要大量的样本，对于机载扫描雷达来说除了当前数据外，还可以利用之前波位和之前扫描周期的数据。

确定杂波分布模型除了确定杂波分布类型，还需要确定相应的参数。常用的杂波分布参数估计方法包括矩估计方法和最大似然方法。下面分别介绍这两种参数估计方法。

（1）矩估计方法。矩估计方法的原理是假设杂波分布模型理论计算得到的各阶矩与实测数据计算得到的各阶样本矩相等，然后通过列方程组求解出模型参数，即

$$E(x^l)=B(l)\quad l=1,2,\cdots,k \tag{4.109}$$

式中：$E(\boldsymbol{x}^l)=\int_{-\infty}^{+\infty}x^l f(x;\theta_1,\theta_2,\cdots,\theta_k)\,\mathrm{d}x$ 为理论计算的各阶矩；$B(l)=\frac{1}{n}\sum_{i=1}^{n}x_i^l$ 为样本估计的各阶矩；x 为剩余杂波的幅度，其概率密度为 $f(x;\theta_1,\theta_2,\cdots,\theta_k)$，其中 $\theta_1,\theta_2,\cdots,\theta_k$ 为待估计的参数；x_1，$x_2,\cdots,x_{\mathrm{n}}$ 为同一杂波区间的样本，n 为样本数。

（2）最大似然估计法。最大似然估计方法是一种常用的参数估计方法，其基本原理是求解使似然函数最大的未知参数，它适用于未知参数的先验分布未知或未知参数为确定性非随机参量的情况。最大似然估计的解可以通过如下方式得到，有

$$\frac{\mathrm{d}L(\theta)}{\mathrm{d}\theta}=0\text{ 或 }\frac{\mathrm{d}\ln L(\theta)}{\mathrm{d}\theta}=0 \tag{4.110}$$

式中：$L(\theta)=L(x_1,x_2,\cdots,x_{\mathrm{n}};\theta)=\prod_{i=1}^{n}f(x_i;\theta)$ 称为样本的似然函数；n 为样本数；θ 为待估的未知参数。

表 4.1 给出了四种常见分布的参数矩估计和最大似然估计的计算公式。

表 4.1　四种分布的矩估计和最大似然估计

	矩估计	最大似然估计
瑞利分布	$\hat{\sigma}^2=\frac{1}{2}(B(2))$	$\hat{\sigma}^2=\frac{1}{2}(B(2))$

（续）

	矩估计	最大似然估计
对数正态分布	$\hat{\mu}_c=\ln\{[B(1)]^2/[B(2)]^{\frac{1}{2}}\}$ $\hat{\sigma}^2=\ln\{[B(2)]/[B(1)]^2\}$	$\hat{\mu}_c=\frac{1}{N}\sum_{i=1}^{N}\ln(x_i)$ $\hat{\sigma}^2=\frac{1}{N}\sum_{i=1}^{N}(\ln(x_i)-\hat{\mu}_c)^2$
韦布尔分布	$\hat{\eta}=\frac{\pi A(2)}{A(1)\sqrt{A^2(2)-A^2(1)}}$ $\hat{\nu}=\frac{B(1)}{\Gamma\left(1+\frac{1}{\hat{\eta}}\right)}$	$\hat{\nu}=(A^{\hat{\eta}})^{\frac{1}{\hat{\eta}}}$ $\frac{1}{\hat{\eta}}=\frac{\sum_{i=1}^{N_0}x_i^{\hat{\eta}}\ln x_i}{\sum_{i=1}^{N_0}x_i^{\hat{\eta}}}-\frac{1}{N}\sum_{i=1}^{N_0}\ln x_i$
K分布	$\hat{a}=\sqrt{\frac{B(2)}{4\hat{v}}}$ $\hat{v}=\left(\frac{B(4)}{2[B(2)]^2}-1\right)^{-1}$	$[\hat{a},\hat{v}]=\max_{a,v}[\ln[L_N(x;a,v)]]$ $(a=1/b)$（无法求出具体表达式）

表中$A(m)=\frac{1}{N}\sum_{i=1}^{N}x_i^m\frac{1}{N}\sum_{i=1}^{N}x_i^{-m}$，$B(n)=\frac{1}{N}\sum_{i=1}^{N}x_i^n$，$(n=1,2)$，$B(n)$为$n$阶矩。

4.2.5 CFAR 算法库

CFAR 算法库应该尽可能多的包含各种 CFAR 算法，以满足各种复杂杂波背景下的恒虚警检测要求。在 CFAR 算法库里，需要知道各种 CFAR 算法的应用范围以及随参数的性能变化关系，这样才能为后续的 CFAR 算法自适应选取提供保障。CFAR 算法可以分为高斯杂波背景下的 CFAR 算法和非高斯杂波背景下的 CFAR 算法，高斯杂波背景下的 CFAR 算法主要包括均值类 CFAR 算法和有序类 CFAR 算法等，非高斯杂波背景下的 CFAR 算法主要包括对数正态分布杂波背景下的 CFAR 算法、韦布尔分布杂波背景下的 CFAR 算法和 K 分布杂波背景下的 CFAR 算法等。另外还有其他 CFAR 算法，比如非参数化 CFAR 算法等，文献[14]给出了比较全面的 CFAR 算法及其性能分析，这里就不再详细介绍，具体可以参考文献[14]。

4.2.6 CFAR 算法选取和参数设计

获得了某一杂波分区内的杂波分布及其可用的样本数，就可以根据 CFAR 算法库中各种算法的特点进行 CFAR 算法的选取。比如，杂波分区内的杂波服从高斯分布，那么可以采用均值类 CFAR 算法和有序类 CFAR 算法，然后根据高斯分布的参数和样本数,可以计算得到指定虚警率下 CFAR 检测的门限。另外,杂波分区内有可能还会包含目标以及强孤立散射点等孤立点,这对目标检测是不利的,因此在 CFAR 算法选取和参数设计时都需要避免孤立点对它们的影响。对于已跟踪的目标可以通过跟踪信息来估计目标所在的距离-多普勒单元,对于强孤立散射点可以通过强散射点先验信息经过坐标变换转换到距离-多普勒域,对于未跟踪的目标和没有先验信息的强孤立散射点可以通过奇异样本检测方法检测得到,最终得到强孤立点在距离-多普勒域的分布情况。上述处理能把大部分强孤立点都检测到,但不能保证把所有强孤立点都检测出来,毕竟奇异样本检测方法会由于多目标情况导致漏检。根据强孤立点的分布情况,需要首先将杂波分区内的强孤立点剔除,避免强孤立点抬高检测门限,然后根据杂波分区内的强孤立点数目,选择采用均值类 CFAR 算法或者有序类 CFAR 算法,如果强孤立点数目比较多,那么样本中存在其他未检出的强孤立点的概率会比较高,此时适合采用有序类 CFAR 算法,如果强孤立点数目比较少,那么样本中存在其他未检出的强孤立点的概率会比较低,此时适合采用均值类 CFAR 算法,避免有序类 CFAR 算法带来的性能损失。

4.3　矢量检测的知识辅助目标检测方法

上一节给出了杂波抑制后再检测的知识辅助目标检测方法,实际上,目标检测也可以直接在回波数据域上进行,此时的目标检测问题就是在杂波和噪声背景下的直接检测问题。不同于杂波抑制后再检测这种级联结构,直接检测可以获得更好的检测性能,但由于直接在回波数据域进行检测涉及的维度更高,所需的样本数会更多,样本获取问题会更加严重。利用先验信息可以缓解检测对样本的需求,因此研究利用先验信息的 CFAR 算法显得十分必要。

4.3.1　信号模型

目标检测问题是一个经典的二元假设检验问题,定义为

$$\begin{cases} H_0: \boldsymbol{z} = \boldsymbol{n}; \boldsymbol{z}_{\mathrm{n}} = \boldsymbol{n}_k & k = 1, \cdots, K \\ H_1: \boldsymbol{z} = b\boldsymbol{s}(\theta_0, f_{\mathrm{d}}) + \boldsymbol{n}; \boldsymbol{z}_k = \boldsymbol{n}_k & k = 1, \cdots, K \end{cases} \tag{4.111}$$

式中:$\boldsymbol{z}$ 是待检测单元长度为 M 的空时快拍矢量;$\boldsymbol{z}_k$ 为第 k 个训练样本,它可以从相邻独立同分布的距离单元获得;$\boldsymbol{s}(\theta_0, f_{\mathrm{d}})$ 为目标的导向矢量;b 为目标幅度;$\boldsymbol{n}$ 为待检测单元的杂波加噪声分量;$\boldsymbol{n}_k$ 为第 k 个训练样本单元的杂波加噪声分量。假设 $\boldsymbol{n}_k$ 是独立同分布的,即 $\boldsymbol{n}_k | M_{\mathrm{s}} \sim CN_m(0, \boldsymbol{M}_{\mathrm{s}})$,$k = 1, \cdots, K$,其中 $\boldsymbol{M}_{\mathrm{s}}$ 是未知的协方差矩阵,那么 $\boldsymbol{z}_k$ 在 $\boldsymbol{M}_{\mathrm{s}}$ 条件下的条件概率密度函数为

$$f(z_k|\boldsymbol{M}_s) = \pi^{-m}|\boldsymbol{M}_s|^{-1}\mathrm{etr}\{-\boldsymbol{M}_s^{-1}z_kz_k^{\mathrm{H}}\} \tag{4.112}$$

由于z_k是独立的,则样本的矩阵$\boldsymbol{Z}=[z_1,\cdots,z_K]$的联合条件概率密度函数为

$$f(\boldsymbol{Z}|\boldsymbol{M}_s) = \pi^{-mK}|\boldsymbol{M}_s|^{-K}\mathrm{etr}\{-\boldsymbol{M}_s^{-1}\boldsymbol{S}\} \tag{4.113}$$

式中:

$$\boldsymbol{S} = \sum_{k=1}^{K} z_kz_k^{\mathrm{H}} \tag{4.114}$$

表示采样协方差矩阵。假设$\boldsymbol{n}$服从零均值、协方差矩阵$\boldsymbol{M}_p$的高斯分布,则z在H_0和H_1假设下的分布分别为

$$f_0(z|\boldsymbol{M}_p) = \pi^{-m}|\boldsymbol{M}_p|^{-1}\mathrm{etr}\{-\boldsymbol{M}_p^{-1}zz^{\mathrm{H}}\} \tag{4.115}$$

$$f_1(z|\boldsymbol{M}_p) = \pi^{-m}|\boldsymbol{M}_p|^{-1}\mathrm{etr}\{-\boldsymbol{M}_p^{-1}(z-bs)(z-bs)^{\mathrm{H}}\} \tag{4.116}$$

而且,z和z_k是假设在$\boldsymbol{M}_p$和$\boldsymbol{M}_s$条件下独立的。

为了衡量检测单元数据与训练样本数据之间的非均匀性,文献[14]采用了$\boldsymbol{M}_p \neq \boldsymbol{M}_s$这个假设。虽然$\boldsymbol{M}_s$和$\boldsymbol{M}_p$不相同,但$\boldsymbol{M}_s$被认为是接近$\boldsymbol{M}_p$的。$\boldsymbol{M}_s$必须以某种方式与$\boldsymbol{M}_p$相关,否则就不可能从$\boldsymbol{M}_s$得到$\boldsymbol{M}_p$的信息。文献[15]通过以下方式将$\boldsymbol{M}_s$与$\boldsymbol{M}_p$关联,也就是假设$\boldsymbol{M}_s|\boldsymbol{M}_p$的条件分布是具有$v$自由度,均值为$\boldsymbol{M}_p$的逆复 Wishart 分布为

$$f(\boldsymbol{M}_s|\boldsymbol{M}_p) \propto |\boldsymbol{M}_s|^{-(v+m)}\mathrm{etr}\{-(v-m)\boldsymbol{M}_s^{-1}\boldsymbol{M}_p\}|\boldsymbol{M}_p|^{v} \tag{4.117}$$

式中:$\propto$表示成正比。简写为$\boldsymbol{M}_s|\boldsymbol{M}_p \sim cW_m^{-1}((v-m)\boldsymbol{M}_p,v)$。式(4.117)表明,当$\varepsilon\{\boldsymbol{M}_s|\boldsymbol{M}_p\}=\boldsymbol{M}_p$表示环境均匀。参数$v$用来调整$\boldsymbol{M}_s$和$\boldsymbol{M}_p$的非均匀程度。使用式(4.117)可得

$$\mathrm{cov}\{\boldsymbol{M}_s|\boldsymbol{M}_p\} = \frac{\boldsymbol{M}_p^2+(v-m)\mathrm{tr}\{\boldsymbol{M}_p\}\boldsymbol{M}_p}{(v-m+1)(v-m-1)} \tag{4.118}$$

因此,v增加时,$\boldsymbol{M}_s$和$\boldsymbol{M}_p$的差距减小,$\boldsymbol{M}_s$接近$\boldsymbol{M}_p$,这与环境越来越均匀是一致的。相反,v很小时,$\boldsymbol{M}_s$与$\boldsymbol{M}_p$差别会比较大。

对于$\boldsymbol{M}_p$的先验概率密度函数选择需要考虑两个方面,一方面,先验$f(\boldsymbol{M}_p)$应该反映出关于待检测单元数据协方差矩阵的知识。另一方面,计算量是很重要的问题。因此,选择$\boldsymbol{M}_p$的先验分布通常为了提供易处理的后验密度。在这里,我们假设有一些关于$\boldsymbol{M}_p$均值的粗略知识,定义为$\overline{\boldsymbol{M}}_p$。在 STAP 中,$\overline{\boldsymbol{M}}_p$可从 ward 的 CCM 简化模型[13]中得到,即$\overline{\boldsymbol{M}}_p$的计算式为

$$\overline{\boldsymbol{M}}_p = \sum_{k=1}^{N_c} P_kv_kv_k^{\mathrm{H}} \otimes \boldsymbol{T}_k \tag{4.119}$$

式中:N_c是杂波块在方位上的划分的个数;P_k是第k个杂波块的功率;$\boldsymbol{v}_k$是空时

信号导向矢量；$\boldsymbol{T}_k$是锥削协方差矩阵，它是由于杂波内部运动、阵列误差等因素引起的。使用式(4.119)中的$\overline{\boldsymbol{M}}_{\mathrm{p}}$作为先验信息，假设$\boldsymbol{M}_{\mathrm{p}} \sim cW_m(\mu^{-1}\overline{\boldsymbol{M}}_{\mathrm{p}},\mu)$，即

$$f(\boldsymbol{M}_{\mathrm{p}}) \propto |\boldsymbol{M}_{\mathrm{p}}|^{\mu-m}\mathrm{etr}\{-\mu\boldsymbol{M}_{\mathrm{p}}\overline{\boldsymbol{M}}_{\mathrm{p}}^{-1}\} \tag{4.120}$$

$\boldsymbol{M}_{\mathrm{p}}$的均值$\varepsilon\{\boldsymbol{M}_{\mathrm{p}}\}=\overline{\boldsymbol{M}}_{\mathrm{p}}^{-1}$，$\boldsymbol{M}_{\mathrm{p}}$的协方差矩阵为

$$\mathrm{cov}\{\boldsymbol{M}_{\mathrm{p}}\}=\frac{\mathrm{tr}\{\overline{\boldsymbol{M}}_{\mathrm{p}}\}}{\mu}\overline{\boldsymbol{M}}_{\mathrm{p}} \tag{4.121}$$

当μ增加时，$\boldsymbol{M}_{\mathrm{p}}$接近于$\overline{\boldsymbol{M}}_{\mathrm{p}}$，因此先验概率密度$f(\boldsymbol{M}_{\mathrm{p}})$是很有用的。另一方面，较小的$\mu$，$\boldsymbol{M}_{\mathrm{p}}$就会偏离$\overline{\boldsymbol{M}}_{\mathrm{p}}$，就会导致模糊先验概率密度$f(\boldsymbol{M}_{\mathrm{p}})$。因此标量$\mu$与$\boldsymbol{M}_{\mathrm{p}}$的先验知识准确度一致。此外，这里给出的框架提供了通过$f(\boldsymbol{M}_{\mathrm{p}})$的知识辅助处理与稳健协方差矩阵不确定性的一个混合，给出的统计模型仅需要指定参数v和μ的值，这些参数分别代表非均匀的严重性和待检测单元数据协方差矩阵的先验信息准确度。

4.3.2　模型参数估计

接下来重要的一个步骤是估计模型未知参数，尤其是估计待检测单元的协方差矩阵。在贝叶斯框架下，所有关于$\boldsymbol{M}_{\mathrm{p}}$的信息包含在后验分布$f(\boldsymbol{M}_{\mathrm{p}}|\boldsymbol{Z})$中。接下来，我们需要求解$\boldsymbol{M}_{\mathrm{p}}$的 MMSE 估计和 MAP 估计[15]。为了简洁，统计假设简写为

$$z|\boldsymbol{M}_{\mathrm{p}} \sim cN_m(\bar{z},\boldsymbol{M}_{\mathrm{p}}) \tag{4.122a}$$

$$\boldsymbol{Z}|\boldsymbol{M}_{\mathrm{s}} \sim cN_m(0,\boldsymbol{M}_{\mathrm{s}}) \tag{4.122b}$$

$$\boldsymbol{M}_{\mathrm{s}}|\boldsymbol{M}_{\mathrm{p}} \sim cW_m^{-1}((v-m)\boldsymbol{M}_{\mathrm{p}},v) \tag{4.122c}$$

$$\boldsymbol{M}_{\mathrm{p}} \sim cW_m(\mu^{-1}\overline{\boldsymbol{M}}_{\mathrm{p}},\mu) \tag{4.122d}$$

式中：在H_0假设下$\bar{z}=0$，在H_1假设下$\bar{z}=bs$，s是已知矢量；b是确定的未知幅度。

1) $\boldsymbol{M}_{\mathrm{p}}$的后验分布

我们首先获得$f(\boldsymbol{M}_{\mathrm{p}}|\boldsymbol{Z})$的解析表达式，在式(4.122)的假设下，有

$$\begin{aligned}f(\boldsymbol{M}_{\mathrm{p}},\boldsymbol{M}_{\mathrm{s}}|\boldsymbol{Z}) &\propto f(\boldsymbol{Z}|\boldsymbol{M}_{\mathrm{p}},\boldsymbol{M}_{\mathrm{s}})f(\boldsymbol{M}_{\mathrm{s}}|\boldsymbol{M}_{\mathrm{p}})f(\boldsymbol{M}_{\mathrm{p}})\\ &\propto |\boldsymbol{M}_{\mathrm{s}}|^{-(v+m+K)}|\boldsymbol{M}_{\mathrm{p}}|^{v+\mu-m}\\ &\times \mathrm{etr}\{-\boldsymbol{M}_{\mathrm{s}}^{-1}[S+(v-m)\boldsymbol{M}_{\mathrm{p}}]\}\times \mathrm{etr}\{-\mu\boldsymbol{M}_{\mathrm{p}}\overline{\boldsymbol{M}}_{\mathrm{p}}^{-1}\}\end{aligned} \tag{4.123}$$

对式(4.123)进行积分可以得到$f(\boldsymbol{M}_{\mathrm{p}}|\boldsymbol{Z})$，即

$$f(\boldsymbol{M}_{\mathrm{p}}|\boldsymbol{Z}) = \int f(\boldsymbol{M}_{\mathrm{p}},\boldsymbol{M}_{\mathrm{s}}|\boldsymbol{Z})\,\mathrm{d}\boldsymbol{M}_{\mathrm{s}}$$

$$\propto |\boldsymbol{M}_{\mathrm{p}}|^{v+\mu-m}\mathrm{etr}\{-\mu\boldsymbol{M}_{\mathrm{p}}\overline{\boldsymbol{M}}_{\mathrm{p}}^{-1}\}\times\int|\boldsymbol{M}_{\mathrm{s}}|^{-(v+m+K)}$$

$$\times\,\mathrm{etr}\{-\boldsymbol{M}_{\mathrm{s}}^{-1}[\boldsymbol{S}+(v-m)\boldsymbol{M}_{\mathrm{p}}]\}\mathrm{d}\boldsymbol{M}_{\mathrm{s}}$$

$$\propto\frac{|\boldsymbol{M}_{\mathrm{p}}|^{v+\mu-m}}{|\boldsymbol{S}+(v-m)\boldsymbol{M}_{\mathrm{p}}|^{v+K}}\mathrm{etr}\{-\mu\boldsymbol{M}_{\mathrm{p}}\overline{\boldsymbol{M}}_{\mathrm{p}}^{-1}\}$$

$$\propto\frac{|\boldsymbol{M}_{\mathrm{p}}|^{v}}{|\boldsymbol{S}+(v-m)\boldsymbol{M}_{\mathrm{p}}|^{v+K}}f(\boldsymbol{M}_{\mathrm{p}})\tag{4.124}$$

其中,第二行的积分是服从参数矩阵为 $\boldsymbol{S}+(v-m)\boldsymbol{M}_{\mathrm{p}}$,自由度为 $v+K$ 的复Wishart 分布的积分。方程(4.124)提供了 $f(\boldsymbol{M}_{\mathrm{p}}|\boldsymbol{Z})$ 的闭环表达式,用它可以获得 $\boldsymbol{M}_{\mathrm{p}}$ 的估计。

2) MMSE 估计

$\boldsymbol{M}_{\mathrm{p}}$ 的 MMSE 估计为

$$\int\boldsymbol{M}_{\mathrm{p}}f(\boldsymbol{M}_{\mathrm{p}}|\boldsymbol{Z})\mathrm{d}\boldsymbol{M}_{\mathrm{p}}=\frac{\int|\boldsymbol{M}_{\mathrm{p}}|^{v}|\boldsymbol{S}+(v-m)\boldsymbol{M}_{\mathrm{p}}|^{-(v+k)}\boldsymbol{M}_{\mathrm{p}}f(\boldsymbol{M}_{\mathrm{p}})\mathrm{d}\boldsymbol{M}_{\mathrm{p}}}{\int|\boldsymbol{M}_{\mathrm{p}}|^{v}|\boldsymbol{S}+(v-m)\boldsymbol{M}_{\mathrm{p}}|^{-(v+k)}f(\boldsymbol{M}_{\mathrm{p}})\mathrm{d}\boldsymbol{M}_{\mathrm{p}}}\tag{4.125}$$

但式(4.125)中的积分没有解析形式,必须从数值上进行计算。在这里采用确定的方法并不太合适,因为积分中包含高维函数($\boldsymbol{M}_{\mathrm{p}}$ 是 $m\times m$ 维的)。在这种情况下,通常采用随机积分方法如马尔科夫链蒙特卡洛法(MCMC)。这些方法依据感兴趣的后验 $f(\boldsymbol{M}_{\mathrm{p}}|\boldsymbol{Z})$ 产生样本分布,使用这些样本来近似积分的计算。因此为获得 $\boldsymbol{M}_{\mathrm{p}}$ 的 MMSE 估计,我们需要借助吉布斯采样方法,它依据后验分布 $f(\boldsymbol{M}_{\mathrm{p}}|\boldsymbol{Z})$ 产生矩阵 $\boldsymbol{M}_{\mathrm{p}}^{(i)}(i=1,\cdots,N_{\mathrm{r}})$ 的分布,并求这些矩阵的平均。更确切地说,在剔除前面 N_{bi} 个初始矩阵后,MMSE 估计可以通过由吉布斯采样产生的"最后的"矩阵来近似产生,即

$$\int\boldsymbol{M}_{\mathrm{p}}f(\boldsymbol{M}_{\mathrm{p}}|\boldsymbol{Z})\mathrm{d}\boldsymbol{M}_{\mathrm{p}}\cong\frac{1}{N_{\mathrm{r}}}\sum_{i=N_{bi}+1}^{N_{bi}+N_{\mathrm{r}}}\boldsymbol{M}_{\mathrm{p}}^{(i)}=\hat{\boldsymbol{M}}_{\mathrm{p}}^{\mathrm{mmse}}\tag{4.126}$$

3) 吉布斯采样

下面给出依据 $f(\boldsymbol{M}_{\mathrm{p}}|\boldsymbol{Z})$ 产生矩阵 $\boldsymbol{M}_{\mathrm{p}}^{(i)}$ 分布的方法。首先,如果直接根据式(4.124)产生矩阵分布比较困难,因为 $f(\boldsymbol{M}_{\mathrm{p}}|\boldsymbol{Z})$ 不属于任何熟悉的分布。文献[14]提出采用吉布斯采样方法并根据联合分布 $f(\boldsymbol{M}_{\mathrm{p}},\boldsymbol{M}_{\mathrm{s}}|\boldsymbol{Z})$ 来产生矩阵分布。在第 i 次迭代,利用获得的矩阵 $\boldsymbol{M}_{\mathrm{s}}^{(i)}$ 可以通过如下方式产生 $\boldsymbol{M}_{\mathrm{p}}^{(i+1)}$ 和 $\boldsymbol{M}_{\mathrm{s}}^{(i+1)}$:首先根据 $f(\boldsymbol{M}_{\mathrm{p}}|\boldsymbol{M}_{\mathrm{s}}^{(i)},\boldsymbol{Z})$ 产生 $\boldsymbol{M}_{\mathrm{p}}^{(i+1)}$,然后根据 $f(\boldsymbol{M}_{\mathrm{s}}|\boldsymbol{M}_{\mathrm{p}}^{(i+1)},\boldsymbol{Z})$ 产生 $\boldsymbol{M}_{\mathrm{s}}^{(i+1)}$。

为了获得分布$f(\boldsymbol{M}_{\mathrm{p}}|\boldsymbol{M}_{\mathrm{s}},\boldsymbol{Z})$和$f(\boldsymbol{M}_{\mathrm{s}}|\boldsymbol{M}_{\mathrm{p}},\boldsymbol{Z})$，我们利用式(4.123)。考虑$\boldsymbol{M}_{\mathrm{s}}$在式中作为一个已知量，则

$$f(\boldsymbol{M}_{\mathrm{p}}|\boldsymbol{M}_{\mathrm{s}},\boldsymbol{Z}) \propto |\boldsymbol{M}_{\mathrm{p}}|^{-(v+\mu-m)} \times \mathrm{etr}\{-[\mu\overline{\boldsymbol{M}}_{\mathrm{p}}^{-1}+(v-m)\boldsymbol{M}_{\mathrm{s}}^{-1}]\boldsymbol{M}_{\mathrm{p}}\} \tag{4.127}$$

$$f(\boldsymbol{M}_{\mathrm{s}}|\boldsymbol{M}_{\mathrm{p}},\boldsymbol{Z}) \propto |\boldsymbol{M}_{\mathrm{s}}|^{-(v+m+K)} \times \mathrm{etr}\{-\boldsymbol{M}_{\mathrm{s}}^{-1}[\boldsymbol{S}+(v-m)\boldsymbol{M}_{\mathrm{p}}]\} \tag{4.128}$$

因此，$\boldsymbol{M}_{\mathrm{p}}|\boldsymbol{M}_{\mathrm{s}},\boldsymbol{Z}$和$\boldsymbol{M}_{\mathrm{s}}|\boldsymbol{M}_{\mathrm{p}},\boldsymbol{Z}$的条件分布表示为

$$\boldsymbol{M}_{\mathrm{p}}|\boldsymbol{M}_{\mathrm{s}},\boldsymbol{Z} \sim cW_m([\mu\overline{\boldsymbol{M}}_{\mathrm{p}}^{-1}+(v-m)\boldsymbol{M}_{\mathrm{s}}^{-1}]^{-1},v+\mu) \tag{4.129}$$

$$\boldsymbol{M}_{\mathrm{s}}|\boldsymbol{M}_{\mathrm{p}},\boldsymbol{Z} \sim cW_m^{-1}(\boldsymbol{S}+(v-m)\boldsymbol{M}_{\mathrm{p}},v+K) \tag{4.130}$$

这样，吉布斯采样方法由式(4.129)、式(4.130)就可以产生迭代的随机矩阵$\boldsymbol{M}_{\mathrm{p}}$和$\boldsymbol{M}_{\mathrm{s}}$。即首先给定$\boldsymbol{M}_{\mathrm{s}}$的初始值，然后用$\boldsymbol{M}_{\mathrm{s}}$的初始值从式(4.129)的Wishart分布中得到矩阵$\boldsymbol{M}_{\mathrm{p}}$。接下来，用之前产生的$\boldsymbol{M}_{\mathrm{p}}$从式(4.130)的逆Wishart分布中得到新的矩阵$\boldsymbol{M}_{\mathrm{s}}$。重复上述步骤直到收敛。

实际上，用上面算法产生的矩阵$(\boldsymbol{M}_{\mathrm{p}},\boldsymbol{M}_{\mathrm{s}})$是依据$f(\boldsymbol{M}_{\mathrm{p}},\boldsymbol{M}_{\mathrm{s}}|\boldsymbol{Z})$渐进分布的。因此MMSE估计可由吉布斯采样产生的“最后”的矩阵取平均来近似。更确切地说，在剔除烧入周期N_{bi}个矩阵后，$\boldsymbol{M}_{\mathrm{p}}$的MMSE估计可由式(4.126)获得。因此，如果需要计算形如$\int h(\boldsymbol{M}_{\mathrm{p}})\,f(\boldsymbol{M}_{\mathrm{p}}|\boldsymbol{Z})\mathrm{d}\boldsymbol{M}_{\mathrm{p}}$的积分，可以在矩阵$\{\boldsymbol{M}_{\mathrm{p}}^{(i)}\}_{i=N_{bi}+1}^{N_{bi}+N_{\mathrm{r}}}$之上通过取$h(\boldsymbol{M}_{\mathrm{p}})$的平均来近似。这个方法另外的好处是它能使我们获得$\boldsymbol{M}_{\mathrm{p}}$和$\boldsymbol{M}_{\mathrm{s}}$的MMSE估计，后者可以从吉布斯采样产生的矩阵$\{\boldsymbol{M}_{\mathrm{s}}^{(i)}\}_{i=N_{bi}+1}^{N_{bi}+N_{\mathrm{r}}}$来获得。

4）MAP估计

因为获得MMSE估计相当复杂，我们转向MAP估计，即通过求$f(\boldsymbol{M}_{\mathrm{p}}|\boldsymbol{Z})$最大值来获得。使用式(4.124)，有

$$\begin{aligned}\ln f(\boldsymbol{M}_{\mathrm{p}}|Z) = &\ \mathrm{const.} + (v+\mu-m)\ln|\boldsymbol{M}_{\mathrm{p}}| - \\ &(v+K)\ln|\boldsymbol{S}+(v-m)\boldsymbol{M}_{\mathrm{p}}| - \mathrm{tr}\{\mu\boldsymbol{M}_{\mathrm{p}}\overline{\boldsymbol{M}}_{\mathrm{p}}^{-1}\}\end{aligned} \tag{4.131}$$

式(4.131)关于$\boldsymbol{M}_{\mathrm{p}}$求微分并令结果为0，可以得到

$$\mu(v-m)\boldsymbol{M}_{\mathrm{p}}\overline{\boldsymbol{M}}_{\mathrm{p}}^{-1}\boldsymbol{M}_{\mathrm{p}} - (v+\mu-m)\boldsymbol{S} - \boldsymbol{M}_{\mathrm{p}}[(v-m)(\mu-m-K)\boldsymbol{I} - \mu\overline{\boldsymbol{M}}_{\mathrm{p}}^{-1}\boldsymbol{S}] = 0 \tag{4.132}$$

上面的方程可以认为是一个二次矩阵方程。该方程存在唯一解，其解为

$$\hat{M}_{\mathrm{p}}^{\mathrm{map}} = \overline{M}_{\mathrm{p}}^{1/2}U\mathrm{diag}(\lambda_k)U^{\mathrm{H}}\overline{M}_{\mathrm{p}}^{1/2} \tag{4.133}$$

式中：$\overline{M}_{\mathrm{p}}^{1/2}$代表$\overline{M}_{\mathrm{p}}$的厄米特均方根，$\mathrm{diag}(\lambda_k)$是对角元素$\lambda_k$构成的对角矩阵，$U$是下面$S$矩阵的特征矢量构成的矩阵，即

$$\tilde{S}=\overline{\boldsymbol{M}}_{\mathrm{p}}^{1/2}\boldsymbol{S}\,\overline{\boldsymbol{M}}_{\mathrm{p}}^{1/2}=U\mathrm{diag}(l_k)U^{\mathrm{H}}$$

$$\lambda_k=\left(\frac{\mu-m-K}{2\mu}-\frac{l_k}{2(v-m)}\right)+\sqrt{\left(\frac{\mu-m-K}{2\mu}-\frac{l_k}{2(v-m)}\right)^2+\frac{v+\mu-m}{\mu(v-m)}l_k}$$

(4.134)

4.3.3 目标检测方法

这一小节主要在式(4.122)的假设下推导 GLRT 检测器,然后给出两种类似 AMF 的检测器[14],也就是在已知 $\boldsymbol{M}_{\mathrm{p}}$ 的情况下得到的 GLRT 检测器,然后用通过 MMSE 估计或 MAP 估计得到的 $\boldsymbol{M}_{\mathrm{p}}$ 代替 GLRT 检测器中的 $\boldsymbol{M}_{\mathrm{p}}$,得到相应的检测器。

1) 近似 GLRT 检测器

对于式(4.111)的检测问题,其 GLRT 为

$$\frac{\max_b f_1(z,\boldsymbol{Z}\,|\,b)}{f_0(z,\boldsymbol{Z})}\underset{H_0}{\overset{H_1}{\gtrless}}\eta \tag{4.135}$$

其中,下标 0 和 1 表示在 H_0 和 H_1 下的分布。根据式(4.122)的假设分布,概率密度 $f_1(z,\boldsymbol{Z}\,|\,b)$ 可以通过如下方式计算得到

$$\begin{aligned}
f_1(z,\boldsymbol{Z}\,|\,b) &= \iint f_1(z,\boldsymbol{Z}\,|\,\boldsymbol{M}_{\mathrm{p}},\boldsymbol{M}_{\mathrm{s}},b)f(\boldsymbol{M}_{\mathrm{s}}\,|\,\boldsymbol{M}_{\mathrm{p}})\times f(\boldsymbol{M}_{\mathrm{p}})\mathrm{d}\boldsymbol{M}_{\mathrm{p}}\mathrm{d}\boldsymbol{M}_{\mathrm{s}}\\
&\propto \iint |\boldsymbol{M}_{\mathrm{s}}|^{-(v+m+K)}|\boldsymbol{M}_{\mathrm{p}}|^{v}\times \mathrm{etr}\{-\boldsymbol{M}_{\mathrm{s}}^{-1}[\boldsymbol{S}+(v-m)\boldsymbol{M}_{\mathrm{p}}]\}\\
&\quad \times f(z\,|\,\boldsymbol{M}_{\mathrm{p}})f(\boldsymbol{M}_{\mathrm{p}})\mathrm{d}\boldsymbol{M}_{\mathrm{p}}\mathrm{d}\boldsymbol{M}_{\mathrm{s}}\\
&\propto \int \frac{|\boldsymbol{M}_{\mathrm{p}}|^{v}}{|\boldsymbol{S}+(v-m)\boldsymbol{M}_{\mathrm{p}}|^{v+K}}f(z\,|\,\boldsymbol{M}_{\mathrm{p}})f(\boldsymbol{M}_{\mathrm{p}})\mathrm{d}\boldsymbol{M}_{\mathrm{p}}\\
&= C\int \frac{|\boldsymbol{M}_{\mathrm{p}}|^{v-1}}{|\boldsymbol{S}+(v-m)\boldsymbol{M}_{\mathrm{p}}|^{v+K}}\\
&\quad \times \mathrm{etr}\{-\boldsymbol{M}_{\mathrm{p}}^{-1}(z-bs)(z-bs)^{H}\}f(\boldsymbol{M}_{\mathrm{p}})\mathrm{d}\boldsymbol{M}_{\mathrm{p}}
\end{aligned} \tag{4.136}$$

在式(4.136)中设置 $b=0$,得到密度 $f_0(z,\boldsymbol{Z})$。为符号简便,令 $u(\boldsymbol{M}_{\mathrm{p}})=(|\boldsymbol{M}_{\mathrm{p}}|^{v-1}/|\boldsymbol{S}+(v-m)\boldsymbol{M}_{\mathrm{p}}|^{v+K})f(\boldsymbol{M}_{\mathrm{p}})$。为了获得 b 的最大似然估计,对 $f_1(z,\boldsymbol{Z}\,|\,b)$ 关于 b 微分得到

$$\frac{\partial f_1(z,\boldsymbol{Z}\,|\,b)}{\partial b}=C\int u(\boldsymbol{M}_{\mathrm{p}})\mathrm{e}^{-(z-bs)^{\mathrm{H}}\boldsymbol{M}_{\mathrm{p}}^{-1}(z-bs)}\times[s^{\mathrm{H}}\boldsymbol{M}_{\mathrm{p}}^{-1}z-bs^{\mathrm{H}}\boldsymbol{M}_{\mathrm{p}}^{-1}s]\mathrm{d}\boldsymbol{M}_{\mathrm{p}} \tag{4.137}$$

因此 b 的最大似然估计为

$$b=\frac{\int u(\boldsymbol{M}_{\mathrm{p}})\mathrm{e}^{-(z-bs)^{\mathrm{H}}\boldsymbol{M}_{\mathrm{p}}^{-1}(z-bs)}(s^{\mathrm{H}}\boldsymbol{M}_{\mathrm{p}}^{-1}z)\mathrm{d}\boldsymbol{M}_{\mathrm{p}}}{\int u(\boldsymbol{M}_{\mathrm{p}})\mathrm{e}^{-(z-bs)^{\mathrm{H}}\boldsymbol{M}_{\mathrm{p}}^{-1}(z-bs)}(s^{\mathrm{H}}\boldsymbol{M}_{\mathrm{p}}^{-1}s)\mathrm{d}\boldsymbol{M}_{\mathrm{p}}} \tag{4.138}$$

由于等号右边仍然与 b 有关,因此 b 不存在闭式解,需要借助迭代方法来寻找 b 的 MLE。但这比较复杂,可以采用近似 GLRT 来简化计算。由于

$$\min_{b}(z-bs)^{\mathrm{H}}\boldsymbol{M}_{\mathrm{p}}^{-1}(z-bs)=z^{\mathrm{H}}\boldsymbol{M}_{\mathrm{p}}^{-1}z-\frac{|s^{\mathrm{H}}\boldsymbol{M}_{\mathrm{p}}^{-1}z|^{2}}{s^{H}\boldsymbol{M}_{\mathrm{p}}^{-1}s} \tag{4.139}$$

式(4.139)当 $b=(s^{\mathrm{H}}\boldsymbol{M}_{\mathrm{p}}^{-1}s)^{-1}(s^{\mathrm{H}}\boldsymbol{M}_{\mathrm{p}}^{-1}z)$ 时取最小值。因此,结合上式这个特性,我们有以下不等式成立

$$\max_{b}f_{1}(z,\boldsymbol{Z}|b)<C\int g(\boldsymbol{M}_{\mathrm{p}})\exp\left\{\frac{|s^{\mathrm{H}}\boldsymbol{M}_{\mathrm{p}}^{-1}z|^{2}}{s^{\mathrm{H}}\boldsymbol{M}_{\mathrm{p}}^{-1}s}\right\}f(\boldsymbol{M}_{\mathrm{p}})\mathrm{d}\boldsymbol{M}_{\mathrm{p}} \tag{4.140}$$

式中:

$$g(\boldsymbol{M}_{\mathrm{p}})=\frac{|\boldsymbol{M}_{\mathrm{p}}|^{v-1}}{|\boldsymbol{S}+(v+m)\boldsymbol{M}_{\mathrm{p}}|^{v+K}}\mathrm{etr}\{-\boldsymbol{M}_{\mathrm{p}}^{-1}zz^{\mathrm{H}}\} \tag{4.141}$$

于是就可以用式(4.140)中的上限代替式(4.135)的分子。这样,近似广义似然比检验(AGLRT)写为

$$\frac{\int g(\boldsymbol{M}_{\mathrm{p}})\exp\left\{\frac{|s^{\mathrm{H}}\boldsymbol{M}_{\mathrm{p}}^{-1}z|^{2}}{s^{\mathrm{H}}\boldsymbol{M}_{\mathrm{p}}^{-1}s}\right\}f(\boldsymbol{M}_{\mathrm{p}})\mathrm{d}\boldsymbol{M}_{\mathrm{p}}}{\int g(\boldsymbol{M}_{\mathrm{p}})f(\boldsymbol{M}_{\mathrm{p}})\mathrm{d}\boldsymbol{M}_{\mathrm{p}}}\underset{H_0}{\overset{H_1}{\gtrless}}\eta \tag{4.142}$$

注意到,若 $\boldsymbol{M}_{\mathrm{p}}$ 已知,$f(\boldsymbol{M}_{\mathrm{p}})$ 将是一个狄拉克函数,AGLRT 退化为 $\boldsymbol{M}_{\mathrm{p}}$ 已知时的 GLRT,即($|s^{\mathrm{H}}\boldsymbol{M}_{\mathrm{p}}^{-1}z|^{2}/s^{\mathrm{H}}\boldsymbol{M}_{\mathrm{p}}^{-1}s$)。在贝叶斯框架下,这个检测统计量是 $\boldsymbol{M}_{\mathrm{p}}$ 概率密度的加权平均。

从式(4.142)可以看出,实现 AGLRT 需要计算积分。在积分中包含 $f(\boldsymbol{M}_{\mathrm{p}})$,但实际上用 $f(\boldsymbol{M}_{\mathrm{p}}|\boldsymbol{Z})$ 表示积分会比 $f(\boldsymbol{M}_{\mathrm{p}})$ 表示积分更合适,因为 $f(\boldsymbol{M}_{\mathrm{p}}|\boldsymbol{Z})$ 比 $f(\boldsymbol{M}_{\mathrm{p}})$ 包含更多的信息。利用式(4.124)中 $f(\boldsymbol{M}_{\mathrm{p}})$ 和 $f(\boldsymbol{M}_{\mathrm{p}}|\boldsymbol{Z})$ 的关系,可以将 AGLRT 重写为

$$\frac{\int h(\boldsymbol{M}_{\mathrm{p}})\exp\left\{\frac{|s^{\mathrm{H}}\boldsymbol{M}_{\mathrm{p}}^{-1}z|^{2}}{s^{\mathrm{H}}\boldsymbol{M}_{\mathrm{p}}^{-1}s}\right\}f(\boldsymbol{M}_{\mathrm{p}}|\boldsymbol{Z})\mathrm{d}\boldsymbol{M}_{\mathrm{p}}}{\int h(\boldsymbol{M}_{\mathrm{p}})f(\boldsymbol{M}_{\mathrm{p}}|\boldsymbol{Z})\mathrm{d}\boldsymbol{M}_{\mathrm{p}}}\underset{H_0}{\overset{H_1}{\gtrless}}\eta \tag{4.143}$$

式中:

$$h(\boldsymbol{M}_{\mathrm{p}})=|\boldsymbol{M}_{\mathrm{p}}|^{-1}\mathrm{etr}\{-\boldsymbol{M}_{\mathrm{p}}^{-1}zz^{\mathrm{H}}\}\propto f(z|\boldsymbol{M}_{\mathrm{p}},H_{0}) \tag{4.144}$$

前面已经说过,直接求解这些积分的解析表达式是不可能的,而且采用数值方法也不太合适。相反,吉布斯采样提供了来自 $f(\boldsymbol{M}_{\mathrm{p}}|\boldsymbol{Z})$ 后验分布的随机矩阵。因此可以通过计算 $h(\boldsymbol{M}_{\mathrm{p}})\exp\{|s^{\mathrm{H}}\boldsymbol{M}_{\mathrm{p}}^{-1}z|^2/s^{\mathrm{H}}\boldsymbol{M}_{\mathrm{p}}^{-1}s\}$ 和 $h(\boldsymbol{M}_{\mathrm{p}})$ 的均值来获得 AGLRT。换言之,AGLR 检测统计量计算为

$$\mathrm{AGLR} \cong \frac{\sum_{i=N_{bi}+1}^{N_{bi}+N_{\mathrm{r}}} h(\boldsymbol{M}_{\mathrm{p}}^{(i)})\exp\left\{\frac{|s^{\mathrm{H}}\boldsymbol{M}_{\mathrm{p}}^{(i)-1}z|^2}{s^{\mathrm{H}}\boldsymbol{M}_{\mathrm{p}}^{(i)-1}s}\right\}}{\sum_{i=N_{bi}+1}^{N_{bi}+N_{\mathrm{r}}} h(\boldsymbol{M}_{\mathrm{p}}^{(i)})} \tag{4.145}$$

2)贝叶斯 AMF

AMF 检测器作为 GLRT 检测器的一个近似方法,在很多情况下有它的优势。它通过求解 M_{p} 已知情况下的 GLRT 检测器,然后用估计得到的 $\boldsymbol{M}_{\mathrm{p}}$ 代替 GLRT 检测器中的 $\boldsymbol{M}_{\mathrm{p}}$。$\boldsymbol{M}_{\mathrm{p}}$ 的估计方法可以采用基于参考数据的 MMSE 或 MAP 估计方法。为了获得 $\boldsymbol{M}_{\mathrm{p}}$ 的 MMSE 估计,需要使用吉布斯采样,见式(4.126)。只要获得 $\boldsymbol{M}_{\mathrm{p}}$ 的 MMSE 估计$\hat{\boldsymbol{M}}_{\mathrm{p}}^{\mathrm{mmse}}$,就可以得到贝叶斯 AMF 检测器,即

$$\frac{|s^{\mathrm{H}}(\hat{\boldsymbol{M}}_{\mathrm{p}}^{\mathrm{mmse}})^{-1}z|^2}{s^{\mathrm{H}}(\hat{\boldsymbol{M}}_{\mathrm{p}}^{\mathrm{mmse}})^{-1}s} \underset{H_0}{\overset{H_1}{\gtrless}} \zeta \tag{4.146}$$

上面的检测器称作 BAMF-MMSE。通过式(4.143)可看出,BAMF - MMSE 是 AGLRT 的近似,这主要是考虑到 $f(\boldsymbol{M}_{\mathrm{p}}|Z)$ 的后验概率密度函数(PDF)主要分布在$\hat{\boldsymbol{M}}_{\mathrm{p}}^{\mathrm{mmse}}$ 附近的特点,于是在这假设下 AGLRT 就退化为

$$\begin{aligned}&\int h(\boldsymbol{M}_{\mathrm{p}})\exp\left\{\frac{|s^{\mathrm{H}}\boldsymbol{M}_{\mathrm{p}}^{-1}z|^2}{s^{\mathrm{H}}\boldsymbol{M}_{\mathrm{p}}^{-1}s}\right\}f(\boldsymbol{M}_{\mathrm{p}}|\boldsymbol{Z})\mathrm{d}\boldsymbol{M}_{\mathrm{p}}\\ &\cong h(\hat{\boldsymbol{M}}_{\mathrm{p}}^{\mathrm{mmse}})\exp\left\{\frac{|s^{\mathrm{H}}(\hat{\boldsymbol{M}}_{\mathrm{p}}^{\mathrm{mmse}})^{-1}z|^2}{s^{\mathrm{H}}(\hat{\boldsymbol{M}}_{\mathrm{p}}^{\mathrm{mmse}})^{-1}s}\right\}\end{aligned} \tag{4.147}$$

此时与 BAMF-MMSE 是一致的。另外也可以采用 MAP 估计得到协方差矩阵,此时的检测器变成

$$\frac{|s^{\mathrm{H}}(\hat{\boldsymbol{M}}_{\mathrm{p}}^{\mathrm{map}})^{-1}z|^2}{s^{\mathrm{H}}(\hat{\boldsymbol{M}}_{\mathrm{p}}^{\mathrm{map}})^{-1}s} \underset{H_0}{\overset{H_1}{\gtrless}} \zeta \tag{4.148}$$

式(4.148)对应的检测器称为 BAMF-MAP 检测器。可以看出,BAMF-MMSE 检测器和 BAMF-MAP 检测器结构是一样的,区别在于协方差矩阵的估计方式不一样。

参考文献

[1] FINNH M, JOHNSONR S. Adaptive detection mode with threshold control as a function of

spatial sampled clutter - level estimates[J]. RCA Review, 1968,29:414 - 464.

[2] HANSENV G. Constant false alarm rate processing in search radars. IEEE International Radar Conference[C]. London, 1973:325 - 332.

[3] TRUNKG V. Range resolution of targets using automatic detectors[J]. IEEE Transactions on Aerospace and Electronic Systems, 1978,14(5):750 - 755.

[4] BARKATM, VARSHNEYP K. A weighted cell - averaging CFAR detector for multiple target situation. Proc. Of the 21st Annual Conference on Information Sciences and Systems[C]. Baltimore, Maryland,1987:118 - 123.

[5] REEDI S, MALLETTJ D, BRENNAN L E. Rapid convergence rate in adaptive arrays[J]. IEEE Transactions on Aerospace and Electronic Systems,1974,10(6):853 - 863.

[6] KELLYE J. An adaptive detection algorithm[J]. IEEE Transactions on Aerospace and Electronic Systems,1986,22(1):115 - 127.

[7] ROBEYF C, FUHRMANND R, KELLY E J, et. al.. A CFAR adaptive matched filter detector [J]. IEEE Transactions on Aerospace and Electronic Systems,1992,28(1):208 - 216.

[8] GINIF. Suboptimum coherent radar detection in a mixture of K - distributed and Gaussian clutter[J]. IEE Proceeding, Pt. F,1997, 144(1):39 - 48.

[9] SANGSTON K J, GINI F, GRECO M V, FARINAA. (1999) Structures for radar detection in compound - Gaussian clutter[C]. IEEE Transactions on Aerospace and Electronic Systems, 35, 2 (Apr. 1999), 445 - 458.

[10] GINI F. A suboptimum approach to adaptive coherent radar detection in compound - Gaussian clutter, IEEE Transactions on Aerospace and Electronic Systems,1999:1095 - 1104.

[11] GINI F, GRECO M V. Covariance matrix estimation for CFAR detection in correlated heavy tailed clutter[J], Signal Processing, 2002, 82(12): 1847 - 1859.

[12] CONTEE, LOPSM, RICCI G. Adaptive detection schemes in compound - Gaussian clutter. IEEE Transactions on Aerospace and Electronic Systems,34,4 (Oct. 1998), 1058 - 1069.

[13] WARD J. Space - time adaptive processing for airborne radar[R]. Lexington, MA: Lincoln Laboratory, 1994.

[14] 何友, 关键, 孟祥伟. 雷达目标检测与恒虚警处理[M]. 北京:清华大学出版社, 2011.

[15] STéPHANIEBIDON, OLIVIERBESSON, JEAN - YVESTOURNERET. A Bayesian Approach to Adaptive Detection in Nonhomogeneous Environments[J]. IEEE Transactions on Signal Processing, 2008,56(1):205 - 217.

第5章 认知雷达系统架构设计及应用

5.1 认知雷达系统架构

认知雷达受蝙蝠回声定位的启发，通过发射-接收电磁波感知环境，利用与环境不断地交互时得到的信息，结合先验知识和推理，不断地调整接收机和发射机参数，自适应地探测目标。

认知雷达系统要实现智能化，必须要有统一、自顶向下、以操作系统为核心的系统架构，这种架构具有清晰的功能分层模型，上一层调用下一层功能，顶层主要负责任务决策，往下逐层进行任务分解，底层硬件只负责具体的任务“响应”，整个系统架构以“信息流”为核心进行设计。本节首先深入分析了机载认知雷达技术体制，总结了机载分布式多输入多输出雷达系统的主要优势，在此基础上介绍了机载认知雷达的体系架构，给出了系统设计整体架构。

5.1.1 认知雷达技术体制

5.1.1.1 认知雷达体制选型

相对于传统体制雷达，认知雷达具有如下技术特点。

1）“认识”环境，闭环自适应

认知雷达和传统雷达的一个主要区别是它的闭环结构。如图5.1所示，智能发射机向周围环境发射一组电磁波信号，电磁波被环境反射回来，并携带了大量环境信息，在被接收机数字化以后，提取出回波数据信息，同时结合从其他途径获得的环境信息（在信息获取过程中采用了知识辅助等手段），一起反馈给发射机，利用闭环系统的信息反馈，设计最优发射波形，改善下一次环境反射的回波数据，以获得更丰富、更精确的目标信息。这样的一个闭环系统构成了比传统雷达更加智能化的自适应系统。

2）获取“知识”，建立数据库

环境知识数据库包括环境和目标的各种先验信息和雷达在工作过程中获得外界环境的统计信息（知识），该统计信息包括干扰源（辐射源）类型及参数信

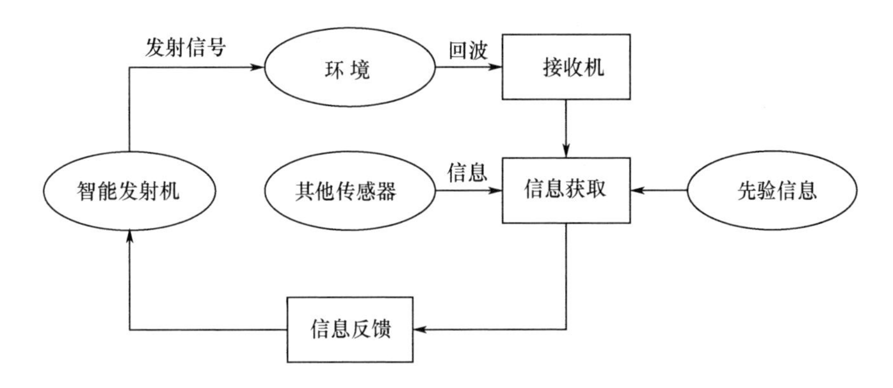

图5.1 认知雷达发射-接收简单模型

息、目标特征参数信息、地形及杂波统计信息等，这些已知信息可用于支持雷达开展基于“知识”的自适应信号处理。

认知雷达对体制架构的选择要考虑如下五方面因素的影响。

（1）“闭环”系统结构。

如图5.2所示，认知雷达接收端从回波信号中提取环境、目标、干扰的特征信息，将这些特征信息反馈回发射端，调整发射端波形参数。闭环系统结构需要认知雷达系统架构各功能模块之间具有良好的互操作性，功能要和具体的硬件剥离开。

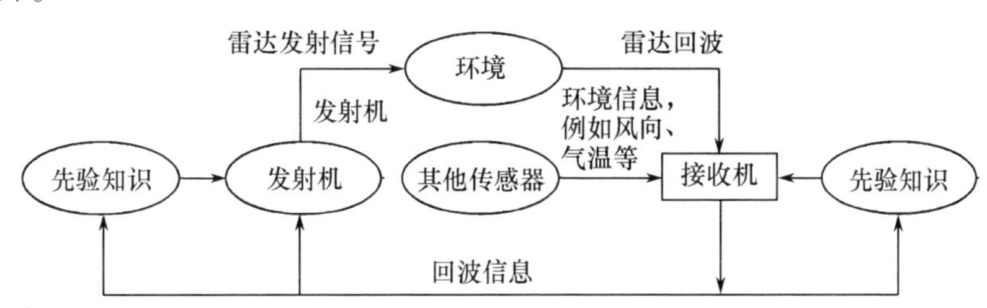

图5.2 闭环系统架构

（2）发射“认知”波形。

雷达的发射波形不仅决定了信号处理的方法，而且直接影响系统的分辨力、测量精度以及杂波抑制能力等潜在性能。认知雷达根据接收端对环境的“认知”，对发射信号波形进行优化设计，使得发射信号波形与环境和目标达到最优“匹配”，从而提高雷达在复杂环境背景下的目标检测性能。

认知雷达的波形设计是以目标环境和目标信息要求为依据的。如何使模糊函数与雷达工作的目标环境、目标信息要求达到最优匹配，是波形综合与设计的基本途径。认知雷达的波形设计主要有两种不同的途径，一种是通过模糊函数最优综合的方法，得到所需要的最优波形，另一种是根据目标环境图和信号模糊图匹配的原则，选择合适的信号类型，进而兼顾技术实现的难易程度，选择合适的信号形式和波形参数。

认知波形设计主要从阵列空间维和时间维两个维度进行。相较于传统雷达，认知雷达的发射波形不仅具有"复杂化"的特点，同时具有"多维度"的特点。要求认知雷达发射端每个阵元都具有独立的任意波形产生能力，能根据输入控制独立产生任意波形。

（3）在线环境感知。

认知雷达的先验知识，一部分来自于自身数据库，另一部分来自于对环境的实时"认知"。环境"认知"表示认知雷达对回波信息进行快速分析，提取特征参量。由于每个扫描周期，雷达发射的脉冲数较大，且每个脉冲周期进行特征分析和提取的算法较复杂，因此认知雷达对信号和数据的处理及存储能力要求较高。

（4）多传感器、多平台协同探测，构建完备的"先验"知识。

认知雷达需要综合利用 ESM、CSM、IFF、AIS、SAR、气象雷达、外平台传感器等系统提供的外部信息，来完善雷达对外部环境的"掌握"程度。因此，认知雷达需要将多系统、多平台的信息进行融合利用，该功能要求认知雷达系统架构具有良好的情报互操作能力。

（5）智能化程度高。

认知雷达智能化主要体现在以下两方面：首先，认知雷达需具备多源信息提取、判别、融合能力，能根据自身雷达回波信号中提取的"特征信息"、其他传感器系统获得的信息以及外平台提供的情报，实现对当前探测区域的全面"认知"。其次，认知雷达能根据"先验信息"调整系统的发射端和接收端参数，使得系统与环境进入"匹配"的状态。

根据上面的五个因素，我们从现有的三种机载雷达技术体制中遴选出适合机载认知雷达的技术体制。

（1）单输入单输出（SISO）雷达体制。

单输入单输出雷达是指系统通过一个收发通道完成对目标的探测。这种体制雷达天线一般为抛物面或无源平面阵列天线，波束扫描通过机械伺服转动来实现，典型的单输入单输出机载预警雷达是 E-3 预警机的 APY-1/2 型雷达。单输入单输出雷达的典型特点是发射端只有一个发射信号产生器，因此发射波形只能在时间维进行变化，不能满足认知雷达对发射波形自由度的要求。

（2）单输入多输出（SIMO）雷达体制。

单输入多输出雷达通过控制每个发射阵元的相位来实现波束的空域扫描，典型代表是相控阵机载预警雷达。单输入多输出雷达只有一个发射信号源，每个阵元发射信号的幅度和相位通过数控衰减器和数控移相器来实现。单输入多输出雷达吸收了先进的数字技术，将每个阵元后面连接独立的发射信号产生器，系统通过控制信号来控制每个阵元后面信号源产生信号的幅度和相位。

单输入多输出雷达虽然具有空间维和时间维产生任意波形的能力,但单输入多输出雷达的本质特点是发射端要通过对每个阵元进行调向来实现发射波束形成和波束扫描,要求各阵元发射相同的波形信号,只是每个阵元对信号的相位调制不同而已,因此单输入多输出雷达体制不满足认知雷达对发射波形自由度的要求。

(3) 多输入多输出(MIMO)雷达体制。

多输入多输出雷达体制是指利用空间分布的多个射频单元组成相参系统,协同探测某指定区域,并将多个接收端获得的信息进行信号级融合处理,以获取更优的检测、估计、识别等性能。这些单元可以是基本的辐射单元;也可以是常规的阵列天线单元;还可以是分布式的射频传感器设备,诸如雷达、ESM 系统等。

关于系统相参性的要求主要包含发射系统和接收系统两个方面。就发射系统而言,是指可以发射系统对多个不同位置的射频单元发射信号的功率、频率、相位、发射时间等参数进行精确的控制,以完成不同的感知任务。就接收系统而言,是指接收系统可以根据不同的探测情况对多个传感器接收的信号进行相参或非相参融合处理策略。

对于 MIMO 雷达系统,在目标情况未知的条件下,为实现系统的最佳探测能力,可采用发射正交信号(相关系数为零)或非相关信号的工作方式,形成均匀分布的宽探测视场。如图 5.3 所示,目标始终处在系统辐射的电磁场能量的包围中。此时,探测模式将发生本质变化,即从常规雷达的搜索模式演变为分布式探测系统下的凝视模式。

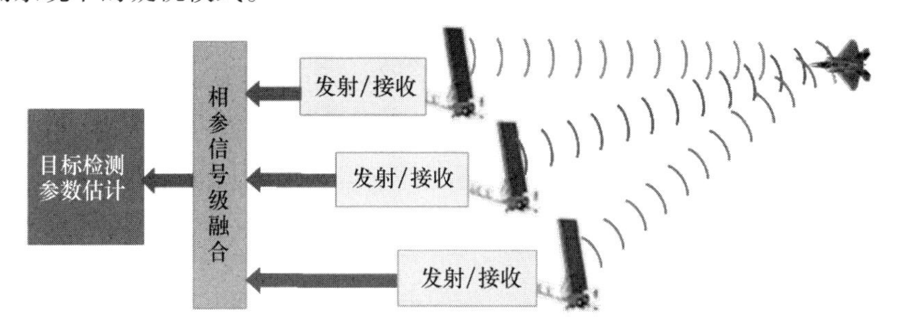

图 5.3 分布式探测系统示意图(见彩图)

MIMO 雷达体制发射端波形具有空间和时间两个自由度,满足认知雷达对发射波形自由度的要求,同时可扩展兼容 ESM、CSM 等传感器系统,最大限度为系统提供环境的“感知”信息。从技术实现上看,分布式技术体制能较好地与认知雷达进行结合,发挥系统的最大效能。

5.1.1.2 机载分布式 MIMO 雷达系统工作原理与组成

机载分布式 MIMO 雷达处理框图如图 5.4 所示。设发射端有 M 个发射阵元,各阵元发射信号由任意波形发生器(AWG)产生,假设发射信号互不相关,且具有相同的带宽 B_s。假设 $s_l(t)$ 表示第 l 个阵元发射的波形($l=1,\cdots,M$),由于各发射信号相互独立,发射信号在空间不合成窄波束。假设电磁波在空间均匀传播,目标处于阵列远场,且目标可以视为理想点目标,发射信号经目标反射后被 N 个接收阵元接收,每个接收阵元同时接收 M 路回波。这里不考虑环境及目标对回波相关性的影响。由于各回波信号之间相互独立,各阵元接收到的信号经下变频后,可以用匹配滤波器将 M 路回波分离开,N 个接收阵元总共可以分离出 MN 路回波信号。发射阵元与接收阵元之间的信号传播路径可以简化成 M 个互不干扰信号传播通道。为了简化分析,这里假设目标为理想点目标,不同传播通道的特性可以用时延 τ 简单表示,这样匹配滤器输出的 MN 路数字基带信号经发射数字波束形成(T-DBF)和接收数字波束形成(R-DBF)进行相位补偿(时延补偿)后累加输出,输出信号一部分进行环境和目标特征提取,另一部分进行后续的杂波抑制、检测和跟踪处理。接收端从回波信号中提取环境和目标的特征信息后,将信息输入环境和目标信息库,更新系统对环境和目标的"认识",另一部分输入智能处理中心。智能处理中心根据目前从回波信号中提取的环境和目标特征信息以及环境和目标信息库中的先验信息,对发射端发射信号波形和接收端信号处理进行控制,实现系统与环境和目标的最优"匹配"。

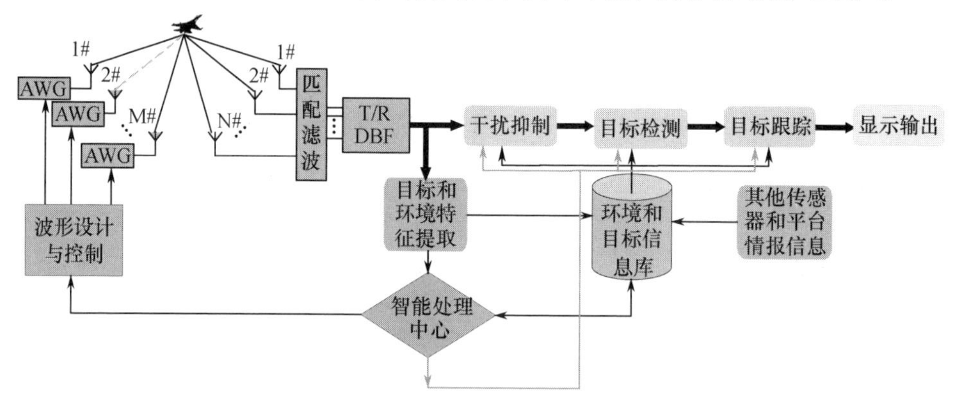

图 5.4 机载分布式多输入多输出雷达系统组成示意图(见彩图)

5.1.1.3 机载认知 MIMO 雷达性能分析

假设发射阵元数为 M,接收阵元数为 N,第 $i(i=1,2,\cdots,M)$ 个阵元发射信号功率为 P_i,第 $j(j=1,2,\cdots,N)$ 个接收阵元孔径大小为 A_j,由于发射信号正交,各发射阵元相互独立,可近似认为各发射阵元具有相同的增益 G_s,第 j 个接收阵元接收到第 i 个阵元发射信号的回波功率为

$$P_{ij}^{D}=\frac{P_iG_s\sigma_0A_j}{(4\pi)^2R_0^4} \tag{5.1}$$

对匹配滤波器输出信号做发射波束形成,各发射波束形成器输出回波功率为

$$\begin{aligned}P_j^{D} &= \sum_{i=1}^{M}P_{ij}^{D}\\ &= \frac{G_s\sigma_0A_j}{(4\pi)^2R_0^4}\sum_{i=1}^{M}P_i\end{aligned} \tag{5.2}$$

将 N 个发射波束形成器的输出进一步做接收波束形成,最后阵列输出回波功率为

$$\begin{aligned}P_{D} &= \sum_{j=1}^{N}P_j^{D}\\ &= \frac{G_s\sigma_0}{(4\pi)^2R_0^4}\sum_{j=1}^{N}A_j\sum_{i=1}^{M}P_i\end{aligned} \tag{5.3}$$

当各发射阵元发射功率均为 P_0时,有

$$\sum_{i=1}^{M}P_i = MP_0 \tag{5.4}$$

考虑到天线孔径与增益的关系

$$A_e=\frac{G\lambda^2}{4\pi} \tag{5.5}$$

有

$$\sum_{j=1}^{N}A_j = \sum_{j=1}^{N}G_j\frac{\lambda^2}{4\pi} \tag{5.6}$$

式中:G_j为第 j 个接收阵元的接收增益。将式(5.4)和式(5.6)代入式(5.3)中,得

$$P_{D} = \frac{MP_0\sigma_0\lambda^2}{(4\pi)^3R_0^4}G_s\sum_{j=1}^{N}G_j \tag{5.7}$$

令 $G_{D}^2 = G_s\sum_{j=1}^{N}G_j$,式(5.7)变为

$$P_{D}=\frac{MP_0G_{D}^2\sigma_0\lambda^2}{(4\pi)^3R_0^4} \tag{5.8}$$

接收波束形成器输出信号带宽与 A/D 之前带宽相等,均为 B_s,设 N_i 为接收

通道 A/D 之前的通道热噪声平均功率,则阵列处理最后的输出信噪比为

$$\mathrm{SNR_D} = \frac{MP_0 G_D^2 \sigma_0 \lambda^2}{(4\pi)^3 R_0^4 N_i} \tag{5.9}$$

对于距离为 R_0,RCSσ_0的远场目标,在其他物理量相同的情况下,单通道雷达和机载认知 MIMO 雷达阵列处理输出信噪比关系为

$$\mathrm{SNR_D} = k_D \cdot \mathrm{SNR_1} \tag{5.10}$$

式中:$k_D = MN$。即

$$\frac{MP_0 G_D^2 \sigma_0 \lambda^2}{(4\pi)^3 R_0^4 N_i} = MN \frac{P_0 G_s^2 \sigma_0 \lambda^2}{(4\pi)^3 R_0^4 N_i} \tag{5.11}$$

化简后

$$G_D = \sqrt{N} G_s \tag{5.12}$$

两边取对数

$$10\lg G_D = 10\lg \sqrt{N} + 10\lg G_s \tag{5.13}$$

因此,对于机载认知 MIMO 雷达,接收阵元数 N 增加 1 倍,阵列等效增益提高约 1.5dB。

由式(5.9)可知,短基线机载认知 MIMO 雷达的威力方程为

$$R_{\max}^4 = \frac{MP_0 G_D^2 \sigma_0 \lambda^2}{(4\pi)^3 F_n \mathrm{SNR_{min}} N_i} \tag{5.14}$$

式中:F_n 为雷达接收机噪声系数;$\mathrm{SNR_{min}}$ 为最小可检测信噪比。将式(5.12)代入式(5.14)得

$$R_{\max}^4 \big|_D = \frac{MNP_0 G_s^2 \sigma_0 \lambda^2}{(4\pi)^3 F_n \mathrm{SNR_{min}} N_i} \tag{5.15}$$

式(5.15)为短基线机载认知 MIMO 雷达近似威力方程,式中 G_s^2 一般取值较小,可以用工程上单个阵元或子阵的典型增益代替。用同样的方法可推出相控阵雷达威力方程为

$$R_{\max}^4 \big|_{AP} = \frac{NM^2 P_0 G_s^2 \sigma_0 \lambda^2}{(4\pi)^3 F_n \mathrm{SNR_{min}} N_i} \tag{5.16}$$

将式(5.15)和式(5.16)左右两边取比值,化简后可得在发射功率、阵元数、目标距离等物理条件相同情况下,两种体制的雷达在相同脉冲积累数情况下,作用距离之比为

$$\rho = \frac{R_{\max}^4 \big|_D}{R_{\max}^4 \big|_{AP}} = \frac{1}{M^{1/4}} \tag{5.17}$$

式(5.17)表明,在脉冲积累数相同条件下,相控阵雷达探测性能明显优于机载认知 MIMO 雷达。但是机载认知 MIMO 雷达的一个突出优点是能充分利用载体平台进行共形安装,获得更大的收发阵元数乘积 MN,以解决脉冲积累数不足的问题,且其探测距离能达到或超过相控阵雷达的探测距离,下面对此进行分析说明。

在搜索模式下,假设目标空域宽度为 θ_{W},在阵元数相同的情况下,相控阵雷达的波束宽度为 θ_{B},搜索角速度为 θ_{ω},则相控阵雷达的相参积累时间 T_{I} 为

$$T_{\mathrm{I}} = \frac{\theta_{\mathrm{B}}}{\theta_{\omega}} \tag{5.18}$$

搜索整个目标空域的时间 T_{S} 为

$$T_{\mathrm{S}} = \frac{\theta_{\mathrm{W}}}{\theta_{\omega}} \tag{5.19}$$

对于机载认知 MIMO 雷达,发射能量均匀分布在整个目标空域,接收同时用 $\theta_{\mathrm{W}}/\theta_{\mathrm{B}}$ 个宽度为 θ_{B} 的窄波束覆盖目标空域。在相同的搜索时间 T_{S}下,对于单个目标,机载认知 MIMO 雷达的积累时间是相控阵雷达的 $\theta_{\mathrm{W}}/\theta_{\mathrm{B}}$ 倍。

这时机载认知 MIMO 雷达的搜索雷达方程为

$$R_{\mathrm{s}}^{4}\big|_{\mathrm{D}} = \frac{MNP_0 G_{\mathrm{s}}^{2}\sigma_0\lambda^{2}}{(4\pi)^{3}F_{\mathrm{n}}\mathrm{SNR}_{\min}N_{\mathrm{i}}}\frac{T_{\mathrm{S}}}{T_0} \tag{5.20}$$

式中:T_0为脉冲重复周期。相控阵雷达的搜索方程为

$$R_{\mathrm{s}}^{4}\big|_{AP} = \frac{MN^{2}P_0 G_{\mathrm{s}}^{2}\sigma_0\lambda^{2}}{(4\pi)^{3}F_{\mathrm{n}}\mathrm{SNR}_{\min}N_{\mathrm{i}}}\frac{\theta_{\mathrm{B}}}{\theta_{\omega}T_0} \tag{5.21}$$

则此时,两者的探测距离比为

$$\rho_{\mathrm{s}} = \frac{R_{\mathrm{s}}^{4}\big|_{\mathrm{D}}}{R_{\mathrm{s}}^{4}\big|_{\mathrm{AP}}} = \left(\frac{\theta_{\mathrm{W}}/\theta_{\mathrm{B}}}{M}\right)^{1/4} \tag{5.22}$$

由天线理论,有

$$\frac{\theta_{\mathrm{W}}}{\theta_{\mathrm{B}}} \approx M \tag{5.23}$$

此时

$$\rho_{\mathrm{s}} \approx 1 \tag{5.24}$$

由式(5.24)可知,在搜索模式下,如果机载认知 MIMO 雷达能够把 T_{S} 时间内的能量积累起来,则其和相控阵雷达对单点目标具有相同的探测距离。由于机载认知 MIMO 雷达能同时获得整个目标空域的回波信息,因此在多目标和多任务情况下,机载认知 MIMO 雷达探测性能要明显优于相控阵雷达。

机载认知 MIMO 雷达的第二个突出优势是比相控阵雷达具有更好的抗截获性能。机载认知 MIMO 雷达模式下距离发射天线 R 处的功率密度为

$$S_{\text{MIMO}}=M\left(\frac{N}{M}\sqrt{\frac{G_{\text{t}}P/N}{4\pi R^{2}}}\right)^{2}=\frac{N}{M}\frac{G_{\text{t}}P}{4\pi R^{2}} \tag{5.25}$$

机载认知 SIMO 雷达模式下距离发射天线 R 处的功率密度为

$$S_{\text{SIMO}}=\left(N\sqrt{\frac{G_{\text{t}}P/N}{4\pi R^{2}}}\right)^{2}=N\frac{G_{\text{t}}P}{4\pi R^{2}}=M\cdot S_{\text{MIMO}} \tag{5.26}$$

式(5.26)表明,机载认知 MIMO 模式雷达的功率密度比基于 SIMO 体制机载认知雷达低,从而不易被敌方截获。

机载认知 MIMO 雷达的第三个突出优势是比相控阵雷达具有更低的动态范围。雷达发射阵列沿阵面垂直轴线被分为 M 个独立子阵(或阵元),各子阵(或阵元)发射相互正交的信号,在接收端采用 DBF 进行同时多波束接收。因此,单个机载认知 MIMO 雷达发射通道的发射功率和发射增益分别减小为 P_{T}/M 和 G_{T}/M。由于子阵(或阵元)沿阵列面的垂直轴线排列,所以各发射通道产生的波束和传统雷达相比,在俯仰向宽度展宽,而在方位向波束宽度不变,仍为 θ_{A}。

由机载认知 MIMO 雷达单个发射通道引起的进入接收机的杂波功率 C_{M1} 为

$$C_{M1}=\frac{(P_{\text{T}}/M)(G_{\text{T}}/M)\sigma_0\theta_{\text{A}}c\tau G_{\text{E}}\lambda^{2}}{2(4\pi R)^{3}}=C_{\text{ABF}}\cdot\frac{G_{\text{E}}}{M^{2}G_{\text{R}}}\geqslant C_{\text{ABF}}\cdot\left(\frac{1}{M^{2}N}\right) \tag{5.27}$$

机载认知 MIMO 雷达中有 M 个发射通道,则输入接收机的总杂波功率 C_{MIMO} 等于所有机载认知 MIMO 雷达发射通道贡献的非相干求和,结果是上式的 M 倍,即

$$C_{\text{MIMO}}=\frac{M(P_{\text{T}}/M)(G_{\text{T}}/M)\sigma_0\theta_{A}c\tau G_{\text{E}}\lambda^{2}}{2(4\pi R)^{3}}=C_{\text{ABF}}\cdot\frac{G_{\text{E}}}{MG_{\text{R}}}\geqslant C_{\text{ABF}}\cdot\left(\frac{1}{MN}\right) \tag{5.28}$$

由于接收机噪声功率为 KT_0BF,则机载认知 MIMO 雷达接收机的杂噪比在很大程度上取决于接收机带宽 B 与单个发射信号带宽 B_{s} 的关系。若所有机载认知 MIMO 雷达发射机使用相同的频带,那么接收机带宽一般选为 $B=B_{\text{s}}$(与传统雷达的情况相同),则所需动态范围为

$$DR_{\text{MIMO}}\geqslant\text{CNR}_{\text{MIMO}}=\frac{C_{\text{MIMO}}}{kT_0FB}=\frac{P_{\text{T}}G_{\text{T}}\sigma_0\theta_{\text{A}}c\tau G_{\text{E}}\lambda^{2}}{2(4\pi R)^{3}kT_0FBM} \tag{5.29}$$

若机载认知 MIMO 雷达各发射机使用独立的,且采用宽度为 B 的频带,即雷达采用类似 FDMA 的频分正交波形。如果这些频带是相邻的,则每个接收机

需要接收来自 M 个发射机的信号,那么接收机的带宽应选为 $B \geqslant M \cdot B_s$(比传统雷达大 M 倍),则所需的动态范围为

$$DR_{\text{MIMO\_FDMA}} \geqslant \frac{\text{CNR}_{\text{MIMO}}}{M} = \frac{P_T G_T \sigma_0 \theta_A c\tau G_E \lambda^2}{2(4\pi R)^3 kT_0 FBM^2} \tag{5.30}$$

从上面的分析可以看出,同等条件下基于 SIMO 体制机载认知雷达对接收机动态范围的要求是最高的,即

$$DR_{\text{ABF}} \geqslant \frac{P_T G_T \sigma_0 \theta_A c\tau G_R \lambda^2}{2(4\pi R)^3 kT_0 FB} = \frac{C_{\text{ABF}}}{kT_0 FB} \tag{5.31}$$

常规 DBF 雷达所需的接收机动态范围是 ABF 雷达的$\frac{G_E}{G_R} \geqslant 1/N$ 倍,可得

$$DR_{\text{DBF}} \geqslant DR_{\text{ABF}} \cdot \frac{1}{N} \tag{5.32}$$

正交波形机载认知 MIMO 雷达对动态范围的要求降低为基于 SIMO 体制机载认知雷达的$\frac{G_E}{MG_R} \geqslant 1/MN$ 倍,有

$$DR_{\text{MIMO}} \geqslant DR_{\text{ABF}} \cdot \frac{1}{MN} \tag{5.33}$$

当机载认知 MIMO 雷达采用频分的正交信号(即类似 FDMA 的信号)时,可进一步降低接收机的动态范围要求,即

$$DR_{\text{MIMO\_FDMA}} \geqslant DR_{\text{ABF}} \cdot \frac{1}{M^2 N} \tag{5.34}$$

综上所述,相较于机载认知 SIMO 体制雷达,机载认知 MIMO 体制雷达具有以下突出优势:

(1) 由于机载认知 MIMO 雷达能同时获得整个目标空域的回波信息,因此在多目标和多任务情况下,机载认知 MIMO 雷达探测性能要明显优于相控阵雷达;

(2) 机载认知 MIMO 雷达的第二个突出优势是比相控阵雷达具有更好的抗截获性能;

(3) 机载认知 MIMO 雷达的第三个突出优势是比相控阵雷达具有更低的动态范围。

5.1.2 认知雷达系统架构

5.1.2.1 认知雷达系统架构

与传统雷达系统相比,认知雷达的系统架构是一个全自适应的闭合环路。

它不仅实现了发射-环境-接收的大闭环,而且实现了知识的应用-评估-更新的闭环。

如图 5.5 所示,认知雷达的系统架构中包含以下几个主要模块:高性能收发前端、动态知识库、环境感知模块、收发自适应处理、专家判决与人机交互模块等。

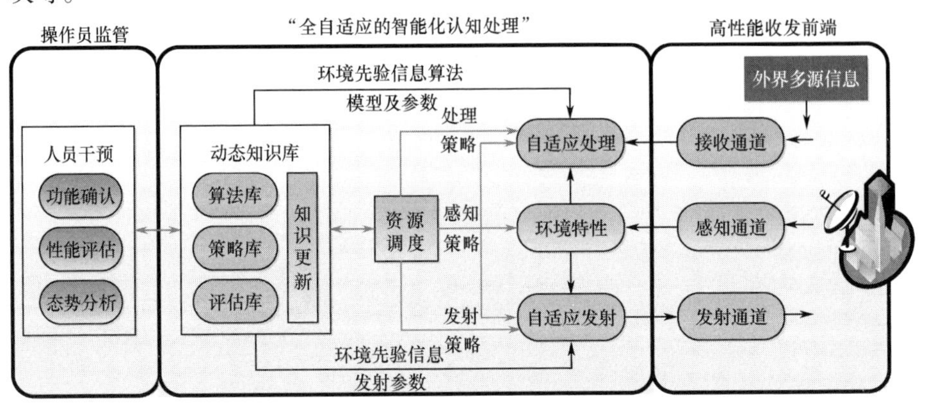

图 5.5　认知雷达的系统架构示意图(见彩图)

高性能收发前端主要完成雷达信号的发射和接收。相比于传统雷达,认知雷达需要获取的信息更多,因此对收发前端提出了更高的要求,例如更大的收发带宽(甚至跨频段)、更灵活的收发波束控制等。此外,还需要兼容多源信息和多平台数据。

动态知识库主要用于存储、调度和更新各种类型的先验知识。动态知识库的存在是认知雷达走向智能化的重要基础,认知雷达的所有处理均离不开动态知识库的支撑,知识库应该包含环境知识、算法知识、系统知识、升级知识等多个层面的知识体系,并且知识能够实现自主地更新和升级。

环境感知模块主要完成对战场环境的感知。获取雷达所需要的地理和电磁环境的信息,同时可以实现与多源传感器和多平台的信息交互,并在先验知识的辅助下,完成环境信息的分析和识别,对地理环境、电磁环境、干扰样式等进行有效甄别,为信号处理和资源配置提供相关的信息。

收发自适应处理模块主要完成认知雷达的信号处理。相比于传统雷达,认知雷达的信号处理是全自适应的闭环体系,不仅能实现接收端的自适应处理,而且能实现收发联合自适应处理,先验知识与接收数据联合处理,算法、资源、策略的多层次自适应调度,充分发挥多源信息和先验知识具有的优势,同时利用实时数据弥补先验知识在时效性上的缺陷。

专家判决与人机交互模块完成雷达的性能评估和反馈。专家判决和人机交互的存在是认知雷达走向智能化的重要标志。不同于机器人,雷达性能评估和作战使命不应该将人为因素排除在外，但考虑到人和机器在信息处理、信息交互等多个方面存在的不对称性，必须通过专家判决和人机交互进行权衡，这样不仅避免了人在信息处理方面的瓶颈因素，也回避了机器自适应处理中因为过度优化而导致的系统性能损失。

认知雷达最重要的就是全自适应的智能化认知处理，这是整个认知雷达的大脑，特别是在当前，雷达硬件趋同的大背景下，先进的信号处理体系直接决定了雷达的性能。

5.1.2.2　认知雷达信号处理架构

智能化认知处理的体系架构不同于传统雷达体系架构的关键在于对知识利用方式的转变。由于认知雷达中知识的概念具有明显的层次，如图 5.6 所示，根据知识库的不同层次，可以将认知处理的体系架构分解为物理层、算法层、决策层、解析层和应用层等五个不同的层次。

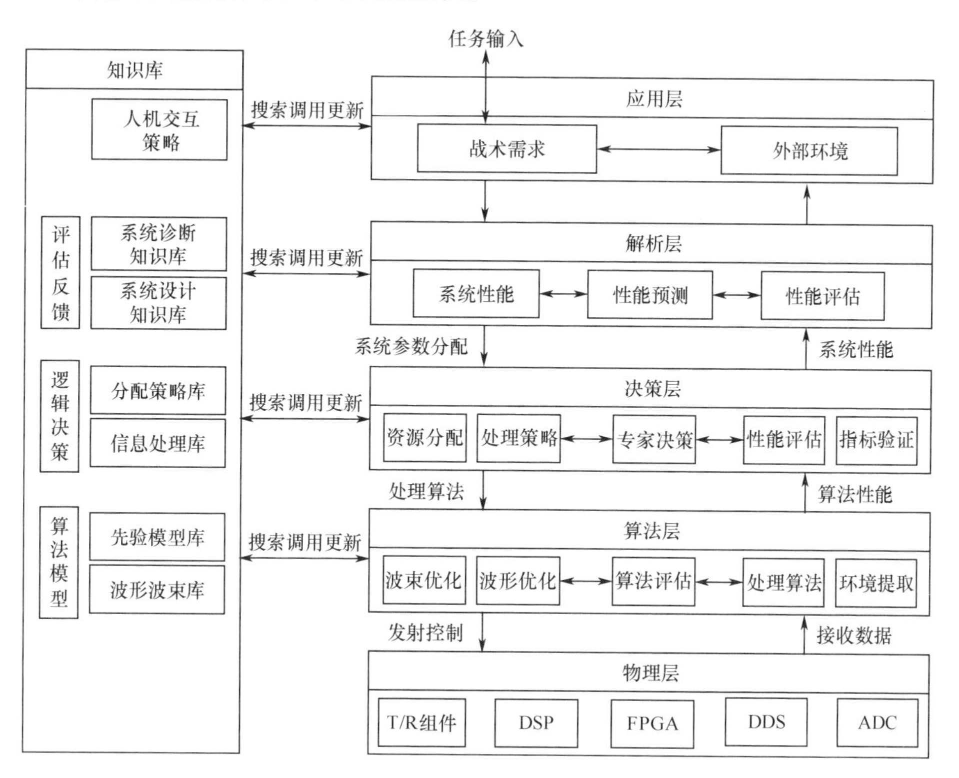

图 5.6　认知雷达的信号认知处理架构示意图

（1）物理层。利用先进的硬件技术，完成雷达的收发处理。主要包括收发的反馈架构、高性能收发技术、信息高速处理和存储技术。物理层是整个认知雷达工作的基础，特别在近些年雷达硬件技术突发猛进的背景下，强有力地支撑了认知雷达研究的开展。

(2) 算法层。利用具有强针对性的算法，完成信息处理。认知雷达的处理算法是由一系列具有较强针对性的算法集合构成，这点与传统雷达存在明显差异。传统雷达希望使用的算法能够具有极强的普适性，而认知雷达可通过算法选择策略根据具体环境选择相应的算法。

(3) 决策层。分析环境特征、分配系统资源、制定处理策略。决策层是认知雷达的核心和大脑，是认知雷达知识库的大管家。通过分析环境特征，决策层决定系统的资源分配方式，选择信号处理的算法，评估当前策略的性能，这是其区别于传统雷达最本质的部分。

(4) 解析层和应用层。分析战场态势，明确任务目标，建立人机交互，评估系统性能。该层次更多地体现认知雷达智能化的显著特征，也是传统雷达很少涉及的领域。

5.2 认知雷达典型应用

5.2.1 认知雷达系统架构研究

认知雷达具有接收到发射的反馈通道，是一种智能闭环型雷达系统，如图5.7所示。它能够实时察觉周围环境(即外部世界)，综合利用先验的知识、已存储的雷达回波数据和其他传感器信息，实时调整雷达的发射和接收系统，保障复杂环境下的目标探测性能[1]。

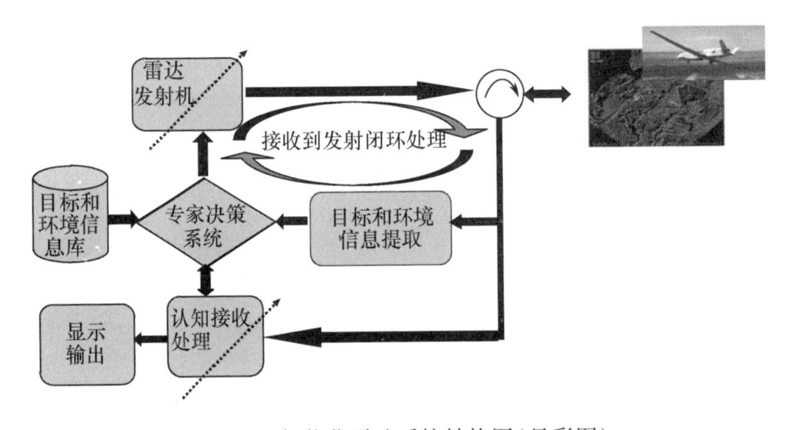

图5.7 智能化雷达系统结构图(见彩图)

认知雷达具有以下基本特点：

(1) 具备从接收到发射的反馈；

（2）智能信号处理能力；

（3）具备数据存储能力，能采用贝叶斯方法进行信号处理。

认知雷达技术需要大量的雷达系统资源，一般要求雷达具有多路发射和接收通道。认知雷达主要针对干扰和杂波环境，通过感知获取干扰和杂波的先验信息，辅助雷达进行干扰和杂波抑制，提高雷达反干扰和反杂波能力，并且能够实时优化雷达系统资源调度，最大化提高雷达系统资源的有效利用率。

5.2.1.1　传统雷达系统架构特点研究

现役雷达系统结构如图 5.8 所示，在系统架构上具有以下特点：

（1）采用预先确定的信号形式、确定的处理方式；

（2）流水处理、信息共享少、环境感知和自适应机制不完善；

（3）处理、控制依靠人工干预；

（4）软/硬件架构不支持重构，处理资源不能动态分配。

现有雷达系统架构在面临日益复杂的工作环境时，存在以下不足[2]：

（1）抗干扰能力不足——复杂的电磁环境对雷达抗干扰能力提出越来越高的要求，雷达需要主动感知干扰信息，能够针对干扰的特点进行自适应抗干扰策略选取，同时根据多平台协同探测进行雷达组网式反干扰技术研究；

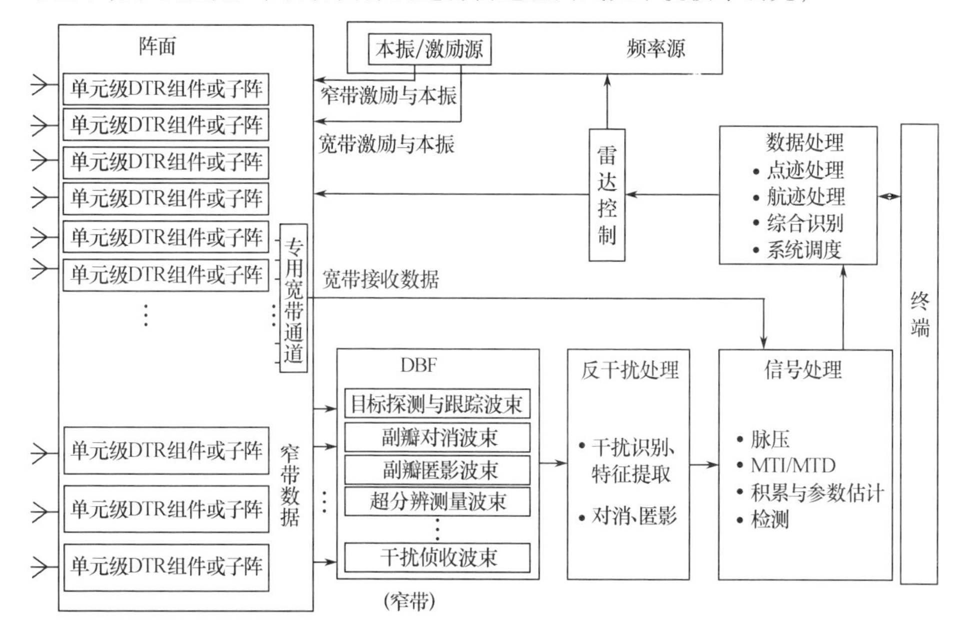

图 5.8　现有雷达系统架构

（2）反杂波能力不足——传统 STAP 技术要求提供足够多的杂波样本点，对于非均匀杂波，STAP 技术的杂波抑制效果急剧下降，不能满足目标探测的需求。如何根据雷达探测区域的、植被覆盖等先验信息和历史 CPI 数据进行基于知识辅助的 STAP 技术研究成为机载雷达发展的一个重要需求；

（3）目标检测和跟踪能力不足——隐身飞机成为现代战争的一个重要威胁，低、小、慢目标的检测问题是现役雷达面临的一个难点。认知雷达采用基于贝叶斯理论的检测和跟踪一体化技术，解决小 RCS 目标的检测和跟踪问题，这也是未来雷达发展的一个重要方向。

5.2.1.2 认知雷达系统研究

认知雷达的发射模式和传统雷达有着很大的区别。传统雷达发射波形与环境无关，而且在发射过程中没有把任何接收到的信息反馈到发射端，每次发射都是重复同样的波形。认知雷达却不同，在发射端，每次都会根据获取的信息改变发射波形，以实现和环境的最优匹配。

认知雷达在发射端要充分利用雷达系统资源信息，进行发射波形、波束的优化，通过发射优化实现对杂波的抑制能力和对多目标跟踪时系统资源的优化。

为满足认知雷达利用发射端系统资源的需求，发射系统每个子阵或单元的信号是独立产生的，频点也是由独立本振控制，这样可以做到每个子阵或单元发射的信号波形、频点完全单独可控，实现发射自由度的最大利用，基本满足认知雷达的需求。

认知雷达的接收和处理需要利用大量的先验知识，可以参照 KASPER 信号和数据处理系统框架进行架构设计[3]（图 5.9）。

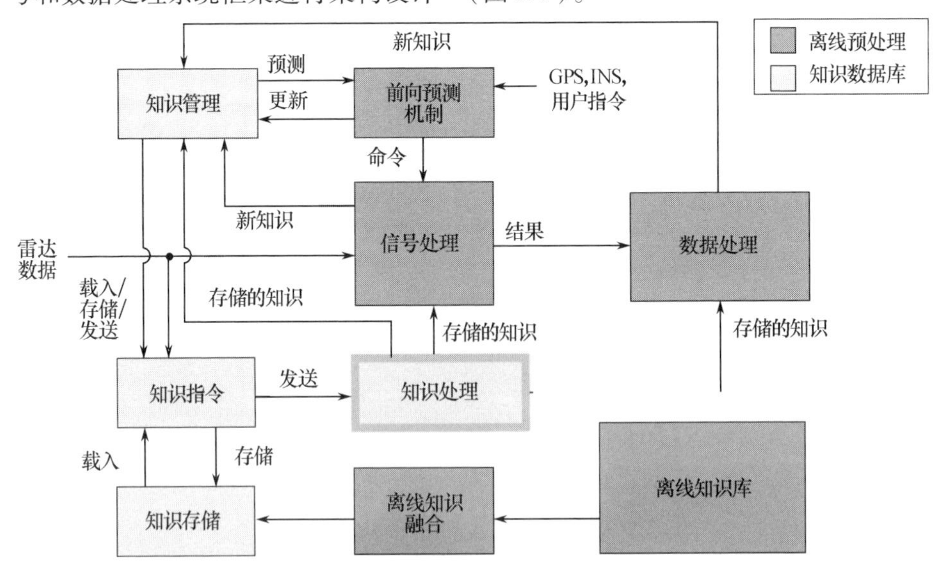

图 5.9 KASSPER 信号和数据处理框架（见彩图）

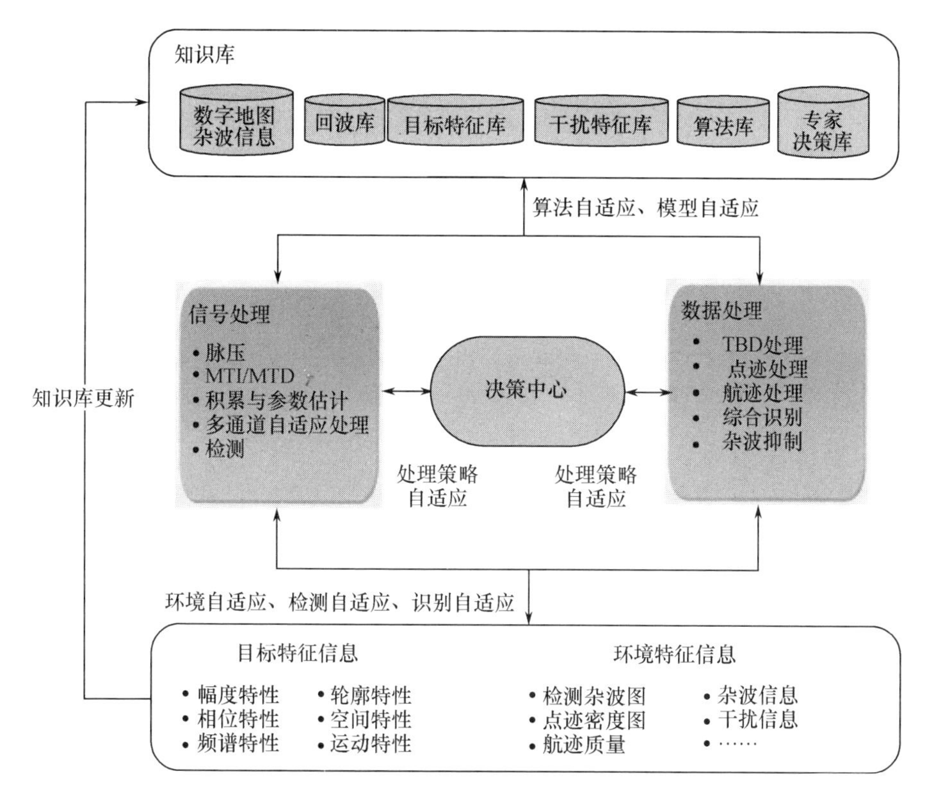

图 5.10　认知雷达综合处理系统架构(见彩图)

整合环境认知、认知发射和认知接收处理系统架构(图 5.10),得到认知雷达的整体架构(图 5.11)。

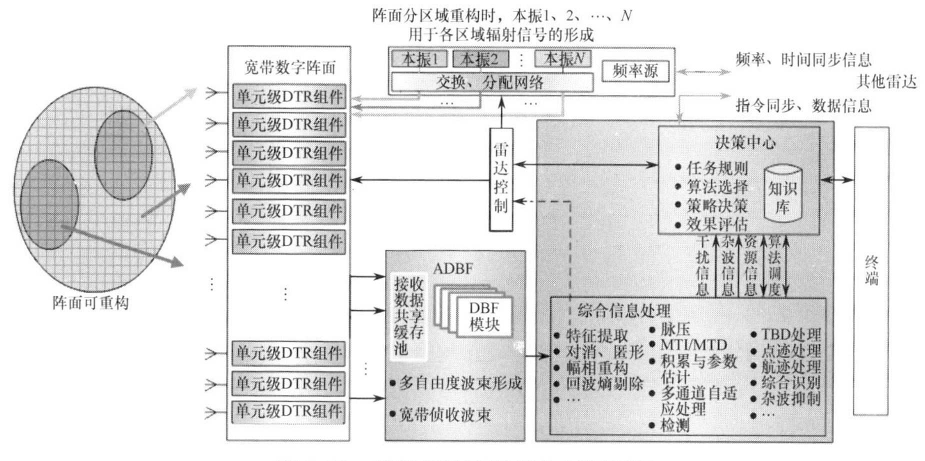

图 5.11　认知雷达系统架构(见彩图)

认知雷达系统架构基本满足认知探测技术的需求,具备以下能力。

(1) 支撑复杂环境下精细化处理的能力。数据处理和信号处理信息共享、一体化设计及基于多种类型数据库(目标特征库、杂波信息库)等的目标综合探测和识别能力。

(2) 支撑基于环境感知的雷达自适应控制的能力。感知杂波环境,根据地杂波数据进行波束形状、信号形式的选择;感知干扰环境,根据干扰识别结果自适应的选择反干扰模式;感知态势环境,根据目标特性、分布和任务需求自适应调度系统资源。

(3) 支撑软件可重构,处理资源可动态分配的能力。软件功能不与硬件模块绑定,启动时自动加载,工作过程中动态重构;硬件平台(逐步)统一,支持基于总线的硬件重构和功能扩展;处理资源统一管理,动态分配,实现雷达处理资源的负载均衡。

5.2.2 基于知识辅助的非均匀杂波抑制技术应用

5.2.2.1 KA-STAP 算法

利用知识辅助(KA)进行 STAP 处理的方法主要分为两大类,一类是间接法,一类是直接法。间接法主要是利用各种知识源选择训练数据[4]。这方面的工作是利用各种数据库信息进行训练数据的选择,如通过剔除机载雷达探测区域内包含道路的距离单元,避免道路上运动车辆污染训练数据[5],或者利用地形、地表分类数据库信息对训练数据进行分组,用相对均匀的样本进行协方差矩阵估计。所谓直接法,就是利用先验知识构造先验协方差矩阵并直接用于协方差矩阵估计,这种思想并不是全新的。事实上,在统计先验的基础上已经建立了著名的贝叶斯方法。然而,在现实世界中,先验信息有无穷多种可能的形式,通常都不会像贝叶斯理论中所指定的那样是一个概率密度函数。直接法最著名的例子是“有色加载”或协方差矩阵“混合的方法”[6,7]。具体的公式如下:

$$\begin{gathered}\boldsymbol{R}=\alpha\hat{\boldsymbol{R}}_0+\beta\hat{\boldsymbol{R}}_1\\ \alpha+\beta=1,\alpha\geqslant0,\beta\geqslant0\end{gathered}\tag{5.35}$$

式中:$\hat{\boldsymbol{R}}_0$为根据地形的物理散射模型得到的协方差矩阵,$\hat{\boldsymbol{R}}_1$是由实测数据样本估计的协方差矩阵。$\hat{\boldsymbol{R}}_0$由如下的模型获得

$$\hat{\boldsymbol{R}}_0=\frac{1}{N_c}\sum_{i=1}^{N_c}G_i\boldsymbol{v}_i\boldsymbol{v}_i^{\mathrm{H}}\tag{5.36}$$

式中:N_c 为等距离环上的杂波块的个数;$\boldsymbol{v}_i$ 是第 i 个单元中杂波空时导向矢量;

G_i 表示第 i 个单元的功率,上标 H 表示矢量的共轭转置。相应的先验信息可以从 SAR 图像(本质上是一个高分辨力的杂波反射系数图)或者从地表散射模型中获得。

STAP 能够获得更好性能的关键在于协方差矩阵估计的准确性。根据先验知识的利用方式的不同,直接法的 KA-STAP 算法可以分为两大类,一类是利用历史数据的 KA-STAP 算法,另一类是利用基于 DEM 的杂波反演数据的KA-STAP 算法。根据先验协方差矩阵的融合方式的不同,KA-STAP 算法又有两种类型:线性约束最优化问题和凸优化问题。

首先,需要解决 KA-STAP 的第一个问题,从先验知识到先验协方差矩阵。一种方法是利用历史数据的 KA-STAP 算法。利用历史数据的方法也可以分为两种不同方式,一种是直接把历史数据当作训练样本来计算先验协方差矩阵,所利用的历史数据又分为相邻驻留数据和圈间历史数据。另一种是利用历史数据回波进行杂波散射反演,然后再根据一定的模型构造先验协方差矩阵。

另一种构造先验协方差矩阵的方法是利用基于 DEM 的杂波反演数据的 KA-STAP算法。这种算法有两种形式,第一种是利用 DEM 和雷达平台参数等先验知识进行雷达信号级杂波仿真,利用仿真数据计算先验协方差矩阵。第二种是结合 DEM、LCLU 和雷达平台参数等先验知识,构造相应的先验杂波协方差模型。

在得到先验协方差矩阵之后,第二步便是如何与采样协方差矩阵融合得到 KA-STAP 的最优权值。一种方法是转化为最优权值二次型约束最优化问题,即

$$\min_{\boldsymbol{w}} E[\,|\boldsymbol{w}^{\mathrm{H}}\boldsymbol{x}|^2\,]$$

$$\text{s.t.}\begin{cases}\boldsymbol{w}^{\mathrm{H}}\boldsymbol{v}=1\\ \boldsymbol{w}^{\mathrm{H}}\boldsymbol{R}_{\mathrm{c}}\boldsymbol{w}\leqslant\delta_{\mathrm{d}}\\ \boldsymbol{w}^{\mathrm{H}}\boldsymbol{w}\leqslant\delta_{\mathrm{L}}\end{cases}\tag{5.37}$$

式中:$\boldsymbol{R}_{\mathrm{c}}$ 为先验协方差矩阵。此最优化问题的解为

$$\begin{aligned} w&=\frac{(\boldsymbol{R}_{xx}+\beta_{\mathrm{d}}\boldsymbol{R}_{\mathrm{c}}+\beta_{\mathrm{L}}\boldsymbol{I})^{-1}\boldsymbol{v}}{v^{\mathrm{H}}(\boldsymbol{R}_{xx}+\beta_{\mathrm{d}}\boldsymbol{R}_{\mathrm{c}}+\beta_{\mathrm{L}}\boldsymbol{I})^{-1}\boldsymbol{v}}\\ &=\frac{(\boldsymbol{R}_{xx}+\boldsymbol{Q})^{-1}\boldsymbol{v}}{\boldsymbol{v}^{\mathrm{H}}(\boldsymbol{R}_{xx}+\boldsymbol{Q})^{-1}\boldsymbol{v}}\end{aligned}\tag{5.38}$$

式中:矩阵 $\boldsymbol{R}_{xx}$为由训练数据计算的协方差矩阵;$\beta_{\mathrm{d}}\boldsymbol{R}_{\mathrm{c}}$ 为色加载项;$\beta_{\mathrm{L}}\boldsymbol{I}$ 为对角加载项。

另一种方法是转换为协方差估计求解的凸优化问题。对于非结构的估计器,有

$$\hat{\boldsymbol{R}}_{\mathrm{KAUE}}=\arg\min_{\boldsymbol{R}}[\,\mathrm{logdet}(\boldsymbol{R}^{-1})+\mathrm{tr}(\boldsymbol{R}\boldsymbol{R}_{xx})\,]$$

$$\text{s.t.}\begin{cases}\|\boldsymbol{R}\boldsymbol{R}_{\mathrm{c}}-\boldsymbol{I}\|\leqslant\varepsilon\\ \boldsymbol{R}>0\end{cases}\tag{5.39}$$

式中:$\boldsymbol{R}_{xx}$为采样协方差矩阵;$\boldsymbol{R}_{\mathrm{c}}$ 为先验协方差矩阵;tr(·)表示矩阵的迹。上述问题可以改写为一个凸优化问题,即

$$\hat{\boldsymbol{R}}_{\mathrm{KAUE}}=\arg\min_{\boldsymbol{R}}[\operatorname{logdet}(\boldsymbol{R}^{-1})+\operatorname{tr}(\boldsymbol{R}\boldsymbol{R}_{xx})]$$

$$\text{s.t.}\begin{cases}\begin{bmatrix}\boldsymbol{I} & \boldsymbol{Q}\\ \boldsymbol{Q}^{\mathrm{H}} & \boldsymbol{I}\end{bmatrix}\geqslant 0\\ \boldsymbol{Q}=\dfrac{1}{\varepsilon}(\boldsymbol{R}\boldsymbol{R}_{\mathrm{c}}-\boldsymbol{I})\\ \boldsymbol{R}>0\end{cases}\tag{5.40}$$

对于结构化的估计器,有

$$\hat{\boldsymbol{R}}_{\mathrm{KASE}}=\arg\min_{\boldsymbol{R}}[\operatorname{logdet}(\boldsymbol{R}^{-1})+\operatorname{tr}(\boldsymbol{R}\boldsymbol{R}_{xx})]$$

$$\text{s.t.}\begin{cases}\begin{bmatrix}\boldsymbol{I} & \boldsymbol{Q}\\ \boldsymbol{Q}^{\mathrm{H}} & \boldsymbol{I}\end{bmatrix}\geqslant 0\\ \boldsymbol{Q}=\dfrac{1}{\varepsilon}(\boldsymbol{R}\boldsymbol{R}_{\mathrm{c}}-\boldsymbol{I})\\ \dfrac{1}{\sigma^2}\boldsymbol{I}-\boldsymbol{R}\geqslant 0\\ \boldsymbol{R}>0\end{cases}\tag{5.41}$$

上述凸优化问题可以用凸优化工具来求解[8-9]。

KA-STAP 的算法原理分类总结如图 5.12 所示。

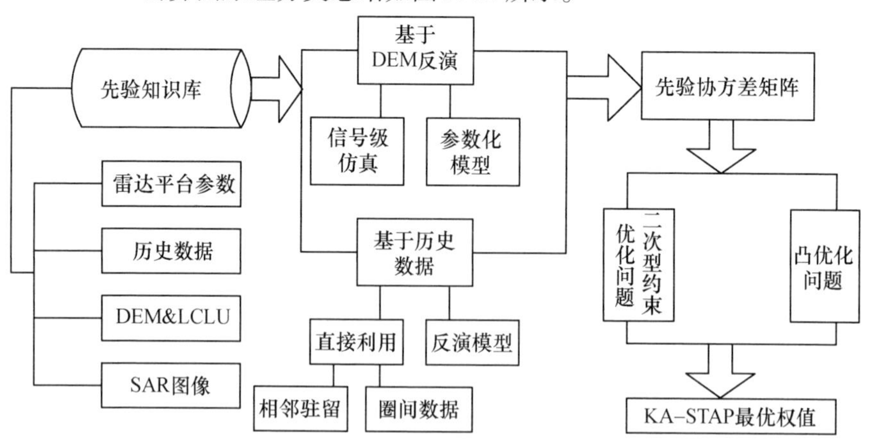

图 5.12 KA-STAP 算法原理分类图

1）基于过往 CPI 数据的 KA-STAP 算法

该算法研究如何从历史数据（过往 CPI 数据）中获得杂波的先验协方差矩阵。在外部条件（天气因素）变化不大，载机飞行平稳以及雷达参数不变等前提下，历史数据与当前数据有一定的相关性，所以利用历史数据进行 KA-STAP 处理是合理的。使用历史数据的方法有两种，一种是直接利用过往 CPI 数据得到先验协方差矩阵，另一种是利用过往 CPI 数据获得杂波反射特性地图，然后再构造先验协方差矩阵[10]。

直接利用过往 CPI 数据的方法又可以分为两类，一类是利用相邻驻留的数据。因为相邻驻留的时间间隔很短，这保证了杂波的相关性，并且相邻驻留间的雷达主波束方向转动的角度很小，所以回波强度特性也不会有太大变化。同时由于相邻驻留间的导向矢量的偏差也很小，而且 STAP 的性能对导向矢量的误差有一定的容差性，所以这个方面的影响也不大。通过上述分析，这种利用相邻驻留数据进行先验协方差矩阵估计的方法是合理的。图 5.13 便是利用相邻驻留数据的 KA-STAP 算法的实测数据分析结果，杂波剩余统计如图 5.13 所示。

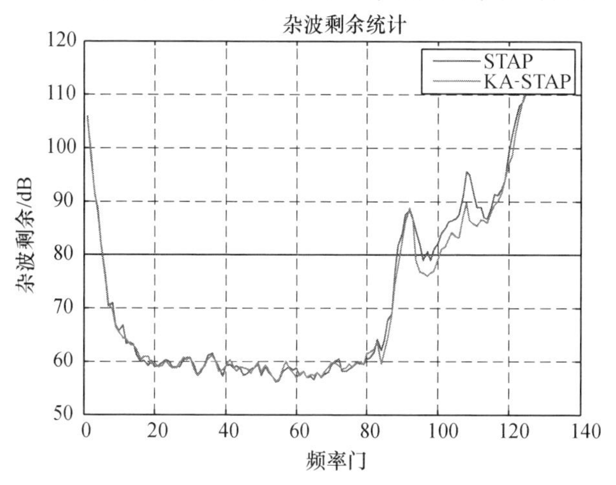

图 5.13　KA－STAP 算法杂波剩余统计（见彩图）

另一类直接利用过往 CPI 数据的方法是利用圈间的数据或多次飞行数据。在雷达参数、载机信息、飞行航线、外部因素变化较小的情况下，杂波协方差的逆矩阵与当前数据杂波协方差的逆矩阵有相似性。通过利用圈间的数据或多次飞行数据，在线或离线计算 STAP 权值用于杂波抑制。这种方法通常要求比较苛刻，并不实用。

2）基于 DEM 的反演杂波数据的 KA-STAP 算法

该算法研究如何从 DEM 等外部先验信息和雷达参数、载机信息等内部先验信息来获得杂波的先验协方差矩阵。DEM 等外部先验信息在数据类型和数据格式上都与雷达回波有很大差别的,必须建立一定的模型,进行坐标变换和数据转化,才能得到我们想要的先验协方差矩阵。实现上述问题的途径有两种,一种是利用参数化杂波协方差矩阵构成模型[11],另一种是模拟雷达发射接收信号进行信号级的杂波回波仿真。前一种方法易于实现,且运算量较小,但是得到的先验协方差矩阵的准确度较低,在杂波较为平稳但有干扰目标存在的场景下,并且对最低可检测速度要求不高的情况下,可以运用这种方法。后一种方法比较复杂,且运算量非常大,但是得到的先验协方差矩阵的准确度较高,可以在杂波变化剧烈的场景下运用。

第一种方法的性能取决于参数化杂波协方差矩阵的准确性,下面我们来建立杂波的空时二维模型,并结合 J. Guerci 的协方差矩阵加权去相关方法,获得参数化的杂波协方差矩阵。杂波空时快拍的一个简单有效的模型是对感兴趣的距离门上的 N_c 个杂波块的响应求和。假设每个杂波块都是相互统计独立的,因此地面杂波的协方差矩阵为

$$\boldsymbol{R}_{\mathrm{I}} = \sum_{m=0}^{N_a}\sum_{n=1}^{N_c}\xi_{m,n}(\boldsymbol{b}_{m,n}\boldsymbol{b}_{m,n}^{\mathrm{H}}) \otimes (\boldsymbol{a}_{m,n}\boldsymbol{a}_{m,n}^{\mathrm{H}}) \tag{5.42}$$

式中:N_c 为方位向独立杂波块的数目;N_a 为距离模糊次数;$\xi_{m,n}$ 为该杂波块的杂波功率;$\boldsymbol{b}_{m,n}$、$\boldsymbol{a}_{m,n}$ 分别为时域导向矢量和空域导向矢量,$\otimes$ 表示克罗内克积。长度为 N 的空域导向矢量和长度为 M 的时域导向矢量分别定义为

$$\boldsymbol{a}_{m,n}(l) = \exp\left(\mathrm{j}(l-1)2\pi\frac{d}{\lambda}\cos\theta\sin\phi\right)$$

$$\boldsymbol{b}_{m,n}(k) = \exp\left(\mathrm{j}(k-1)4\pi\frac{v_a T_r}{\lambda}\cos\theta\sin(\phi+\phi_0)\right)$$

$$m=0,\cdots,N_a;n=1,\cdots,N_c;l=1,\cdots,N;k=1,\cdots,M \tag{5.43}$$

式中:d 为阵元间距;λ 为发射波长;v_a 为载机速度;T_r 脉冲重复间隔;θ,ϕ 分别为相对于阵列坐标系的俯仰和方位角;ϕ_0 为偏航角。

协方差矩阵加权是对随机矢量去相关作用建模的一种简便方法,最终得到参数化的先验协方差矩阵为

$$\boldsymbol{R} = \boldsymbol{R}_{\mathrm{I}} \circ \boldsymbol{T} \tag{5.44}$$

式中:$\boldsymbol{R}_{\mathrm{I}}$ 为协方差矩阵;$\boldsymbol{T}$ 为 CMT 矩阵。

5.2.2.2 实测数据验证结果

1)利用历史数据进行近程杂波抑制

利用雷达历史数据获取近程杂波先验知识,辅助进行下一 CPI 数据的处理,如图 5.14 所示。

近程杂波的抑制并没有达到预期的效果,与 PD 处理结果对比虽然有少许

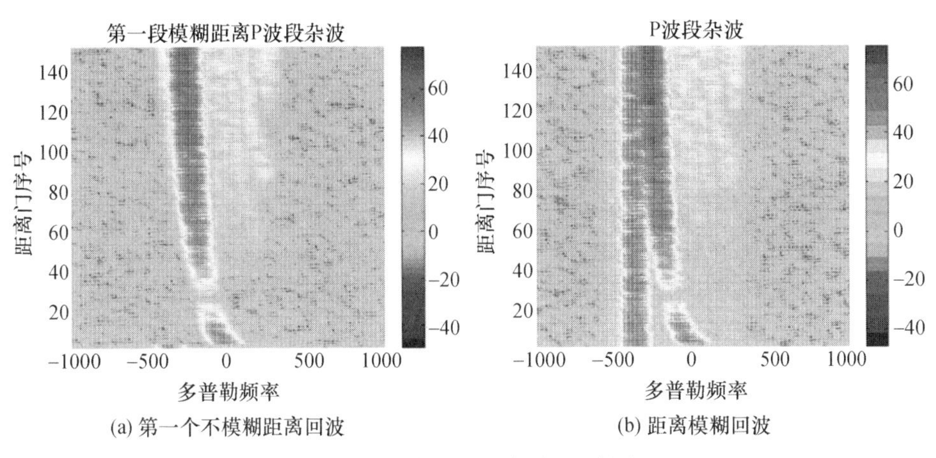

(a) 第一个不模糊距离回波
(b) 距离模糊回波

图 5.14 仿真的近程杂波(见彩图)

的改善,但是没有达到抑制近程杂波的理论效果,俯仰滤波后近程杂波抑制约 3dB,仿真结果如图 5.15 所示。

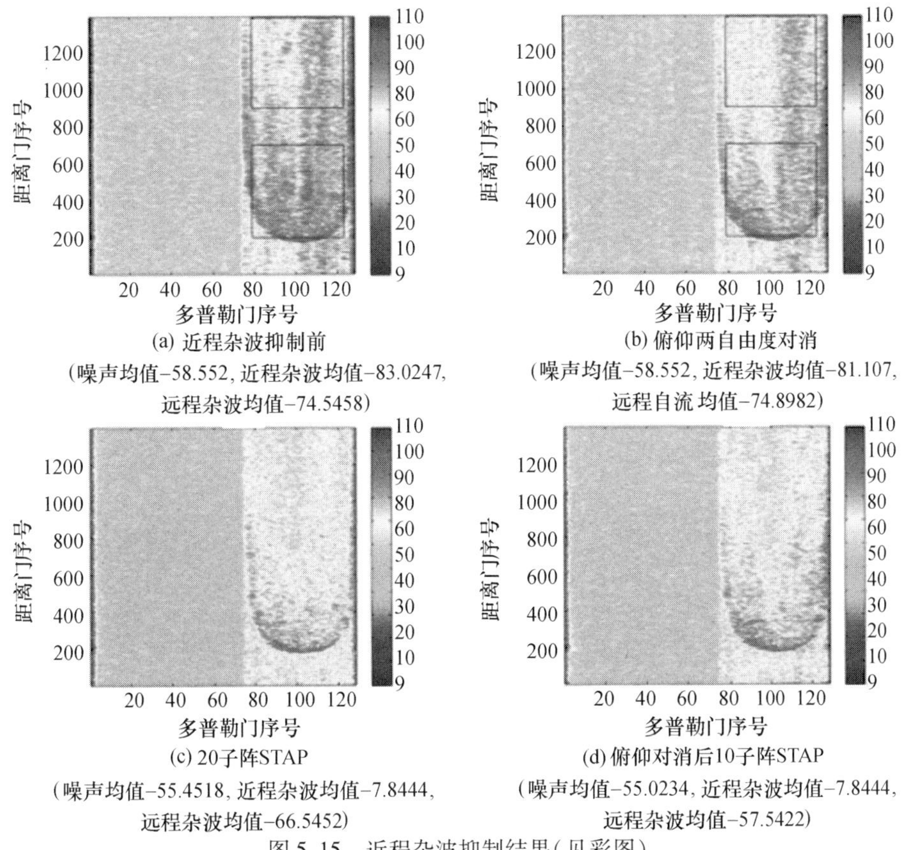

(a) 近程杂波抑制前
(噪声均值-58.552, 近程杂波均值-83.0247, 远程杂波均值-74.5458)

(b) 俯仰两自由度对消
(噪声均值-58.552, 近程杂波均值-81.107, 远程自流 均值-74.8982)

(c) 20子阵STAP
(噪声均值-55.4518, 近程杂波均值-7.8444, 远程杂波均值-66.5452)

(d) 俯仰对消后10子阵STAP
(噪声均值-55.0234, 近程杂波均值-7.8444, 远程杂波均值-57.5422)

图 5.15 近程杂波抑制结果(见彩图)

2）利用历史数据进行高度线杂波抑制

利用雷达回波前一帧数据进行辅助处理，由于机载预警雷达平台飞行速度较慢，近似认为相邻两帧时间内杂波的近程副瓣所处地形环境无明显变化（相邻 40 ~ 50ms 时间内，载机运动距离只有几米），算法流程如图 5.16 所示，仿真结果如图 5.17 所示。

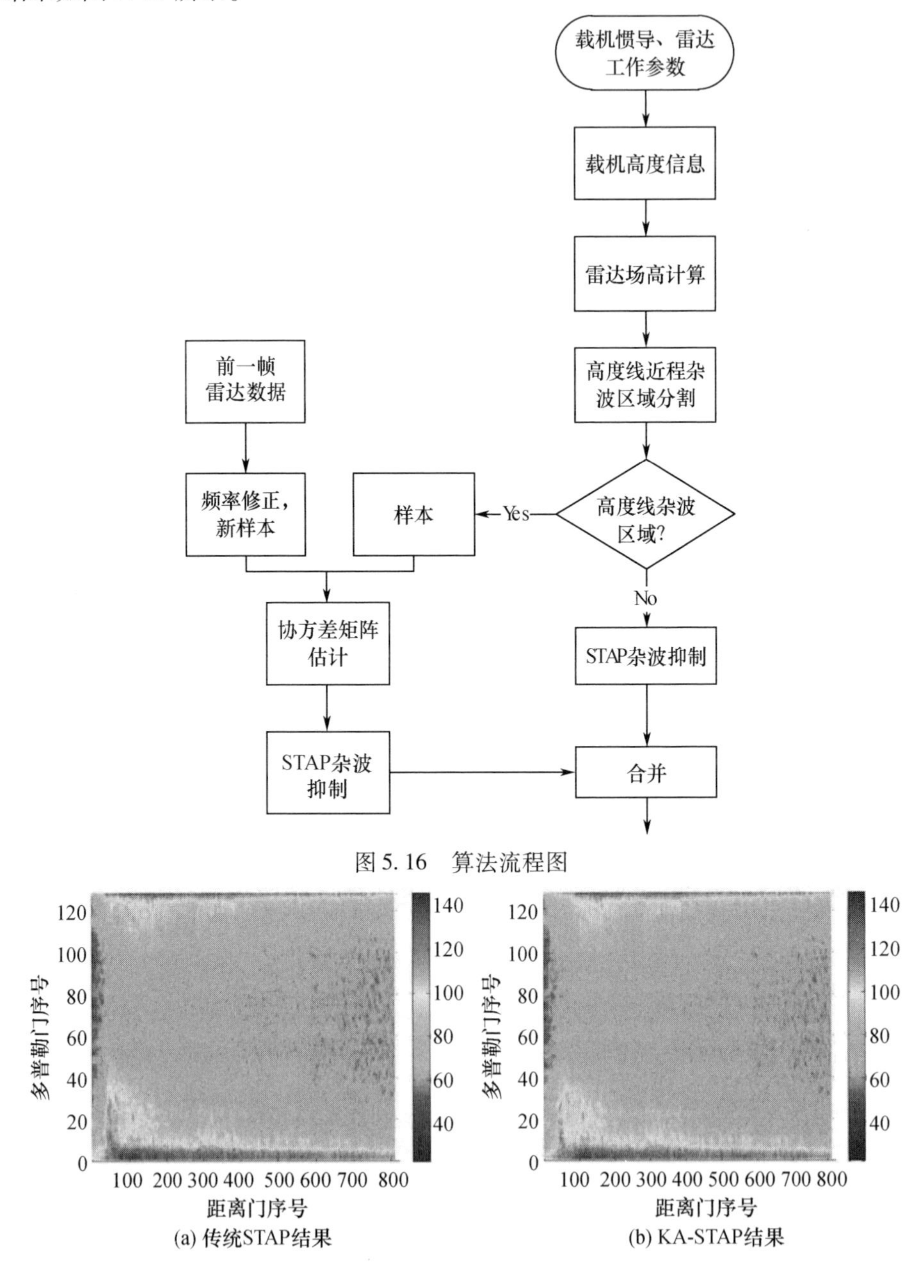

图 5.16　算法流程图

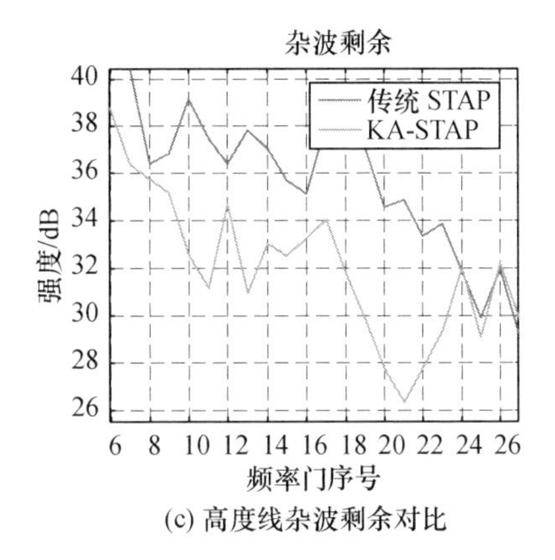

(c) 高度线杂波剩余对比

图 5.17　高度线(近程)杂波抑制结果(见彩图)

3）基于历史数据的 KA-STAP 实验

（1）LPRF 数据验证。利用前一帧数据,目标信噪比有所改善,平均约 1 ~ 2dB,仿真结果如图 5.18 所示。

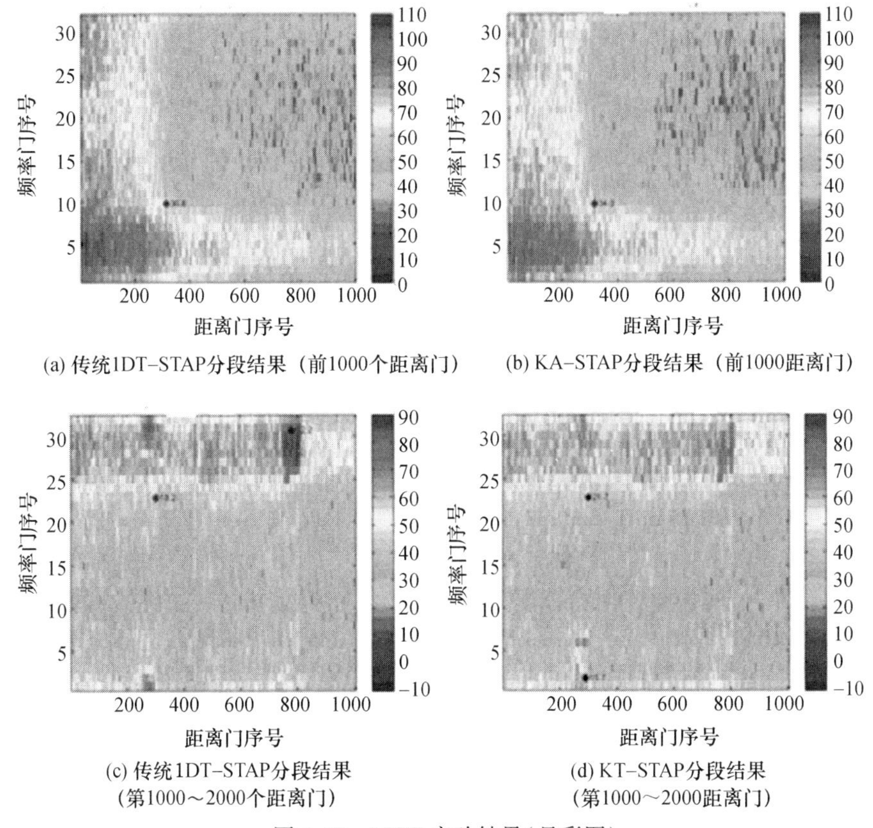

(a) 传统1DT-STAP分段结果 (前1000个距离门)　(b) KA-STAP分段结果 (前1000距离门)

(c) 传统1DT-STAP分段结果 (第1000～2000个距离门)　(d) KT-STAP分段结果 (第1000～2000距离门)

图 5.18　LPRF 实验结果(见彩图)

(2) MPRF 数据验证。样本数不足时,传统 STAP 算法无法检测目标,引入历史数据增加样本后,目标可以被检测出来,但信噪比有所下降(仿真方法,从实际回波数据中抽取某一段距离门数据,使 STAP 对这段数据处理时样本不足,1DT-STAP,自由度 16 时样本只有 50 个)。

从图 5.19 可以看出,在样本不足时,传统 STAP 算法无法检测目标,利用历史数据增加样本后目标可以被检测出来,但信杂噪比有所损失。

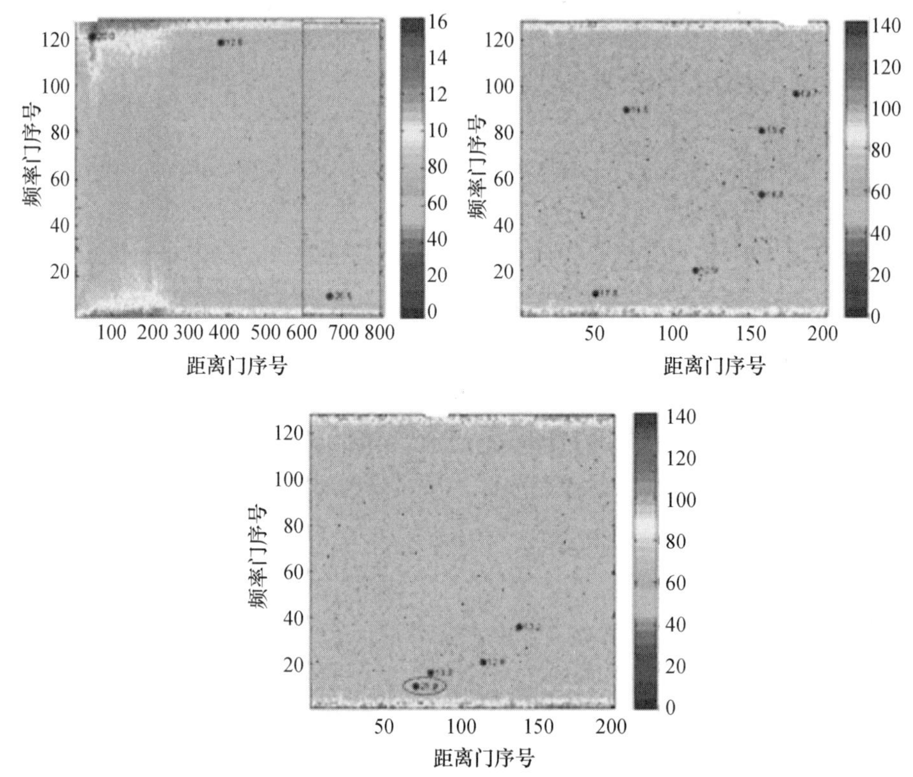

图 5.19 MPRF 实验结果(见彩图)

5.2.3 基于环境信息认知目标检测技术应用

5.2.3.1 适应于变杂波单元的自适应检测器

根据对检测背景的在线信息提取分析,将全平面检测区域划分为非杂波区域、杂波区域和杂波边缘三部分。然后对分割后的区域采用多策略 CFAR 检测算法进行检测,单独调整参考窗口单元的形状,获得均匀的参考单元,避免杂波边缘产生不良影响。在复杂背景下,多策略自适应检测方法可以通过设计感知环境变化,并依据该变化调整检测策略,能够有效地解决检测背景难以统计分析、多种杂波类型同时存在的难题,实现复杂背景下的弱小目标多策略检测[12-13]。

图 5.20 是对检测背景在线信息提取之后进行自适应多策略/参数 CFAR 检测的框图。在检测背景进行分割归一化处理之后,利用标记的 KL① 分割位置信息,将检测背景分为非杂波区域、杂波区域和杂波边缘三个区域。针对检测单元目标所处的不同位置,选择与所在区域对应的参考窗口单元的形状,获得均匀的参考单元,实现雷达的多策略、多参数自适应检测。

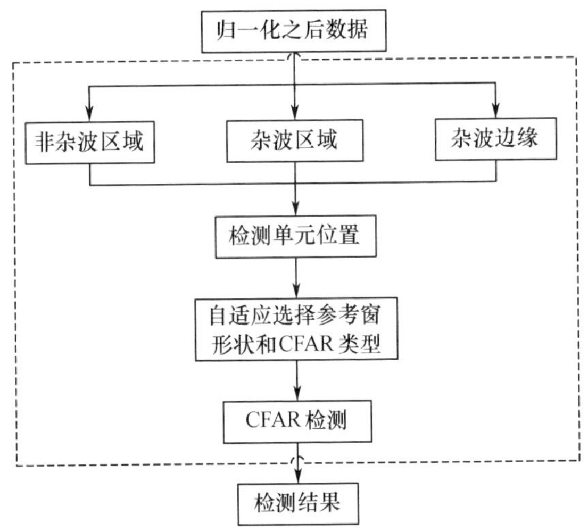

图 5.20 自适应多策略/参数 CFAR 检测框图

1) 非杂波区域检测器设计

经典 CFAR 检测器主要包括均值类和有序统计类检测器。均值类检测器主要有:单元平均(CA)、最大选择(GO)、最小选择(SO)等。有序统计类检测器主要有:有序统计量(OS)、削减平均等。另外还有新提出的 VI-CFAR 和 AD-CFAR 等多策略智能选择 CFAR 检测器。

CFAR 检测器利用选定待检测单元周围参考滑窗内的参考单元样本来估计背景杂波功率水平,相应的检测器模型如图 5.21 所示。

CFAR 检测器性能的好坏取决于检测单元周围背景估计的准确性。参考单元距离检测单元越近,越能真实地反映检测单元周围背景。本章主要讨论了一维参考窗、二维矩形参考窗和二维十字形参考窗的情况。

一维参考窗是基于同距离单元同质分布的假设。一维选取 1 个距离单元

① Kernighan-Lin 算法,主要用于网络节点的分割。

V(t)
X1
···
Xn
D
Y1
···
Yn
CFAR策略
Z
T
×
S=ZT
比较器
H0
H1

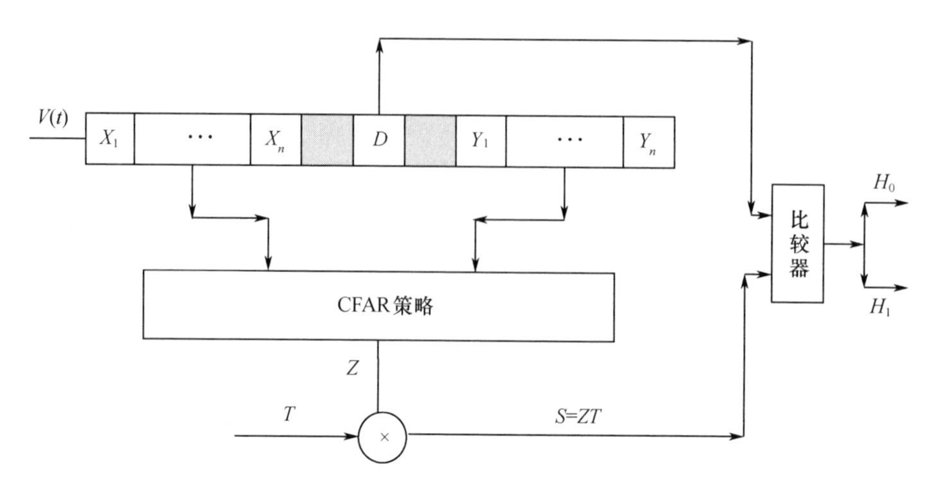

图 5.21　CFAR 检测器模型

36 个多普勒通道单元(1×36)。

二维参考窗是基于相邻距离单元同质分布的假设。其中二维矩形窗是选取3 个距离单元 12 个多普勒通道单元(3×12),如图 5.22 所示(灰色区域代表保护单元,绿色区域为参考单元,白色 CUT 为待检测单元)。

1
2
3
4
5
6
CUT
7
8
9
10
11
12

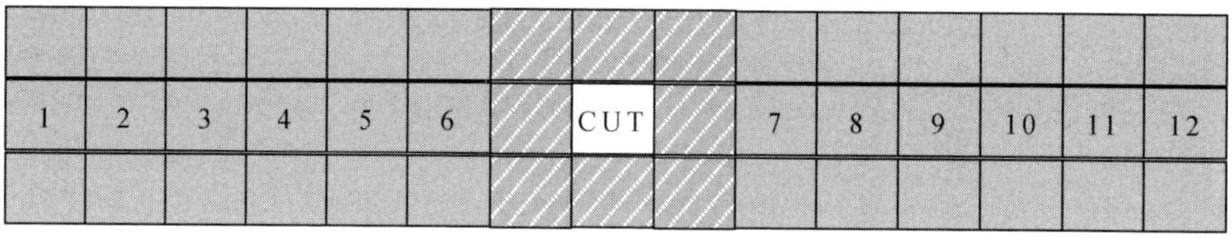

图 5.22　二维矩形参考窗(见彩图)

二维十字形参考窗选取 7 个距离单元 9 个多普勒单元(3×8 + 2×3 + 2×3)。CFAR 二维十字形参考窗形状如图 5.23 所示(灰色为保护单元,白色区域为 36 个参考单元,红色 CUT 为待检测单元)。

5
6
1
2
3
4
CUT
9
10
11
12
7
8

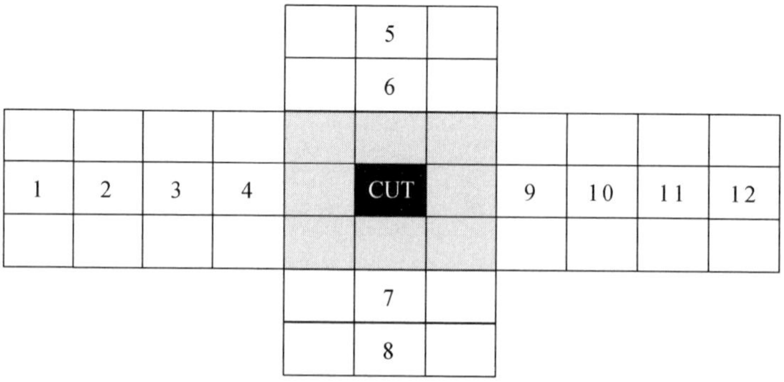

图 5.23　二维十字形参考窗(见彩图)

实测数据 CFAR 检测证明了二维十字形参考窗能更准确地反映检测单元周围的背景，具有更良好的检测性能。

2）杂波区域检测器设计

在杂波区域选择更大的同分布背景参考单元，有利于杂波背景估计。AD 检验能在杂波分布模型未知的条件下对样本的同分布性进行检验[14]。根据 AD 算法自适应选择参考单元，以便调整 CFAR 检测方法，AD 算法也可区分同质异质背景。利用 AD 算法可以选择均匀数据作为参考单元数据，自适应调整窗的大小。

参考窗选择二维十字形，如图 5.24 所示（白色 CUT 为待检测单元，灰色区域代表保护单元，绿色区域为参考单元，红色区域为杂波参考模块）。

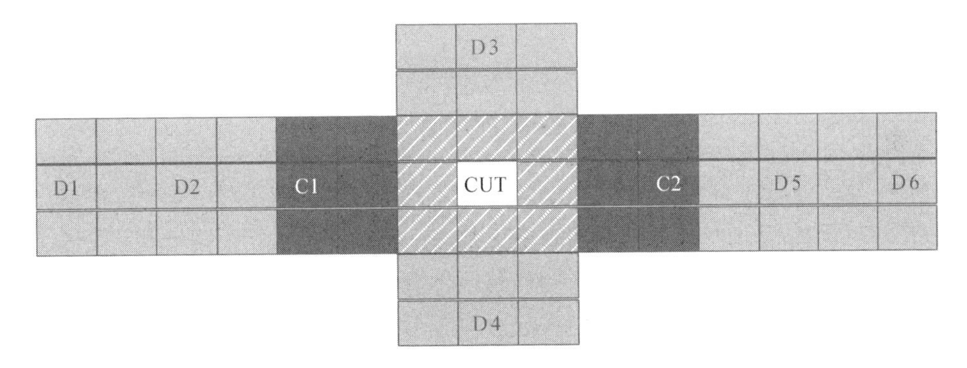

图 5.24　AD 参考窗选择模型（见彩图）

利用 AD 算法进行单元划分，区分同质异质背景，自适应地选择参考窗的大小。

3）杂波边缘条件下的自适应检测器设计

杂波边缘描述的是检测背景不同特性区域间的过渡区情况。针对杂波边缘区域进行检测，首先需要对检测背景区域进行分类，分为非杂波区域和杂波区域，根据 CFAR 检测参考滑窗的选取，划分杂波边缘区域。如图 5.25 所示，选取距离门序号为 400 的多普勒方向剖面进行分析。把杂波边缘区域分为检测区域 1 和检测区域 2。

（1）如果检测单元处于非杂波区域，而参考滑窗中的其他一些参考单元处于杂波区域，那么即使信噪比很大也会对目标检测产生覆盖效应，检测概率和虚警概率都会下降。

（2）如果检测单元处于杂波区域，而其他的一些参考单元处于非杂波区域，那么，虚警率会急剧上升，这个问题是目标检测中应考虑的重要问题，如图 5.25 中的检测区域 2。

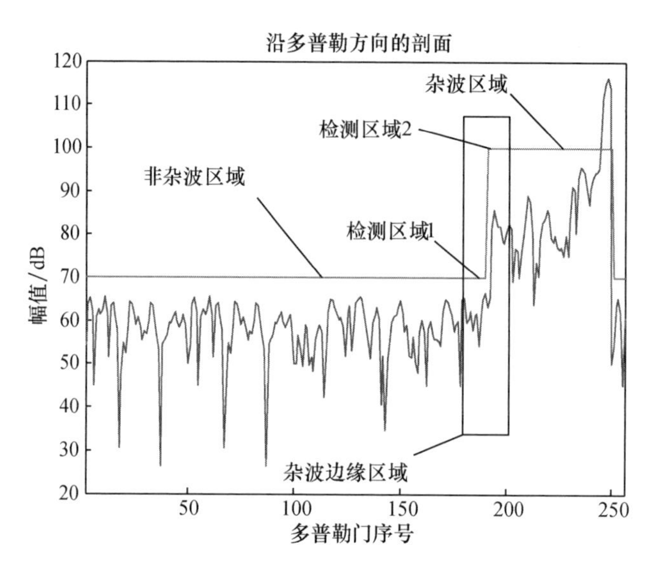

图 5.25　检测背景分类(见彩图)

4) 基于同质/异质分布、统计分布差异的检测背景分类方法

基于同质/异质分布、统计分布差异的检测背景分类采用的是 KL 散度方法,又称为相对熵(relative entropy),作为一种统计测度,能够有效地度量两个概率分布的差异,这里通过为 KL 散度设置特定门限值,将检测背景分为均匀部分和非均匀部分,即非杂波区域和杂波区域。

下面介绍 KL 散度方法的处理流程。KL 散度是两个概率分布 $p_1(\boldsymbol{x})$ 和 $p_2(\boldsymbol{x})$ 差别的非对称性度量。典型情况下,$p_1(\boldsymbol{x})$ 表示数据的真实分布,$p_2(\boldsymbol{x})$ 表示数据的理论分布、模型分布或 $p_1(\boldsymbol{x})$ 的近似分布。

对平方律检测器来说,认为每一个距离-多普勒单元服从指数分布,概率密度函数为 $p(\boldsymbol{x})$,均值 u_x,标准差 $\boldsymbol{\sigma}_x$,且

$$p(\boldsymbol{x}) = \frac{1}{\beta}\mathrm{e}^{-(x-\alpha)/\beta}$$

$$u_x = \int_{\alpha}^{\infty} \boldsymbol{x}p(\boldsymbol{x})\mathrm{d}\boldsymbol{x} = \alpha + \beta$$

$$\sigma_x^2 = \int_{\alpha}^{\infty} \boldsymbol{x}^2 p(\boldsymbol{x})\mathrm{d}\boldsymbol{x} - u_x^2 = \beta^2 \tag{5.45}$$

KL 散度表达如下:

$$I(p_1(\boldsymbol{x}), p_2(\boldsymbol{x})) = \int_{\alpha_1}^{\infty} p_1(\boldsymbol{x})\log\left(\frac{p_1(\boldsymbol{x})}{p_2(\boldsymbol{x})}\right)\mathrm{d}\boldsymbol{x} \tag{5.46}$$

$$I(p_1(\boldsymbol{x}), p_2(\boldsymbol{x})) = \log\frac{\sigma_2}{\sigma_1} + \frac{\sigma_1 - \sigma_2}{\sigma_2} \tag{5.47}$$

KL 散度处理单元选择 5×5。(仿真结果见图 5.26,图 5.27,图 5.28)

通过以上处理可以得知,用 KL 散度可以很好地分割出杂波区域和均匀区域,实现检测背景的分类,为后面分区 CFAR 做准备。

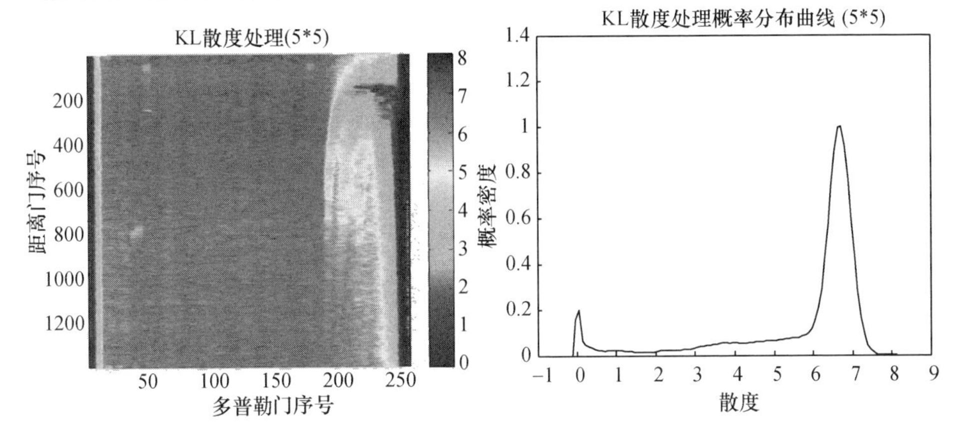

图 5.26 KL 距离(见彩图)

图 5.27 散度概率密度曲线(见彩图)

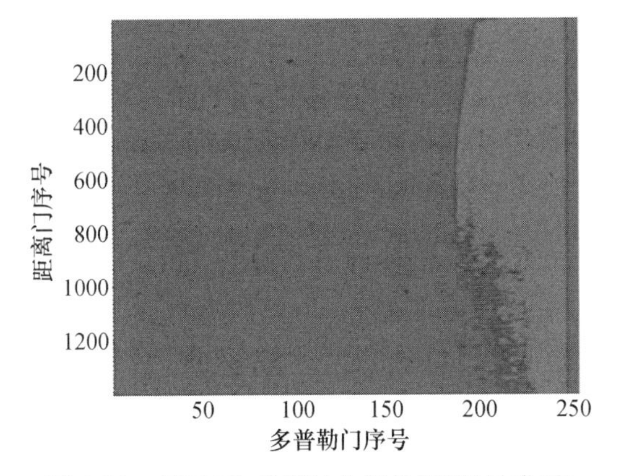

图 5.28 基于 KL 散度的分割效果图(见彩图)

5) 检测背景指数归一化

在传统雷达目标恒虚警检测过程中,往往假定检测背景服从指数分布,但实际通过参数估计得到的背景并不服从指数分布。为了使现有的 CA-CFAR 检测器有更好的检测效果,需要使检测平面数据归一化为指数分布,消除检测平面起伏不均匀的影响(图 5.29)。

韦布尔分布参数估计过程如下。首先,进行韦布尔分布的形状参数估计,有

$$C = \frac{C_{\text{hi}} - C_{\text{lo}}}{2}\left[\operatorname{erf}\left(4\frac{B - B_{\text{lo}}}{B_{\text{hi}} - B_{\text{lo}}} - 2\right) + 1\right] + C_{\text{lo}} \tag{5.48}$$

式中:C_{hi} 为指数背景数据的形状参数;C_{lo} 为高杂波数据的形状参数;B_{hi}、B_{lo} 为经验尺度常数;B 为本地尺度水平估计;erf(·)为误差函数,$\operatorname{erf}(\beta) = \frac{2}{\sqrt{\pi}}\int_0^\beta e^{-y^2}dy$。估

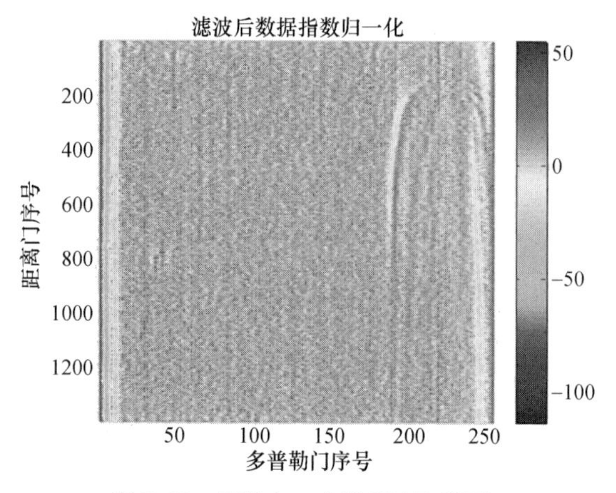

图 5.29　指数归一化数据(见彩图)

计尺度参数 B 的算法如下。预测韦布尔分布尺度参数,整个过程要考虑顺序统计量,得到结果

$$B = \boldsymbol{w}^{\mathrm{H}} * \boldsymbol{x}_{\mathrm{med}} + (\boldsymbol{I}_1 - \boldsymbol{w})^{\mathrm{H}} * \boldsymbol{x}_{\mathrm{smooth}} \tag{5.49}$$

式中:$\boldsymbol{I}_1$ 为元素都是 1,和 x 同维度的列矢量;$\boldsymbol{x}_{\mathrm{med}}$ 为参考窗内全部采样单元的中位数统计量;$\boldsymbol{x}_{\mathrm{smooth}}$ 为检测单元的平滑估计值;$\boldsymbol{w}$ 为加权值,其计算方法如下:

$$\boldsymbol{w} = \frac{\mathrm{erf}(4\log10\boldsymbol{x}_{\mathrm{med}} - 2) + 1}{2} \tag{5.50}$$

5.2.3.2　确认目标情况下杂波区域检测结果

1) 对 STAP 之前的数据进行分析

对数据 STAP 之前的数据作分析,距离-多普勒幅度谱如图 5.30 所示。

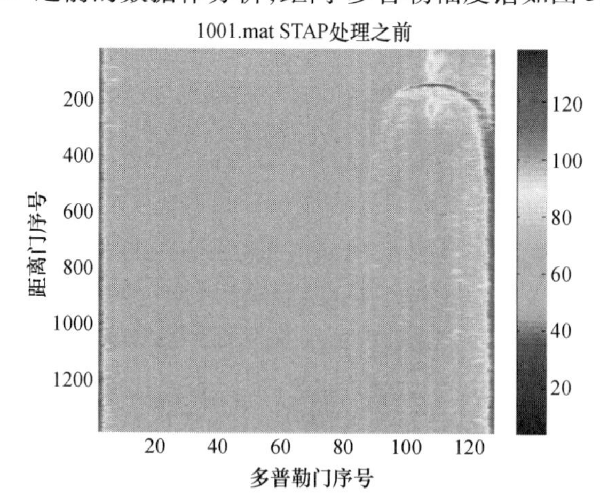

图 5.30　距离-多普勒幅度谱(见彩图)

已知目标位置(749,116),目标信噪比为 18.445dB,对 STAP 之前的 PD 谱进行距离和多普勒谱分析,结果如图 5.31 所示。

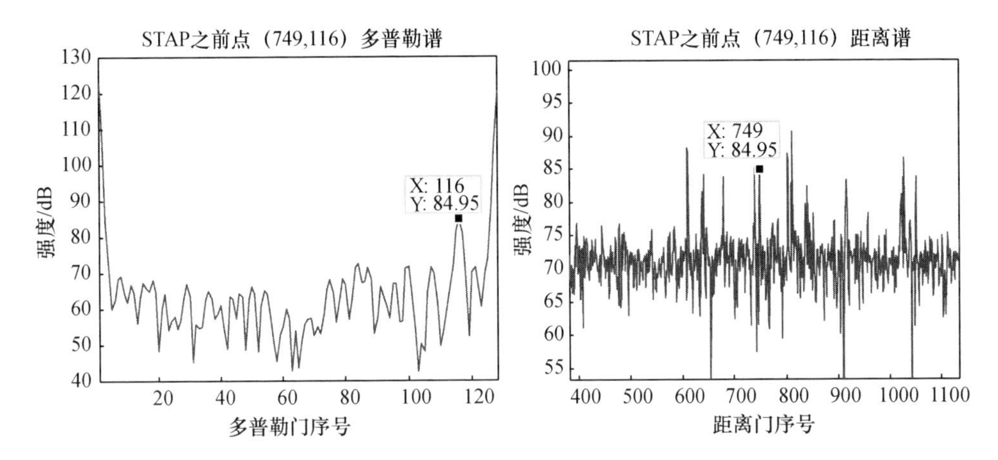

图 5.31 距离和多普勒谱分析

2）对 STAP 之前的数据进行双参数估计处理

对 STAP 之前的数据进行 KL 散度处理,求得 KL 距离如图 5.32 所示。

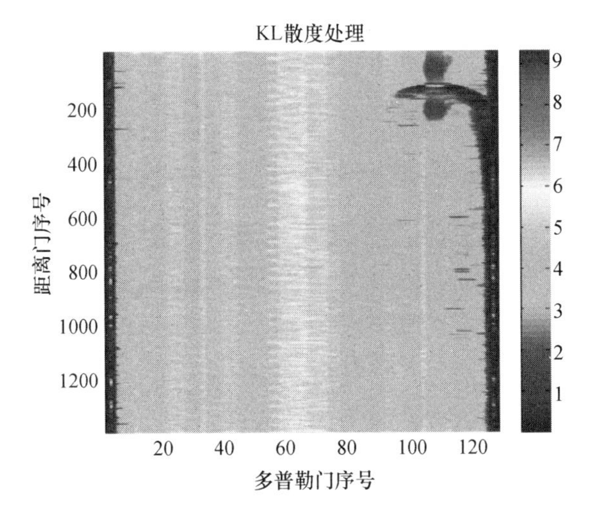

图 5.32 KL 距离(见彩图)

KL 散度距离概率分布曲线如图 5.33 所示。

经过基于最大类间方差法进行自动门限确定,分割效果如图 5.34 所示,其中红色区域为强杂波区域,蓝色区域为弱杂波区域。

经过双参数指数归一化处理之后,数据中目标位置为(749,116),目标信噪比为 25.4dB,目标位置处的多普勒谱和距离谱分别如图 5.35 所示。

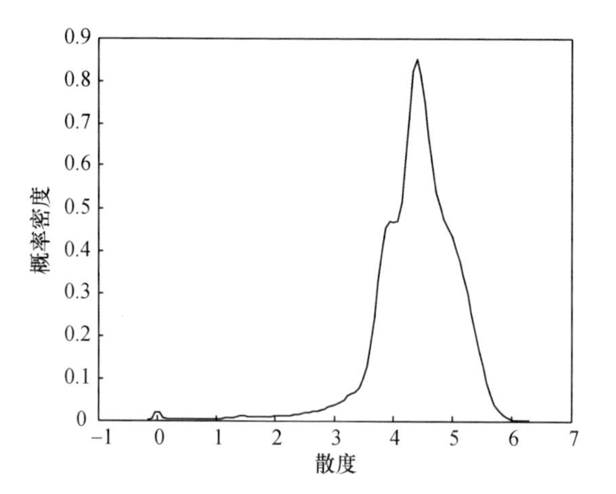

图 5.33　KL 散度距离概率分布曲线

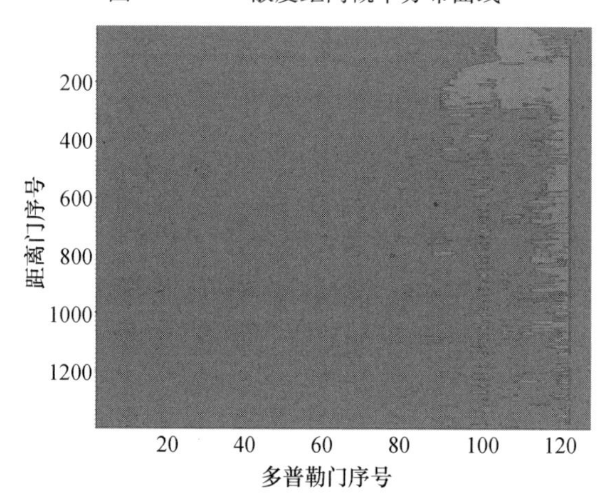

图 5.34　分割效果图(见彩图)

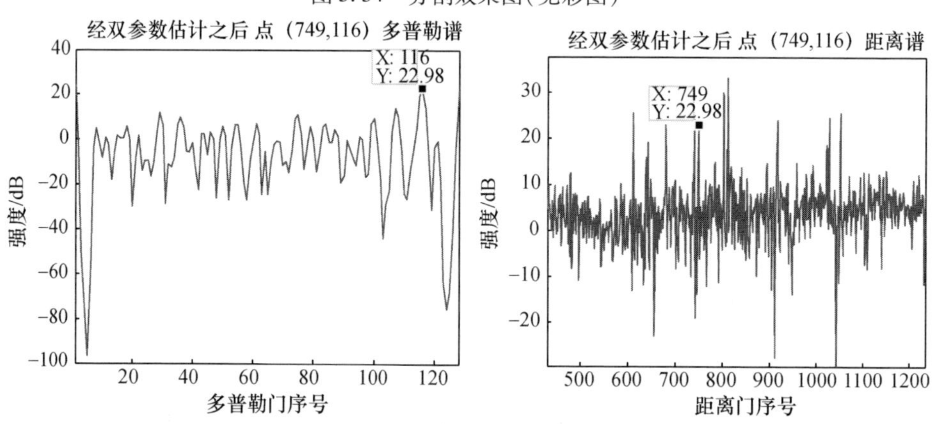

图 5.35　距离和多普勒谱分析

3）对 STAP 之后的数据进行分析

对 STAP 之后的数据作分析，距离-多普勒幅度谱如图 5.36 所示。

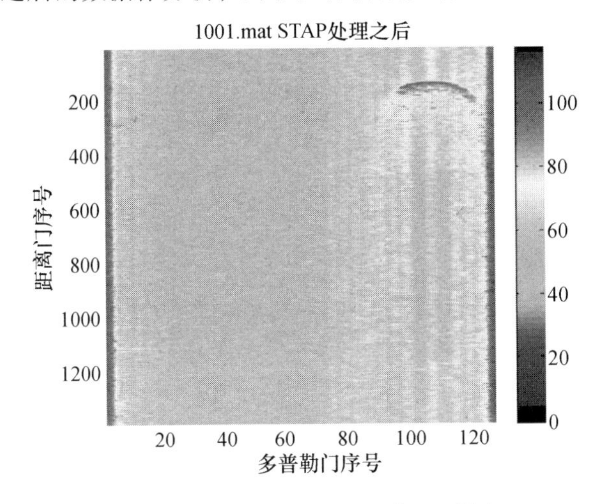

图 5.36 距离-多普勒幅度谱（见彩图）

数据中目标位置为(749,116)，进行 STAP 之后，目标位置处的多普勒谱和距离谱分别如图 5.37 所示，目标信噪比为 13.14dB。

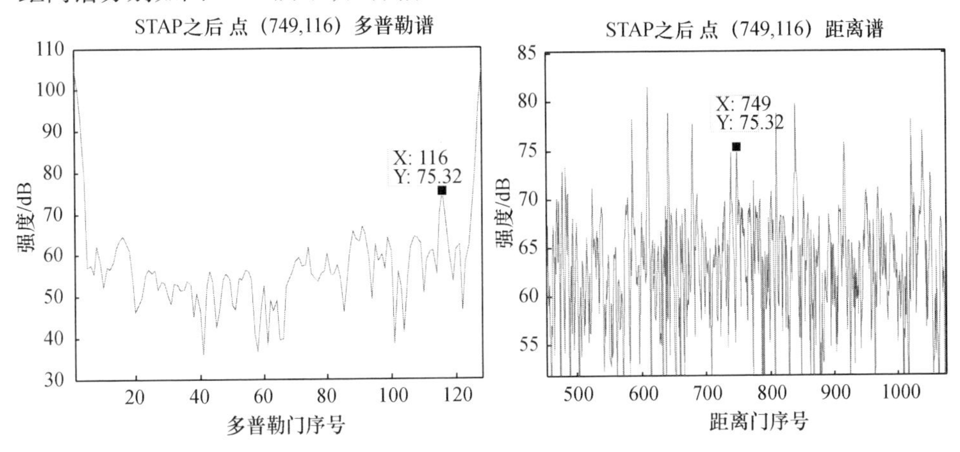

图 5.37 距离和多普勒谱分析

4）对 STAP 之后的数据进行双参数估计处理

对 STAP 之后的数据进行 KL 散度处理，求得距离-多普勒幅度谱如图 5.38 所示。

KL 散度距离的概率分布曲线如图 5.39 所示。

经过基于最大类间方差法进行自动门限确定，分割效果如图 5.40 所示，其中红色区域为强杂波区域，蓝色区域为弱杂波区域。

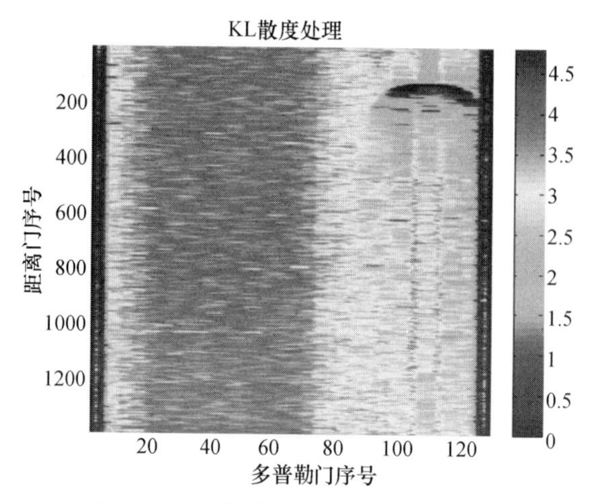

图 5.38　距离-多普勒幅度谱(见彩图)

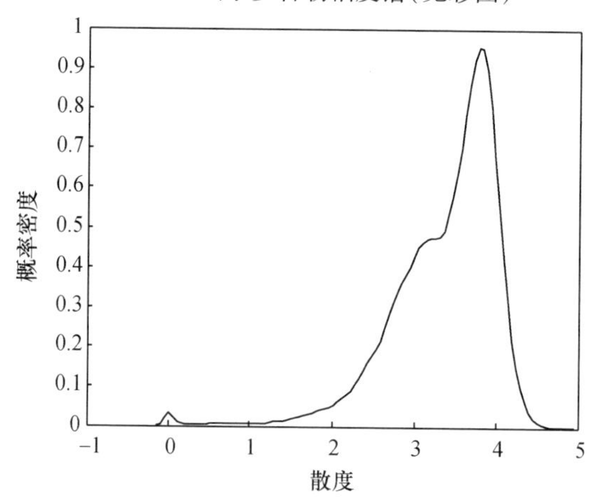

图 5.39　KL 散度距离概率分布曲线

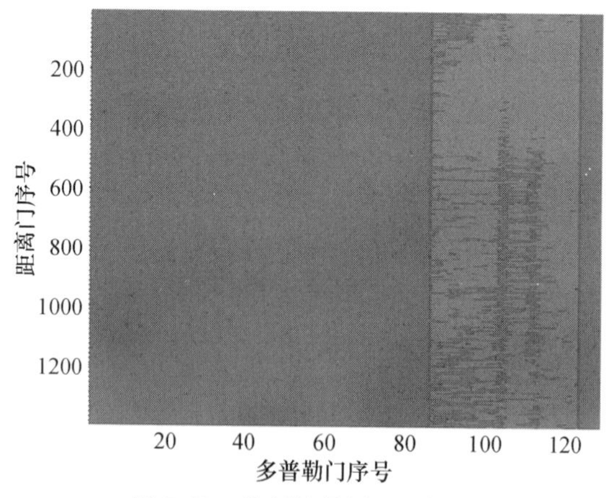

图 5.40　分割效果图(见彩图)

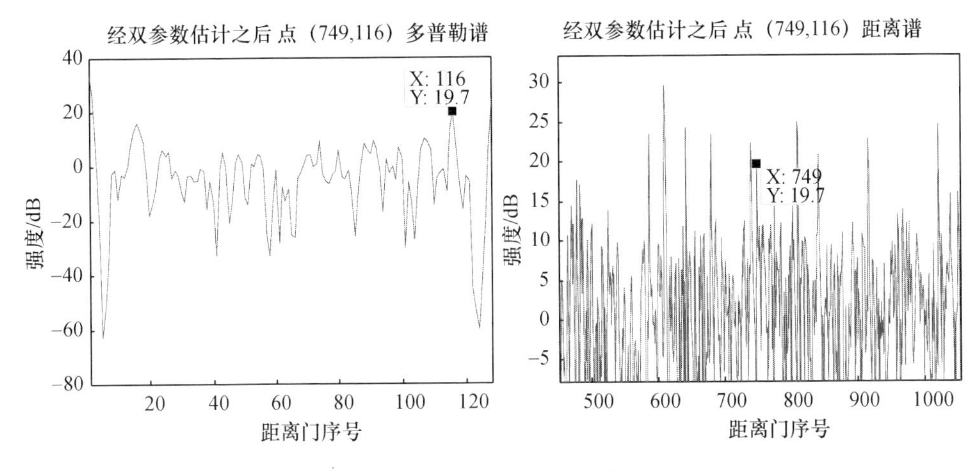

图5.41 距离和多普勒谱分析

5)检测性能分析

(1)对STAP之前的数据分析。

STAP之前目标信噪比为18.4dB,经过双参数估计处理之后目标的信噪比提高到25.4dB,双参数估计处理方法对目标信噪比有7dB的改善。

在保证目标(749,116)可检测的情况下,STAP之前的CA-CFAR检测的虚警个数为178个,而经过双参数处理之后CFAR检测虚警个数变为98个,虚警率下降45%,见表5.1。

表5.1 处理结果比较

	处理方式	检测位置	目标信噪比	门限	虚警个数
1	STAP之前CA-CFAR	(749,116)	18.4dB	18.4dB	178
2	STAP之前双参数估计	(749,116)	25.4dB	25.4dB	98

(2)对STAP之后的数据进行处理。

STAP之后目标信噪比为13.1dB,经过双参数估计处理之后目标的信噪比提高到18.2dB,信噪比提升约5dB,见表5.2。

在保证目标(749,116)可检测的情况下,经过双参数处理之后CFAR检测虚警个数变为390个,而STAP之前的CA-CFAR检测的虚警个数为428个,虚警数下降约9%(此处只考虑杂波区域的虚警)。

表5.2 处理结果比较

	处理方式	检测位置	目标信噪比	门限	虚警个数
1	STAP之后CA-CFAR	(749,116)	13.1dB	13.1 dB	428
2	STAP之后双参数估计	(749,116)	18.2dB	18.2 dB	390

（3）结论。

经过双参数估计之后，在保证确认目标可检测的前提下，虚警均有所下降。但由于目标位于副瓣杂波区，STAP 未能有效对目标进行保护，造成目标信噪比下降，影响了检测性能，此时双参数检测性能优于传统 CA-CFAR 检测性能（虚警下降 9%）。而在 STAP 检测前，基于背景信息的双参数检测器性能较传统 CA-CFAR 检测也有较大提升（虚警下降 45%）。

参考文献

[1] 金林．智能化认知雷达综述[J]．现代雷达，2013，35(11)：6－11.

[2] 张良，祝欢，杨予昊，等．机载预警雷达技术及信号处理方法综述[J]．电子与信息学报，2016，38(12)：3298－3306.

[3] SCHRADER G. A KASSPER Real－Time Signal Processor Testbed[R]. MIT Lincoln Laboratory, Lexington, 2005.

[4] 祝欢，江涛，邢远见．基于知识辅助的空时自适应处理技术[C]//中国宇航协会探测与导引第五次学术交流会，重庆，2015.

[5] BERGIN J S, TECHAR P M, MELVIN W L, et al. GMTI STAP in target－rich environments: site－specific analysis[C]// Radar Conference, 2002. Proceedings of the IEEE. IEEE, 2002: 391－396.

[6] HIEMSTRA J D. Colored diagonal loading[C]//In Proceedings of the2002 IEEE Radar Conference, Long Beach, CA, 2002, 22－25.

[7] BERGIN J S, CHRISTOPHER M T, TECHAU P M, et al. Improved clutter mitigation performace using knowledge－aided space－time adaptive processing[J]. IEEE Transactions on Aerospace and Electronic Systems, 2006, 42(3): 997－1009.

[8] TOH K C, TODD M J, TUTUNCU R H. SDPT3－ A Matlab software package for semidefinite programming[J]. Optimization Methods & Software, 1999: 545－581.

[9] JOHAN L. YALMIP: a toolbox for modeling and optimization in MATLAB[C]//Proc. CACSD Conf, Taipei, Taiwan, 2004: 284－289.

[10] PAGE D, OWIRKA G. Knowledge－Aided STAP Processing for Ground Moving Target Indication Radar Using Multilook Data[J]. EURASIP Journal on Advances in Signal Processing, 2006, 2006(1): 1－16.

[11] MELVIN W L, SHOWMAN G A. An approach to knowledge－aided covariance estimation [J]. Aerospace & Electronic Systems IEEE Transactions on, 2006, 42(3): 1021－1042.

[12] 何友，关键，孟祥伟．雷达目标检测与恒虚警处理[M]．北京：清华大学出版社，2011.

[13] 王首勇，刘俊凯，王永良．机载雷达多杂波分布类型的恒虚警检测方法[J]．电子学报，2005，33(3)：484－487.

[14] LI Y, WEI Y, LI B, et al. Modified Anderson－Darling Test－Based Target Detector in Non－Homogenous Environments[J]. Sensors, 2014, 14(9): 16046－16061.

第6章 结束语

认知雷达利用目标和环境先验信息,通过优化设计发射波形、合理分配系统资源、优化接收响应等方法来提高雷达的目标探测性能,可以实现从接收信号到发射端的闭环处理,从而提高雷达对复杂地理和电磁环境的适应能力。认知雷达可以充分利用环境和目标信息,可以突破传统自适应处理面临的性能瓶颈,是雷达技术发展的重要方向。

如何根据目标、环境的实际情况合理分配和有效利用雷达有限的功率、孔径、通道、时间资源,如何在接收到信号之后利用环境的知识提高目标的探测性能,如何自主地感知周围的环境为信号处理提供依据,是下一代雷达发展必须面对的挑战。本书针对这些要求,结合国内外认知雷达概念和理论的发展,探索了新一代雷达的认知探测体制和理论体系,研究了认知雷达的发射波形优化的作用和方法,研究了认知雷达杂波抑制和目标检测的理论和方法,希望采用新构架体系和处理方法的雷达在未来复杂战场环境的探测性能获得明显提升。

但是,目前认知雷达尚处于概念、理论和技术的初步研究阶段,其理论和方法体系尚不完善,需要在系统设计和信号处理理论方面开展深入研究,完善系统理论框架,突破信号处理方面的关键技术。如同很多重要技术的发展一样,这些研究不是能够一蹴而就的,必将经历一个相对漫长的、艰辛的研究过程,需要国内外雷达系统理论、信号处理理论和工程技术方面的专家共同努力。

展望未来,我们认为,要使认知雷达尽快成为提高军队作战能力的实际装备,需要在研究的内容和方法上注意一些问题,基于这些问题我们给出一些不成熟的建议,供读者参考。

1)应组织优势力量开展长期研究

机载雷达虽然只是雷达领域内一个小的分支,但涉及的专业和需要研究的内容非常广。特别是和认知雷达这一新的概念结合后,需要在雷达系统、杂波和目标特性、信号处理等方面开展大量的、深入的研究,导致研究内容非常多。我们认为,国内外的学者、科研人员、研究团队、高校和研究所需要集中优势力量开展系统性的、重点的攻关工作。国家和军队也应该在预研课题中专门立项,长期支持该领域的研究。

2）应重视基础数据的录取和机载雷达高精度回波仿真软件的研制

如第 3 章所述，美国为了推动空时自适应处理的研究，先后开展了 Mountain Top 计划和 MCARM 计划，录取了大量的数据，用于支持机载雷达空时自适应处理的研究。2002 年前后又实施了 KASSPER 计划，根据实际环境采用高精度的仿真方法得到了若干批和地形特征非常吻合的机载多通道数据，用于支持知识辅助信号处理和认知雷达的研究。作为国内的研究人员，对于数据缺乏带来的困扰和无奈我们有非常深的体会。这种数据缺乏也造成了国内在很多研究领域的落后局面。要摆脱这种落后，我们应该向美国学习，更加重视基础研究，系统地录取不同条件、不同环境的杂波数据，利用多种手段系统地建立我国和周边地区的雷达散射特性数据库，以支持 KA-STAP 技术的发展和应用。

3）应重视认知雷达抗干扰技术的研究

在西安电子科技大学和中国电子科技集团公司开展的前期研究中，主要精力放在了杂波抑制方面，对认知雷达抗干扰技术的研究未能兼顾。我们认为对于雷达而言，抗干扰是一个系统性的工程，需要各种措施密切配合，如何利用认知技术提高每个环节的性能并整体提高系统的抗干扰性能，值得认真研究。

4）应重视杂波建模和 SAR 图像的利用

在前期的研究中，主要利用了地表分类数据作为环境知识的来源，地表分类知识大多是从星载高光谱成像产品中提取的。如第 3 章所述，在很多地区其分类结果存在偏差，可能影响到处理的效果，甚至使结果相对于非认知处理变得更差。所以，在后续的研究中，应该更加重视杂波建模的工作，利用多种不同来源的信息提高可靠性，建立准确的杂波模型。国内外多种 SAR 成像卫星的成功运行，使我们可以获得越来越多的 SAR 图像，这些 SAR 图像应该作为一种重要的信息资源加以考虑。

5）应该重视机载火控雷达、机载战场监视雷达的应用研究

在前期的研究中，数据处理分析工作量非常大，同时开展多种机载雷达应用研究存在一定困难，所以只是以机载预警雷达作为代表开展研究。在该背景下得到的结论虽然对其他机载雷达具有一定的参考价值，但工作模式、波段、天线构型毕竟存在比较大的差异。因此在后续研究中，建议将应用研究的范围扩大至火控雷达和机载战场监视雷达。

主要符号表

符号	含义
$(\cdot)^*$	共轭运算
$(\cdot)^{\mathrm{H}}$	共轭转置
$(\cdot)^{\mathrm{T}}$	转置
$*$	卷积运算
$1/T$	多普勒分辨力
$\mathbf{1}$	$MN\times 1$ 维全 1 矢量
$\frac{2E}{N_0}$	匹配滤波器输出端瞬时峰值最大信噪比
A	常数
	地理坐标系原点在地心地固坐标系的坐标
	幅度
	接收波形的模糊函数
A_i	散射体的地面面积
A_j	第 $j(j=1,2,\cdots,N)$ 个接收阵元孔径大小
a	参考椭球体的半长轴
$\boldsymbol{a}_{m,n}$	空域导向矢量
	地球的长半轴长度
	信号振幅
B	接收机带宽
	纬度
$B(l)$	样本估计的各阶矩
B_{e}^2	频谱 $\lvert U(f)\rvert^2$ 的二阶中心矩
B_{e}	信号 $u(t)$ 的均方根带宽
$B_{\mathrm{hi}},B_{\mathrm{lo}}$	经验尺度常数
B_{s}	单个发射信号带宽
$\boldsymbol{B}$	降维矩阵
b	目标幅度
	地球的短半轴长度

	目标回波复幅度
	线性频率扫描率
b_i	加权系数
$\boldsymbol{b}_{m,n}$	时域导向矢量
C	韦布尔分布的形状参数估计
C_0	比例常数
C_{hi}	指数背景数据的形状参数
C_{lo}	高杂波数据的形状参数
C_{MIMO}	由机载认知 MIMO 雷达单个发射通道引起的进入接收机的杂波功率
$\mathrm{CNR_i}$	输入杂噪比
$\boldsymbol{C}_{ml}^{\mathrm{shift}}$	$M \times N$ 维的校正矩阵
$\boldsymbol{C}$	杂波矢量
c	光速
	波形集
$c_{\mathrm{l}}^{(k)}$	系数
c_{i}	常量
c_n	第 n 个天线单元估计得到的相关项
$\cos(\cdot)$	余弦函数
$\mathrm{cov}(\cdot)$	协方差函数
$\boldsymbol{c}$	杂波信号
$D(p \parallel q)$	概率密度函数分别为 $p(x)$ 和 $q(x)$ 的相对熵
$\boldsymbol{D}$	特征值矩阵
d	回波变量的维数
$\det(\cdot)$	矩阵取行列式运算
$\mathrm{diag}(\cdot)$	将矢量对角矩阵化
$\mathrm{diag}(\lambda_k)$	对角元素 λ_k 构成的对角矩阵
d_{m}	马氏距离
d_x、d_y、d_z	$\boldsymbol{d}$ 的分量
d_ε	欧氏距离
$\boldsymbol{d}$	沿阵元水平轴线的阵元间隔矢量
E	能量
$E(x^l)$	理论计算的各阶矩
$E(\lvert y \rvert^2)$	输出功率
$E(\cdot)$	数学期望

E_{R}	接收信号能量
E_{T}	发射信号能量
e	偏心率
$\hat{\boldsymbol{e}}_{\mathrm{n}}$	特征矢量
$\mathrm{e}^{\mathrm{j}2\pi((N-1)\Delta v)}$	$\boldsymbol{C}_{ml}^{\mathrm{shift}}$中元素
$\mathrm{e}^{\mathrm{j}\phi_{\mathrm{S}}(\psi_{\mathrm{S}})},\cdots,\mathrm{e}^{\mathrm{j}(N-1)\phi_{\mathrm{S}}(\psi_{\mathrm{S}})}$	空间导引矢量的元素
$\mathrm{e}^{\mathrm{j}\phi_{\mathrm{T}}(f_{\mathrm{d}})},\cdots,\mathrm{e}^{\mathrm{j}(K-1)\phi_{\mathrm{T}}(f_{\mathrm{d}})}$	时间导引矢量的元素
$\mathrm{erf}(\cdot)$	误差函数
$\exp(\cdot)$	指数运算
$F(x)$	理论累积分布函数
$F(\omega)$	$f(t)$频域表达式
$F_k(\omega)$	$f_k(t)$的频域表达式
$F_{k+1}(\omega)$	$f_{k+1}(t)$的频域表达式
$F_{k+1\mid k}$	目标的状态转移矩阵
$F_{\mathrm{n}}(x)$	分布函数
F_{n}	雷达接收机噪声系数
$\boldsymbol{F}$	状态转移矩阵
f	椭球体扁率
f,f'	相邻的多普勒通道序号
$f(\lambda)f(\mathrm{SINR}\mid_{\hat{w}_l}/\mathrm{SINR}\mid_{w_l/\mathrm{opt}})$	Beta 分布方程
f_{d}	多普勒频率
$\bar{f}$	频谱$\lvert U(f)\rvert^2$的一阶原点矩
$\hat{f}_{\mathrm{d0}}$	目标的多普勒频移值的估值
$f(\boldsymbol{M}_{\mathrm{p}})$	$\boldsymbol{M}_p$的概率密度函数
$f(\boldsymbol{M}_{\mathrm{p}}\mid\boldsymbol{Z})$	在条件$\boldsymbol{Z}$的后验分布
$f(\boldsymbol{M}_{\mathrm{s}}\mid\boldsymbol{M}_{\mathrm{p}})$	均值为$\boldsymbol{M}_p$的逆复 Wishart 分布
$f(t)$	有限时宽有限带宽的信号
$f(x,\theta_1,\theta_2,\cdots,\theta_k)$	概率密度
$f(\boldsymbol{X}_i)$	概率密度
$f(z_k\mid\boldsymbol{M}_{\mathrm{s}})$	z_{k}在$\boldsymbol{M}_s$条件下的条件概率密度函数
$f(Z\mid\boldsymbol{M}_{\mathrm{s}})$	$Z=[z_1,\cdots,z_K]$的联合条件概率密度函数
$f(\theta_{i,l},k_{i,l})$	散射率函数
$f_0(z\mid\boldsymbol{M}_{\mathrm{p}})$	z在H_0假设分布
$f_1(z\mid\boldsymbol{M}_{\mathrm{p}})$	z在H_1假设分布

f_{d0}	目标的多普勒频移值
f_{dop}	散射体的多普勒频率
$f_k(t)$	发射信号
$f_{k+1}(t)$	发射信号
f_r	脉冲重复频率
$\tilde{f}_{d1}$、$\tilde{f}_{d2}$	多普勒频率
$\boldsymbol{f}$	有限时宽有限带宽的信号
$G_0(\omega)$	功率谱密度
$G_c(w)$	杂波功率谱密度
GIP_i	广义内积
G_j	第 j 个接收阵元的接收增益
$G_n(w)$	噪声功率谱密度
G_s	发射阵元增益
$G_t(\phi_k,\theta_k)$	发射增益
$\boldsymbol{G}$	增益矩阵
$\mathrm{grade}_{l'}$	第 l' 个距离-多普勒单元与待检测的距离-多普勒单元之间的匹配程度
$g(t)$	时域表达式
$g(\phi_k,\theta_k)$	子阵增益
H	高度
H_0	接收机输入不包含目标信号时假设
H_1	接收机输入包含目标信号时假设
$H(X)$	离散随机变量集合 X 的熵
$H(X,Y)$	离散随机变量 X 和 Y 的联合熵
$H(Y\|X)$	变量 Y 相对于集合 X 的条件熵
$H(\omega)$	$h(t)$ 频域表达式
$\mathrm{H_{wy}1,H_{wy}2,H_{wy}3,H_{wy}4}$	公路1、2、3和4上的目标
$\boldsymbol{H}$	观测矩阵
h	高度
$h(f_k)$	目标特性
$h(t)$	冲击响应
$\boldsymbol{h}_{\mathrm{match}}$	匹配滤波器函数
$I(\boldsymbol{w},\boldsymbol{x}\|s)$	回波 $\boldsymbol{x}$ 与目标特性 $\boldsymbol{w}$ 之间的总的互信息
$I(X;Y)$	随机变量 X 和 Y 之间的互信息
$\mathrm{I}_0(\cdot)$	修正的第一类零阶贝塞尔函数

IF	性能改善
$I_k(h(f_k),x(f_k)\mid s(f_k))$	在频率点 f_k 上回波 $x(f_k)$ 与目标特性 $h(f_k)$ 之间的互信息
$\boldsymbol{I}_{MN}$	$MN \times MN$ 维的单位阵
I_{r}	改善因子
$\boldsymbol{I}$	单位矩阵
$\boldsymbol{J}$	费舍信息矩阵
K	参考样本数
	脉冲数
	频域采样点数
$K(\omega)$	$u(t)g(t_0-t)$ 的频域表达式
$\boldsymbol{K}_k(\boldsymbol{\theta}_k)$	卡尔曼增益
$\boldsymbol{K}_k(\psi_k)$	增益矩阵
$\mathrm{K}_v(\cdot)$	第二类修正贝塞尔函数
k	距离门序号
$k(t)$	匹配滤波器组相应的等效复脉冲响应
k_{b}	机体坐标系中的坐标
$k_{i,l}$	地表类型
$\boldsymbol{k}_{\mathrm{n}}$	目标在惯导坐标系下的坐标
$k_{\mathrm{r}}(\rho,\varphi,\theta)$	雷达天线坐标系中的单位矢量
$\boldsymbol{k}_{\mathrm{t}}$	目标在地理坐标系下的坐标
$\boldsymbol{k}$	从雷达指向地球的单位矢量
	从雷达指向杂波块的单位矢量
L	经度
	距离门样本数
$L(\mathrm{j}\omega)$	$L(s)$ 的频域表达式
$L(s)$	最小相位函数
$L(\alpha_{\mathrm{t}})$	似然函数
$L(\theta)$	似然函数
(L,B,H)	地理坐标系的原点坐标
L_{s}	系统损失
lat	纬度
$\ln(\cdot)$	取自然对数
$\log(\cdot)$	对数函数
lon	经度

符号	含义
l	距离样本号
	偏置距离
	数据矢量的维数
l'	距离样本序号
	距离单元数
	距离门样本数
M	处理器的维数
	发射阵元数
	系统空时自由度
$\boldsymbol{M}_{\mathrm{s}}^{(i)}$	第 i 次迭代得到的矩阵
$\overline{\boldsymbol{M}}_{\mathrm{p}}^{1/2}$	$\bar{M}_{\mathrm{p}}$的厄米特均方根
$\boldsymbol{M}_{\mathrm{p}}$	协方差矩阵
$\boldsymbol{M}_{\mathrm{s}}$	协方差矩阵
$\hat{\boldsymbol{M}}_{\mathrm{p}}^{\mathrm{mmse}}$	M_{p}的 MMSE 估计
$\boldsymbol{M}$、$E[\boldsymbol{x}\boldsymbol{x}^{\mathrm{H}}]$	协方差矩阵
m, m'	时间脉冲序号
$\max(\cdot)$	取最大值
$\min(\cdot)$	取最小值
msd	均方差检验
N	地理坐标系原点在地心地固坐标系的坐标
	硬件通道数
	接收阵元数
$\boldsymbol{N}$	噪声矢量
N_0	单边噪声功率谱密度
	额定噪声功率
N_a	距离模糊次数
N_{c}	独立杂波源个数
	杂波块在方位上的划分的个数
	杂波散射单元个数
$\boldsymbol{N}_i$	接收通道 A/D 之前的通道热噪声平均功率
$\boldsymbol{N}(\boldsymbol{\theta})$	观测噪声协方差矩阵
$\boldsymbol{N}(\boldsymbol{\theta}_k)$	第 k 时刻的噪声协方差矩阵
	协方差矩阵
$\boldsymbol{N}(\mu, \boldsymbol{\Sigma})$	均值为 $\boldsymbol{\mu}$ 协方差矩阵为 $\boldsymbol{\Sigma}$ 的概率密度函数

	输入噪声功率
	数据个数
NK	降维前数据的维数
N_{r}	距离单元的总个数
	距离模糊的次数
n	待检测单元的杂波加噪声分量
	样本数
$n(t)$	噪声信号
n, n'	空间阵元序号
n_{ij}	$\boldsymbol{N}(\boldsymbol{\theta}_{k+1})$中的元素
n_i	理论分布对应区间数据大小
n_k	第k个训练样本单元的杂波加噪声分量
$\boldsymbol{n}_k$	杂波噪声分量
$\tilde{n}(t)$	零均值复高斯白噪声
$\boldsymbol{n}$	热噪声
	信道噪声
	噪声
$O_{\mathrm{b}}, X_{\mathrm{b}}, Y_{\mathrm{b}}, Z_{\mathrm{b}}$	机体坐标
$O_{\mathrm{e}}, X_{\mathrm{e}}, Y_{\mathrm{e}}, Z_{\mathrm{e}}$	地心坐标
$O_{\mathrm{n}}, X_{\mathrm{n}}, Y_{\mathrm{n}}, Z_{\mathrm{n}}$	惯导坐标
$O_{\mathrm{r}}, X_{\mathrm{r}}, Y_{\mathrm{r}}, Z_{\mathrm{r}}$	雷达天线坐标
$O_{\mathrm{t}}, X_{\mathrm{t}}, Y_{\mathrm{t}}, Z_{\mathrm{t}}$	地理坐标
P	阵元数
	总错误概率
P_{ij}^{D}	第j个接收阵元接收到第i个阵元发射信号的回波功率
P_j^{D}	各发射波束形成器输出回波功率
P_{d}	检测概率
P_{D}	阵列输出回波功率
$P_{\mathrm{e}}(x, y, z)$	地球上待确定的点
P_{e}	地球表面的交点
	感兴趣的点
P_{fa}	虚警概率
P_i	第$i(i=1,2,\cdots,M)$个阵元发射信号功率
$\boldsymbol{P}(\boldsymbol{\theta}_1)$	协方差矩阵

$\boldsymbol{P}(\theta_2)$	协方差矩阵
$\boldsymbol{P}_{0 \mid 0}$	初始状态协方差
$\boldsymbol{P}_{k+1/k+1}(\boldsymbol{\theta}_k)$	第 $k+1$ 时刻的平滑跟踪误差协方差矩阵
$\boldsymbol{P}_{k/k}(\boldsymbol{\theta}_k)$	第 k 时刻的平滑跟踪误差协方差矩阵
$\boldsymbol{P}_{k/k-1}$	上一状态预测结果
$\boldsymbol{P}_{k \mid k}(\psi_k)$	后验估计误差协方差
$\boldsymbol{P}_{k \mid k-1}$	预测误差协方差
P_k	第 k 个杂波块的功率
P_{m}	漏警概率
P_{n}	正确不发现概率
$P_{\mathrm{r}}(x_{\mathrm{r}}, y_{\mathrm{r}}, z_{\mathrm{r}})$	雷达的位置
P_{r}	等频率曲面上的另外一个镜像点
P_{t}	峰值功率
$\boldsymbol{P}$	投影矩阵
p	待估计的参数个数
	多普勒通道序号
	重叠的距离单元的个数
$p(R, f_{\mathrm{d}})$	剩余杂噪功率
$p(x), p_i$	概率密度
$p(x)$	概率密度函数
$p(x \mid H_0)$	观测信号在 H_0 假设下的概率密度函数
$p(x \mid H_1)$	观测信号在 H_1 假设下的概率密度函数
$p_{0\max}, p_{1\max}(\alpha_{\mathrm{t}})$	最大似然函数
$p_1(x)$	数据的真实分布
$p_2(x)$	数据的理论分布
p_{ij}	$\boldsymbol{P}_{k+1/k}$ 中的元素
p_l	第 l 个距离单元的散射强度
$p_z(z_1, z_2, \cdots, z_K \mid \tau_1, \tau_2, \cdots, \tau_K)$	联合条件概率密度函数
$p_z(z_k)$、$p(\tau_k)$	概率密度函数
$p_{z \mid H_1}(z \mid H_1)$、$p_{z \mid H_0}(z \mid H_0)$	概率密度函数
$p_\tau(\tau)$	概率密度
Q	Marcum Q 函数
$\boldsymbol{Q}$	协方差矩阵
$\boldsymbol{Q}_k$	状态噪声协方差矩阵
q	降维后数据的维数

$\boldsymbol{q}_1$	第 1 个目标冲击响应所对应的卷积矩阵
$\boldsymbol{q}_2$	第 2 个目标冲击响应所对应的卷积矩阵
$\boldsymbol{q}_i$	卷积矩阵
q_v	状态噪声强度
$\boldsymbol{q}$	目标响应卷积矩阵
$\hat{\boldsymbol{R}}_0$	根据地形的物理散射模型得到的协方差矩阵
$\hat{\boldsymbol{R}}_1$	实测数据样本估计的协方差矩阵
$\hat{\boldsymbol{R}}_{\mathrm{AML}}$	协方差矩阵
$\hat{R}_{\mathrm{KAUE}}$	非结构的估计器估计的最优协方差矩阵
$\hat{\boldsymbol{R}}_k$	协方差矩阵
$\hat{\boldsymbol{R}}_{\mathrm{ML}}$	杂波协方差矩阵
$\hat{\boldsymbol{R}}_X$	协方差矩阵的最大似然估计
$\hat{\boldsymbol{R}}_z$	最大似然估计
$\boldsymbol{R}_{\mathrm{calc}}, \boldsymbol{R}_{nm,n'm'}, \boldsymbol{R}_{nf,n'f'}, \boldsymbol{R}_{\mathrm{curr}}, \boldsymbol{R}_{\mathrm{CL}}$	协方差矩阵
$\boldsymbol{R}_{\mathrm{c}}$	先验协方差矩阵
	协方差矩阵
Re(·)	取实部
$\boldsymbol{R}_i, \boldsymbol{R}_j$	协方差矩阵
R_1	地面杂波的协方差矩阵
R_i	雷达斜距
$\boldsymbol{R}_k$	观测误差协方差矩阵
R_l	第 l 个距离样本的斜距
$\boldsymbol{R}_{\mathrm{NSCM}}$	归一化采样协方差矩阵
$\boldsymbol{R}_{\mathrm{r}}$	回波的协方差矩阵
$\boldsymbol{R}_{\mathrm{s}}$	目标信号 s 的自相关矩阵
$\boldsymbol{R}_{\mathrm{u}}(R, f_{\mathrm{d}})$	协方差矩阵
$\boldsymbol{R}_{X_{\mathrm{r}}}$	降维后的杂波协方差矩阵
$\boldsymbol{R}_{xx}, \tilde{\boldsymbol{T}}_{\mathrm{p}}$	协方差矩阵
$\overline{\boldsymbol{R}}_{xx}$	对角加载后的协方差矩阵
$\boldsymbol{R}_{\tilde{x}\tilde{x}}$	白化后数据的协方差矩阵
$\boldsymbol{R}_x$	杂波和噪声的时域自相关矩阵
$\boldsymbol{R}_z$	协方差矩阵

$\tilde{\boldsymbol{R}}_i, \boldsymbol{V}_X$	协方差矩阵
$\tilde{\boldsymbol{R}}$	自适应估计
r	降雨率
	信号包络
$r(t)$	接收信号
r_k	目标的径向距离
$\tilde{r}(t)$	接收信号的复包络
$\dot{r}_k$	目标的径向速度
$S(x)$	经验累积分布函数
$S(\boldsymbol{\omega})$	$s(t)$频域表达式
$\boldsymbol{S}_1$	信号空时导引矢量
SCNR_0	输出信杂噪比
SCNR_i	输入信杂噪比
$\mathrm{SCNR}_\mathrm{opt}$	最大输出信杂噪比
$\mathrm{SCNR}_\mathrm{or}$	输出信杂噪比
$\boldsymbol{S}_k(\boldsymbol{\theta}_k)$	测量空间协方差矩阵
$\boldsymbol{S}_k(\psi_k)$	新息的协方差
$\boldsymbol{S}_{k+1}(\boldsymbol{\theta}_{k+1})$	测量空间协方差矩阵
S_MIMO	机载认知 MIMO 雷达模式下距离发射天线 R 处的功率密度
SNR_D	阵列处理最后的输出信噪比
$\mathrm{SNR}_\mathrm{min}$	最小可检测信噪比
SNR	单个脉冲的信噪比
$\boldsymbol{S}_\mathrm{r}$	降维后的信号导引矢量
S_SIMO	机载认知 SIMO 雷达模式下距离发射天线 R 处的功率密度
$\boldsymbol{S}_\mathrm{S}$	信号空间导引矢量
$\boldsymbol{S}_\mathrm{T}$	信号时间导引矢量
$\tilde{S}(\omega)$	$\tilde{s}(t)$的双边傅里叶变换
$\boldsymbol{S}$	采样协方差矩阵
	归一化信号空时导引矢量
$s(f_k)$	信号在频率点f_k上的频率特性
$s(t)$	目标信号

$\boldsymbol{s}(\theta_0, f_{\mathrm{d}})$	目标的导向矢量
$\bar{s}(t)$	复包络信号
$\boldsymbol{s}_1$	目标 1 的回波
$\boldsymbol{s}_2$	目标 2 的回波
$\boldsymbol{s}_i, \boldsymbol{s}_j$	空时导向矢量
s_i	第 i 个小片的面积
	目标回波
$s_l(t)$	第 l 个阵元发射的波形
$\boldsymbol{s}_{\mathrm{R}}(t)$	目标回波信号
$\boldsymbol{s}_{\mathrm{T}}(t)$	窄带发射信号
$\boldsymbol{s}_{\mathrm{t}}$	目标导向矢量
$\boldsymbol{s}$	目标导向矢量
	目标回波
$\boldsymbol{T}$	接收估计矢量与跟踪系统测量矢量之间的转换矩阵
$\boldsymbol{T}(f_{\mathrm{d}})$	降维变换矩阵
T_0	脉冲重复周期
$\boldsymbol{T}_{\mathrm{bn}}$	从机体坐标系到惯导坐标系的旋转变换
T_{e}	均方根时宽
T_{I}	相控阵雷达的相参积累时间
$\boldsymbol{T}_k$	锥削协方差矩阵
T_{nt}	雷达天线坐标系与地理坐标系的转换矩阵
T_{p}	脉冲带宽
	判决门限
T_{r}	脉冲重复间隔
T_{S}	搜索整个目标空域的时间
T_{te}	地理坐标系与地心坐标系的转换矩阵
$\boldsymbol{T}_x(\eta), \boldsymbol{T}_y(\eta), \boldsymbol{T}_z(\eta)$	旋转矩阵
$\bar{t}$	平均时间
$\hat{t}_\varepsilon$	回波延迟时间的估值
t_0	匹配滤波器的固定延迟时间
t_k	k 时刻
$t_{l,1}, t_{l,2}, \cdots, t_{l,21}$	$\boldsymbol{t}_l$的分量
$t_{l,i}$	待检测单元地表信息矢量的第 i 个元素
$t_{l',i}$	可能的辅助数据的地表信息矢量的第 i 个元素

$\boldsymbol{t}_l$	第 l 个距离样本的归一化矢量
$\boldsymbol{t}_{\mathrm{p}}$	杂波信号(其特性随波达角度、地理位置等变化)中小的、未知的随机调制和(或者)误差(如ICM、配准误差等)
$\mathrm{tr}(\cdot)$	矩阵取迹运算
$\tilde{\boldsymbol{t}}_l$	加权矫正的地表信息矢量
$\tilde{\boldsymbol{t}}_{\mathrm{p}}$	零均值的随机矢量
$\boldsymbol{t}$、$\boldsymbol{t}_l$	地表信息矢量
t_ε	回波延迟时间
$\boldsymbol{U}$	S 矩阵的特征矢量构成的矩阵
	特征矩阵
$U\|(f)\|^2$	频谱
$\boldsymbol{U}(\boldsymbol{\theta})$	对称矩阵
$\boldsymbol{U}_{\mathrm{s}}$、$\boldsymbol{\Delta}_{\mathrm{s}}$	分解矩阵
$u(t)$	阶跃函数
	输入信号的复调制函数
u_x	均值
$\mathrm{Var}(\cdot)$	方差
V	门限电压
v	速度
$v(f)$	噪声的离散频域特性
$v(f_k)$	噪声在频率点 f_k 上的频率特性
$v(t)$	$H(\omega)L(\mathrm{j}\omega)$ 的时域表达式
$v(\vartheta_{ik},\varpi_{ik})$	杂波的空时导向矢量
$\boldsymbol{v}(\theta_{\mathrm{p}},f_{\mathrm{p}}),\boldsymbol{v}$	导向矢量
v_{ij}	协方差矩阵的元素
$\boldsymbol{v}_k$	观测噪声
	空时信号导向矢量
	杂波散射单元处的空时响应
v_{p}	雷达平台速度
$v_{\mathrm{rx}},v_{\mathrm{ry}},v_{\mathrm{rz}}$	$\boldsymbol{v}_{\mathrm{r}}$ 分量
v_{rx}、v_{ry}、v_{rz}	雷达速度矢量的分量
$\boldsymbol{v}_{\mathrm{r}}$	雷达的速度矢量
$\tilde{\boldsymbol{v}}$	白化后的导向矢量
$\boldsymbol{W}$	权矢量

$W(\omega)$	$w(t)$的频域表达式
$\boldsymbol{W}_{\text{opt}}$	最优权矢量
$\boldsymbol{W}_{\text{r}}$	最优权矢量
$w(f)$	目标的离散频域响应
$w(R,f_{\text{d}})$	自适应权矢量
$w(t)$	冲击响应
$\bar{w}$	平均频率
$w_1,w_2,\cdots,w_{21}$	$\boldsymbol{w}_t$ 的分量
$w_{\text{c}}(t)$	杂波冲击响应
$\boldsymbol{w}$	冲击响应
	权矢量
$\boldsymbol{w}_i$	冲击响应
$\boldsymbol{w}_k$	状态噪声
$\boldsymbol{w}_{\text{opt}/l}$、$\hat{\boldsymbol{w}}_k$	权矢量
$\boldsymbol{w}_t$	矫正权
$\tilde{\boldsymbol{w}}$	白化后的权矢量
	权矢量
$\boldsymbol{X}$	回波矢量
	空时数据快拍
	随机变量
$\boldsymbol{X}_i,\boldsymbol{X}_j$	数据矢量
$\boldsymbol{X}_{\text{r}}$	降维后的数据矢量
$\boldsymbol{X}_{\text{S}}(k)$	阵列数据矢量
$\widetilde{\boldsymbol{X}}_i$	数据矢量
$\boldsymbol{X}_l$	第 l 个样本数据矢量
x	剩余杂波的幅度
$\boldsymbol{x}(f_k)$	回波信号在频率点 f_k 上的频率特性
$\boldsymbol{x}(t)$	输入信号
$\boldsymbol{x}_{0\mid 0}$	初始状态估计
$x_1,x_2,\cdots,x_n$	随机变量
$x_1,x_2,\cdots,x_n$	同一杂波区间的样本
$\bar{x}_1,\bar{x}_2$	均值
$x_{1k},x_{2k},\cdots,x_{Nk}$	阵列数据矢量的元素
$\hat{\boldsymbol{x}}_{k+1}$	$\boldsymbol{x}_{k+1}$的估计值

$\hat{\boldsymbol{x}}_{k/k-1}$	上一状态预测结果估计值
$\boldsymbol{x}_k^{\mathrm{CV}}$	常速模型运动状态
$\boldsymbol{x}_{\mathrm{c}}$	数据矢量中仅含杂波部分的矢量
	杂波信号模型
$x_{\mathrm{ECEF}}, y_{\mathrm{ECEF}}, z_{\mathrm{ECEF}}$	地球坐标系
x_i, x_j	数据元素
$\boldsymbol{x}_i$	雷达接收信号
$\boldsymbol{x}_k(p)$	检波后数据矢量
$\boldsymbol{x}_{k+1}$	目标在 $k+1$ 时刻的状态矢量
$\boldsymbol{x}_{k\mid k}(\psi_k)$	后验估计均值
$\boldsymbol{x}_{k\mid k-1}$	预测均值
$\boldsymbol{x}_k$	目标在 k 时刻的状态矢量
$\boldsymbol{x}_{l_0}$	回波信号
$\boldsymbol{x}_{\mathrm{med}}$	参考窗内全部采样单元的中位数统计量
$x_{\mathrm{r}}, y_{\mathrm{r}}, z_{\mathrm{r}}$	雷达坐标值
(x_0, y_0, z_0)	雷达天线坐标系中的坐标
$\boldsymbol{x}_{\mathrm{smmoth}}$	检测单元的平滑估计值
$\tilde{\boldsymbol{x}}$	白化后的数据矢量
$\boldsymbol{x}$	待检数据矢量
	接收数据矢量
	接收样本矢量
	零均值复高斯随机矢量
$\boldsymbol{x}$	阵列接收到的杂波和干扰信号
y	滤波器输出
$y(1), y(2), \cdots, y(k)$	用于估计协方差矩阵的训练样本
$y(t)$	系统输出
$y(\tau)$	处理器的输出
$y_0(t)$	系统输出的包含杂波和噪声的部分
$\boldsymbol{y}_k$	目标在 k 时刻的观测矢量
$y_{\mathrm{n}}(f_{\mathrm{d}})$	噪声函数
$y_{\mathrm{n}}(\tau)$	噪声函数
$y_{\mathrm{s}}(f_{\mathrm{d}})$	不同匹配滤波器的输出响应
$y_{\mathrm{s}}(t)$	系统输出的信号部分
$y_{\mathrm{s}}(\tau)$	信号函数
$\boldsymbol{Z}^m$	测量矢量集合

z	标量输出
	待检测单元
$\boldsymbol{z}$	待检测单元长度为 M 的空时快拍矢量
$\bar{z}_k,\bar{z}_k(p)$	第 k 个距离门的数据矢量
$\boldsymbol{z}_1,\boldsymbol{z}_2,\cdots,\boldsymbol{z}_K$	样本单元
$z_{1k},z_{2k},\cdots,z_{Mk}$	$\boldsymbol{z}_k$ 的分量
$\boldsymbol{z}_k$	第 k 个距离门的数据矢量
	观测状态
z_k	第 k 个训练样本
$\vert\cdot\vert$	绝对值
$\Vert\cdot\Vert$	Frobenius-范数
ϖ_{ik}	归一化多普勒频率
α	天线阵水平轴向偏离运动方向的角度
	待检测单元因子
	接收估计矢量
	显著水平
	正的实变量
$\hat{\alpha}_{\mathrm{t}}$	最大似然比估计
$\alpha_i,\alpha_1,\alpha_2,\alpha_3,\alpha_4$	每个散射体的回波强度
α_{ik}	第 ik 杂波块的幅度
α_{p}	幅度
α_{rb}	天线偏航角
α_{t}	目标复幅度
	未知幅度
$\beta,\hat{\beta}$	归一化系数
$\beta_l,\beta_{\mathrm{d}}$	加载量因子
β_{rb}	天线下倾角
β	形状参数
	正的实变量
ξ_{ik}	杂噪比
$\xi_{m,n}$	杂波块的杂波功率
Δ	卷积值
$\Delta 1$	凹口
Δf	有效带宽
$\Delta\boldsymbol{r}_{\mathrm{dop}}^{(i)}$	第 i 个散射体的和多普勒宽度矢量

$\Delta \boldsymbol{r}_{\text{rng}}^{(i)}$	第 i 个散射体的距离向宽度矢量
ΔR	雷达的距离分辨力
Δt	扫描周期
	窄时宽
Δv	归一化空域频率差
$\Delta\varphi$	每个杂波块的方位角范围
$\Delta\omega$	归一化多普勒频率差
	窄带宽
δ_{d}	杂波的期望增益
δ_{L}	白噪声的期望增益
ε_k	误差系数
ε	平方误差
$\boldsymbol{\Phi}$	散射角
φ	方位角
	随机相位偏移
Γ	滤波器的结构信息
γ	地型相关参数
	系统输出的信干噪比
$\gamma,\boldsymbol{\kappa}$	常数
γ_{c}	常数
$\gamma_k(p)$	比率检测统计量
γ_{match}	匹配滤波器输出
γ_{opt}	最优的匹配滤波器输出
$\boldsymbol{\gamma}$	q 维矢量
η	检测门限
	体杂波散射率
	信噪比
$\bar{\eta}^2$	目标回波之间的马氏距离的平方期望值
η^2	两类目标回波之间的马氏距离平方
$\hat{\eta}_k(p)$	待检测单元的距离多普勒数据
$\eta_k(p)$	局部平均幅度
η_{rb}	天线横滚角
ϑ_{ik}	空间频率
ϕ	天线的俯仰角
ϕ_0	偏航角

$\phi_k(t)$	$L_k^{-1}(\mathrm{j}\omega)W(\omega)$的时域表达式
$\phi_S(\psi_S)$	阵元间角相移
$\phi_T(f_d)$	脉冲间角相移
Λ、Λ_2	广义似然比
$\Lambda(z)$	似然比检测
Λ_{AMF}	自适应匹配滤波检测器
Λ_{GLRT}	广义似然比检测器
λ	雷达的工作波长
	脉宽参数
	自适应输出的信干噪比与最优输出的信噪比的比值
$\lambda(x)$	似然比
λ_0	拉格朗日乘子
	载波波长
λ_{k+1}	$k+1$ 时刻的脉宽参数
λ_{max}	λ_{k+1}的最大值
λ_{min}	λ_{k+1}的最小值
λ_n,$\tilde{\lambda}_n$	特征值
λ_r	特征值
μ	回波信号 $\boldsymbol{x}_i$的均值
	任意非零常数
	数学期望
$\rho(t_0)$	发射信号
$\rho_{x_1x_2}$	相关系数
ρ	目标斜距
	信杂噪比下降比
	作用距离之比
Θ	参数 θ 的取值集合
θ	相对于载机水平面内飞行方向的方位角
	待估的未知参数
	俯仰角
	目标姿态角
$\widehat{\theta}_0$	参数 θ_0 的无偏估值
θ_0	参数

$\theta_1,\theta_2,\cdots,\theta_k$	待估计的参数
θ_a	天线的方位角
θ_B	相控阵雷达的波束宽度
θ_c	锥角
$\theta_{d1},\theta_{d2},\theta_{d3},\theta_{d4}$	方位角
$\theta_{i,l}$	第 i 个小片(三角形)的擦地角
$\boldsymbol{\theta}_{k+1}$	波形参数矢量
$\boldsymbol{\theta}_k$	在时刻 k 接收到的信号的波形参数
θ_W	目标空域宽度
θ_ω	搜索角速度
$\lvert\boldsymbol{\Sigma}\rvert$	$\boldsymbol{\Sigma}$ 的行列式
$\boldsymbol{\Sigma}$	回波信号 $\boldsymbol{x}_i$ 的方差
$\sigma_0(\phi_k,\theta_k)$	地面散射率
σ^0	面杂波散射率
σ_{ci}^2	输入杂波功率
$\sigma_{f_{d0}}^2$	目标的多普勒频移值的估值的均方误差
$\sigma_h^2(f_k)$	目标在频率点 f_k 上的谱方差
σ_{ni}^2	输入噪声功率
σ_n^2	噪声功率
$\sigma_{t_\varepsilon}^2$	误差的均方值
$\sigma_v^2(f_k)$	噪声在频率点 f_k 上的谱方差
$\sigma_x^2(f_k)$	回波在频率点 f_k 上的谱方差
σ^2	方差
	各个通道和脉冲的噪声功率
σ_{ik}	有效散射面积
σ_k	杂波散射单元功率
σ_v	均方根频谱宽度
σ_x	标准差
τ	纹理分量
$\boldsymbol{\Omega}_k$	矩阵
$\boldsymbol{\Omega}$	核函数
	矩阵
ω_c	载波频率
χ^2	检验统计量

ψ	天线的锥角
$\boldsymbol{\psi}_1$	矩阵 $\boldsymbol{\Omega}$ 的最大特征值所对应的特征矢量
$\psi_r(\tau_1)$	有限的特征函数
$\otimes$	Kronecker 积

缩略语

ABF	Analog Beam Forming	模拟波束形成
ACR	Auxiliary Channel Receiver	辅助通道法
AD	Anderson-Darling	安德森-达令
ADC	Analog to Digital Converter	模拟数字转换器
AESA	Active Element Electronically Scanned Phased Array	有源相控阵
AGLRT	Asymptotic Generalized Likelihood Ratio Test	近似广义似然比检验
AIS	Automatic Identification System	船舶自动识别系统
AMF	Adaptive Matched Filter	自适应匹配滤波
AML	Approximate Maximum Likelihood	近似最大似然比
AMTI	Airborne Moving Target Indication	机载动目标显示
ASIC	Application Specific Integrated Circuit	特定用途集成电路
ASLC	Adaptive Side-lobe Canceller	自适应副瓣相消
ASTER	Advanced Spaceborne Thermal Emission and Reflection Radiometer	先进星载热发射和反辐射仪
ASTER GDEM	Advanced Spaceborne Thermal Emission and Reflection Radiometer Global Digital Elevation Model	先进星载热发射和反射辐射仪全球数字高程模型
AWG	Arbitrary Waveform Generator	任意波形发生器
BAMF-MAP	Bayesian Adaptive Matched Filter-Maximum A Posteriori	贝叶斯自适应匹配滤波器-最大后验
BAMF-MMSE	Bayesian Adaptive Matched Filter-Minimum Mean Square Error	贝叶斯自适应匹配滤波器-最小均方误差
BIH	Bureau Internationale de l' heure	国际时间局

CA	Cell Average	单元平均
CCM	Coherent Clutter Model	相干杂波模型
CFAR	Constant False Alarm Rate	恒虚警率
CMT	Covariance Matrix Taper	协方差矩阵加权
CNR	Clutter to Noise Ratio	杂噪比
CPI	Coherent Processing Interval	相干处理时间
CR	Cognitive Radar	认知雷达
CSM	Communication Support Measure	通信支援措施
CTP	Conventional Terrestrial Pole	协议地极
CUT	Cell Under Test	待检测单元
CV	Constant Velocity	常速
DA	Digital Array	数字阵列
DARPA	Defense Advanced Research Projects Agency	美国国防高级研究计划署
DBF	Digital Beam Forming	数字波束形成
DBS	Doppler Beam Sharpening	多普勒波束锐化
DEM	Digital Elevation Model	数字高程模型
DERA	Defence Evaluation and Research Agency	防务科学与研究机构
DFT	Discrete Fourier Transform	离散傅里叶变换
DN	Digital Number	遥感图像像元高度值
DPCA	Displaced Phase Center Antenna	偏置相位中心天线
DSP	Digital Signal Processor	数字信号处理器
DSTO	Defence Science and Technology Organization	国防科学与技术组织
DTED	Digital Terrain Elevation Data	数字地形高度数据
ECEF	Earth Center Earth Fix	地球中心地球固定
EDDB	Environment Dynamic Database	环境动态数据库
EFA	Extended Factor Approach	扩展因子化
ERSDAC	Earth Remote Sensing Data Analysis Center	地球遥感数据分析中心
ESM	Electronic Support Measure	电子支援措施
FA	Factor Approach	因子化

FDMA	Frequency Division Multiple Access	频分多址
FFT	Fast Fourier Transform	快速傅里叶变换
FPGA	Field Programmable Gate Array	现场可编程门阵列
GDEM	Global Digital Elevation Model	全球数字高程模型
GIP	Generalized Inner Product	广义内积
GLRT	Generalized Likelihood Ratio Test	广义似然比检测
GO	Greatest of	最大选择
GPS	Global Positioning System	全球定位系统
GMB	Generalized Adjacent Multiple-beam	广义相邻多波束法
GMTI	Ground Moving Target Indication	地面运动目标检测
GWOTHR	Ground Wave Over The Horizon Radar	地波超视距雷达
ICM	Internal Clutter Motion	内部杂波运动
IDPCA	Inverse Displaced Phase Center Array	逆偏置相位中心天线
IFF	Identification Friend or Foe	敌我识别
IID	Independent and Identically Distributed	独立同分布
In-ISAR	Interferometric Inverse Synthetic Aperture Radar	干涉逆合成孔径雷达
InSAR	Interferometric Synthetic Aperture Radar	干涉合成孔径雷达
ISAR	Inverse Synthetic Aperture Radar	逆合成孔径雷达
ISL	Information Systems Laboratory	信息系统实验室
ITRS	International Terrestrial Reference System	国际协议地球参考系统
JDL	Joint Domain Localized	联合域局域化
KA	Knowledge-Aided	知识辅助
KASSPER	Knowledge Aided Sensor Signal Processing and Expert Reasoning	知识辅助传感器信号处理和专家推理
KA-STAP	Knowledge-Aided Space Time Adaptive Processing	知识辅助空时自适应处理
KBSTAP	Knowledge-Based Space Time Adaptive Processing	基于先验知识的空时自适应处理
LCLU	Land Cover Land Use	陆地覆盖陆地使用

LCMV	Linear Constraints Minimum Variance	线性约束最小方差
LFM	Linear-Frequency Modulation	线性频率调制
LP DAAC	Land Processes Distributed Active Archive Center	美国陆地处理分布式活动档案中心
LPRF	Low Pulse Repetition Frequency	低脉冲重复频率
MAP	Maximum A Posteriori	最大后验
MCARM	Multi-Channel Airborne Radar Measurements	多通道机载雷达测量
MCMC	Markov Chain Monte Carlo	马尔科夫链蒙特卡洛法
MCR	Maritime Cliff-top Radar	海上悬崖雷达
MDV	Minimum Detectable Velocity	最小可检测速度
MERIS	Medium Resolution Imaging Spectrometer	中分辨力成像光谱仪
METI	Ministry of Economy Trade and Industry	日本经济产业省
MF	Matched Filter	匹配滤波器
MIMO	Multiple-Input Multiple-Output	多输入多输出
MLE	Maximum Likelihood Estimate	极大似然估计
MMSE	Minimum Mean Square Error	最小均方误差
MPAR	Multifunctional Phased Array Radar	多功能相控阵雷达
MPRF	Medium Pulse Repetition Frequency	中脉冲重复频率
MSCM	Modified Sampling Covariance Matrix	修正的采样协方差矩阵
MSD	Mean Square Difference	均方差
MSMI	Modified Sample Matrix Inversion	修正的采样协方差矩阵求逆
MTD	Moving Target Detection	动目标检测
MTI	Moving Target Indication	动目标显示
NASA	National Aeronautics and Space Administration	美国太空总署
NED	National Elevation Data	国家高程数据
NHD	Nonhomogeneous Detector	奇异检测;非均匀检测

NIH	National Institutes of Health	美国国立卫生研究院
NIMA	National Imagery and Mapping Agency	国防部国家测绘局
NIMH	National Institute of Mental Health	国立精神卫生研究所
NLCD	National Land Cover Data	国家土地覆盖数据
NMF	Normalized Matched Filter	归一化匹配滤波器
NOP	North Oscura Peak	北奥斯克拉峰
NP	Neyman-Pearson	奈曼-皮尔逊
NRL	Naval Research Lab	美国海军实验室
NSCM	Normalized Sampling Covariance Matrix	归一化采样协方差矩阵
ONR	Office of Naval Research	美国海军研究局
OS	Order Statistics	有序统计量
PD	Pulse Doppler	脉冲多普勒
PDF	Probability Density Function	概率密度函数
PESA	Passive Electronically Scanned Phased Array	无源相控阵
PRF	Pulse Repetition Frequency	脉冲重复频率
PSD	Power Spectral Density	功率谱密度
QA	Quality Assessment	质量评估
RCS	Radar-Cross Section	雷达散射截面积
R-DBF	Receive-Digital Beam Forming	接收数字波束形成
RSTER	Radar Surveillance Technology Experimental Radar	雷达监视技术试验雷达
SAR	Synthetic Aperture Radar	合成孔径雷达
SCM	Sampling Covariance Matrix	采样协方差矩阵
SCNR	Signal-to-Clutter-Noise Ratio	信杂噪比
SIMO	Single-Input Multiple-Output	单输入多输出
SINR	Signal and Interference to Noise Ratio	信干噪比
SIRP	Sphere Invariant Random Processes	球不变随机过程
SIRV	Sphere Invariant Random Vector	球不变随机矢量
SISO	Single-Input Single-Output	单输入单输出

SLA	Sensing Learning Adaptive	感知、学习、自适应
SLC	Sidelobe Canceler	副瓣相消
SMI	Sample Matrix Inverse	采样矩阵求逆
SNR	Signal-to-Noise Ratio	信噪比
SO	Smallest of	最小选择
SRTM	Shuttle Radar Topography Mission	航天飞机雷达地形测绘任务
STAP	Space Time Adaptive Processing	空时自适应处理
TACCAR	Time Averaged Clutter Coherent Airborne Radar	时间平均杂波相参机载雷达
T-DBF	Transmit-Digital Beam Forming	发射数字波束形成
TM	Thematic Mapper	主题成像仪
TWS	Track-While-Scan	边跟踪边扫描
UHF	Ultra High Frequency	特高频无线电波
VI-CFAR	Variability Index Constant False Alarm Rate	可变性指示恒虚警率
WGS84	World Geodetic System	1984 世界大地测量系统

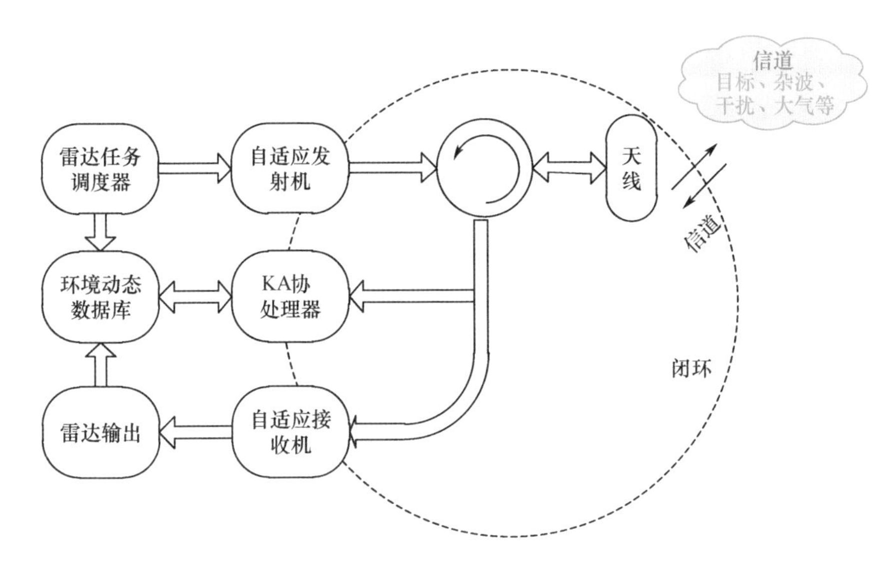

图 1.3　含有环境动态数据库并具备自适应发射特性的认知雷达框图

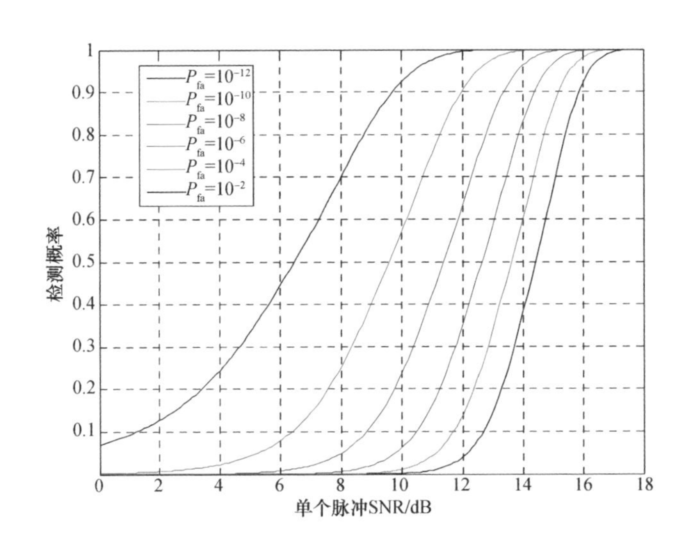

图 2.1　检测概率与单个脉冲 SNR 的关系曲线

彩/2

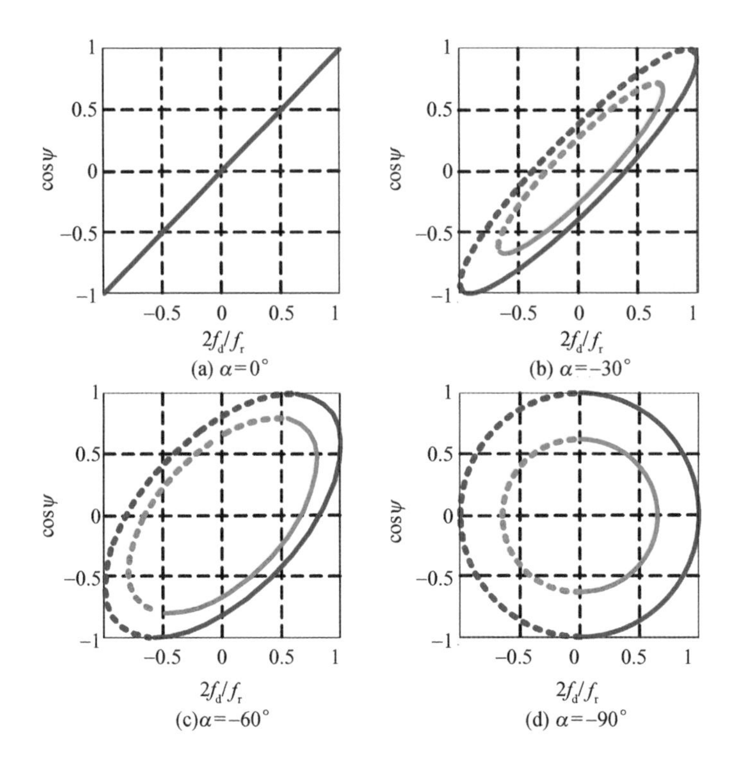

图 3.2　不同天线安装方向情况下的二维杂波分布曲线

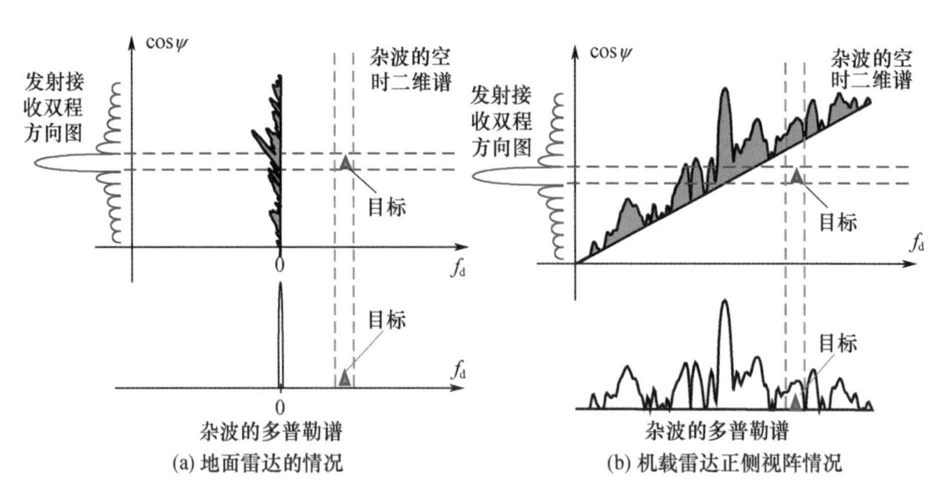

图 3.3　地面雷达和机载雷达的空时二维杂波分布

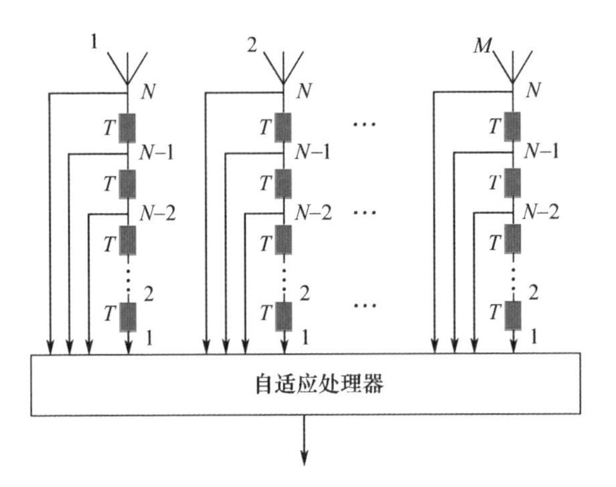

图 3.4　空时自适应处理的原理框图

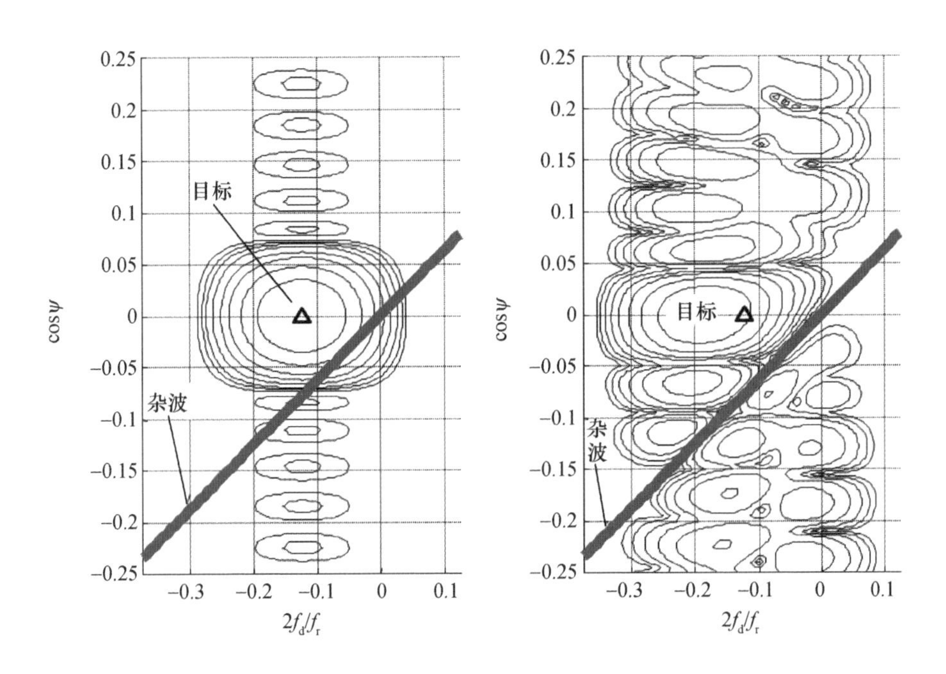

图 3.5　常规 PD 处理和空时处理的二维响应

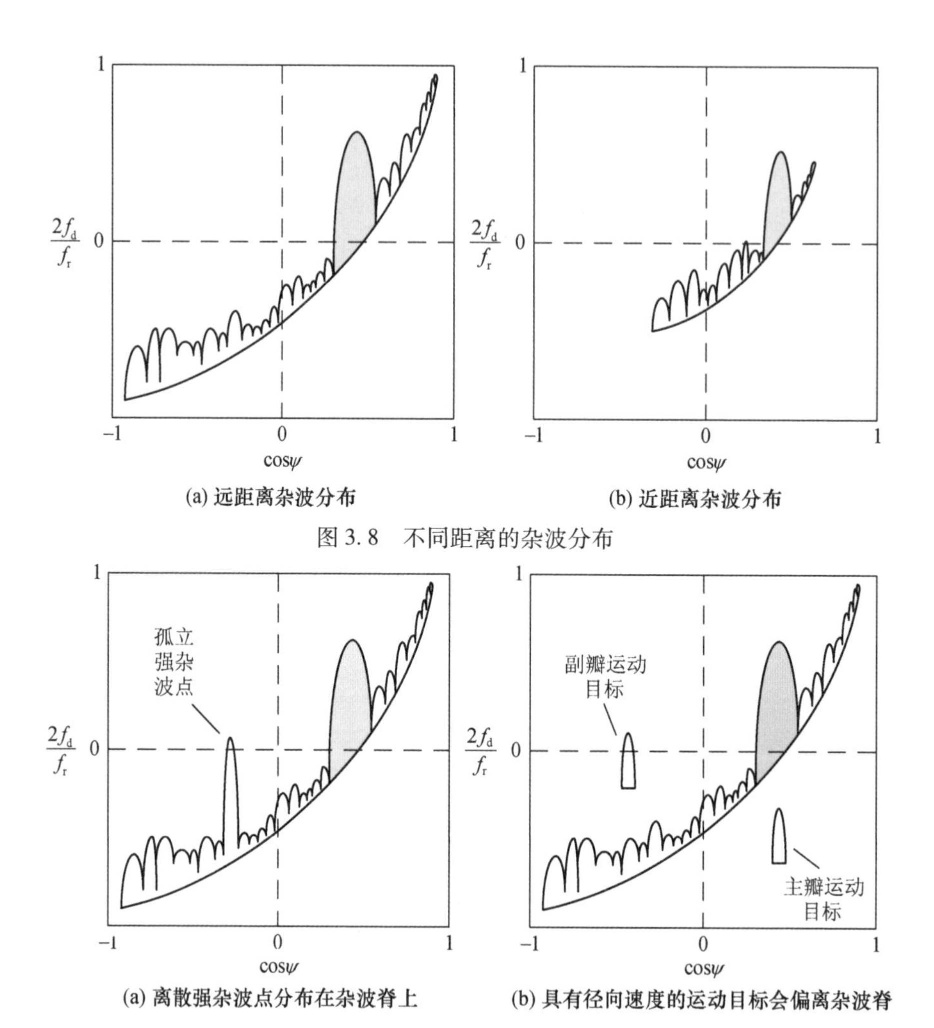

(a) 远距离杂波分布　(b) 近距离杂波分布

图 3.8　不同距离的杂波分布

(a) 离散强杂波点分布在杂波脊上　(b) 具有径向速度的运动目标会偏离杂波脊

图 3.10　离散强杂波点和运动目标引起的杂波非均匀性

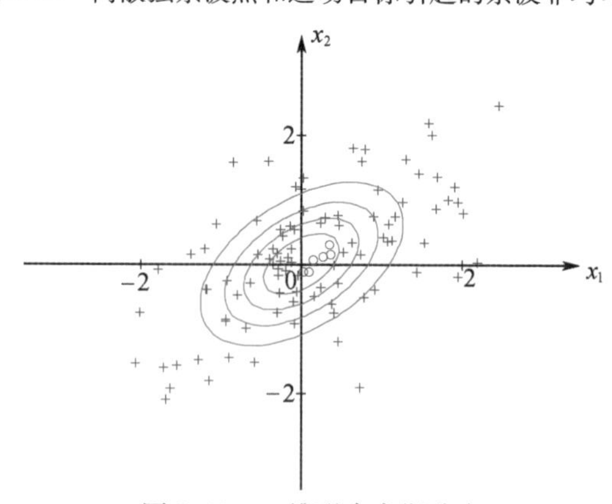

图 3.11　二维联合高斯分布

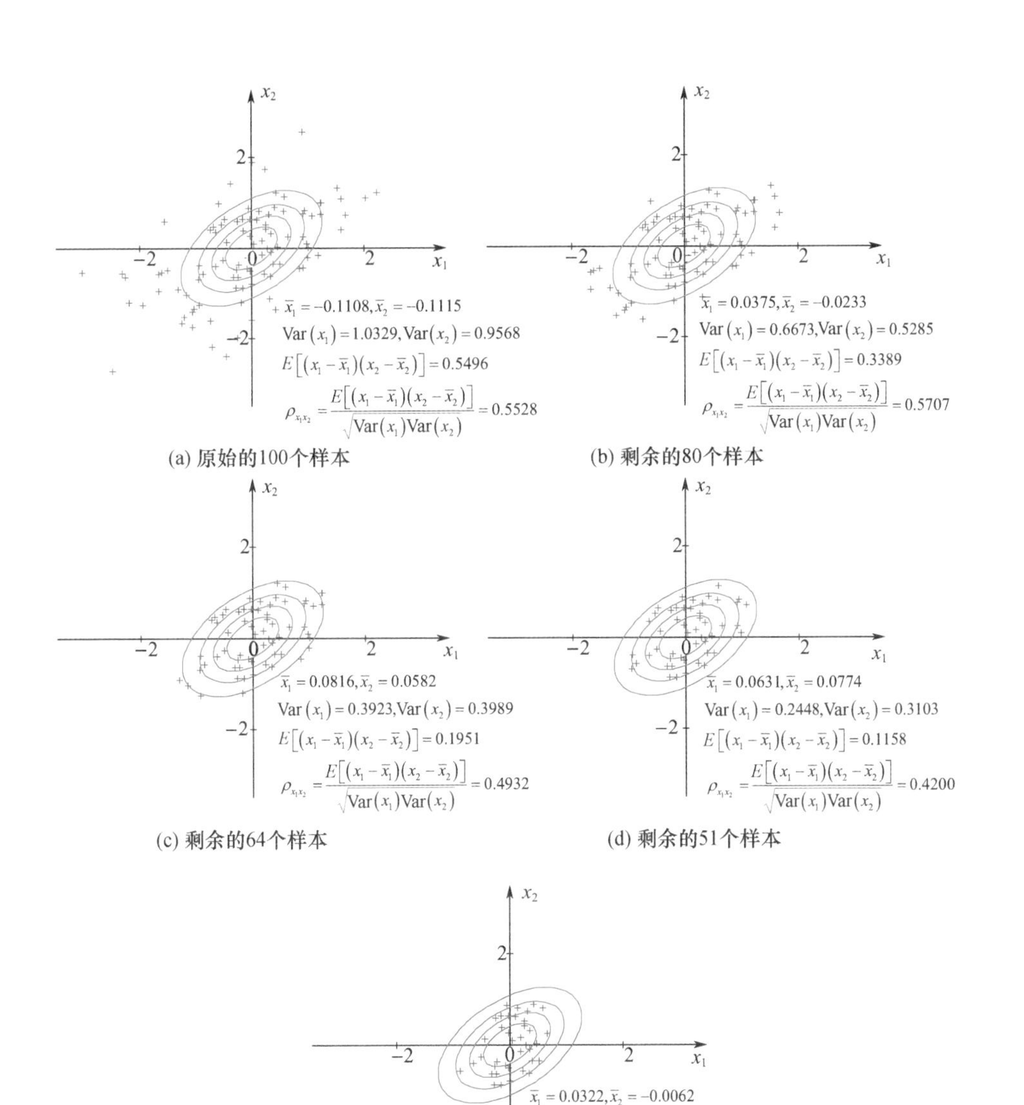

图 3.12　剔除广义内积数值较大样本后的分布变化

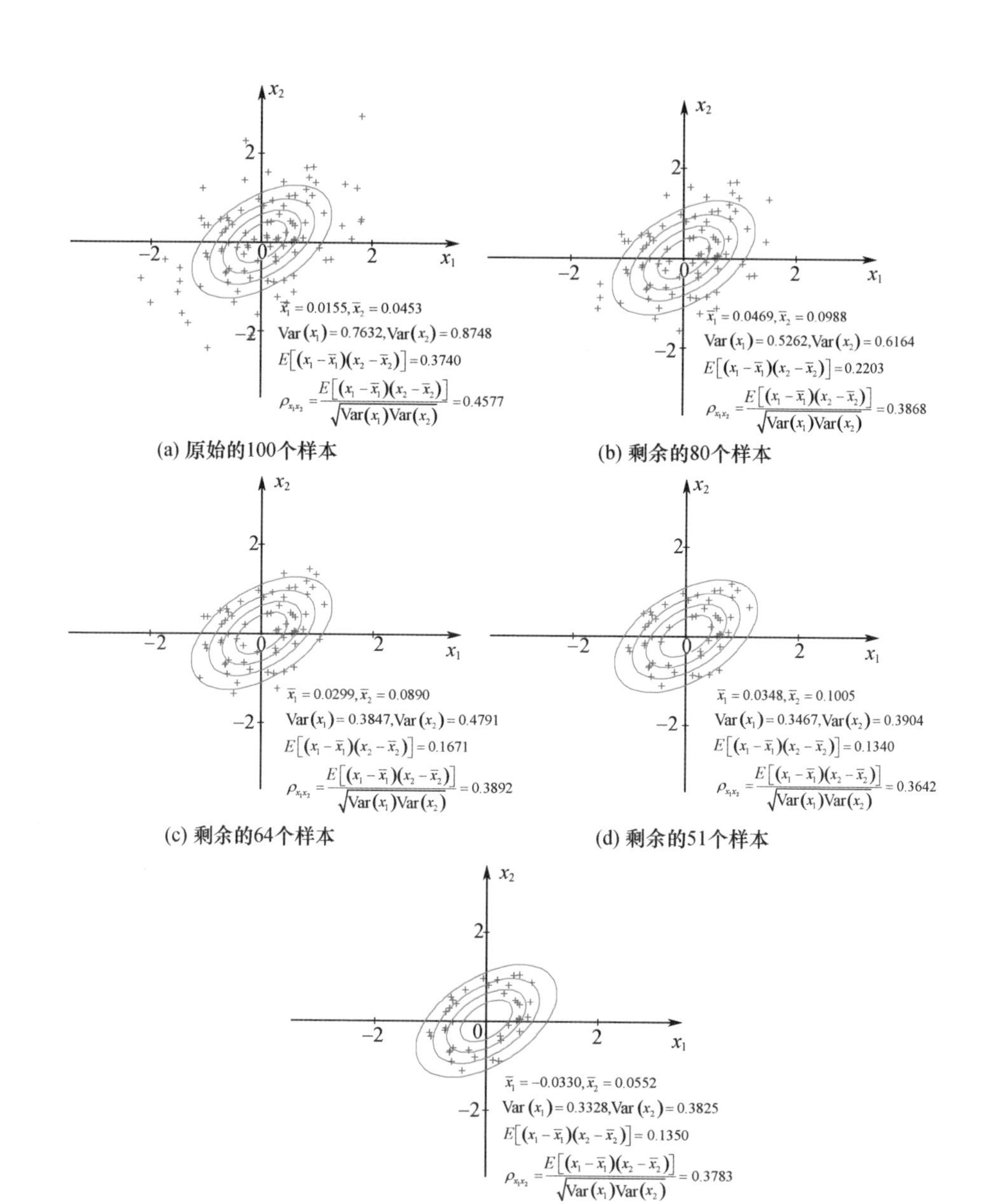

图 3.13　同时剔除广义内积数值较大和较小样本后的分布变化

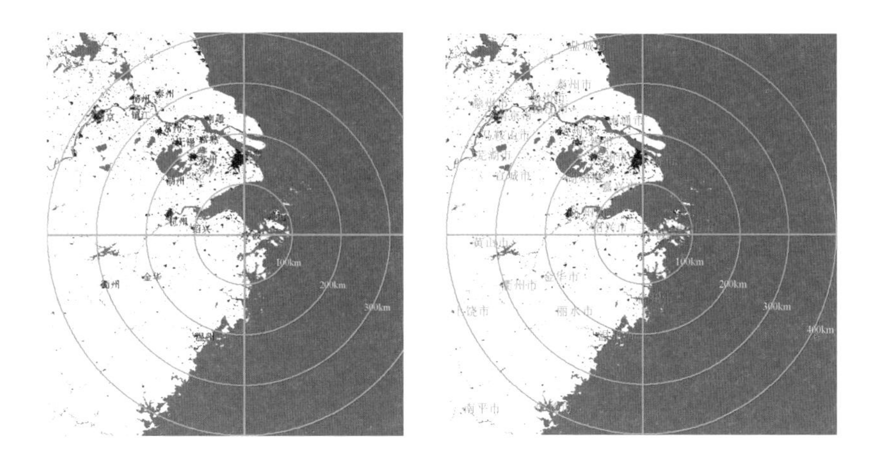

图 3. 14　以宁波(121. 53°,29. 87°)为载机中心,400km 内城市高山分布

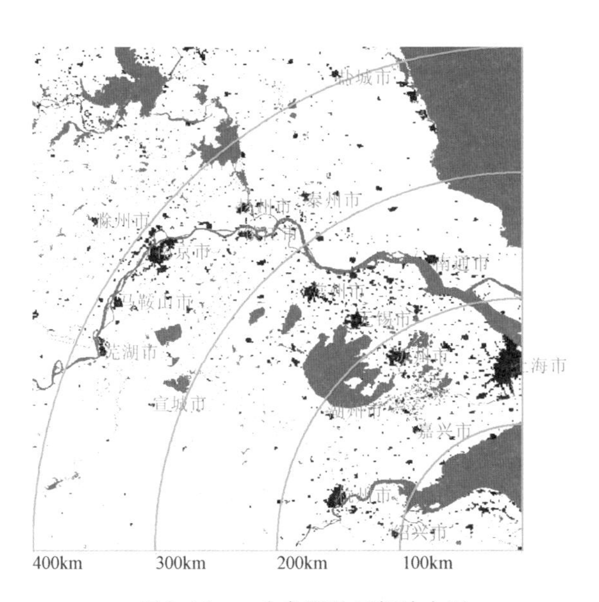

图 3. 15　一个象限的局部放大图

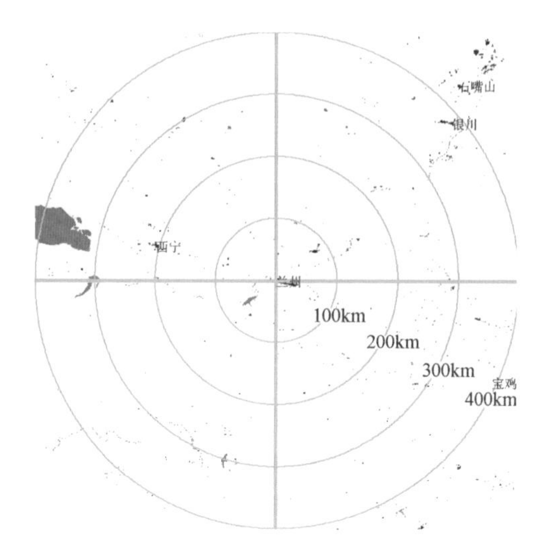

图 3.16　以兰州(103.6°,36.11°)为载机中心,400km 内城市高山分布情况

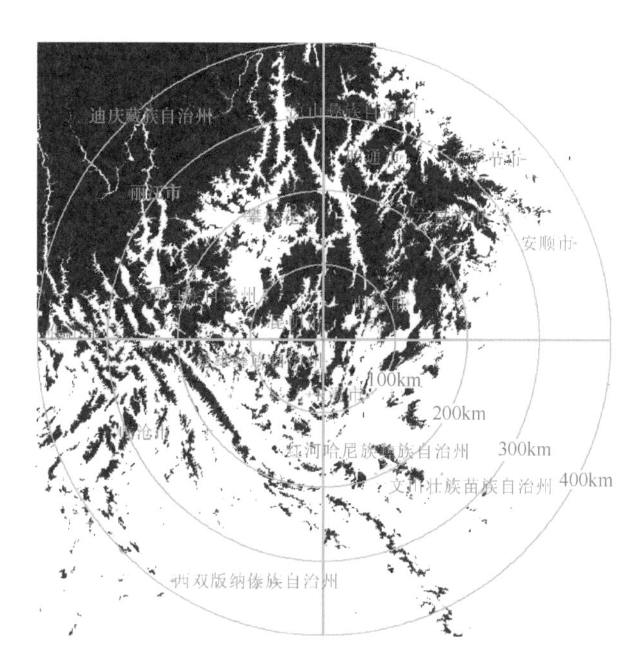

图 3.17　以昆明为中心 400km 内的海拔高于 2000m 的地面分布图

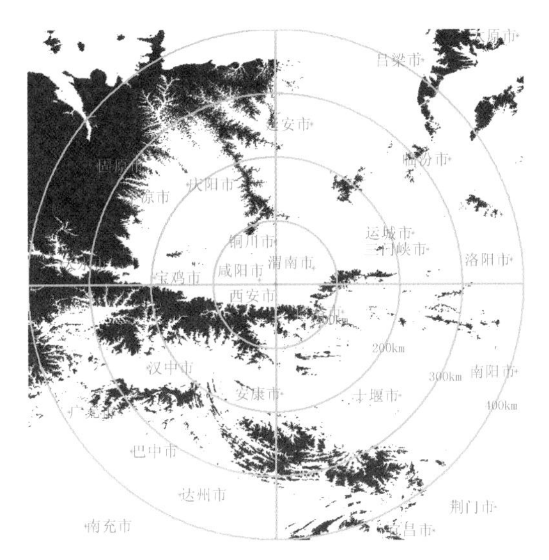

图 3.18　以西安为中心 400km 内的海拔高于 1500m 的地面分布图

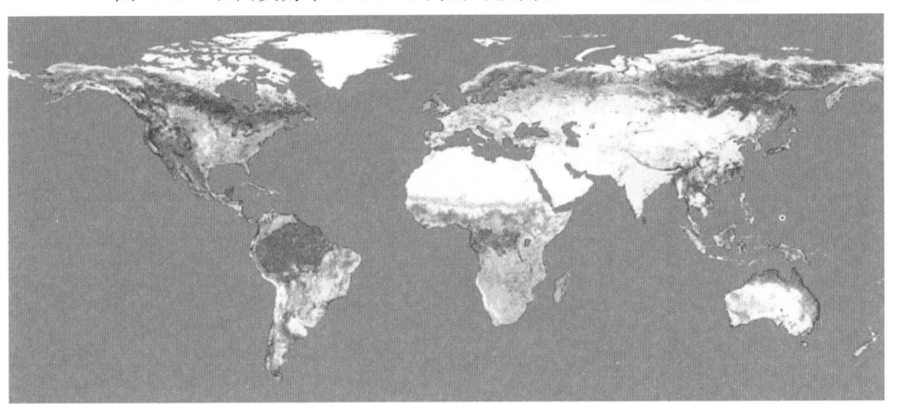

图 3.19　GlobCover 2009 全球地表覆盖地图

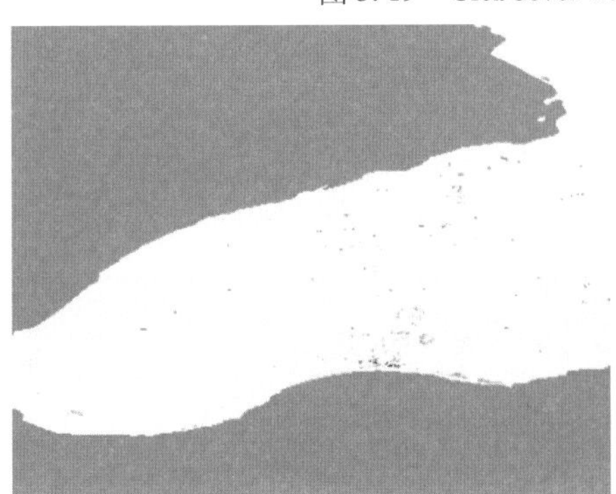

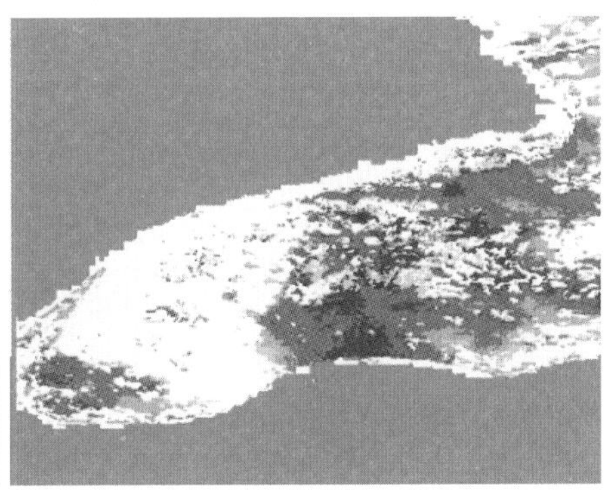

图 3.20　GlobCover 2009(左)与 GlobCover 2005(右)
地图比较,地表覆盖种类变化减少了

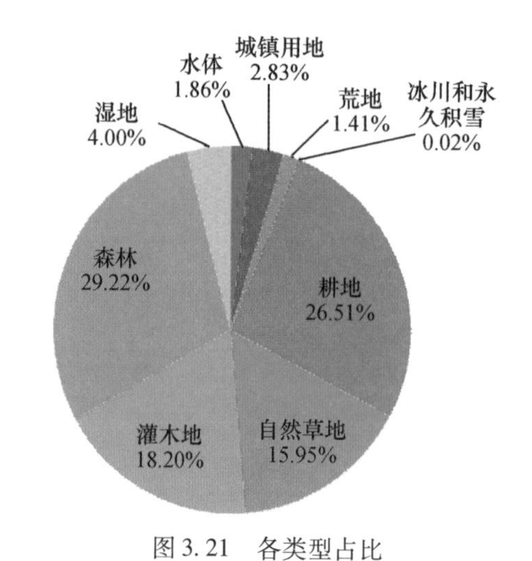

图 3.21　各类型占比

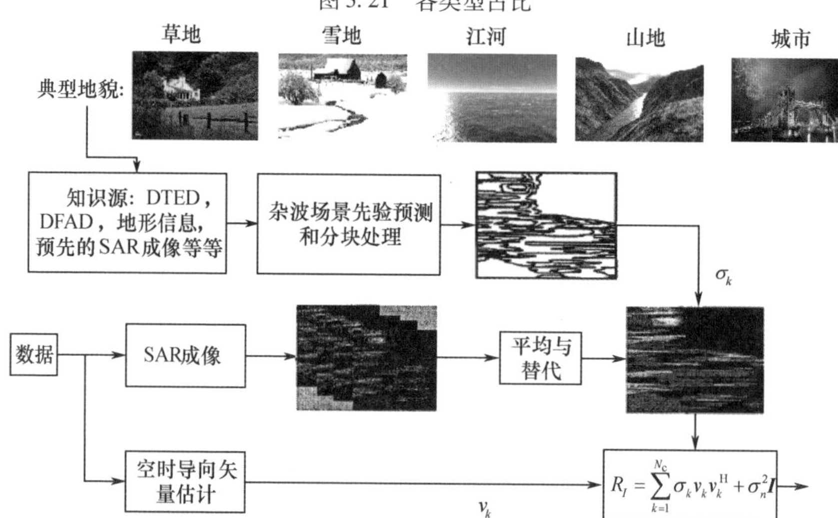

图 3.26　利用先验地理信息和 SAR 图像的 KA 处理

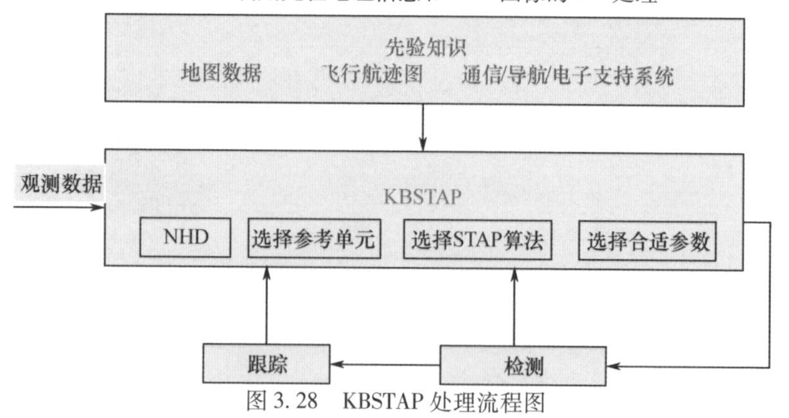

图 3.28　KBSTAP 处理流程图

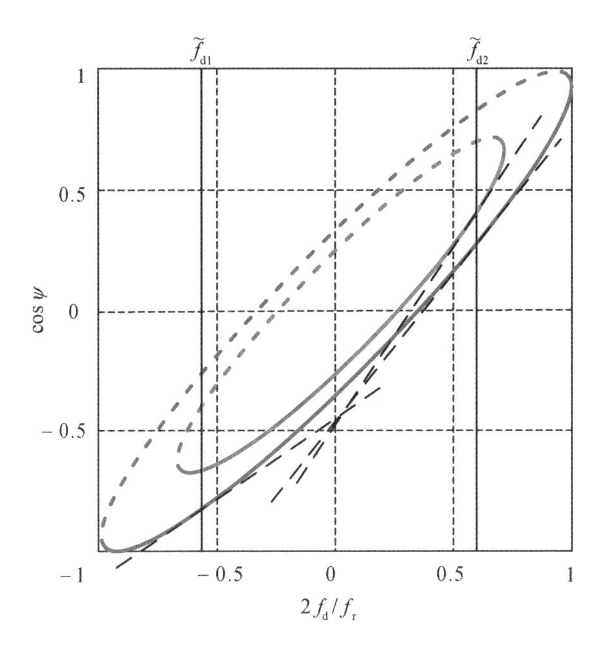

图 3.35　斜侧阵杂波分布示意图(由图中可见,在远距离 $\tilde{f}_{d1}$ 和 $\tilde{f}_{d2}$ 处、及 $\tilde{f}_{d2}$ 的不同距离处空时分布的斜率明显不同)

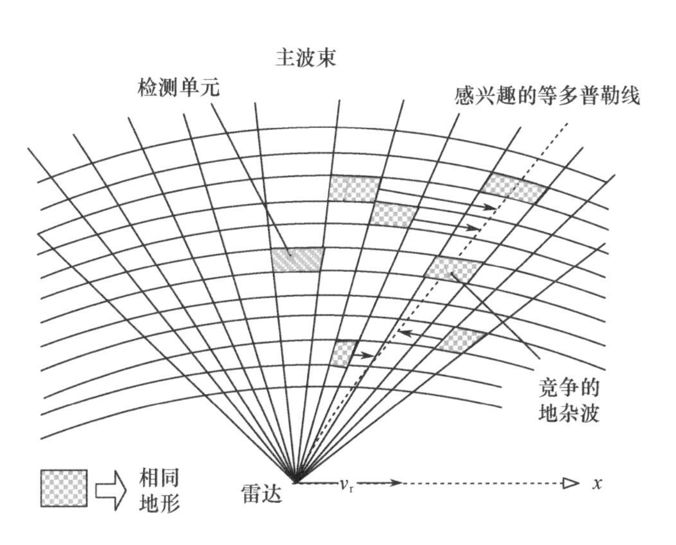

图 3.36　将距离-多普勒单元移动到与目标竞争的杂波多普勒频率(如图中的等多普勒线)来改善样本支持

图 3.37　RSTER 的原型和在白沙导弹实验场的 NOP 部署的照片
（可以看到雷达天线被旋转了 90°，该天线达到了超低副瓣的水平）

图 3.40　录取 MCARM 数据的机载雷达系统

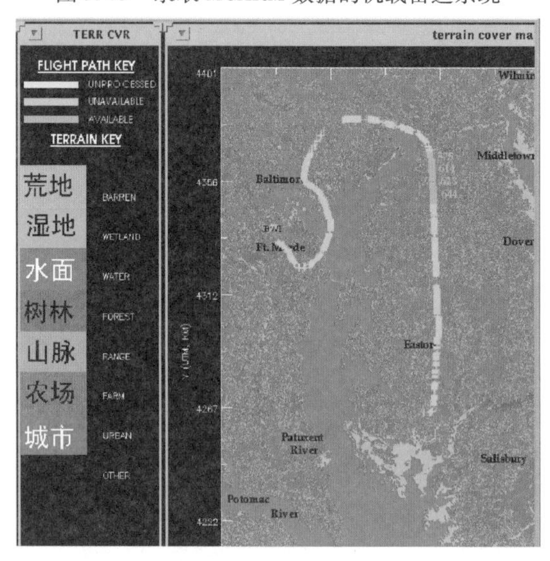

图 3.42　MCARM 录取数据的航线和场景的地表分类情况

图 3.43　KASSPER 计划设想的一种雷达工作场景

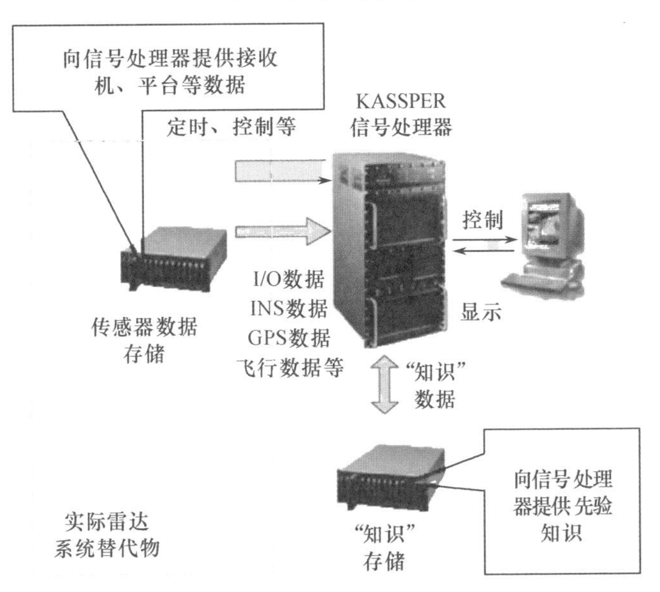

图 3.45　林肯实验室的 KASSPER 硬件结构

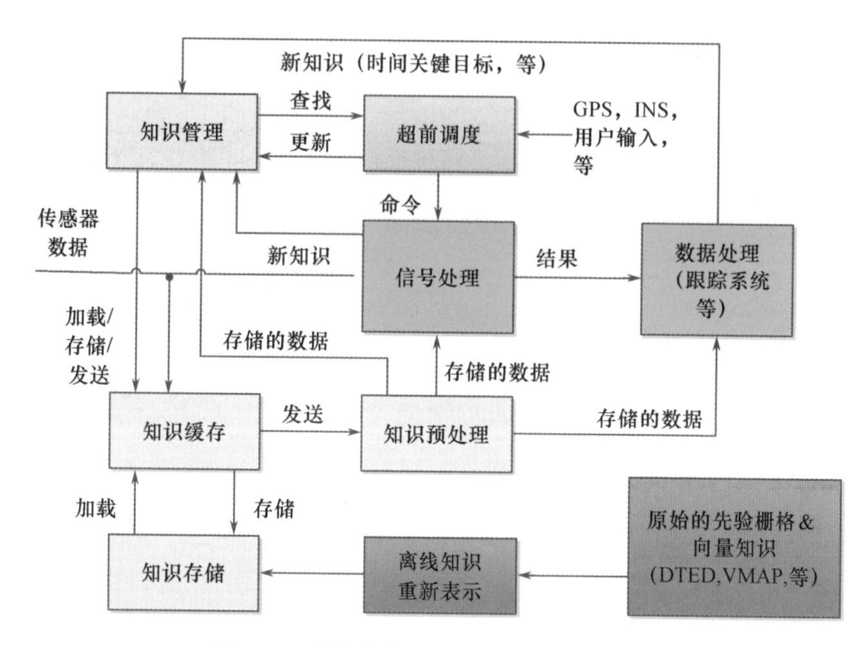

图 3.46　林肯实验室的 KASSPER 结构框图

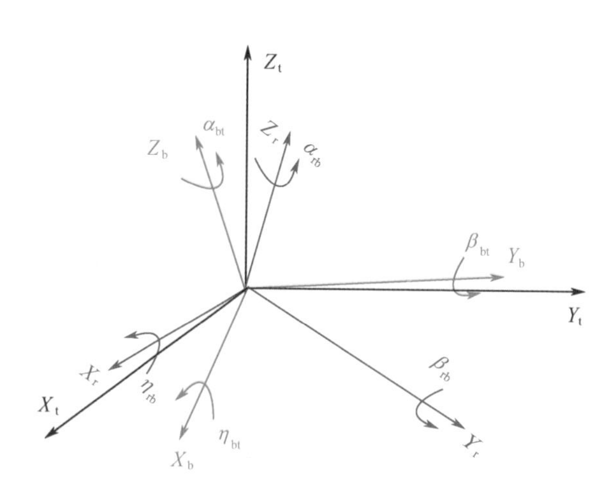

图 4.8　天线坐标系、机体坐标系及惯导坐标系

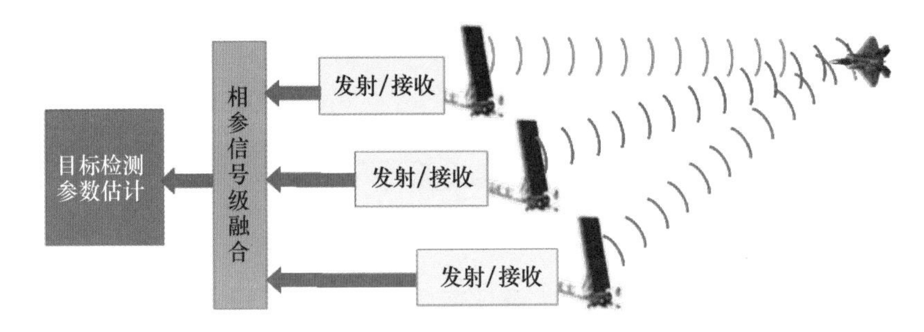

图 5.3　分布式探测系统示意图

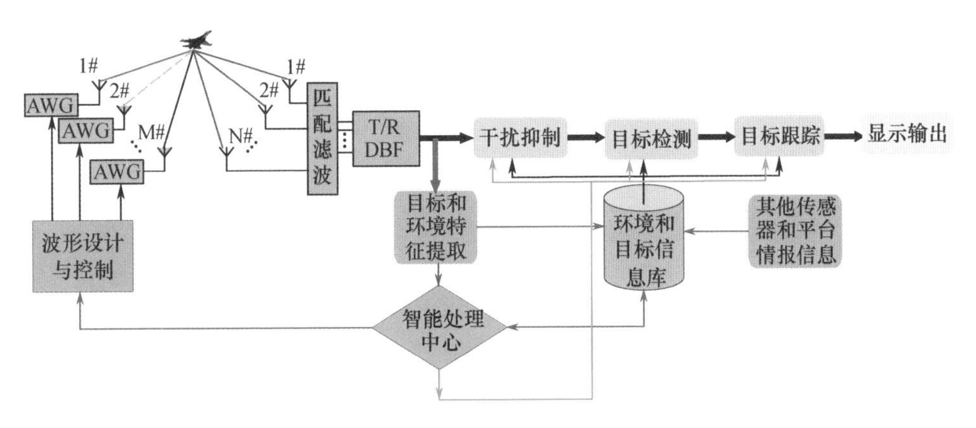

图 5.4　机载分布式多输入多输出雷达系统组成示意图

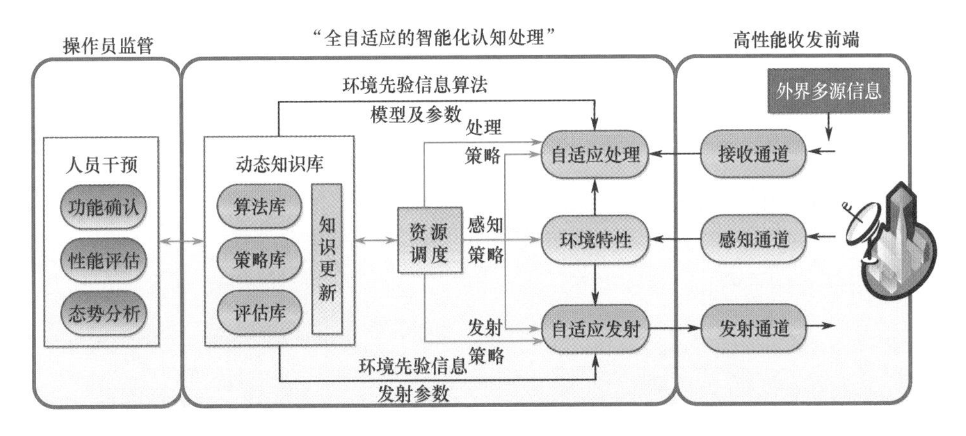

图 5.5　认知雷达的系统架构示意图

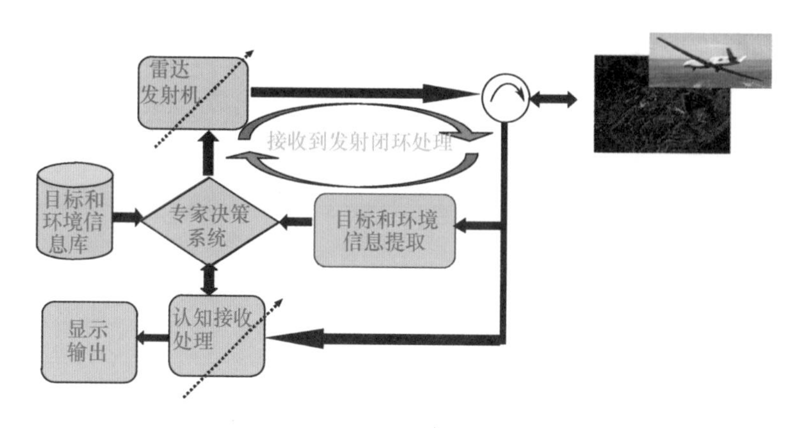

图 5.7　智能化雷达系统结构图

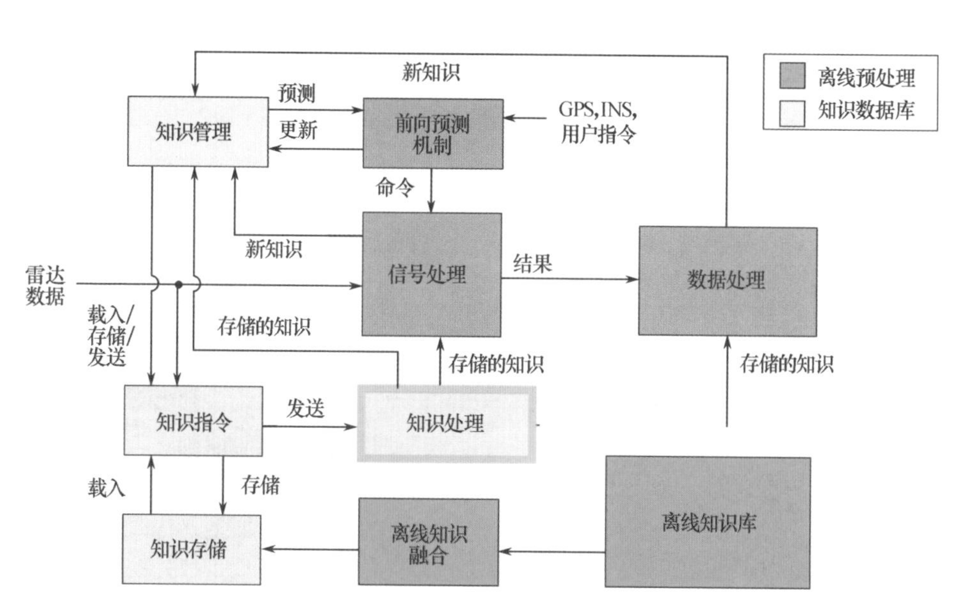

图 5.9　KASSPER 信号和数据处理框架

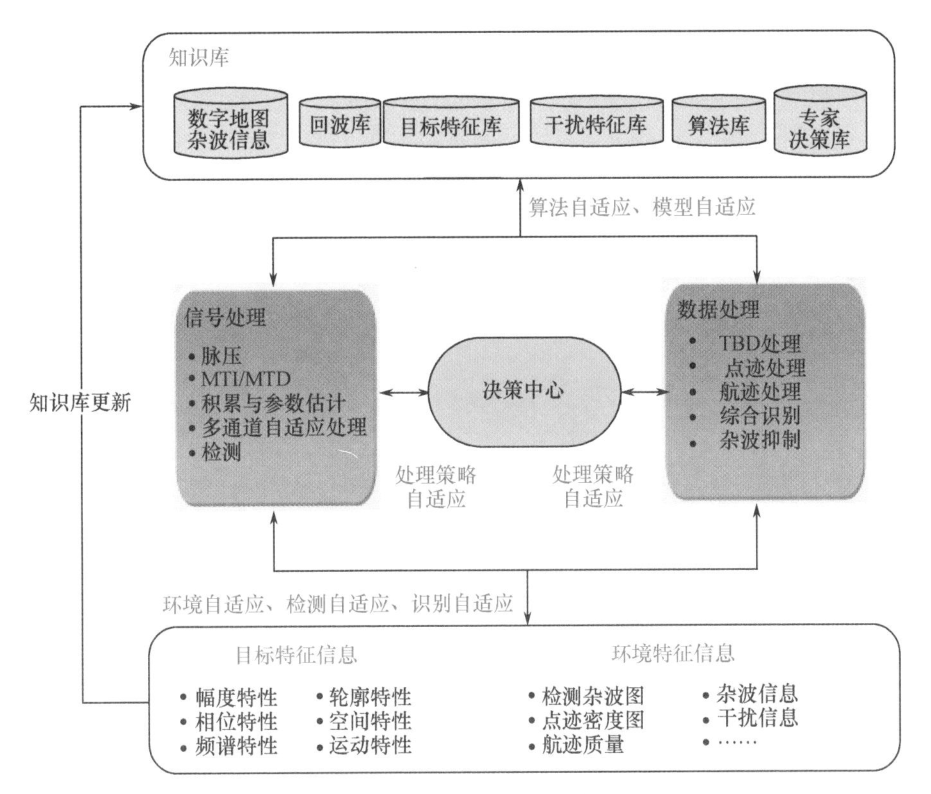

图 5.10　认知雷达综合处理系统架构

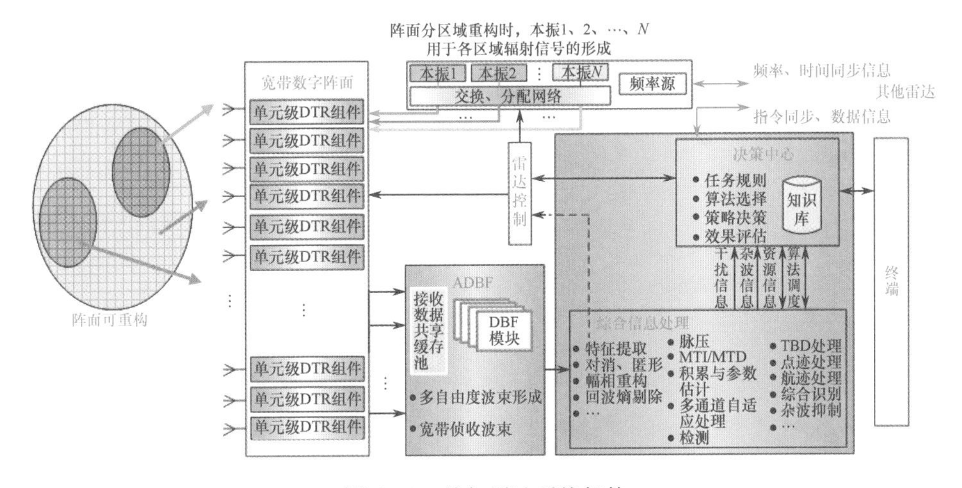

图 5.11　认知雷达系统架构

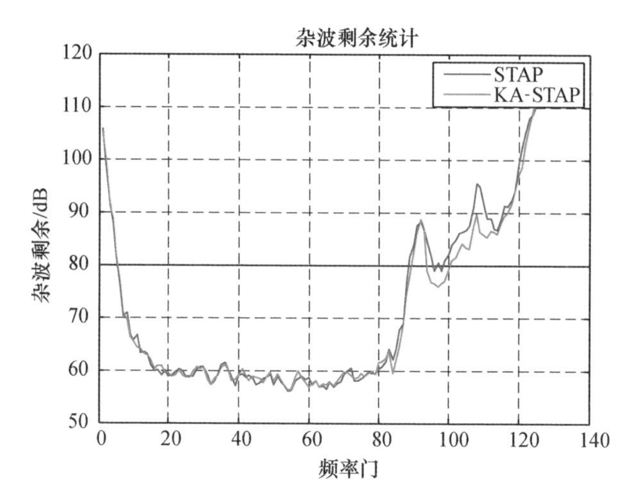

图 5.13　KA－STAP 算法杂波剩余统计

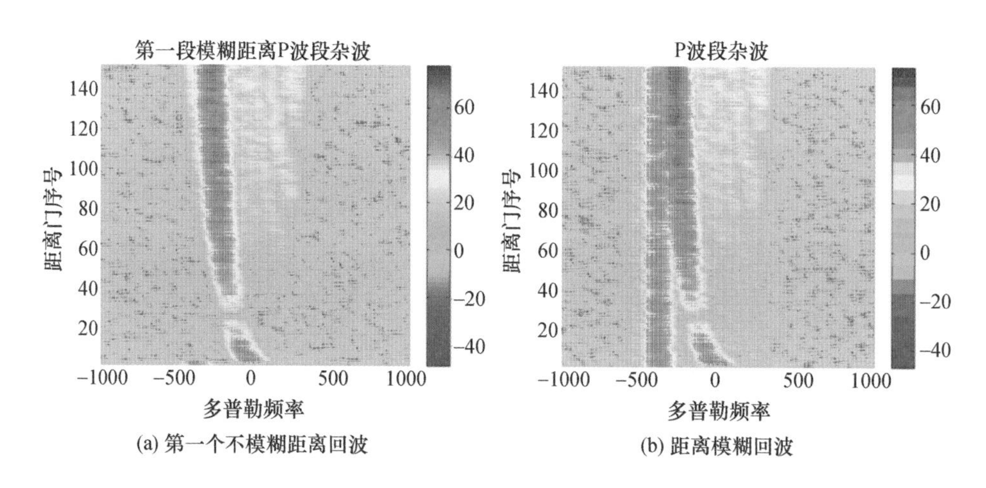

图 5.14　仿真的近程杂波

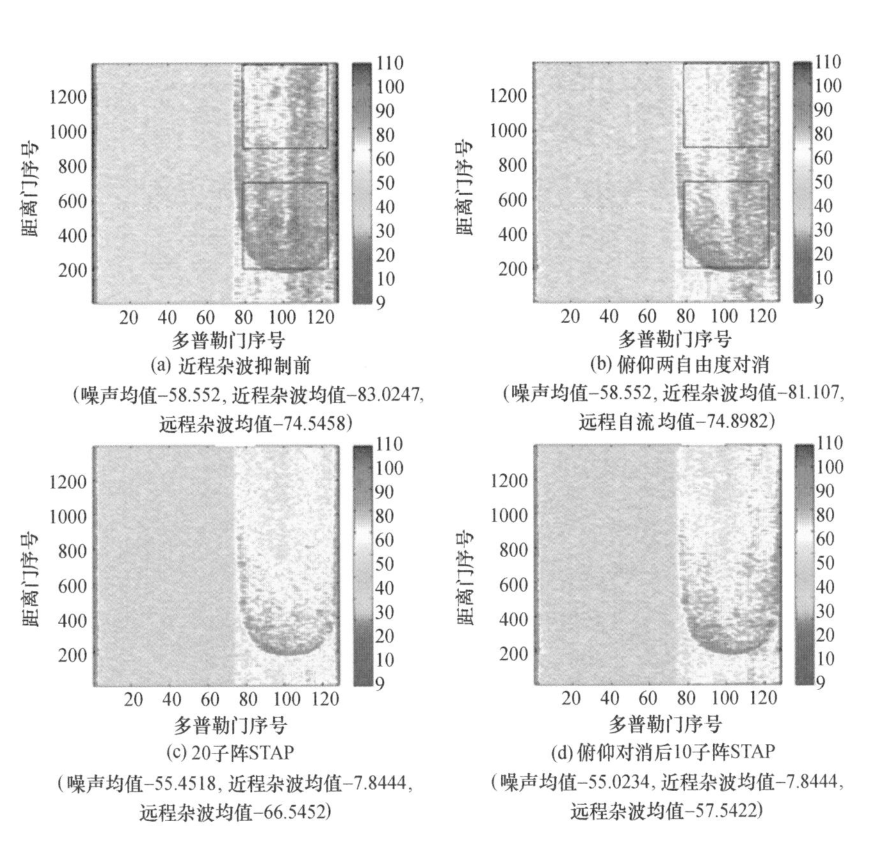

图 5.15　近程杂波抑制结果

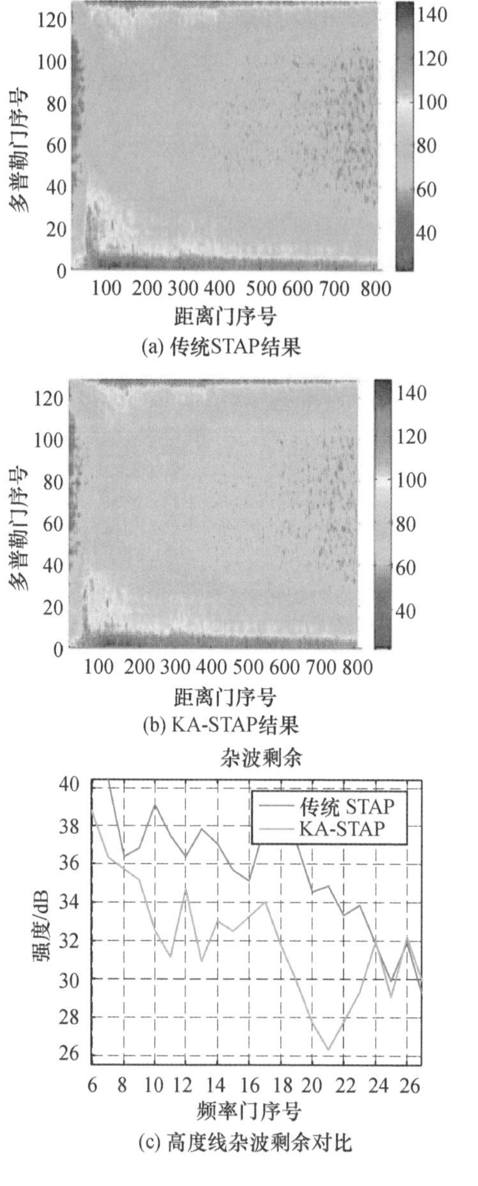

(a) 传统STAP结果

(b) KA-STAP结果

(c) 高度线杂波剩余对比

图 5.17　高度线(近程)杂波抑制结果

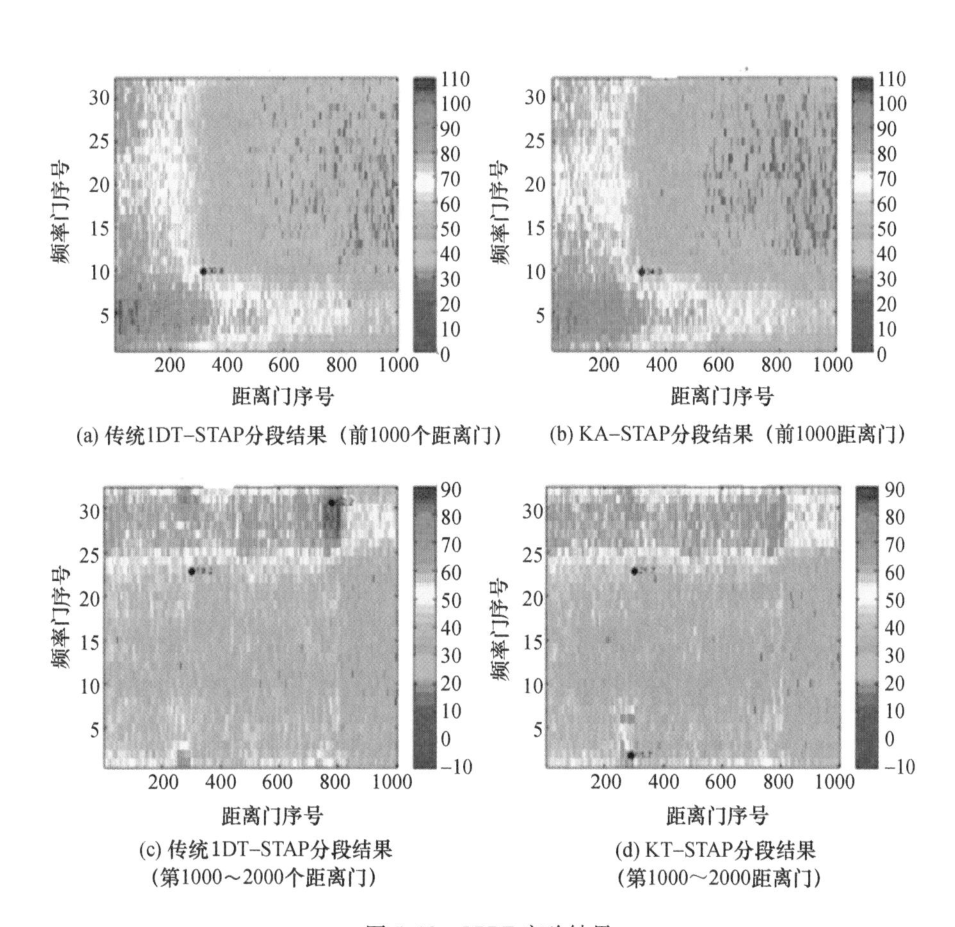

图 5.18　LPRF 实验结果

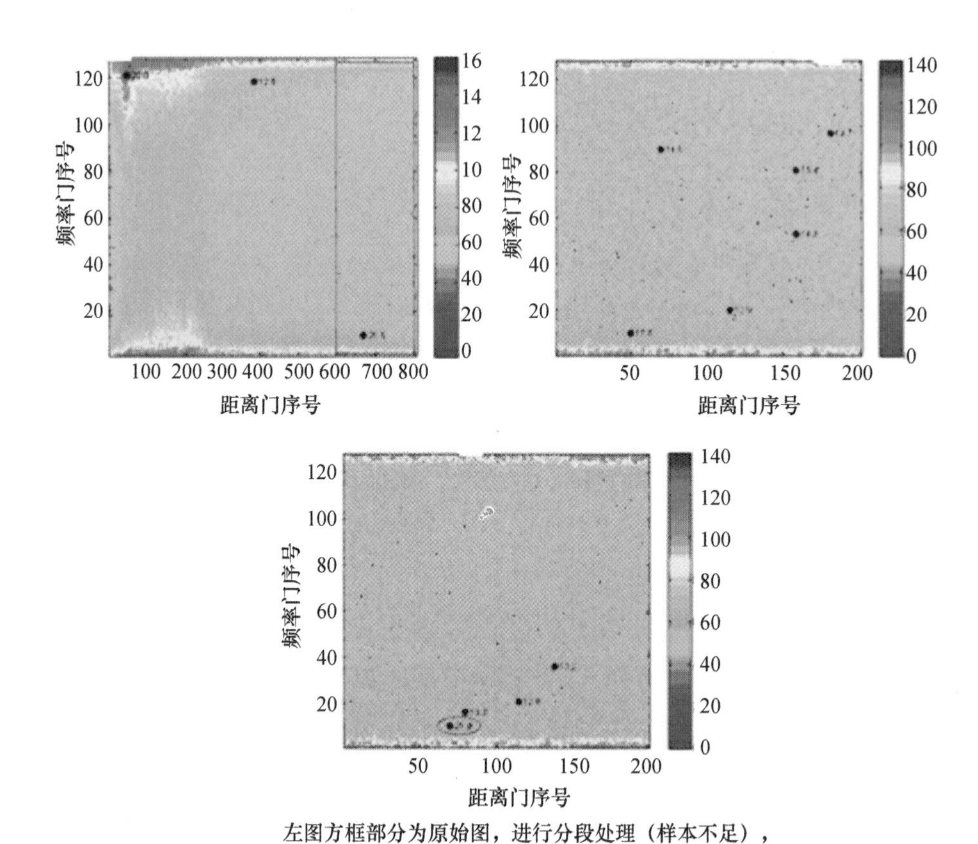

图 5.19　MPRF 实验结果

1	2	3	4	5	6		CUT		7	8	9	10	11	12

图 5.22　二维矩形参考窗

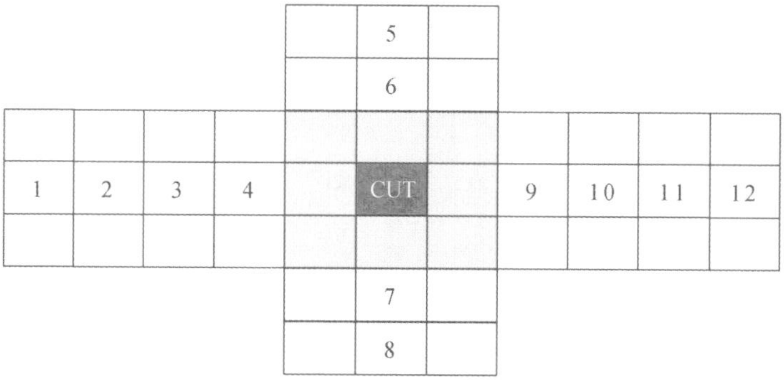

图 5.23　二维十字形参考窗

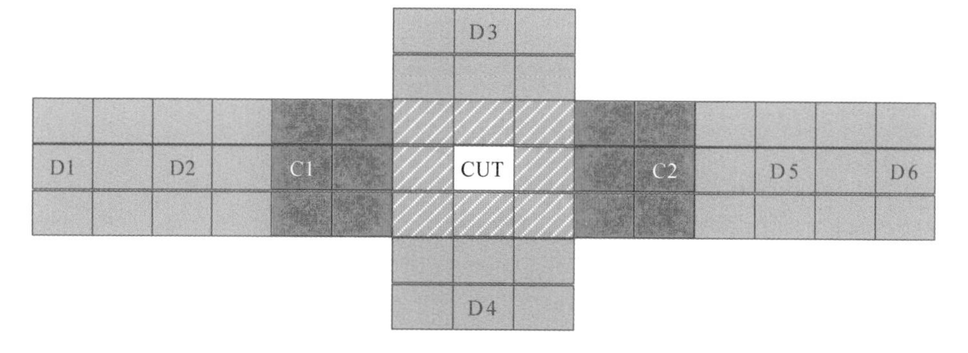

图 5.24　AD 参考窗选择模型

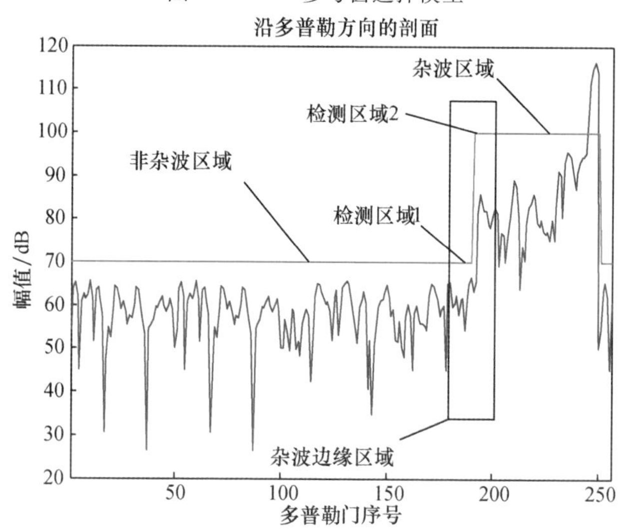

图 5.25　检测背景分类

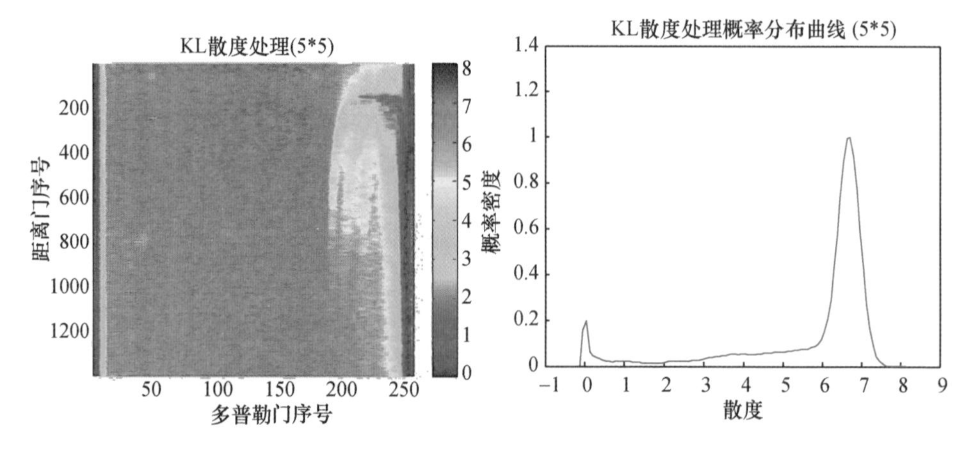

图 5.26　KL 距离

图 5.27　散度概率密度曲线

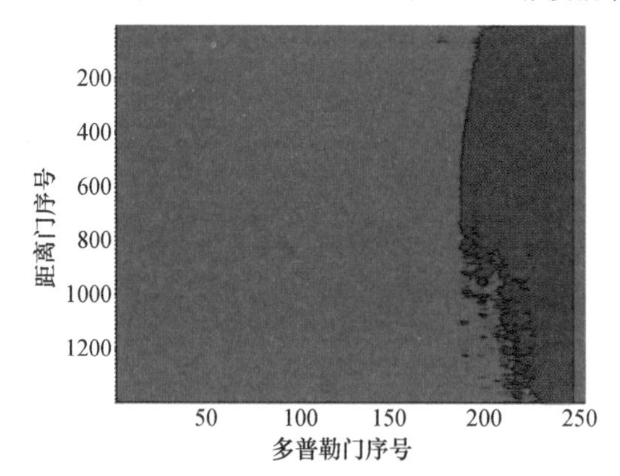

图 5.28　基于 KL 散度的分割效果图

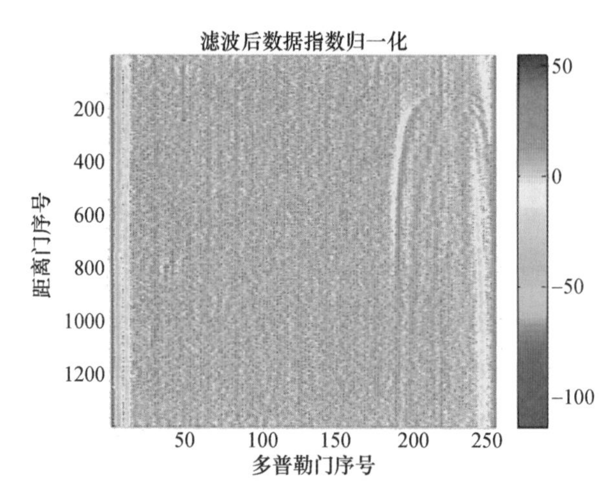

图 5.29　指数归一化数据

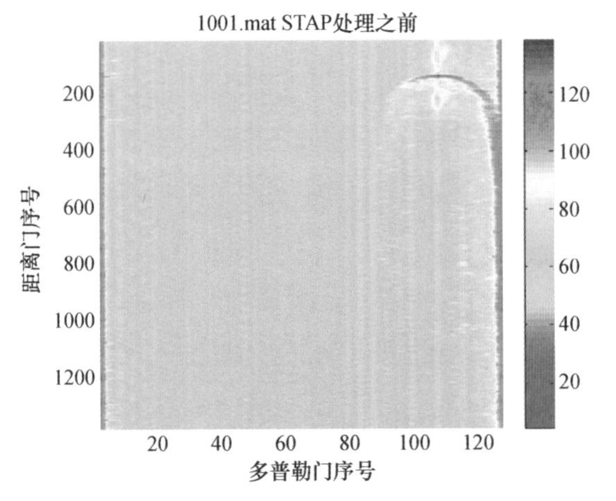

图 5.30　距离-多普勒幅度谱

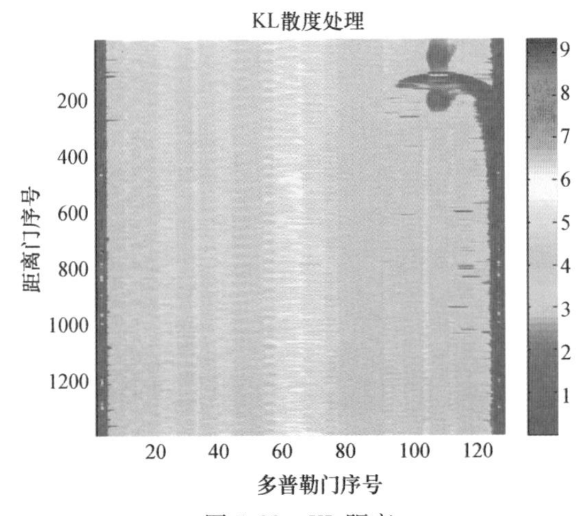

图 5.32　KL 距离

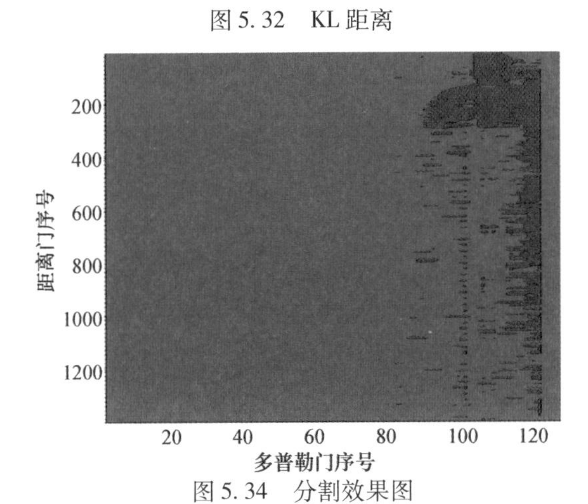

图 5.34　分割效果图

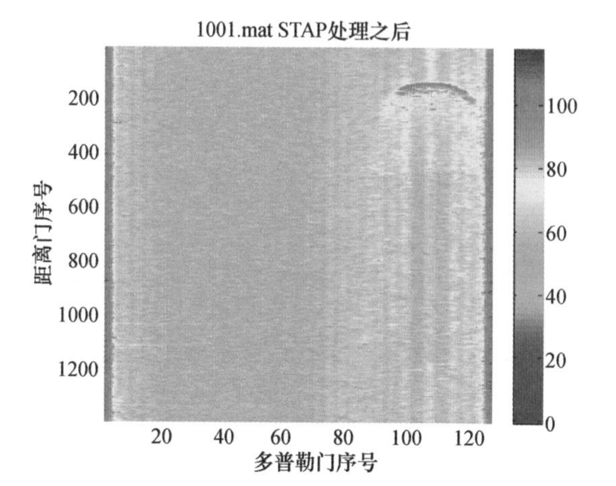

图 5.36　距离－多普勒幅度谱

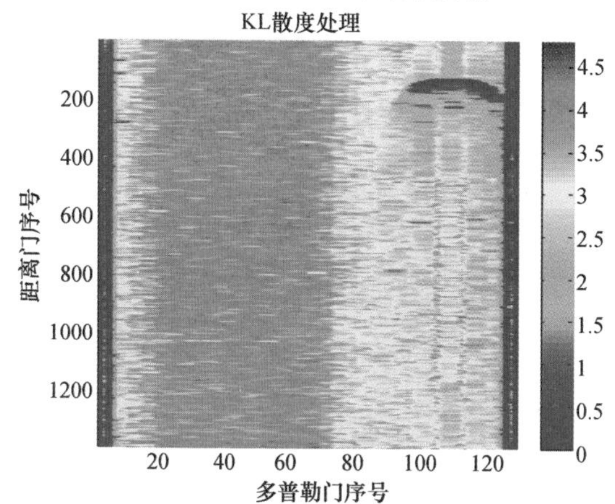

图 5.38　距离－多普勒幅度谱

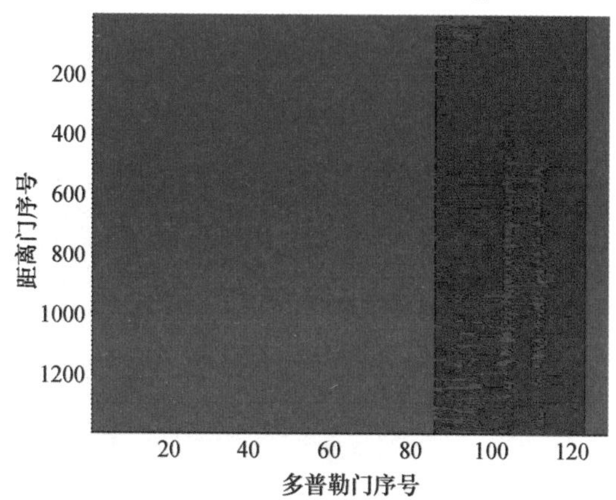

图 5.40　分割效果图